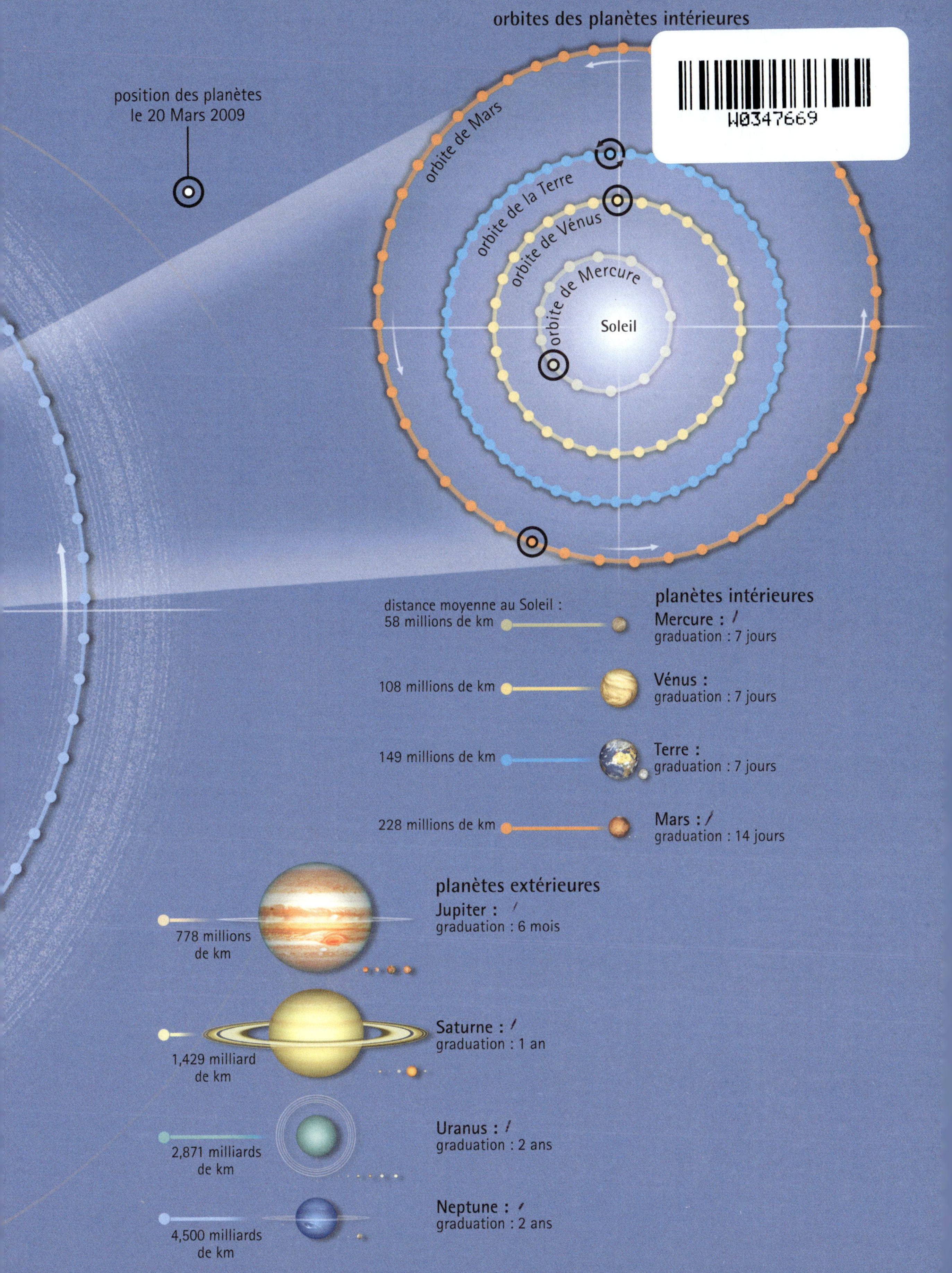
orbites des planètes intérieures
position des planètes
le 20 Mars 2009
orbite de Mars
orbite de la Terre
orbite de Vénus
orbite de Mercure
Soleil
planètes intérieures
distance moyenne au Soleil :
58 millions de km
Mercure :
graduation : 7 jours
108 millions de km
Vénus :
graduation : 7 jours
149 millions de km
Terre :
graduation : 7 jours
228 millions de km
Mars :
graduation : 14 jours
planètes extérieures
778 millions
de km
Jupiter :
graduation : 6 mois
1,429 milliard
de km
Saturne :
graduation : 1 an
2,871 milliards
de km
Uranus :
graduation : 2 ans
4,500 milliards
de km
Neptune :
graduation : 2 ans

LAROUSSE de l'astronomie facile

Érick Seinandre et Nathalie Audard tiennent à remercier Marie-Pierre Levallois pour sa confiance et Catherine Delprat pour son esprit d'innovation et d'organisation, Nathalie Cornellana pour son enthousiasme exigeant dans sa découverte des merveilles du Cosmos, Laurence Alvado pour son aide précieuse, Valérie Perrin et Marie-Annick Réveillon pour la sagacité avec laquelle elles ont mené leur recherche photographique, Emmanuel Chaspoul et son équipe, et le fidèle Pierre Carril pour son amour de l'astronomie qu'il sait transmettre dans ses dessins.

Cet ouvrage est dédié à Valérie, ainsi qu'à la mémoire de Jean Heidmann qui, astrophysicien professionnel, a cependant toujours poursuivi ses observations d'astronome amateur.

Direction de la publication : Marie-Pierre Levallois

Direction éditoriale : Catherine Delprat

Édition : Nathalie Cornellana
Avec la collaboration de Élisabeth Andréani et de Florence Belvisi

Direction artistique : Emmanuel Chaspoul
Assisté de Olivier Caldéron

Conception graphique : Rampazzo

Mise en pages : Alinéa

Relecture-correction : Service corrections Larousse

Dessins : Laurent Blondel – Pierre Carril

Iconographie : Valérie Perrin et Marie-Annick Réveillon

Couverture : Véronique Laporte

Fabrication : Nicolas Perrier

ISBN : 978-2-03-583809-4 - Dépôt légal : mai 2003
Imprimé en Espagne par Graficas Estella, Estella
301311/04-11009290 mai 2009

LAROUSSE de l'astronomie facile

Erick Seinandre - Nathalie Audard

LAROUSSE

21 Rue du Montparnasse 75283 Paris cedex 06

Sommaire

Introduction 7

Le dictionnaire des mots-clés 12

Le catalogue des objets du ciel 62

La Voie lactée, notre galaxie 64
Des milliards de galaxies 66
Les étoiles 68
Les étoiles multiples 74
Les étoiles variables 76
Les taches floues du ciel 78
Le système solaire 82
Le Soleil 86
Mercure 88
Vénus 90
La Terre 92
La Lune 94
Mars 96
Les astéroïdes 98
Jupiter 100
Saturne 102
Uranus, Neptune et Pluton 104
Les comètes et les étoiles filantes 106
La ronde du zodiaque 108
Les planètes extrasolaires 110

Les activités pratiques 112

Techniques et conditions d'observation

Choisir un site d'observation 114
Choisir et utiliser des jumelles 116
Les lunettes astronomiques d'amateur 118
Mesurer l'acuité visuelle 121
Les télescopes d'amateur 122
Acheter votre instrument 124
Entretenir votre matériel 125
Utiliser une carte du ciel 126
Se repérer dans le ciel 129

Que sont les coordonnées célestes ? 132
Le ciel sur Internet 134
Éléments d'astrophotographie 136

À faire soi-même

Construire une lunette astronomique 140
Construire une table équatoriale 143
Suivre les planètes (et plateaux) 146
Dresser les éphémérides de Jupiter 152

Observation : avant de commencer

Préparer une soirée d'observation 156
Repérer les constellations du zodiaque 160

À observer toute l'année

1. Observer la nuit qui tourne 164
2. Observer les étoiles filantes 165
3. Observer le Soleil 168
4. Observer les rayons du Soleil 170
5. Observer la couronne solaire 172
6. Observer les taches solaires 174
7. Les prochaines éclipses 176
8. Observer et photographier la Lune 178
9. La Lune de J1 à J7 180
10. La Lune de J6 à J12 182
11. La Lune de J9 à J15 184

Observer saison par saison

12. Le ciel d'hiver 186
13. La constellation d'Orion 187
14. Les nébuleuses d'Orion 188
15. Sirius et le Grand Chien 189
16. Le Taureau 190
17. Les Messier du Taureau 191
18. Capella et le Cocher 192
19. Les Gémeaux et M 35 193
20. Le Bélier et le Triangle 194
21. Le ciel de printemps 195
22. Les Chiens de Chasse et la « vision décalée » 196
23. Arcturus et le Bouvier 198
24. Les amas ouverts du Cancer 199
25. Le Lion et ses galaxies 200
26. Spica de la Vierge et le Sombrero 201
27. Le Serpent et sa couronne 202
28. Le ciel d'été 203

29. M 13 d'Hercule 204
30. Le Cygne de l'été 205
31. L'Aigle et Altaïr 206
32. Les accords de la Lyre 207
33. Le Sagittaire et la Voie lactée 208
34. Le ciel d'automne 209
35. Le Renard, l'Haltère et la Flèche 210
36. La galaxie d'Andromède 211
37. Le Verseau et son Hélix 212
38. Cassiopée, Chi et Êta Perséi 213
39. Observer la lumière zodiacale 214
40. En vacances sous le ciel austral 215
41. Sac à Charbon, LMC et SMC 218
42. Croix du Sud et Poisson volant 219

Observations choisies

43. Photographier le ciel profond 220
44. Un « marathon Messier » 222
45. Pleins feux sur le Scorpion 226
46. Observer les étoiles doubles 228
47. Observer les étoiles variables 230
48. Les planètes en couleurs 232
49. Chercher Mercure 233
50. Les croissants de Vénus 234
51. Observer les détails martiens 236
52. Jupiter et la vitesse de la lumière 238
53. Saturne, ses anneaux et ses satellites 240
54. Observer et chercher les comètes 242
55. Comment voir Uranus et Neptune 244
56. Observer les satellites artificiels 245
57. Observer les occultations 246
58. Observer les conjonctions, les oppositions et les transits 247

Le guide de l'astronome débutant 248

Agenda permanent de l'astronome amateur 250
Les questions les plus souvent posées 254
Quelques astronomes 262
Les grands observatoires 268
Carnet d'adresses 276
Index 284

Le Larousse de l'astronomie facile

Par Erick Seinandre et Nathalie Audard

« L'observation astronomique a ceci de merveilleux qu'elle est à la portée de tous, comme l'activité féconde des astronomes amateurs en témoigne amplement »

SERGE BRUNIER

LE XXIe siècle sera, entre autres événements, celui de la conquête spatiale et des grandes épopées de l'astronomie. Tout comme le XXe siècle, par le développement de ses moyens de communications : trains, voitures, avions puis télévision, Internet, etc., a fait de notre Terre un village, il est à prévoir que les temps proches feront de ce village l'une des contrées du cosmos, entrant peut-être un jour en communication avec d'autres mondes « ni pires ni moins habités que le nôtre », selon Giordano Bruno. Déjà il est prévu que, d'ici à trente ans, nous aurons posé le pied sur Mars et que nous serons pratiquement sûrs si d'autres planètes, du système solaire ou extrasolaires, ont abrité ou abritent la vie.

Dans ces conditions, comment ne pas se tourner vers le ciel avec un intérêt nouveau, passionné ? Notre système solaire n'est-il pas devenu, au fond, tout simplement la contrée, la région qui entoure notre hameau, que l'on a envie de connaître et dans laquelle on voudrait se promener ? Quant aux splendides amas contenant des milliers d'étoiles ou aux galaxies qui en comptent des centaines de milliards, les regarder en se demandant : « Sommes-nous seuls » n'en augmente-t-il pas encore la beauté, la grandeur ?

Mais comment faire ? L'astronomie est, dit-on, un art complexe, avec ses... « calculs » et ses « sommes astronomiques ». C'est pour ceux qui, se posant ces questions bien légitimes, voudraient participer à ce qui va être la plus grande aventure de l'histoire humaine que nous avons décidé de rédiger ce petit ouvrage.

Astronomes amateurs nous-mêmes, étant passés par ces interrogations, ayant eu à lutter avec une lunette ou un petit télescope contre des cieux soudain bien vides, nous voulons assurer à nos lecteurs que, avec simplement un peu de patience et un minimum de savoir-faire, l'astronomie est une grande source de joies. Au même titre que celui qui possède son permis de conduire prend du plaisir à conduire sa voiture sans pour autant être champion de formule1, de même les pages qui suivent ne feront pas du lecteur un astrophysicien hors pair mais un astronome amateur envié.

Comment aborder ce *Larousse de l'astronomie facile* ?

Avec cet ouvrage, nous avons tenté de réaliser le livre que nous aurions aimé posséder lorsque nous-mêmes avons commencé à faire de l'astronomie amateur. C'est-à-dire un ouvrage pas trop didactique, dont nous ne serions pas obligés de suivre page à page le lent développement éducatif, mais qui permettrait cependant de répondre à nos impatiences, commencer tout de suite à observer, à braquer notre petite lunette vers l'un de ces splendides objets célestes si souvent vus en photos.

Pourtant, ces simples mots, « braquer une lunette vers un objet céleste quelconque » recouvrent des notions qui ne sont pas si simples. Il faut en effet d'abord savoir comment manipuler ladite lunette, comment la régler, puis vers où la diriger et, enfin, pouvoir reconnaître l'objet observé.

Un retour en arrière pour acquérir ces notions (simples) est donc nécessaire. Faut-il, dès lors, reprendre le livre depuis le début ? Pas nécessairement, puisque tenant compte de l'impatience de chacun, des renvois sont faits dans chaque fiche, dans chaque chapitre, qui guident le lecteur vers les diverses notions susceptibles de lui manquer lors d'une observation. Un exemple : la fiche d'observation concernant les détails martiens (Observer les détails martiens → page 236) renvoie au système solaire tout entier, puis à l'étude de la planète Mars elle-même ainsi qu'aux pages situant Mars dans le ciel au fil des mois et des années. S'y ajoutent des renvois au dictionnaire des mots-clés pour les quelques mots de « jargon » employés pour cette observation.

Selon le niveau d'apprentissage de chacun, ses connaissances personnelles en astronomie et son envie de court-circuiter un grand nombre de pages pour débuter rapidement les activités pratiques, ce *Larousse de l'astronomie facile* peut se lire de deux manières.

La méthode rapide

Elle s'adresse aux astronomes amateurs qui, bien qu'ils se posent encore certaines questions, ont déjà manipulé une paire de jumelles, voire une lunette astronomique ou un petit télescope et ont la connaissance de certains objets célestes qu'ils voudraient savoir comment observer : étoiles doubles, amas d'étoiles, planètes, etc.

Pour ces personnes, pas tout à fait débutantes, la tactique à adopter est simple. Après avoir consulté la rubrique « Les questions les plus souvent posées » qui figure dans la dernière partie de cet ouvrage et trouvé les réponses qu'elles souhaitaient, elles peuvent aborder la partie consacrée aux observations.

Les 60 observations qui y sont proposées sont toutes, sauf indications contraires, réalisables à l'œil nu ou avec un instrument d'astronome débutant : jumelles, lunette de 60 mm ou télescope de 115 mm. En cas de difficultés, les diverses fiches consacrées aux observations renverront généralement les débutants vers les pages qui les renseigneront.

Toutefois, nous leur conseillons de lire, ne serait-ce qu'en attendant la nuit d'observation, certains chapitres.

Tout d'abord les pages consacrées au choix du site d'observation, choix qui va conditionner tous les résultats de la soirée, ainsi que celles consacrées aux divers instruments d'astronomie : jumelles, lunettes, télescopes.

Viennent ensuite les textes consacrés aux manières de s'y retrouver dans le ciel nocturne : cartes et repères du ciel, indispensables tant que l'on n'est pas complètement familiarisé avec l'ensemble du ciel de chaque saison.

Enfin, pour l'observation des planètes, un retour aux pages consacrées à chaque planète dans le catalogue des objets du ciel paraît utile. De même que la mise au point des plateaux des planètes, telluriques ou géantes.

Par la suite, au coup à coup, ces personnes pourront prendre connaissance des caractéristiques des divers objets célestes observés : étoiles, galaxies, amas d'étoiles, astres binaires ou variables, etc. De même, un regard sur les « Éléments d'astrophotographie » leur fera faire un grand pas en avant ; l'obtention de bonnes photos d'astronomie étant l'apanage d'un astronome amateur confirmé.

La méthode progressive

L'astronomie amateur a ceci de singulier que, quelles que soient les études, notamment scientifiques, que l'on ait pu faire, celles-ci ne servent à rien, particulièrement pour commencer. Il s'agit en fait d'un domaine neuf à découvrir, ce qui met tout le monde sur un pied d'égalité.

S'il faut partir du début, nous conseillons de commencer donc par lire attentivement le premier chapitre : « Le catalogue des objets du ciel ». Mais attentivement ne signifie pas d'une manière scolaire, avec la crainte de ne pas comprendre ; il s'agit d'un loisir, qui consiste à faire une première promenade dans les cieux, passant de la Voie lactée aux galaxies, aux étoiles, aux planètes, etc.

Ainsi est franchi un premier pas. En une lecture d'environ une heure, le lecteur possède déjà certaines notions qui lui seront utiles par la suite. Il ne les a pas toutes retenues ? Aucune importance. Régulièrement, les autres pages de cet ouvrage le renverront vers le catalogue qu'il finira par posséder sur le bout des doigts.

Parallèlement, nous lui conseillons de lire un texte placé en quatrième partie : Des questions souvent posées. Pas à pas, car ces questions ont été mises dans un ordre précis, le lecteur abordera de la sorte un certain nombre de sujets en se référant aux renvois contenus dans ces questions. Ainsi, la question « Où trouver Jupiter, Mars, Saturne » (en fait, les planètes) le reporte à chacune de ces planètes vues dans le Catalogue des objets du ciel puis au zodiaque, dans lequel toutes les planètes défilent une à une.

Grâce à ces deux lectures, l'apprenti astronome pourra déjà s'exercer à observer le ciel à l'œil nu et à y repérer certains objets, notamment les constellations du zodiaque. Pour que ces observations soient efficaces, nous lui conseillons également de lire le chapitre « Se repérer dans le ciel ».

Parallèlement, nous conseillons à notre lecteur débutant de commencer à utiliser ses plateaux des planètes comme indiqué dans le chapitre « Suivre les planètes ».

Mais, puisqu'il s'agit tout de même d'apprendre concrètement à manipuler des instruments d'astronomie, une lecture dans la partie Activités pratiques, des chapitres consacrés au choix d'un site d'observation, puis à l'utilisation de jumelles, d'une lunette ou d'un télescope est rapidement nécessaire. Ici également, de nombreux renvois à d'autres pages l'amèneront assez rapidement à étendre ses connaissances et, surtout, à augmenter ses capacités d'observateur.

Après cette mise en condition, il est temps, maintenant, de se lancer : c'est-à-dire de commencer les observations.

Le chapitre « Observations » qui, avec plus de 80 pages, forme environ 30 % de cet ouvrage, propose au lecteur toute une série d'observations relativement faciles, découpées en deux chapitres avec des objets à observer toute l'année, et d'autres à observer saison par saison. Ainsi, s'il commence en hiver par exemple, ce n'est plus vers l'étoile Véga qu'on lui aura montrée l'été précédent qu'il pointera sa lunette, mais vers la splendide constellation du Taureau, vers Orion et Sirius qui seront là, juste en face de lui dans le ciel.

Pour s'y retrouver, il n'aura qu'à regarder la carte du ciel de cette saison proposée dans cet ouvrage et la comparer purement et simplement à ce qu'il voit dans le ciel en se tournant vers le sud. Le soir même, il saura donner un nom à un grand nombre d'étoiles et de formations.

Enfin, pour éviter une inutile perte de temps, chaque observation est accompagnée de 1, 2, 3 ou 4 logos indiquant avec quels instruments elle est réalisable :

œil nu,

jumelles,

lunette et télescope

et si il est possible de réaliser des photographies relativement simples.

C'est tout. Ou presque. Il ne reste plus qu'à acquérir un peu de pratique de manière à pouvoir aborder, en un second temps, les chapitres concernant l'astrophotographie, les éphémérides de Jupiter, puis enfin à tenter de mener à bien quelques-unes des observations choisies proposés à la fin du chapitre consacré aux observations.

Ainsi, en une, puis deux, trois saisons, il vous sera possible de « pêcher » de nombreux spectacles du cosmos, tous plus admirables et étonnants les uns que les autres. Le mot « pêcher » n'est pas pris ici au hasard : tout comme le pêcheur ne se décourage pas si « ça ne mord pas » dès la première heure, de même l'astronomie amateur, n'ayons pas peur de le répéter, est affaire de patience. Certains soirs, la turbulence est forte et nous ne voyons pas grand-chose. Et puis, soudain, un trou de turbulence passe devant nous, et c'est l'éblouissement ! L'anneau de la nébuleuse de la Lyre, soi-disant quasi invisible avec une lunette de 60 mm, est là ; la calotte polaire de Mars se dévoile et M13 d'Hercule est vraiment un amas d'étoiles dans un télescope de 115 mm et non plus une tache floue...

Bonnes observations, et bienvenue dans le club des astronomes amateurs.

Le dictionnaire des mots-clés

A

A
On désigne par les lettres A et B un **couple d'étoiles physiques** (c'est-à-dire réellement proches l'une de l'autre). La lettre A désigne **la plus brillante,** la moins brillante étant l'étoile B. Sirius A et Sirius B, par exemple, forment un couple d'étoiles dans la constellation du Grand Chien.

VOIR ■ **Les étoiles multiples** → p. 74

Acuité visuelle
En astronomie, la notion d'acuité visuelle est fondamentale puisqu'elle concerne l'instrument de base de l'astronome amateur : l'œil. Par nuit claire, l'œil humain est capable de voir jusqu'à 6 000 étoiles. Il est également susceptible de distinguer les planètes : Mercure, Vénus, Mars, Jupiter et Saturne, certaines personnes pouvant même percevoir Uranus.

La nuit, l'absence de lumière provoque la dilatation de la pupille de l'œil humain, dont le diamètre atteint alors 6 mm environ (un peu plus chez l'enfant). Cette caractéristique nous permet d'apercevoir les étoiles et autres objets célestes, comme la galaxie M31 d'Andromède.

La qualité du ciel. L'acuité visuelle, toutefois, ne désigne pas seulement les capacités de l'œil, mais elle fait également référence à la qualité du ciel. Certaines nuits, alors que de légers stratus ou cirrus en voiles passent, sans que l'on puisse s'en rendre compte, devant les astres, l'acuité visuelle est considérablement diminuée. De même, en ville, les 6 000 étoiles (en fait, 3 000 dans chaque hémisphère) que l'on peut virtuellement apercevoir à l'œil nu se réduisent à quelques centaines, voire souvent à quelques dizaines. C'est pourquoi il est nécessaire, avant chaque soirée d'observation, de mesurer l'acuité visuelle.

VOIR ■ **Magnitude** → p. 40
■ **Qualité du ciel** → p. 53
■ **Mesurer l'acuité visuelle** → p. 121

Âge (de l'Univers)
En 1601, l'évêque Usher, se fondant sur la Bible, situait la date de la Création en 4004 avant Jésus-Christ. À la même époque, Johannes Kepler, qui posait les premières lois fondamentales de l'astronomie moderne, attribuait tout au plus 6 000 ans à l'Univers. Vers la fin du XVIIe siècle et au XVIIIe siècle, des hommes comme le naturaliste français Buffon, considérant la diversité

L'acuité visuelle en astronomie dépend des facultés visuelles de l'observateur (corrigées en grande partie par les instruments) et de la qualité du ciel.

des formes de vie, balayaient pour la première fois les calculs bibliques et estimaient l'âge de la Terre à au moins 70 000 ans, puis à 500 000 ans. Bientôt, Emmanuel Kant et l'astronome William Herschel évaluèrent de leur côté l'apparition de la vie terrestre à 2 millions d'années.

Au XIXe siècle, l'idée émise par Darwin d'une évolution des espèces, puis les recherches en géologie et en anthropologie vont considérablement accroître ces chiffres, et, au seuil du XXe siècle, l'ensemble de la communauté scientifique donne à l'Univers un âge compris entre 1 et 2 milliards d'années.

La datation des roches et la fuite des galaxies. Au cours du XXe siècle, deux nouveaux éléments ont rendu possibles de meilleures estimations. D'abord, la technique de datation des roches à l'uranium permit d'évaluer l'âge de la Terre elle-même à 4,5 milliards d'années. Ensuite, après avoir constaté la fuite des galaxies, on élabora la théorie du big bang, d'où il découle que ces galaxies se dispersent en fait dans le cosmos depuis la naissance de l'Univers. À partir de là, on a pu estimer depuis quand ces galaxies étaient en fuite, et donc l'âge de l'Univers, soit 14 à 15 milliards d'années environ.

VOIR
- **Big bang** → p. 22
- **La Voie lactée, notre galaxie** → p. 64
- **Des milliards de galaxies** → p. 66

Albédo

L'albédo est l'**indice de réfraction de la lumière** par une surface donnée. La fraction de lumière solaire qui est réfléchie par telle ou telle surface ne réchauffe pas le corps qu'elle a atteint mais s'en retourne vers l'espace, via l'atmosphère (où elle sera en partie piégée par les nuages). Chaque type de corps a un albédo particulier. Ainsi, les rochers ont un albédo moyen de 20 %, ce qui revient à dire qu'ils absorbent 80 % de la lumière solaire (c'est pourquoi, en fin d'après-midi, certains rochers sont brûlants). Les océans de la Terre présentent un albédo moyen de

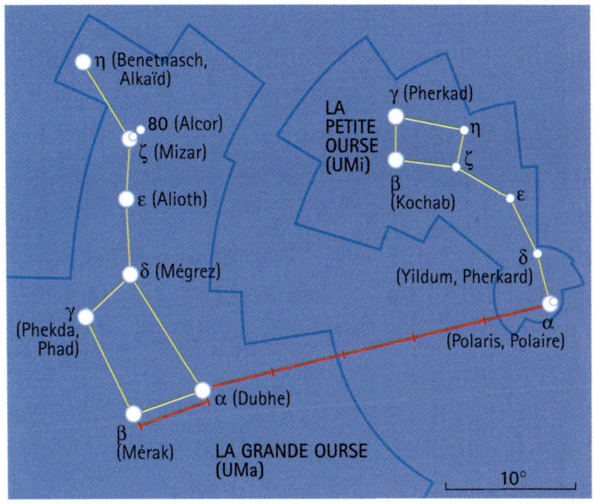

En prolongeant vers le nord, de cinq fois sa longueur, le segment joignant les étoiles β et α de la Grande Ourse, on aboutit à l'étoile Polaire (α de la Petite Ourse).

26 %, alors que l'albédo des continents est de 34 %. Par conséquent, lorsque vient la nuit, les océans, qui ont absorbé plus de chaleur lumineuse (74 % au lieu de 66 % pour les terres), se refroidissent plus lentement que les continents.

Dans la pratique, la connaissance de l'albédo revêt une grande importance pour l'astronome. Elle lui permet notamment de choisir au mieux le terrain sur lequel installer son télescope. Par exemple, la neige, dont l'albédo varie de 70 % (neige ancienne) à 85 % (neige fraîche), ne rayonne que très peu de chaleur nocturne et offre donc un lieu idéal pour l'observation. Il est également important de connaître l'albédo des planètes. Saturne, par exemple, a un albédo général de 70 %, ce qui la rend extrêmement brillante : c'est pour cette raison que l'on peut la voir avec tant de netteté malgré une distance d'environ 1,3 milliard de km. Certaines cartes détaillées des planètes donnent leur albédo général, ainsi que celui de leurs principales régions : calottes glaciaires ou plaines de Mars, mers ou cratères lunaires, etc.

Alignement

À un moment donné de leurs parcours respectifs, les planètes peuvent se trouver alignées entre elles et avec le Soleil. Par exemple, en décembre 1999, le Soleil, la Terre, Jupiter et Saturne se trouvaient en alignement. Si une planète se trouve d'un côté ou de l'autre du Soleil par rapport à la Terre, on utilisera des termes différents (conjonction, opposition...), chacun désignant un alignement bien précis. Mais, en astronomie, le terme d'alignement désigne également une **méthode de repérage** dans le ciel nocturne. En traçant quelques lignes (fictives) simples, par exemple depuis le côté de la Grande Ourse vers l'étoile Polaire, ou bien de Sirius du Grand Chien vers Aldébaran du Taureau, l'astronome amateur parvient à découper de larges portions du ciel nocturne dans lesquelles se trouvent les objets qu'il recherche. C'est ce que l'on appelle la méthode des alignements.

VOIR
- **Conjonction** → p. 25
- **Opposition** → p. 49
- **Se repérer dans le ciel** → p. 129

Alpha

Les lettres grecques désignent, pour l'astronome, le rang et l'importance d'une étoile au sein d'une même constellation. Ainsi, *Alpha Geminorum* (Alpha des Gémeaux), c'est-à-dire Castor, est l'étoile la plus brillante de la constellation des Gémeaux. Vient ensuite Bêta (Pollux) des Gémeaux, puis suivent Gamma, Delta des Gémeaux... selon l'ordre de l'alphabet grec. En revanche, si Alpha de la Petite Ourse, l'étoile Polaire, est la plus brillante de sa constellation, elle reste pourtant bien moins brillante que Bêta des Gémeaux, qui se trouve dans une autre constellation.

VOIR
- **Alphabet grec** → p. 16
- **Constellation** → p. 25

Alphabet grec

Toutes les étoiles, même celles qui portent un nom bien connu, comme Castor et Pollux des Gémeaux, l'Épi (ou Spica) de la Vierge, Polaris de la Petite Ourse, sont désignées par une lettre de l'alphabet grec qui désigne leur rang au sein d'une même constellation. Pour pouvoir évaluer leur importance, il faut donc connaître l'alphabet grec, qui est donné ci-après.

Déjà beau à l'œil nu, l'amas ouvert des Pléiades est splendide avec des jumelles. Ses occultations par la Lune peuvent être suivies avec une lunette.

Les lettres minuscules de l'alphabet grec

α	alpha	ι	iota	ρ	rhô
β	bêta	κ	kappa	σ	sigma
γ	gamma	λ	lambda	τ	tau
δ	delta	μ	mu	υ	upsilon
ε	epsilon	ν	nu	φ	phi
ζ	dzêta	ξ	xi	χ	khi
η	êta	ο	omicron	ψ	psi
θ	thêta	π	pi	ω	oméga

Altazimutale (ou azimutale)

C'est généralement une monture dite altazimutale (on dit souvent azimutale) qui équipe les petites lunettes et les plus petits télescopes d'amateurs lorsque ceux-ci ne sont pas motorisés. Juchée sur un trépied (en bois ou en métal léger), une monture altazimutale se présente comme une rotule permettant de faire varier l'axe de la lunette de bas en haut (en altitude) ainsi que de droite à gauche, sur un plan horizontal (azimut).

VOIR
- **Monture** → p. 44
- **Les lunettes astronomiques d'amateur** → p. 118

Amas

De manière générale, les étoiles naissent en groupes au sein d'une même nébuleuse faite de poussières et de gaz. Elles forment alors des amas d'étoiles qui ont toutes le même âge. Toujours spectaculaires, les amas d'étoiles sont des cibles de choix pour l'astronome amateur. On en distingue deux types.

Les amas ouverts. Ce sont des formations jeunes qui ne contiennent que quelques centaines ou milliers d'étoiles, voire quelques dizaines. Ces étoiles se dispersent rapidement, et les amas ne présentent pas de forme bien précise.

Les amas globulaires. Ils sont composés d'étoiles très anciennes et également en plus grand nombre : quelques centaines de milliers à quelques millions. Ces amas globulaires sont de forme sphérique.

VOIR
- **Les taches floues du ciel** → p. 78
- **Le Taureau** → p. 190
- **Les Gémeaux et M 35** → p. 193
- **Les amas ouverts du Cancer** → p. 199
- **M 13 d'Hercule** → p. 204

Angle

Les angles se mesurent généralement en degrés (noté °). Chaque degré correspond à 60 minutes, et chaque minute à 60 secondes. Pour l'astronome, le terme d'angle recouvre plusieurs notions, toutes aussi importantes les unes que les autres.

Angle de visée. C'est l'angle sous lequel on aperçoit un objet céleste. Cet angle de visée dépend à la fois de la taille de l'objet considéré et de son éloignement. Considérons par exemple la Lune et le Soleil tels que nous les voyons depuis la Terre. Avec ses 3 480 km de diamètre, la Lune se trouve en moyenne à 380 000 km de distance de notre planète ; cela donne un angle de visée depuis la Terre d'environ 30 minutes (noté 30'). Le Soleil, lui, est 400 fois plus grand que la Lune mais... il est aussi 400 fois plus éloigné. Nous voyons donc ces deux objets sous le même angle et, lorsque la Lune passe devant le Soleil, elle l'éclipse complètement.

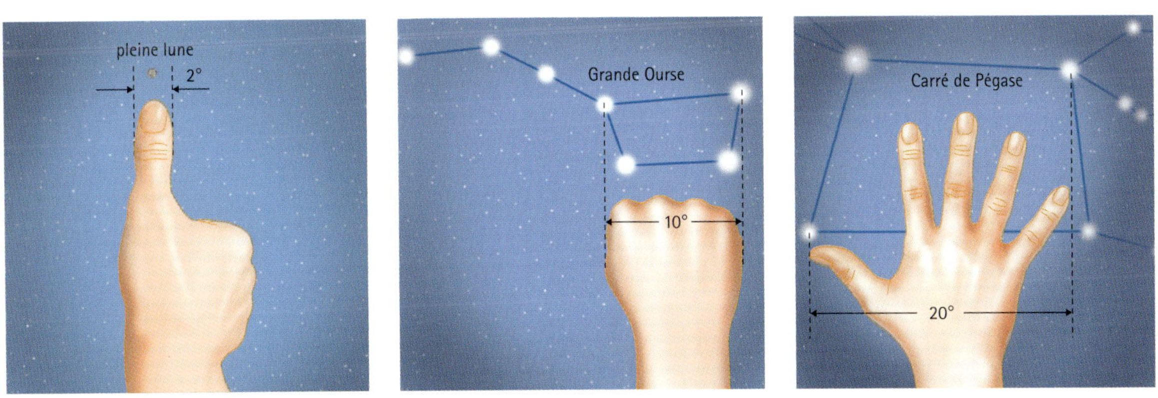

La main, utilisée à bras tendu, peut servir à évaluer des dimensions angulaires dans le ciel : l'épaisseur du pouce représente à peu près 2° et la largeur du poing fermé 10° ; si l'on ouvre la main et que l'on écarte les doigts au maximum, la distance angulaire entre l'extrémité du pouce et celle du petit doigt est de 20 ° environ.

En comparaison, les planètes nous apparaissent sous des angles bien plus petits : 44 secondes (noté 44") pour Jupiter, et 25" pour Mars lorsque cette dernière est au plus près de la Terre ; soit sous un angle entre 50 et 70 fois plus petit que la Lune. Par contre, une constellation comme la Grande Ourse s'ouvre sous un angle de 25°.

Angles des coordonnées célestes. Les objets célestes peuvent en effet être repérés grâce à deux angles. Le premier, qui s'exprime également en degrés, minutes et secondes, la **déclinaison**, correspond à la latitude terrestre projetée sur la voûte céleste, et le second, l'**ascension droite**, représente une projection de la longitude terrestre, celui-ci pouvant être noté soit en degrés, soit en heures. On dit par exemple que la galaxie d'Andromède se trouve à 41,41° de déclinaison et à 0 h 40 min d'ascension droite (soit 10°) à une certaine date de l'automne. Ces angles sont marqués par des graduations sur les rotules altazimutales des lunettes et télescopes.

Latitude et longitude. Pour bien repérer ces coordonnées célestes, il est nécessaire, pour toute soirée d'observation, de connaître deux angles : celui de la **latitude** et celui de la **longitude** terrestres auxquelles vous vous trouvez. En Europe, les cartes célestes mobiles sont généralement établies pour une latitude moyenne de 45° Nord, soit celle de Bordeaux, Milan, Budapest – une latitude de 90° correspond au pôle Nord, et une latitude de 0° à l'équateur. Quant à la longitude, elle se calcule à partir du méridien de Greenwich GMT, à 0°, marqué sur toutes les cartes. Si vous voulez connaître votre position par rapport à ces deux valeurs (latitude de 45° par exemple et longitude par rapport au méridien GMT), il faut savoir que 1° vers le nord, le sud, l'est ou l'ouest équivaut à 111 km, ou, plus exactement, à 111,121 km.

Pouvoir de séparation. C'est la plus petite distance angulaire entre deux étoiles ou deux détails sur une planète que l'on peut distinguer grâce à un instrument d'optique (œil, lunette ou télescope).

VOIR
- Ascension droite → p. 20
- Déclinaison → p. 26
- Degré → p. 27
- Minute → p. 42
- Résolution → p. 56
- Seconde → p. 58
- Que sont les coordonnées célestes → p. 132

Comme le Soleil, la Lune se présente à nous sous un angle de 30'.

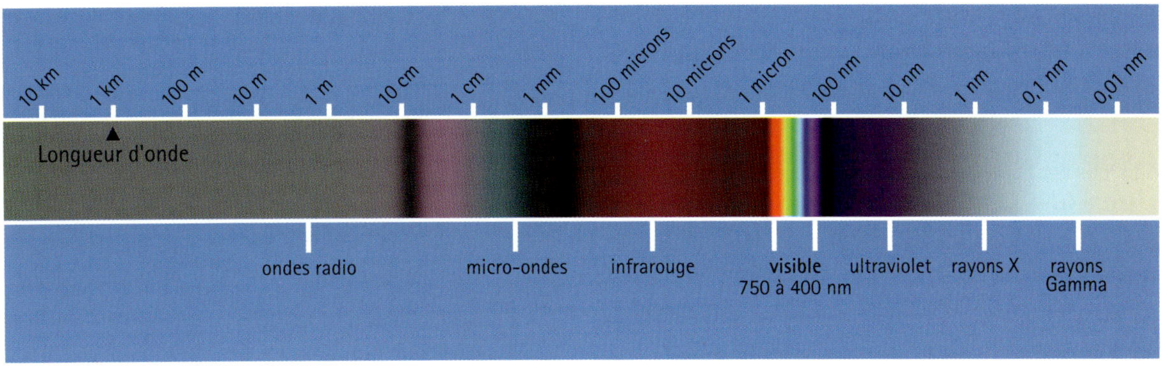

La longueur d'onde de la lumière visible se situe entre 4 000 et 7 500 angströms (400 et 750 nm).

Angström

L'angström est une unité de mesure en physique atomique : il est utilisé pour les longueurs d'ondes de la lumière dites « nanométriques ». Un angström (noté Å) représente un dix-milliardième de mètre. En astronomie, on dit que la longueur d'onde de la lumière visible est située entre 4 000 et 7 500 Å environ. On peut d'ailleurs utiliser des filtres qui ne laissent passer qu'une longueur d'onde précise, comme les filtres H-Alpha à 6 563 Å. Plutôt que l'angström, on utilise parfois comme unité de mesure le nanomètre (noté nm), qui représente un milliardième de mètre.

VOIR
- **Lumière** → p. 39
- **Onde** → p. 48
- **Observer la couronne solaire** → p. 172

Année

Pour les Terriens, une année correspond au temps que met la Terre pour boucler entièrement son orbite autour du Soleil, soit environ 364,25 jours. L'année désigne également le temps séparant chaque retour du Soleil au point équinoxial de printemps : on utilise alors le terme d'**année tropique.** Ne tournant pas à la même vitesse autour du Soleil ni à la même distance, les diverses planètes du système solaire ont chacune une année propre : par exemple, l'année mercurienne dure 88 jours, l'année vénusienne 224 jours, etc.

On désigne par **année cosmique** le temps que met le Soleil (avec ses planètes) pour accomplir un tour complet de la Galaxie, soit environ 220 millions d'années. Il se déplace en effet autour du centre de la Voie lactée, et ce à une vitesse de 250 km/s.

VOIR
- **Le Soleil** → p. 86

Année-lumière

Les **distances astronomiques** étant considérables (la plus proche étoile de la Terre est à 40 000 milliards de km), on calcule la distance des objets lointains (étoiles, amas, galaxies) en années-lumière.

Une année-lumière (1 al) correspond à la distance parcourue par la lumière en une année terrestre et à la vitesse de 300 000 km/s, ce qui équivaut à 9 500 milliards de km, que l'on arrondit généralement à 10 000 milliards de km. Les

La lumière met environ 8 minutes pour aller du Soleil à la Terre, mais 4,2 années pour nous parvenir de l'étoile la plus proche, Proxima du Centaure.

objets les plus lointains que l'on ait pu observer dans l'Univers sont situés à plus de 13 milliards d'années-lumière.

Ascension droite

C'est l'une des coordonnées célestes données pour chaque objet. Elle correspond à la **longitude terrestre projetée sur la voûte céleste** et s'exprime soit en degrés, soit en heures, 24 heures équivalant alors à 360 degrés.

VOIR ■ **Que sont les coordonnées célestes ?** → p. 132

Astre

Le mot « astre », qui vient du latin *aster,* désignait initialement les seules étoiles. Mais il est aujourd'hui souvent utilisé en astronomie pour dénommer de nombreux autres objets célestes : la Lune, le Soleil, les planètes, les comètes, etc.

Astronomie, astronome

Durant des millénaires, l'astronomie se donna pour tâches essentielles d'abord de **repérer** les astres dans le ciel (et de leur attribuer un nom), puis de noter leur mouvement sur la voûte

L'un des passe-temps favoris des astronomes amateurs, même débutants, l'astrophotographie, commence par la photographie à grand champ des conjonctions.

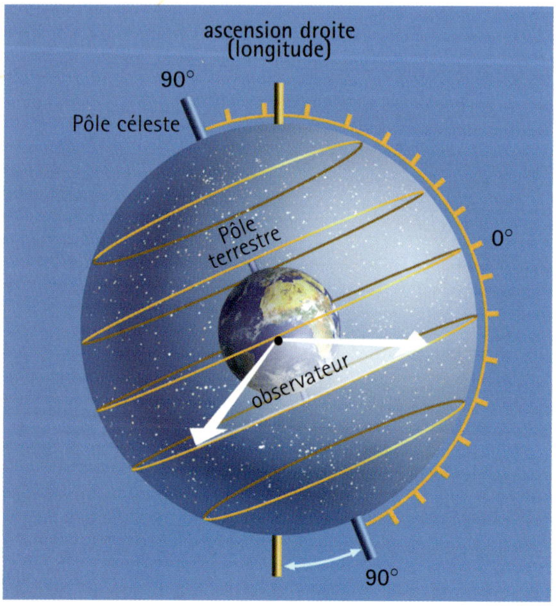

Ascension droite : analogue à la longitude sur la Terre.

céleste. Au IIe siècle avant J.-C., Hipparque initia une étude supplémentaire, à savoir **classer** les étoiles selon leur brillance plus ou moins grande (la magnitude). Mais ce n'est qu'au XVIIe siècle, en 1610, avec l'arrivée des instruments d'optique, lunettes puis télescopes, que les astronomes ont pu, de surcroît, étudier la surface de certains astres et le mouvement de leurs satellites.

De nos jours encore, toute personne qui, avec un instrument d'optique ou non, se livre à l'une de ces observations, fait de l'astronomie et est un astronome à part entière.

Astrophotographie

Le néologisme « astrophotographie », qui appartient au jargon de l'astronomie, désigne la photographie des objets célestes, quels qu'ils soient. L'astrophotographie nécessite un certain matériel et des temps de pose qui lui sont propres.

VOIR Éléments d'astrophotographie → p. 136

Astrophysique

Récente branche de l'astronomie, l'astrophysique est née au fur et à mesure que l'on a compris les causes et les effets physiques du déplacement des astres, leur fonctionnement et leur composition, ainsi que les conditions dans lesquelles ils naissent, subsistent ou disparaissent. Appartenant aux sciences exactes, l'astrophysique représente une spécialisation des mathématiques et de la physique.

Eddington, premier astrophysicien. Déjà, au début du XVIIIe siècle, Isaac Newton, en établissant les lois de la gravitation, avait déterminé les causes physiques (gravité) du mouvement des planètes. Mais on considère que c'est le physicien britannique Arthur Eddington qui donna naissance à l'astrophysique, quand, dans les années 1920, il expliqua le fonctionnement du Soleil par une série d'explosions thermonucléaires. Alors que l'on pensait, au XIXe siècle, que la chaleur du Soleil (et des étoiles) avait des causes chimiques, A. Eddington, lui, donna à ce phénomène des causes physiques : des réactions nucléaires qui transforment des noyaux d'hydrogène en noyaux d'hélium.

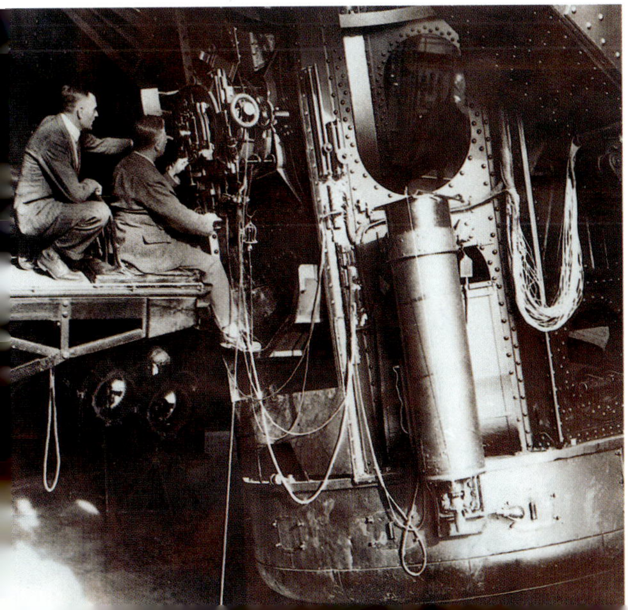

L'astrophysique aujourd'hui. Par la suite, on est parvenu à mieux comprendre quelle est la composition générale des différents astres, en étudiant la lumière qu'ils émettent ; l'analyse de chaque rayon lumineux (du spectre) permet en effet de savoir par quel élément atomique (hydrogène, hélium, carbone, etc.) le rayon a été émis. Ainsi, l'astrophysique s'occupe-t-elle également de la façon dont évolue la composition de l'Univers.

VOIR Big bang → p. 22
Spectre (de raies) → p. 58
La Voie lactée, notre galaxie → p. 64
Des milliards de galaxies → p. 66
Le Soleil → p. 86

Automne

L'automne, saison terrestre, commence le 22 (ou 23) septembre, qui est un jour d'équinoxe. Cela signifie qu'à cette date la durée du jour et la durée de la nuit sont égales. Cette égalité a alors lieu sur toute la Terre, puisque le jour de l'automne dans l'hémisphère Nord correspond au jour du printemps dans l'hémisphère Sud.

Excellente saison pour l'observation astronomique, l'automne est, entre autres, la saison de la galaxie d'Andromède et de la lumière zodiacale.

VOIR Équinoxe → p. 30
Printemps → p. 52
La Terre → p. 92
Suivre les planètes → p. 146
La galaxie d'Andromède → p. 211
Observer la lumière zodiacale → p. 214

Azimutale

Voir Altazimutale.

Depuis 1920, les astronomes professionnels sont généralement des astrophysiciens, utilisant les lois de la physique pour parfaire et comprendre leurs observations. Ici, E. Hubble au télescope du mont Wilson.

B

Barlow (lentille de)

La lentille de Barlow se fixe sur une lunette ou un télescope. C'est un tube dont la lentille permet de grossir 2 fois, voire 3 ou 4 fois, l'image obtenue par l'oculaire. Sa longueur varie selon le type d'instrument auquel on l'adapte. Son utilité, hormis pour l'astrophotographie, est très discutée, particulièrement pour les instruments de petit diamètre, car elle absorbe beaucoup de lumière et ajoute des imperfections au système optique.

VOIR
- **Oculaire** → p. 47
- **Les lunettes astronomiques d'amateur** → p. 118

L'utilité de la lentille de Barlow, qui multiplie par 2, 3 ou 4 le grossissement, est très discutée pour les instruments de petit diamètre.

Big bang

Tout à l'idée de refuser un Univers « créé » par le Dieu de la Bible en 4004 avant J.-C., les scientifiques des XVIIIe et XIXe siècles en sont venus à penser que l'Univers, en fait, n'avait pas été créé, n'avait pas connu de commencement, et avait existé de tout temps. Bien enracinée, cette idée était devenue la pensée dominante au XXe siècle, et A. Einstein lui-même la tint pour vraie jusqu'à son décès en 1955.

La fuite des galaxies. Pourtant, dans les années 1920, l'astrophysicien Edwin Powell Hubble avait fait une bouleversante constatation. À force d'étudier les diverses galaxies, il avait compris que celles-ci s'éloignaient toutes les unes des autres ; un peu comme des pois marqués sur un ballon, qui s'écartent lorsqu'on gonfle le ballon. Il s'est alors posé la question suivante : si ces galaxies s'éloignent ainsi comme les particules lors d'une explosion, il y a bien eu un moment où elles étaient toutes rassemblées : avant l'explosion, justement ? Dès 1929, un mathématicien belge, l'abbé Lemaître, reprit ces travaux et annonça ce qui allait devenir la théorie du big bang (grosse explosion) : il y a des milliards d'années, tout l'Univers était rassemblé en un seul point, une espèce d'atome primitif, qui a explosé ; depuis, il ne cesse de se dilater.

Depuis 14,5 milliards d'années. Les calculs concernant le commencement de l'Univers ont varié au fur et à mesure que la théorie du big bang s'est affinée. Aujourd'hui, de manière très simplifiée, celle-ci présume que, il y a 14 ou 15 milliards d'années, existait une sorte de soupe de particules élémentaires (photons, électrons, quarks), qui a donné lieu à l'Univers à la suite d'une explosion. Depuis, ce dernier est en expansion, et, de ce fait, se refroidit (comme de l'eau chaude se répandant dans un bain froid). Ainsi, après avoir connu des températures s'élevant à des milliards de degrés, l'Univers ne dépasse pas aujourd'hui une température de – 270 °C environ. Bien que souvent contestée sur certains de ses aspects, qui ne correspondent pas toujours aux réalités constatées, la théorie du big bang est aujourd'hui admise par la plus grande part de la communauté scientifique.

VOIR
- **Âge (de l'Univers)** → p. 14
- **La Voie lactée, notre galaxie** → p. 64
- **Des milliards de galaxies** → p. 66

Acceptée par l'ensemble de la communauté scientifique, la théorie du big bang laisse encore certaines énigmes irrésolues et contient quelques contradictions.

C

La lettre c, ou célérité, désigne toujours la **vitesse de la lumière dans le vide** (espace), soit environ 300 000 km en une seconde (très exactement 299 793 km/s). Pour les astronomes amateurs, cette vitesse peut faire l'objet d'une observation, puisqu'il est possible de la calculer soi-même, comme l'a fait Olaus Römer au XVIIe siècle grâce à une petite lunette astronomique.

VOIR **Jupiter et la vitesse de la lumière → p. 238**

Cartes du ciel

On en distingue généralement deux types principaux : les cartes du ciel mobiles et les cartes du ciel détaillées.

Les cartes du ciel mobiles. Également appelées « cherche-étoiles », elles proposent une vue globale du ciel nocturne à une latitude donnée (généralement 45° de latitude Nord pour l'Europe), en fonction de la date et de l'heure choisies. Elles sont un outil indispensable pour se repérer dans le ciel au cours d'une soirée d'observation.

Les cartes du ciel détaillées. Elles ne présentent que partiellement la voûte nocturne : soit en telle saison, soit telle constellation, etc. Elles indiquent généralement les curiosités célestes de la région considérée : étoiles doubles, amas, galaxies, étoiles variables...

VOIR **Utiliser une carte du ciel → p. 126**

Ceinture de Kuiper

La région du ciel appelée « ceinture de Kuiper » se situe **au-delà de Neptune**, entre 30 et 1 000 unités astronomiques du Soleil (1 ua égale environ 150 millions de km). Là circulent des milliards de corps solides en orbite autour du Soleil. Certains sont des corps planétésimaux, c'est-à-dire de petites planètes, et il est possible que Pluton ait été l'un de ces corps.

VOIR **Le système solaire → p. 82**

Situés au-delà de Neptune, Pluton et son satellite Charon viendraient peut-être de la ceinture de Kuiper où circulent des milliards de mini-planètes en orbite autour du Soleil.

Céphéides

Les céphéides sont un des différents types d'**étoiles variables.** Elles se caractérisent par une luminosité qui varie sur une période courte, de l'ordre de quelques jours. Le prototype en est l'étoile Delta de Céphée, dont la magnitude varie de 3,5 à 5 en moins de six jours.

VOIR
- **Les étoiles variables** → p. 76
- **Observer les étoiles variables** → p. 230

Champ

Le champ d'un instrument d'astronomie désigne l'importance de la portion de ciel que l'on peut voir avec cet instrument. Il dépend essentiellement du grossissement, plus que du diamètre de l'appareil : avec une lunette de 60 mm de diamètre, par exemple, un grossissement de 30 ou 40 fois permet de voir entièrement le disque lunaire, alors qu'un grossissement de 100 fois n'en montre qu'une partie.

Avec des instruments comme les jumelles, on privilégie généralement la taille du champ aux dépens du grossissement. La vue binoculaire de ces instruments d'optique permet en effet d'apercevoir, par exemple, la galaxie d'Andromède en son entier, grossie seulement 7 ou 8 fois, ce qui serait impossible avec une lunette grossissant 35 fois.

VOIR
- **Grossissement** → p. 35
- **Ouverture** → p. 50
- **Choisir et utiliser des jumelles** → p. 116
- **Les lunettes astronomiques d'amateur** → p. 118
- **Les télescopes d'amateur** → p. 122

Vue d'ensemble de la galaxie d'Andromède M 31.

Champ grossissant de M 31 : on ne voit plus qu'une partie de la galaxie mais avec plus de détails.

Chercheur

Appelé également « viseur », le chercheur est une petite lunette placée en parallèle sur le corps d'une lunette ou d'un télescope. Grossissant en général de 25 à 40 fois, cette pièce essentielle permet, grâce à un réseau de fils croisés, de centrer parfaitement l'objet céleste observé au milieu de la lunette ou du télescope.

C'est à l'aide du chercheur, dont le champ est beaucoup plus grand que celui d'une lunette ou d'un télescope (de 4° à 7°), que l'on parvient, avant une observation, à repérer un objet peu ou pas visible dans le ciel. Par exemple, l'amas M 13 d'Hercule ou la Nébuleuse M 42 d'Orion, presque invisibles à l'œil nu, apparaissent nettement dans le chercheur.

VOIR ■ Les lunettes astronomiques d'amateur → p. 118
■ Les télescopes d'amateur → p. 122

Ciel profond

Désigne toutes les taches floues du ciel : galaxies, amas (ouverts et fermés) et nébuleuses.

VOIR ■ Les taches floues du ciel → p. 78

Conjonction

Le mot « conjonction » désigne en astronomie des phénomènes d'apparence un peu différents.

La conjonction visuelle. On parle de conjonction visuelle lorsque deux objets célestes, lors d'une observation, semblent proches l'un de l'autre. Par exemple, la Lune et une planète peuvent apparaître, de la Terre, sur la même ligne de visée.

L'alignement de trois astres. Par analogie, le terme de « conjonction » est également utilisé lorsque trois astres, deux planètes et le Soleil, sont alignés. Dans le cas des planètes externes (Mars, Jupiter, Saturne, Uranus, Neptune ou Pluton), la planète se trouve de l'autre côté du Soleil par rapport à la Terre ; on parle alors simplement de conjonction. Mais, en ce qui concerne les planètes internes (Mercure et Vénus), on distingue deux configurations : il y a **conjonction inférieure** lorsque Mercure, ou Vénus, se trouve entre le Soleil et la Terre, et **conjonction supérieure** lorsque Mercure, ou Vénus, se trouve de l'autre côté du Soleil par rapport à la Terre.

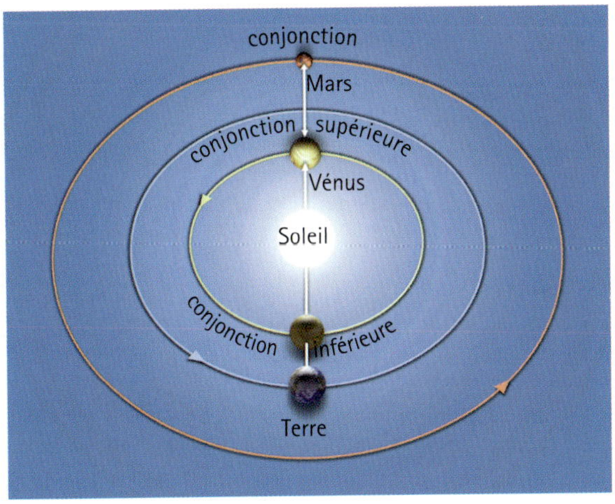

Conjonction.

VOIR ■ Les croissants de Vénus → p. 234

Constellation

Deux ourses, un lynx, un lion, une girafe et deux chiens ; deux poissons, une baleine et un dauphin ; des croix, des voiles, et, enfin, des personnages de la mythologie, comme Andromède, les Gémeaux ou Hercule, etc. Les constellations, recensées en un catalogue établi en 1928, sont au nombre de quatre-vingt-huit, réparties sur les deux hémisphères : ciel austral et ciel boréal.

De simples repères... Mais que nomme-t-on, au juste, « constellation » ? Dans le ciel nocturne, notre regard s'attache parfois à certains groupes d'étoiles qui, entre elles, paraissent dessiner une forme plus ou moins vague : un triangle, un carré bien sûr, mais aussi des figures plus complexes : la constellation dite du Lion ressemble en effet un peu à un lion couché, ou à quelque sphinx. Il en est de même pour le Grand Chariot, qui figure plus un chariot avec son timon qu'une

Les conjonctions font partie des plus beaux spectacles célestes, ici la Lune (en bas), Vénus (à gauche) et Jupiter (à droite).

ourse. Or, pour les observateurs du ciel, de tels repères sont bien pratiques : sous le Lion, on trouve six galaxies et, près de l'étoile centrale du timon du Grand Chariot, voici Alcor. Une fois transmis de tels renseignements, tous les autres observateurs vont pouvoir trouver les objets désignés. Ainsi, au fil des millénaires, les astronomes ont-ils créé, parfois un peu arbitrairement, de nombreuses constellations servant de points de repères dans le ciel.

...sans réalité physique. Pourtant, ces 88 constellations (y compris celles du zodiaque) ne correspondent à aucune réalité physique et ne sont qu'une illusion d'optique. Vues depuis la Terre, en effet, les étoiles nous apparaissent comme si elles se trouvaient toutes dans un même plan, ce qui permet à notre imagination de tirer des traits entre elles pour y trouver des dessins de gémeaux, de dauphin ou de lyre. Mais, en réalité, ces étoiles ne présentent aucun lien entre elles. Ainsi, les 5 étoiles principales de Cassiopée, par exemple, qui semblent dessiner un grand W dans le ciel, se trouvent en fait respectivement à 440 al, 600 al, moins de 100 al pour deux d'entre elles, et 230 al pour la cinquième. Les constellations ne forment donc pas des groupes physiques d'étoiles comme, par contre, c'est le cas pour les amas d'étoiles.

VOIR
- **Amas** → p. 17
- **Zodiaque** → p. 61
- **Se repérer dans le ciel** → p. 129

Coordonnées célestes

Voir ascension droite et déclinaison.

Coronographe

Le coronographe est un petit disque sombre que l'on place sur l'objectif d'une lunette ou d'un télescope, de manière qu'il masque exactement le disque solaire, ne laissant apparaître que la couronne solaire.

VOIR
- **Observer la couronne solaire** → p. 172

Cosmos

Le mot « cosmos » est employé pour parler soit de l'espace, soit de l'Univers tout entier. Il aurait été inventé au VIe siècle av. J.-C. par Pythagore lorsque ce dernier a montré que l'Univers suivait des lois bien définies que l'on devait chercher à comprendre. Par opposition au mot « chaos » qui signifie le désordre, le mot grec *kosmos* désignait en effet l'ordre.

D

Déclinaison

La déclinaison correspond à la latitude terrestre projetée sur la voûte céleste, c'est-à-dire à la hauteur de l'objet dans le ciel. C'est, avec l'ascension droite, l'une des deux coordonnées

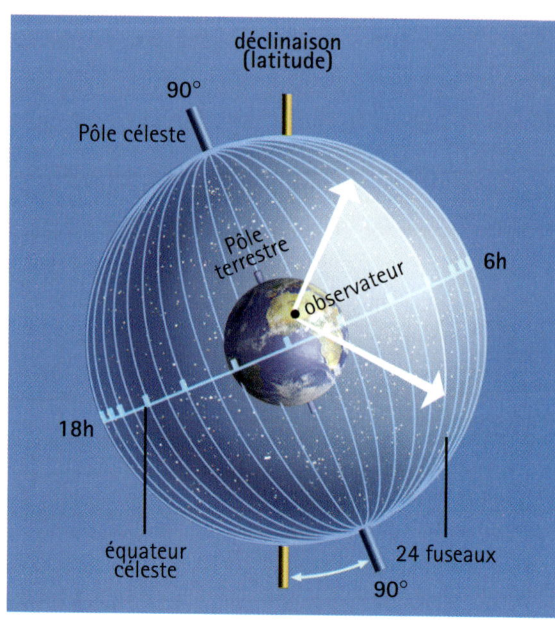

Déclinaison : analogue à la latitude sur la Terre.

célestes permettant de situer un objet dans le ciel nocturne. Elle s'exprime en degrés. Le degré zéro (0°) correspond à un objet situé sur l'équateur céleste, alors que 90° correspond au pôle Nord céleste et -90° au pôle Sud céleste.

VOIR ■ **Ascension droite** → p. 20

Avec un diamètre intrinsèque de 143 200 km, Jupiter se présente, vue depuis la Terre, sous un diamètre de 44" (secondes) à l'opposition.

Degré

En astronomie, le degré est une unité de mesure soit des angles, soit de la température.

Le degré d'angle se subdivise en minutes et en secondes (1° = 60' ; 1' = 60'' ; on dit aussi minutes d'arc et secondes d'arc). L'ensemble de la sphère visible des étoiles s'étend ainsi sur 360°.

Le degré Celsius (noté °C) est l'unité de mesure des températures. Il a pour fondement la température à laquelle l'eau se solidifie (se transforme en glace), soit 0 °C. Depuis que le degré Fahrenheit n'est plus utilisé, seul le kelvin (noté K) est parfois employé, en astrophysique, à la place du degré Celsius. On dit ainsi indifféremment que la température de surface du Soleil est de 5 700 °C, ou d'environ 6 000 K (0 °C = 273,16 K).

Diamètre

Il existe trois sortes de diamètre en astronomie. Tout d'abord, le **diamètre intrinsèque**, c'est-à-dire la taille en kilomètres d'un objet céleste. Par exemple, le diamètre de Mars est de 6 800 km.

Il existe également un **diamètre angulaire**, qui désigne l'angle de visée sous lequel on aperçoit un objet céleste. La Pleine Lune se présente à nous sous un diamètre de 30' (30 minutes d'arc).

Enfin, ce terme est utilisé lorsqu'on parle de l'**objectif d'un instrument d'astronomie** (jumelles, lunette ou télescope). Il s'agit ici du diamètre de la surface (circulaire) collectrice de la lumière. Il est généralement exprimé en millimètres (sauf pour les instruments dépassant 1 m). Dans le cas de jumelles, de 7 × 50 par exemple, le second nombre désigne le diamètre de chacun des deux objectifs (soit, ici, 50 mm).

Pour résumer : la planète Mars, d'un diamètre intrinsèque de 6 800 km, s'est présentée pour un observateur terrestre sous un diamètre angulaire de 25'' (25 secondes d'arc) lors de son opposition du 31 août 2003, permettant aux astronomes munis d'une lunette de 60 mm ou d'un télescope de 115 mm de diamètre d'en apercevoir les calottes glaciaires.

VOIR ■ **Angle** → p. 17
■ **Acheter votre instrument** → p. 124

Distance focale

Voir Focale.

Doppler (effet)

C'est le décalage entre la fréquence d'une onde émise par une source lumineuse (ou sonore) en mouvement et la fréquence perçue par un observateur immobile (ou considéré comme tel).

Concrètement, l'effet Doppler caractérise la modification de la lumière émise par les étoiles en mouvement dans notre ligne de visée : lorsqu'une étoile s'éloigne de nous, la lumière qu'elle émet est décalée, par rapport à un spectre de référence, vers les longueurs d'onde plus grandes, c'est-à-dire vers le rouge. À l'inverse, si une étoile se rapproche de nous, la lumière qu'elle émet est décalée vers les longueurs d'onde plus courtes, vers le bleu. On parle aussi de décalage vers le rouge (*redshift* en anglais) ou le bleu. C'est grâce à l'effet Doppler que Edwin Hubble a révélé la fuite des galaxies, qui s'éloignent de nous d'autant plus vite qu'elles sont loin.

C'est également par effet Doppler que la sirène des ambulances se fait de plus en plus aiguë au fur et à mesure que le véhicule se rapproche de nous, puis de plus en plus grave à mesure qu'il s'éloigne.

VOIR
- **La Voie lactée, notre galaxie** → p. 64
- **Des milliards de galaxies** → p. 66
- **Les planètes extrasolaires** → p. 110

E

Éclipse

Il existe de nombreuses formes d'éclipse, mais toutes désignent le passage d'un corps céleste devant un autre. Les plus célèbres sont les **éclipses du Soleil**, lorsque la Lune passe devant notre étoile et la masque. Viennent ensuite les **éclipses de Lune**. Cette fois, c'est la Terre elle-même qui cache le Soleil à la Lune, celle-ci se trouvant alors soit dans la pénombre, soit dans l'ombre de la Terre, et n'étant donc plus visible depuis la Terre.

On parle également d'éclipses pour les couples d'étoiles lorsque celles-ci, tournant autour d'un point commun, passent alternativement l'une devant l'autre : ces étoiles sont d'ailleurs dites **binaires à éclipses**.

Enfin, l'astronome amateur peut, presque chaque nuit, assister à bon nombre d'autres éclipses : passage de la Lune devant une planète, une étoile ou un groupe d'étoiles, passage d'une planète devant une étoile donnée, voire encore passage d'un astéroïde devant une étoile. On désigne généralement ce dernier type d'éclipses par le terme d'**occultation**.

VOIR
- **Les étoiles multiples** → p. 74
- **Les prochaines éclipses** → p. 176
- **Observer les étoiles variables** → p. 230
- **Observer les occultations** → p. 246

Écliptique (plan de l')

Lors de la naissance du Soleil, les résidus de la nébuleuse gazeuse dont il était issu se sont mis en orbite autour de la jeune étoile. Ils ont alors formé une espèce de disque plat : le plan de l'écliptique, appelé également **plan orbital**. C'est dans ce plan que tournent toutes les planètes du système. On lui a donné le nom de « plan de l'écliptique » car c'est là que se produisent les

Éclipse de Soleil par la Terre vue depuis l'espace, par les astronautes d'Apollo 12.

Lorsque Vénus est à son élongation maximale, elle se présente à nous en quartier, comme la Lune.

éclipses, planètes ou satellites passant les uns devant les autres.

En réalité, les planètes ne tournent pas exactement dans un plan parfaitement horizontal. La Lune montre ainsi un angle de 6° par rapport au plan généré par l'orbite de la Terre autour du Soleil, et Mercure un angle de 7°. Néanmoins Mars, Jupiter, Saturne, Uranus et Neptune tournent presque toutes dans ce même plan, avec un angle n'excédant pas 2,50°. Vénus se singularise un peu avec un angle de 3,20°, et Pluton, à l'autre extrémité du système planétaire, marque un angle plus important, de 17°.

C'est dans le plan orbital de la Terre, et donc dans le plan de l'écliptique, que se trouvent les constellations du zodiaque.

VOIR
- **Orbite** → p. 49
- **Le système solaire** → p. 82

Élongation

L'élongation désigne pour un observateur situé sur la Terre la distance angulaire d'une planète au Soleil – ou d'un satellite à l'objet autour duquel s'effectue son orbite. Lorsque, par exemple, la Terre, Vénus et le Soleil forment un angle de 0° ou de 180°, l'élongation est nulle : les trois objets sont alignés. Lorsque Vénus, le Soleil et la Terre forment un angle de 90°, Vénus est à son **élongation maximale**, c'est-à-dire, vue depuis la Terre, à son éloignement maximal du Soleil.

Éphémérides

Le terme « éphéméride » vient du mot éphémère (qui dure peu de temps). En astronomie, tout change rapidement : par exemple, tandis que la Terre se déplace de 30 km en une seconde, Mars parcourt dans le même temps 24 km, Jupiter 13 km et Saturne 9 km. La position dans laquelle on observe chaque objet céleste (planète ou satellite) un soir donné change donc au cours des heures, des jours, des semaines, des mois.

C'est pourquoi on publie chaque année des éphémérides, dans le but d'éviter de fastidieux calculs aux astronomes, amateurs ou non. Ces éphémérides indiquent pour l'année en question la **position relative des planètes** par rapport au Soleil et par rapport à la Terre. Il existe également des éphémérides précisant soit la position des quatre principaux satellites de Jupiter, jour après jour, soit celle des satellites d'autres planètes –

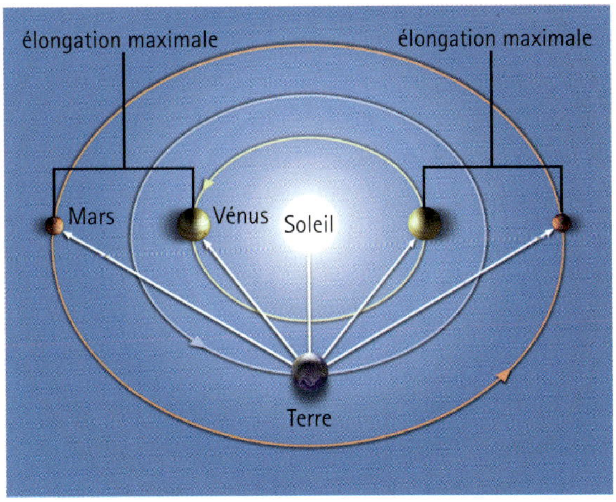

Élongation.

mais encore faut-il disposer d'un instrument suffisant pour les voir... Dans cet ouvrage, nous avons remplacé les éphémérides des planètes, toujours complexes et délicates à lire, par **un tableau des planètes** telluriques et un autre des planètes géantes qui permettent à l'astronome amateur de situer, en un simple coup d'œil, les différentes planètes les unes par rapport aux autres au cours des semaines, des mois et des années.

VOIR
- **Suivre les planètes** → p. 146
- **Dresser les éphémérides de Jupiter** → p. 152

Équateur céleste

L'équateur céleste est la projection, sur la voûte céleste, de l'équateur terrestre. L'équateur céleste fait donc un angle de 23,30° avec le plan de l'écliptique (comme l'équateur terrestre avec le plan de l'écliptique).

VOIR
- **Que sont les coordonnées célestes ?** → p. 132

Équinoxe

L'équinoxe de printemps a lieu le 20 (ou le 21) mars et celui d'automne le 22 (ou 23) septembre. À ce moment, le Soleil, dans son mouvement apparent sur l'écliptique, coupe l'équateur céleste, ce qui correspond à l'égalité de la durée du jour et de la nuit dans les deux hémisphères.

VOIR
- **Automne** → p. 21
- **Printemps** → p. 52
- **Saison** → p. 56

Espace-temps

La difficile notion de l'espace-temps a été proposée par Einstein en 1905 dans sa théorie de la relativité restreinte. Le savant y montrait que l'Univers n'est pas fait de trois dimensions, mais que, pour rendre compte des phénomènes qui s'y

Au solstice d'été, le Soleil est si haut dans l'hémisphère Nord qu'il ne se couche pas dans le cercle arctique.

déroulent, il fallait y ajouter une quatrième dimension : le temps. Celui-ci n'est pas une dimension « à part », mais forme, avec les trois dimensions de l'espace, un ensemble continu de tous les événements. C'est ce que l'on nomme le **continuum espace-temps.**

Un espace courbé. En 1916, dans sa théorie de la relativité générale, Einstein a en outre montré que la présence de la matière (la masse gravitationnelle) impose une courbure à cet espace-temps. Cela signifie notamment que lorsqu'on observe une galaxie, par exemple, la lumière de celle-ci ne parvient pas en ligne droite, mais selon une certaine courbe imposée par les masses qu'elle a croisées lors de son parcours.

Été

L'été terrestre commence le 21 (ou 20) juin, jour du solstice d'été dans l'hémisphère Nord. À ce moment, le Soleil, dans son mouvement apparent, atteint sa plus forte déclinaison (latitude céleste) Nord et se trouve donc au plus haut dans le ciel. Dans l'hémisphère Sud, il est en revanche à ce moment-là à sa plus forte déclinaison Sud, et c'est le solstice d'hiver.

Observer en été. Avec des nuits courtes et claires, l'été n'est pas une bonne saison pour l'observation astronomique. De plus, du fait de l'inclinaison de la Terre, les astronomes de l'hémisphère Nord, en été, devront baisser la tête pour chercher, très au sud, le plan de l'écliptique, sur lequel se trouvent les planètes et les constellations du zodiaque.

Cela n'empêche pas qu'il est alors possible d'observer de nombreux joyaux astronomiques comme la nébuleuse planétaire de la Lyre ou l'amas globulaire M 13 d'Hercule.

VOIR
- **Déclinaison** → p. 26
- **Hiver** → p. 37
- **Solstice** → p. 58
- **Les taches floues du ciel** → p. 78
- **La Terre** → p. 92
- **Suivre les planètes** → p. 146
- **Le ciel d'été** → p. 203

Excentricité

Au cours de leur révolution autour du Soleil, les planètes décrivent, non pas un cercle parfait, mais une ellipse. On définit l'excentricité comme « le rapport de la distance entre les foyers et la longueur du grand axe de cette ellipse ». Plus simplement, l'excentricité est un coefficient déterminant la différence entre l'ellipse (qui peut être quasi circulaire) et le cercle. Plus l'excentricité (toujours inférieure à 1) est grande, plus l'orbite s'éloigne du cercle parfait.

Vénus, dont l'excentricité est de 0,01 (notée e = 0,01), décrit un cercle presque parfait dans sa course autour du Soleil. À l'inverse, voici deux planètes montrant des excentricités importantes et, donc, un trajet très elliptique : Mercure (e = 0,21), et Pluton (e = 0,25). Le reste des planètes orbite de manière assez circulaire. La Terre a ainsi une excentricité de 0,02 ; Mars, de 0,09 ; Jupiter, de 0,05 ; Saturne, de 0,06 ; Uranus, de 0,05 ; et Neptune, de 0,01.

VOIR
- **Orbite** → p. 49
- **Le système solaire** → p. 82

Exoplanètes

On sait aujourd'hui qu'il existe des centaines de planètes appartenant à d'autres systèmes solaires que le nôtre, alors que ce n'était qu'une hypothèse jusqu'en 1995. Tournant autour d'autres étoiles que le Soleil, ces planètes sont dites « extrasolaires » ou, de préférence, des « exoplanètes ». Toutes sont invisibles au télescope, mais décelables par des procédés particuliers : l'effet Doppler et l'effet de transit.

VOIR
- **Doppler (effet)** → p. 27
- **Transit** → p. 59
- **Les planètes extrasolaires** → p. 110

F

Filtres

Un filtre est une pièce de verre teintée que l'on place soit sur l'oculaire, soit directement sur l'objectif. Il permet de laisser passer tel type de lumière (d'une longueur d'onde définie) et non tel autre, ou, simplement, de diminuer l'intensité d'un rayonnement.

Peu utiles pour les instruments de petit diamètre (lunettes de 60 ou 70 mm), les filtres lunaires diminuent la clarté trop éblouissante de la Lune lorsque celle-ci est pleine.

– **Les filtres solaires**, par exemple, sans supprimer une longueur d'onde particulière, ne laissent passer qu'un millième, plus souvent un dix-millième, de l'intensité lumineuse solaire, et permettent ainsi de regarder notre étoile.
– **Les filtres colorés**, ou « à bande Alpha », eux, ne laissent passer que certaines longueurs d'ondes privilégiées en fonction de l'observation que l'on effectue : couleurs des planètes, couronne et éruptions solaires, par exemple...

VOIR
- **Les lunettes astronomiques d'amateur** → p. 118
- **Observer le Soleil** → p. 168
- **Observer la couronne solaire** → p. 172
- **Les planètes en couleur** → p. 232

Focale

Pour un objectif donné, on désigne par les termes de « focale », « distance focale », ou « longueur focale », la distance que parcourent les rayons lumineux réfractés par la lentille de l'objectif avant de se concentrer en un point donné : le point focal. Ainsi, une lunette de 60 mm de diamètre a généralement une focale de 700 mm, 710 mm, parfois 800 mm. De la même manière, on parle de la focale d'un télescope, qui est la distance à laquelle les rayons réfléchis par le miroir concave se concentrent au point focal.

Chaque loupe ou lentille réfractant les rayons lumineux qui la traversent possède donc une focale, et l'on parle aussi de la focale d'un oculaire (c'est le chiffre marqué sur l'oculaire, qu'il ne faut pas confondre avec son diamètre) ou d'un objectif d'appareil photo.

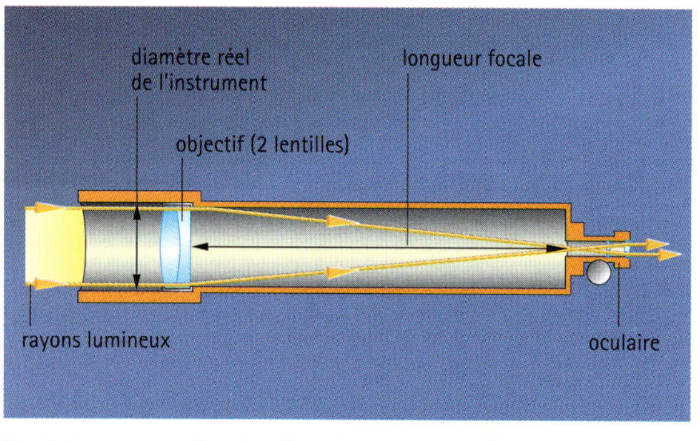

De la longueur focale d'un instrument dépendent la grandeur et la luminosité des images.

La notion de focale permet de définir deux paramètres importants en astronomie : le **grossissement**, qui est le rapport entre la focale de l'instrument et la focale de l'oculaire utilisé, et l'**ouverture** du champ, qui est le rapport entre le diamètre de l'objectif et la distance focale de l'appareil.

VOIR
- **Grossissement** → p. 35
- **Ouverture** → p. 50
- **Les lunettes astronomiques d'amateur** → p. 118
- **Les télescopes d'amateur** → p. 122

Fond cosmique

C'est le **rayonnement de photons**, constituants primitifs de l'Univers, qui constitue ce que l'on nomme le fond cosmique, lequel emplit tout le cosmos. Entre 300 000 et 500 000 ans après le big bang, quand les particules élémentaires de la matière, les électrons et les protons, se sont réunies avec les neutrons pour former des atomes, de l'énergie a été libérée sous forme de photons qui se sont répandus uniformément dans tout l'espace.

Depuis, ces photons originels ont perdu une grande part de leur énergie. Ils ne rayonnent plus que dans les longueurs d'ondes dites « ondes radio » (électromagnétiques), formant, à une température de 3 kelvins, le fond cosmique, dit également « fond cosmique de rayonnement radio ».

VOIR
- **Big bang** → p. 22
- **Photon** → p. 51

Fusion

Découverte théoriquement en 1933, puis expérimentalement en 1951 (bombe H), la fusion thermonucléaire est le principe selon lequel les étoiles, dont le Soleil, fonctionnent et délivrent leur énergie. Dans une réaction de fusion thermonucléaire, plusieurs atomes d'hydrogène (en fait, leurs noyaux) vont fusionner pour donner des atomes d'hélium (le noyau de l'atome d'hydrogène contient un proton et le noyau de l'atome d'hélium en contient deux). En fin de fusion, le noyau de l'atome d'hélium n'est pas exactement deux fois plus lourd que le noyau de l'atome d'hydrogène, mais légèrement moins. Cette perte de masse correspond à une différence d'énergie qui se calcule selon la fameuse équation d'Einstein : $E = mc^2$.

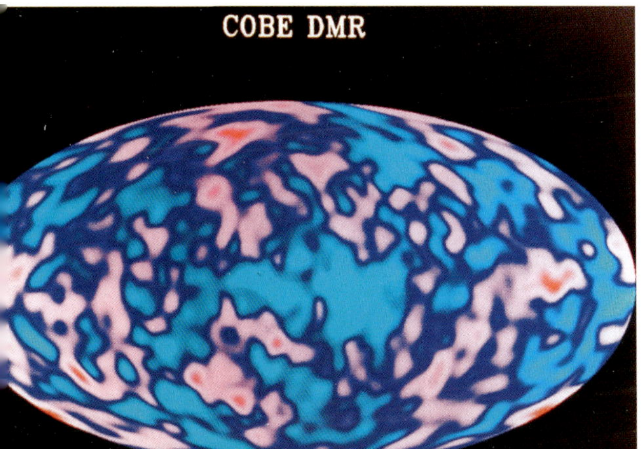

Photographie du fond cosmique de rayonnement radio prise par le satellite COBE.

La fusion thermonucléaire ne doit pas être confondue avec la fission nucléaire (bombe A), dans laquelle l'énergie est, à l'inverse, dégagée par l'éclatement d'atomes d'uranium ou de plutonium. En fait, la fusion thermonucléaire est la réaction la plus énergétique que l'on connaisse en physique, mais elle demande déjà pour s'enclencher une telle énergie de base que l'on n'est pas encore parvenu à la réaliser sur la Terre, sauf lors des explosions atomiques expérimentales. Ce sont d'ailleurs de telles explosions qui allument les étoiles et le Soleil.

VOIR ■ **Le Soleil** → p. 86

G-H

Gravitation

Pourquoi, lorsqu'on lâche un objet, celui-ci tombe-t-il à terre, et pourquoi la Lune tourne-t-elle autour de notre planète sans jamais tomber dessus ? Il a fallu de nombreux millénaires aboutissant aux travaux quasi simultanés de Johannes Kepler (trajet elliptique des planètes), de Galileo Galilei, soit Galilée (mouvement et chute des corps), puis d'Isaac Newton (gravitation universelle), pour pouvoir répondre correctement à ces questions.

Loi de gravitation. Établie dans sa forme mathématique par Newton, la loi de la gravitation universelle dit que, partout dans l'Univers, deux objets de masse m et m' s'attirent mutuellement selon une force f fonction du produit de leur masse divisé par le carré de leur distance d. On écrit cette loi : $f = G \times mm'/d^2$. G est ici la constante de gravitation (ou d'attraction) universelle établie par Newton.

Gravitation et objets terrestres. Sur la Terre, la principale force d'attraction, de gravitation, est due à l'énorme masse de notre planète vis-à-vis de laquelle même un objet de 100 000 t ne pèse pas bien lourd. Ainsi, tous les objets sont attirés par la Terre selon une force telle que $f = m \times g$. Ici, m est le poids de l'objet et g la force de la pesanteur (attraction de la Terre), égale à 9,81 newtons.

D'apparence irrésistible puisque tous les objets tombent au sol, cette force n'est pourtant pas très grande. Il suffit d'appliquer dans le sens contraire une force égale au poids de l'objet pour que celui-ci ne chute pas : tenir dans sa main 1 kg de sucre, c'est résister à l'attraction terrestre exercée sur 1 kg. C'est ainsi que l'on parvient à envoyer des fusées dans l'espace : en leur appliquant cette fois une force supérieure à leur poids, et de sens contraire à l'attraction terrestre.

Les effets de la gravitation dans l'espace. Comment est-ce que tout cela se manifeste dans l'espace ? Pourquoi par exemple la Lune ne tombe-t-elle pas sur la Terre ? En réalité, la Lune tombe sans cesse en direction de la Terre. Cette chute se fait non pas d'une manière rectiligne, comme celle du sucre vers le sol, mais en suivant une trajectoire courbe, comme celle d'un obus. Cela provient du fait que la Lune est elle-même animée d'un certaine vitesse latérale, toujours comme un obus. Si elle ne tombe pas, c'est parce que cette vitesse est telle (1 km/s) et la distance entre les deux corps si grande que, tout en étant attirée par la Terre vers laquelle elle se précipite en accélérant, elle dépasse le bout de la planète. Elle continue alors sa course dans l'espace, mais en ralentissant cette fois de plus en plus, car voici maintenant que la masse de la Terre l'attire en arrière... jusqu'au moment où la force d'attraction de la Terre gagne et la rappelle. La Lune reprend alors sa course folle vers la planète, la dépasse de nouveau, etc. C'est ainsi qu'elle a bouclé une orbite selon un trajet elliptique.

Les effondrements gravitationnels. Universelle, la gravitation s'exerce partout, sur toutes les masses. Il arrive ainsi que certaines de ces poussières et molécules flottant dans l'espace s'attirent entre elles par gravitation lorsqu'elles ne sont pas trop loin les unes des autres. Cela forme une masse plus importante qui attire encore plus les molécules avoisinantes, etc. Finalement, les milliards de petites masses ainsi constituées au sein d'un nuage de poussières vont s'attirer les unes les autres. Mais, comme elles sont très nombreuses, au lieu de s'agglutiner deux par deux, elles vont se diriger vers le centre de gravitation, de gravité, commun à

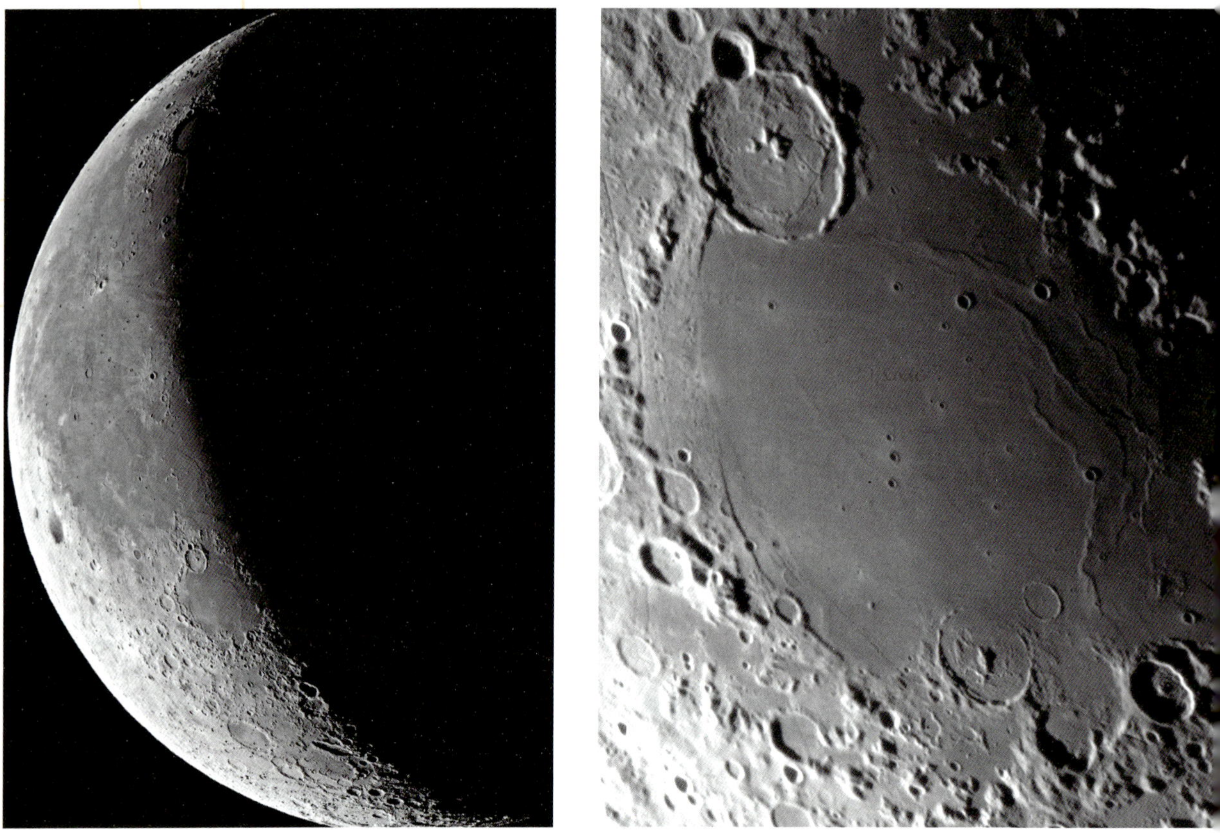

Plus le grossissement d'un instrument est fort, plus petit devient son champ : ci-dessus la Lune et un détail lunaire.

toutes. Cela s'appelle un effondrement gravitationnel. L'agglutination de toutes ces masses en une toute petite région fait monter la température, comme cela se passe sur la Terre dont le centre est une boule de feu, de magma en fusion de plusieurs milliers de degrés Celsius. Mais, dans ce cas, la température atteint plusieurs dizaines de millions de degrés, ce qui engendre des réactions de fusion nucléaire : c'est ainsi que naissent les étoiles...

VOIR
- **Fusion** → p. 32
- **Masse** → p. 41
- **Orbite** → p. 49
- **Satellite** → p. 57
- **Les étoiles** → p. 68

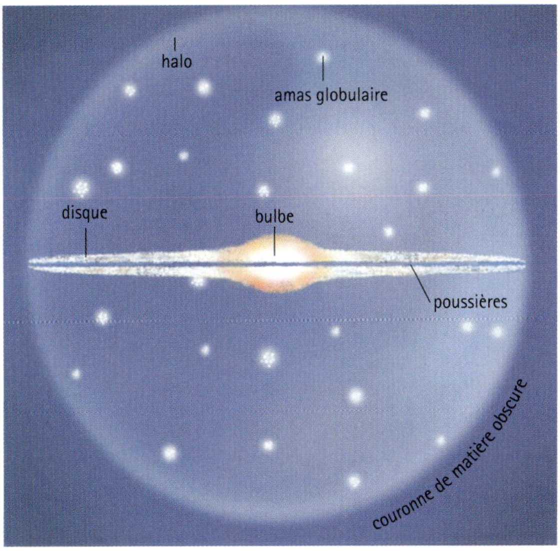

C'est dans le halo galactique de la Voie lactée que se trouvent les amas globulaires.

Grossissement

Ce n'est que pour les jumelles que le grossissement est fixé une fois pour toutes par le fabricant, et indiqué sur l'instrument (des jumelles de 8 × 50 grossissent 8 fois). Pour les lunettes et télescopes, le grossissement est une donnée variable. On le calcule en divisant f par f', f désignant la longueur focale de l'appareil, et f' la longueur focale de l'oculaire utilisé. Le diamètre de l'instrument n'entre pas directement en jeu.

Faire varier le grossissement. Une lunette étant coulissante, sa longueur focale (f) peut varier. Avec une lunette de 800 mm par exemple, une longueur focale de 800 est un maximum, mais elle peut, bien sûr, être plus courte (650 mm ou 700 mm). La longueur focale de l'oculaire (f'), elle, est fixée une fois pour toutes et indiquée sur l'oculaire choisi. Mais l'astronome peut employer des oculaires de distances focales différentes : un oculaire de 20 mm, de 8 mm... Chaque fois que l'on fait coulisser sa lunette ou que l'on change d'oculaire, on fait donc varier le grossissement.

Le grossissement maximal. On désigne généralement par « grossissement » le grossissement maximal que l'on puisse obtenir avec tel ou tel instrument. Pour ce faire, on règle ce dernier sur la distance focale maximale et on emploie l'oculaire de plus petite distance focale délivré avec l'appareil. Considérons par exemple une lunette de 800 mm équipée d'un oculaire de 8 mm. Dans ce cas, le grossissement maximal est de f/f', soit 800/8, ce qui donne un grossissement de 100 fois. On peut encore accroître ce chiffre, en utilisant soit un oculaire plus petit (de 4 mm par exemple), soit une lentille de Barlow qui multiplie par deux, trois ou quatre la taille de l'image obtenue.

VOIR
- **Barlow** → p. 22
- **Champ** → p. 24
- **Focale** → p. 32
- **Choisir et utiliser des jumelles** → p. 116
- **Les lunettes astronomiques d'amateur** → p. 118
- **Les télescopes d'amateur** → p. 122
- **Construire une lunette astronomique** → p. 140

Halo galactique

Un halo d'aspect sphérique se trouve **autour des galaxies spirales**, reconnaissables à leur forme plate un peu renflée au centre. Ce halo galactique contient des éléments formant la galaxie elle-même (poussières, gaz, étoiles), mais en quantité bien moindre. La teneur en ces éléments est généralement si faible que le halo apparaît presque transparent. C'est toutefois dans ces sphères que l'on trouve les amas globulaires d'étoiles, c'est-à-dire les éléments galactiques les plus anciens.

VOIR
- **Amas** → p. 17
- **La Voie lactée, notre galaxie** → p. 64
- **Des milliards de galaxies** → p. 66
- **M 13 d'Hercule** → p. 204

Héliocentrique

La théorie dite héliocentrique postule que le Soleil (*hélios*, en grec) est au centre du système planétaire et que les planètes tournent autour de lui. Elle a été émise pour la première fois au IIIᵉ siècle avant J.-C. par l'astronome grec Aristarque de Samos, mais a été abandonnée par la suite au profit d'un système géocentrique ayant la Terre, et non le Soleil, pour centre. Il fallut attendre dix-huit siècles pour que la théorie héliocentrique soit de nouveau prônée, cette fois par le chanoine Copernic, en 1543. Reprise au début du XVIIᵉ siècle par Galilée et Kepler, elle demeure aujourd'hui la seule théorie admise par la science et les astronomes.

VOIR
- **Quelques astronomes** → p. 262

Heure (TU, locale)

Par commodité, un grand nombre de pays ne règlent pas leurs horaires sur la course du Soleil dans le ciel, mais avec une ou deux heures de retard, de manière à mieux étaler la consommation annuelle d'énergie : c'est ce que l'on nomme l'heure locale.

L'heure TU. L'heure indiquée par la course du Soleil (il est midi lorsque le Soleil est au zénith) correspond à l'heure Temps Universel, dite « heure TU ». C'est cette heure TU qui est systématiquement indiquée sur les cartes du ciel ou les cartes mobiles utilisées en astronomie. En Europe, pour convertir l'heure locale en heure TU, il faut en hiver (entre le dernier dimanche d'octobre et le dernier dimanche de mars) retrancher 1 heure à votre montre ; en été (dernier dimanche de mars à dernier dimanche d'octobre), retrancher 2 heures. Pour exemple, en août, à 23 heures locales, on peut admirer en Europe la portion du ciel indiquée par 21 heures TU sur la carte mobile.

En été, lorsqu'il est 16 h à notre montre, il est en réalité 14 h TU.

Heure locale et GMT. Pour des mesures plus précises, on tient également compte du fait que l'heure locale d'un pays n'est qu'une moyenne légale et qu'elle peut changer d'un bout du territoire à l'autre. Ainsi, entre Strasbourg et Saint-Brieuc, il existe environ une heure de décalage si l'on considère la course du Soleil. Il convient donc de se référer d'abord à l'heure TU donnée sur le méridien de Greenwich (heure GMT), puis de situer sa longitude d'observation par rapport à ce méridien zéro. Quinze degrés de décalage (est ou ouest) par rapport au méridien GMT donnent une heure de décalage.

VOIR
- **Utiliser une carte du ciel** → p. 126

Hiver

L'hiver, du moins sur la Terre, commence le 22 (ou 21) décembre, jour du solstice d'hiver dans l'hémisphère Nord.

À cette date, le Soleil, dans son mouvement apparent, atteint sa plus forte déclinaison (latitude céleste) nord ou sud. Lorsque, dans l'hémisphère Nord, le Soleil atteint sa plus forte déclinaison sud le 22 décembre, il se trouve au plus bas dans le ciel. Dans l'hémisphère Sud il est au plus haut dans le ciel, où c'est alors le premier jour de l'été.

Observer en hiver. Avec ses nuits très longues et son ciel très noir, l'hiver est par excellence la saison de l'astronomie d'autant que, à ce moment-là, les constellations du zodiaque, sur le plan de l'écliptique, culminent haut dans le ciel nocturne.

VOIR
- **Été** → p. 30
- **La Terre** → p. 92
- **Suivre les planètes** → p. 146
- **Le ciel d'hiver** → p. 186

I-L

Iridiums

Les iridiums, ces **satellites de communication** lancés par la firme Motorola à la fin des années 1990, ont très rapidement intéressé les astronomes amateurs. Déployées, leurs antennes recouvertes d'une mince couche d'argent captent en effet les rayons du Soleil couchant ou levant et, en début ou en fin de nuit, elles reflètent ces rayons en des flashs très puissants que l'on aperçoit depuis la Terre.

VOIR
- **Observer les satellites artificiels** → p. 245

Kelvin

En astrophysique, le kelvin (noté K) est une unité de mesure de la température assez fréquemment utilisée. Il a pour point de départ la température dite du zéro absolu, c'est-à-dire la température la plus basse qui puisse exister dans l'Univers. Zéro kelvin, température en dessous de laquelle on ne peut descendre, égale –273,15 degrés Celsius (°C). Par conséquent, 273,15 K valent 0 °C.

On utilise souvent cette unité pour noter la température moyenne de l'Univers, soit environ 3 K. Lorsqu'on évoque, à l'inverse, des températures très élevées, par exemple celle à laquelle s'enclenchent les réactions thermonucléaires, soit plus de 15 millions de kelvins, on emploie indifféremment le degré Celsius et le kelvin, la différence entre ces deux échelles devenant alors vraiment minime.

VOIR
- **Degré** → p. 27
- **Les étoiles** → p. 68

Lentilles

Tous les instruments d'optique comprennent des verres taillés de manière convexe et des verres taillés de manière concave, les deux en forme de lentilles. La lentille convexe collecte et concentre les points lumineux ; c'est le phénomène de la réfraction. La lentille concave, elle, disperse ensuite

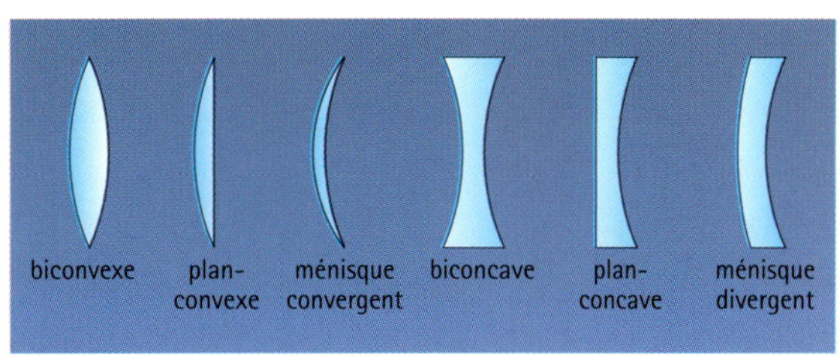

Lentilles diverses.

Pluie d'étoiles filantes des Léonides.

lesdits rayons lumineux, permettant l'agrandissement de l'image. C'est l'association de ces deux types de lentilles qui a permis de réaliser les premières lunettes astronomiques ou terrestres.

Un peu d'histoire... On doit à Galilée d'avoir construit la première lunette astronomique en 1609. Mais l'histoire des sciences retient pour inventeur des lunettes terrestres le Néerlandais Hans Lippershey, qui vendit plusieurs de ces objets à l'armée des Pays-Bas en 1608.

L'utilisation de lentilles de verre pour obtenir des effets grossissants remonte cependant à des temps bien plus anciens : on sait que, en 60 apr. J.-C. déjà, l'empereur romain Néron, qui était myope, portait un monocle de verre poli.

VOIR
- **Réfraction** → p. 55
- **Les lunettes astronomiques d'amateur** → p. 118
- **Construire une lunette astronomique** → p. 140

Léonides

Les Léonides sont des météorites, c'est-à-dire des étoiles filantes, dont le radiant, ou lieu d'origine, est la constellation du Lion. Elles sont devenues très célèbres en novembre 2002, parce que les astronomes les attendaient en très grand nombre après le passage de la comète Swift-Temple dont elles sont issues.

VOIR
- **Les comètes et les étoiles filantes** → p. 106
- **Observer les étoiles filantes** → p. 165

Lumière

Très tôt, la lumière a fait l'objet d'études scientifiques, et il existait déjà dans l'Antiquité des traités sur sa réfraction (Aristote) et sa réflexion (Archimède). Il a cependant fallu attendre le XVIIe siècle pour mieux comprendre son comportement. Tout d'abord avec Descartes, qui a décrit géométriquement les trajets lumineux, puis avec Isaac Newton, qui, utilisant un prisme, a montré que la lumière visible que l'on voit blanche est en fait un mélange des 7 couleurs de l'arc-en-ciel (chacune correspondant à une longueur d'onde).

Ondulatoire et corpusculaire. C'est aussi au XVIIe siècle qu'est née la polémique concernant la nature de la lumière : est-elle une onde, comme l'affirme Christiaan Huygens, ou bien est-elle de nature corpusculaire, matérielle, ce que pense

Isaac Newton ? Le débat ne sera tranché qu'au XXe siècle par les travaux d'Einstein, puis de Louis de Broglie. Il devient alors évident que la lumière a une double nature et se comporte à la fois de manière ondulatoire et corpusculaire.

L'énergie lumineuse. L'énergie à la source de la lumière provient des atomes. Ces derniers sont constitués d'un noyau entouré de particules, les électrons, qui gravitent autour du noyau à différentes distances, comme les planètes autour du Soleil. Il arrive, lors des réactions atomiques, que les électrons se déplacent, comme si Mars, par exemple, sautait soudain vers l'orbite de Jupiter. C'est ce phénomène qui libère de l'énergie, sous forme de photons, des particules sans masse découvertes par Einstein. Ces photons transportent l'énergie de la lumière. Mais les atomes d'hydrogène sont différents des atomes d'oxygène, de carbone ou de sodium. Il en résulte que les photons qu'ils libèrent n'ont pas la même énergie. Ces divers niveaux d'énergie se traduisent par des couleurs (vert, bleu, rouge, jaune…) qui, comme l'a montré Newton, composent la lumière.

Le domaine visible. L'œil humain ne perçoit que les rayons lumineux ayant des niveaux d'énergie bien précis, dits « longueurs d'ondes ». Le « domaine visible » est ainsi défini approximativement par des longueurs d'ondes situées entre 4 000 et 8 000 angströms. Le reste n'appartient plus à ce que nous appelons la lumière. D'un côté, il s'agit d'infrarouge, puis d'ondes millimétriques, centimétriques, etc. dites du « domaine radio ». De l'autre, il s'agit d'ultraviolets, puis de rayons X et gamma très énergétiques. Tous constituent les ondes électromagnétiques, qui voyagent, comme la lumière, à 300 000 km/s dans le vide.

VOIR
- Angström → p. 19
- Onde → p. 48
- Photon → p. 51
- Radiotélescope → p. 54
- Spectre de raies → p. 58
- Le Soleil → p. 86
- Observer la couronne solaire → p. 172

Lumière (vitesse de la)

Voir C.

Lunaison

Une lunaison correspond à la durée du cycle complet des phases de la Lune, ou au temps écoulé entre deux nouvelles lunes, soit 29,5 jours. Ce laps de temps ne doit pas être confondu avec le temps de révolution de la Lune autour de la Terre qui, lui, n'est que de 27 jours et 8 heures. La lunaison reçoit également le nom de « mois synodique ».

VOIR
- La Lune → p. 94
- Observer la Lune → p. 178

Lune(s)

La Terre possède un seul satellite naturel : la Lune. Par extension, on donne le nom de « lunes » à tous les satellites gravitant autour de l'une des planètes du système solaire : les lunes de Mars, de Jupiter…

M

Magellan (Nuages de)

Les Nuages de Magellan sont deux petites galaxies satellites de la Voie lactée. Ils furent aperçus pour la première fois par Magellan au XVe siècle, lors d'un voyage dans l'hémisphère Sud, mais avaient été pris en ce temps-là pour des nébuleuses. Le Grand Nuage de Magellan,

Sirius a une magnitude apparente visuelle de -1,5.

dit aussi LMC pour *Large Magellan Cloud*, se trouve à 200 000 années-lumière de notre galaxie et contient 10 milliards d'étoiles.

Le Petit Nuage ou SMC pour *Small Magellan Cloud* ne contient, lui, que 2 milliards d'étoiles et se trouve à 220 000 années-lumière.

VOIR
- **Année-lumière** → p. 19
- **La Voie lactée, notre galaxie** → p. 64
- **Sac à Charbon, LMC et SMC** → p. 218

Magnitude

On désigne par magnitude la **luminosité** d'un objet céleste, quel qu'il soit. Deux sortes de magnitude sont à prendre en compte : la magnitude absolue et la magnitude apparente.

Des chiffres décroissants. Pour des raisons historiques, la magnitude varie en sens inverse de la luminosité : plus une étoile est brillante, plus sa magnitude est petite. Cette étrange manière de compter vient de l'astronome Ptolémée, qui, au IIe siècle après J.-C., avait répertorié 1 028 étoiles. Pour lui, les plus brillantes étaient de première grandeur, tandis que celles à peine visibles à l'œil nu étaient de sixième grandeur. De la sorte, son classement allait de 6 à 1 : des étoiles les moins brillantes aux plus brillantes. Par la suite, on a repris ces chiffres et cette manière de compter. Avec le développement des instruments d'astronomie, toutefois, on a découvert tellement d'étoiles d'éclat différent que l'on a revu l'échelle des grandeurs, certaines étoiles ou planètes prenant alors une magnitude négative. Ainsi, par rapport à Véga de magnitude 0, Vénus peut atteindre une magnitude de - 4,5.

La magnitude apparente. Elle désigne l'éclat d'un objet céleste tel qu'il est perçu depuis la Terre, c'est donc celle qu'utilisent toujours les astronomes. Pour les Terriens, Bételgeuse (de la constellation d'Orion), par exemple, a une magnitude apparente de 0,8, nettement inférieure à celle du Soleil. Elle est en réalité 1 300 fois plus grande et 10 000 fois plus brillante que notre étoile. Mais elle se trouve beaucoup plus loin de la Terre, à 520 années-lumière, d'où l'impression qu'elle est moins lumineuse.

La magnitude absolue. Utilisée en astrophysique, la magnitude absolue, elle, caractérise la luminosité intrinsèque d'une étoile, et ce indépendamment de l'endroit où se place l'observateur. Par convention, on la fixe égale à la magnitude apparente qu'aurait l'étoile si elle était à 10 parsecs de la Terre (environ 33 années-lumière). La magnitude absolue du Soleil est ainsi de 4,8, au lieu de - 27 de magnitude apparente.

Le pas des magnitudes. La différence entre deux magnitudes sucessives exprime une variation du facteur de luminosité de 2,5. Cela signifie qu'une étoile de magnitude 7, par exemple, est 2,5 fois moins lumineuse qu'une étoile de magnitude 6.

VOIR
- **Année-lumière** → p. 19
- **Astrophysique** → p. 21
- **Parsec** → p. 50

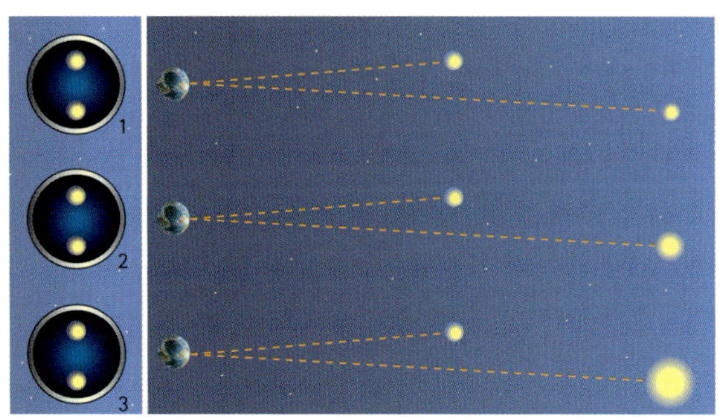

Selon la magnitude absolue et la distance, les étoiles observées semblent plus ou moins lumineuses.

Masse

Les Anciens ont appelé « mers lunaires » les taches sombres qui parsèment la Lune.

En mécanique classique, la masse est l'une des grandeurs caractéristiques d'un corps : sur la Terre comme dans le vide spatial, elle demeure une constante, *m*, qui désigne exactement la quantité de matière contenue dans ce corps. La masse s'exprime en g et kg. Sur la Terre comme en apesanteur ou sur la Lune, un cosmonaute a une masse qui ne varie pas, soit par exemple 100 kg avec son harnachement.

Masse et poids. Masse et poids étant proportionnels, on les confond souvent, étant habitués sur la Terre à peser un corps soumis à l'attraction terrestre. En fait, le poids d'un corps (noté P) est le produit de sa masse (m) par l'accélération de la pesanteur (g) du lieu où se trouve ce corps (force de gravitation), soit $P = mg$. Sur la Terre, g est égal à 9,81 newtons (noté N) : un corps de masse 1 kg pèse donc 9,81 N sur notre planète, mais, en apesanteur, dans l'espace où g est égal à zéro, son poids est $P = mg$, soit $P = 0$ N (1×0). Il ne pèse plus rien, tout en ayant conservé sa masse. Le même calcul nous conduit à voir que, sur la Lune, où l'attraction est six fois moins forte que sur la Terre, un cosmonaute d'une masse de 100 kg pèse 6 fois moins que sur la Terre, soit 16,6 N.

Ainsi, c'est une erreur commune de dire que nous pesons par exemple 60 kg. Cela, c'est notre masse ; notre poids, lui, dans ce cas, est de $60 \times 9{,}81$, soit environ 588 N.

Flottant dans l'espace en apesanteur, un astronaute ne pèse plus rien. Mais sa masse est toujours la même que sur la Terre.

VOIR ■ **Gravitation → p. 33**

Méridiens

Les méridiens célestes sont des lignes imaginaires traversant le ciel d'un pôle céleste à l'autre, et coupant perpendiculairement l'équateur céleste. Ils correspondent aux méridiens terrestres.

VOIR ■ **Que sont les coordonnées célestes ? → p. 132**

Mers lunaires

Ce sont les Grecs et les Romains qui ont nommé « mers lunaires » les vastes taches plus ou moins sombres visibles à l'œil nu à la surface de la Lune. On sait aujourd'hui qu'il n'y a pas d'eau sur la Lune, et donc ni mers ni océans. Ces taches sont en fait des plaines... Ce n'est qu'au XVIIe siècle, avec le développement des lunettes astronomiques, que l'on a pu mieux observer la Lune. On a alors pu discerner les reliefs lunaires auxquels, par analogie, on a attribué les mêmes noms que sur la Terre : montagnes, vallées, cratères ou cirques.

VOIR **Observer la Lune** → p. 178

Messier (catalogue)

Le Français Charles Messier (1730-1817), surnommé « le furet des comètes » par Louis XV, fut l'un des plus brillants astronomes de son époque. De nos jours, il est surtout connu pour son catalogue, dit catalogue Messier. Ce dernier répertorie plus d'une centaine d'objets célestes qui apparaissent depuis la Terre comme une tache floue : amas stellaires, nébuleuses, galaxies. Les objets du catalogue Messier se notent avec M, suivi d'un chiffre (M31 est par exemple la galaxie d'Andromède).

C'est pour mieux découvrir de nouvelles comètes que Charles Messier a établi son catalogue. Toutes les comètes, en effet, ne se présentent pas avec un grand panache lumineux facile à observer, et la plupart ne traversent le ciel que sous la forme de petites taches floues. La seule différence avec les autres taches floues, c'est que les comètes, elles, se déplacent. Aussi, afin de distinguer sans erreur les taches qui se déplacent (comètes) de celles qui restent immobiles, Charles Messier a entrepris de cataloguer toutes les taches floues immobiles. Cela a donné le catalogue Messier.

De nos jours existent plusieurs autres catalogues, dont le NGC *(New general catalogue)* qui contient plusieurs milliers d'objets.

En pénètrant dans l'atmosphère, une météorite provoque un météore.

VOIR **Les taches floues du ciel** → p. 78

Météore

Tout phénomène lumineux, intense mais bref, qui a lieu dans le ciel, est désigné sous le terme générique de météore. Le « flash » provoqué par les satellites iridiums est un météore. Généralement, les météores sont les traces lumineuses laissées par les étoiles filantes, ou météorites.

VOIR **Iridiums** → p. 37
Les comètes et les étoiles filantes → p. 106

Météorite

Tous les objets de petite taille circulant dans l'espace sont des météorites, qu'ils se trouvent auprès de la Terre ou en n'importe quel point du système solaire. Leur taille est comprise entre quelques millièmes de millimètre et quelques mètres. Ce sont généralement des débris de comètes ou d'astéroïdes.

VOIR **Les comètes et les étoiles filantes** → p. 106
Observer les étoiles filantes → p. 165

Minute

Une minute est la subdivision de deux types de mesure : une mesure d'angle et une mesure de temps. Une heure est subdivisée en 60 minutes.

Tailler et polir un miroir de télescope exigent une grande minutie, car la moindre impureté ou le moindre défaut rendent le miroir inutilisable pour l'astronomie.

Il en est de même pour le degré d'angle. On note la minute avec le signe ' quand il s'agit d'une mesure d'angle, et min quand il s'agit d'une mesure de temps.

Mira

En 1596, un prêtre luthérien faisait état pour la première fois d'une observation suivie sur une étoile dont l'intensité lumineuse variait considérablement en un cycle de quelque 331 jours. À cette étoile située dans la constellation de la Baleine, il a donné le nom de l'« Admirable de la Baleine », soit en latin : *Mira Ceti.*

De nos jours, Mira Ceti est devenue le prototype d'une certaine catégorie d'étoiles variables. Un astre est du type « Mira » lorsque sa période de variation est assez longue (plusieurs centaines de jours) et que son intensité lumineuse varie de manière semblable à celle de Mira Ceti, soit une magnitude variant de 2 à 10 environ.

VOIR
Les étoiles variables → p. 76
Observer les étoiles variables → p. 230

Miroir

Le miroir est la **pièce essentielle de tous les télescopes**, qu'il s'agisse de télescopes de type Newton, Schmidt-Cassegrain ou Maksutov.

Un télescope a pour **miroir principal** non pas un miroir plan, mais un miroir de forme concave. Ce dernier est taillé soit dans une sphère (miroir sphérique), ce qui est le cas des télescopes vendus dans le commerce, soit dans un paraboloïde (miroir parabolique). Sa forme concave permet non seulement de réfléchir la lumière (réflecteur), mais aussi de la concentrer, ou de la focaliser : les rayons lumineux se rassemblent au point focal.

Sur le trajet lumineux focalisé par le miroir principal se trouve soit un **miroir secondaire** plan (télescopes Newton), qui renvoie la lumière vers l'oculaire, soit un miroir secondaire sphérique, qui focalise une nouvelle fois la lumière en direction de l'oculaire (Cassegrain et Maksutov).

Les miroirs grossissants des salles de bain sont des miroirs sphériques assez semblables aux miroirs des télescopes.

VOIR
Les télescopes d'amateur → p. 122

Mise en station

La mise en station d'un instrument est un réglage qui permet de compenser la rotation terrestre pour pouvoir suivre un objet dans le ciel. La Terre tournant autour de son axe dans un certain sens, il faut en effet, pour suivre un objet, tourner lentement l'instrument dans l'autre sens, mais toujours selon le même axe : l'ascension droite qui mène à l'étoile Polaire (dans l'hémisphère Nord). Pour une observation visuelle simple, la mise en station consiste donc simplement à orienter approximativement l'axe de l'instrument en direction de l'étoile Polaire.

L'étoile Polaire, toutefois, ne se trouve pas tout à fait dans l'axe de la rotation terrestre, mais décalée à peu près d'un degré. Ce petit écart n'est pas gênant pour l'observation visuelle, mais pose un problème en astrophotographie, quand les temps de pose dépassent une minute. La mise en station est alors plus délicate et se fait

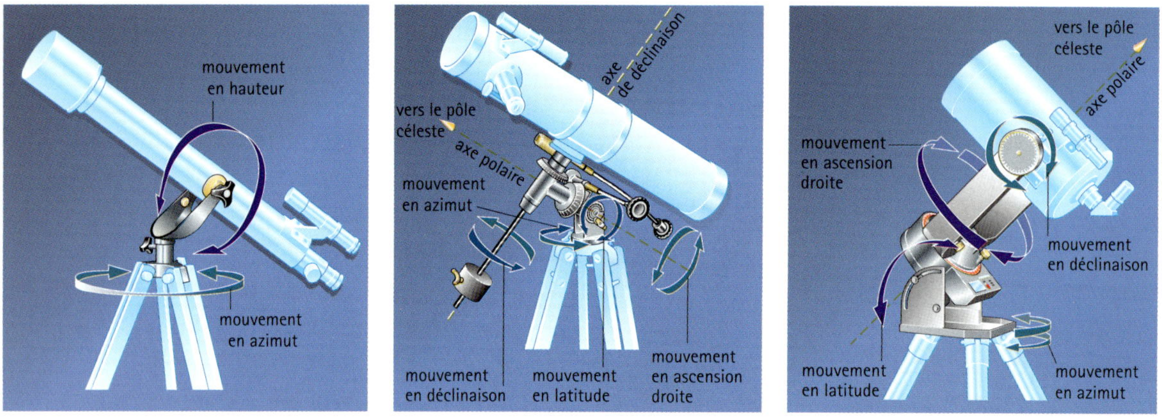

Divers types de monture, de gauche à droite : azimutale, équatoriale allemande et équatoriale à fourche.

selon la méthode de Bigourdan, qui permet, par corrections successives, de pointer exactement dans l'axe de la rotation terrestre.

VOIR
Ascension droite → p. 20
Photographier le ciel profond → p. 220

Mois synodique

Voir Lunaison.

Monture

Tous les instruments utilisés en astronomie exigent d'être portés par un trépied le plus stable possible, afin d'éviter tout tremblement de l'image. Au sommet de ce trépied est placée une monture qui va recevoir la lunette ou le télescope. Il existe, en astronomie amateur, essentiellement deux types de monture, assez simples : les montures azimutales (dites aussi altazimutales) et les montures équatoriales.

Les montures azimutales. Ces montures, qui ne nécessitent aucun réglage préalable, rendent l'instrument mobile autour d'un axe horizontal et d'un axe vertical. Souvent proposées avec des instruments de faible ouverture (lunettes de 60 mm), elles posent le problème du suivi des astres qui, à nos yeux, se déplacent sur la voûte céleste, illusion générée par la rotation terrestre. Pour suivre les objets observés, l'astronome doit donc jouer constamment sur les deux axes (horizontal et vertical), ce qui est source de vibrations dans l'instrument, donc d'images moins nettes avec de forts grossissements.

Les montures équatoriales. Plus complexes et nécessitant une mise en station préalable, les montures équatoriales rendent l'instrument mobile autour de deux axes, l'un parallèle à l'axe des pôles (axe d'ascension droite), l'autre perpendiculaire (axe de déclinaison). La rotation autour de l'axe polaire permet de suivre le mouvement apparent des astres, en sens inverse de la rotation terrestre, et la rotation autour de l'axe de déclinaison permet d'orienter le tube de l'appareil plus ou moins haut.

Principal avantage des montures équatoriales, elle peuvent être facilement motorisées, avec un moteur dit d'ascension droite qui fait pivoter

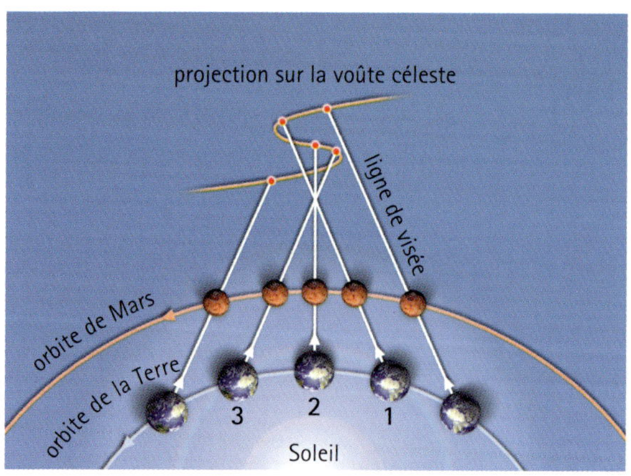

On observe le mouvement rétrograde de Mars lorsque la planète est proche de l'opposition.

l'instrument en 23 h 56 min en sens contraire de la rotation terrestre. Ainsi, une fois le moteur mis en marche, un objet pointé demeure dans le champ de l'instrument, ce qui autorise des observations plus détaillées et des photographies avec des temps de pose suffisamment longs. Selon leur forme, les montures équatoriales sont dites « allemandes » ou « à fourche ».

Vue générale de Mars prise par la sonde Viking.

Mouvement rétrograde

En observant l'ensemble de la voûte céleste tourner lentement en une nuit autour de la Terre (en fait c'est la Terre qui, tournant sur elle-même, produit cette impression), l'astronome se rend compte que certains astres ne suivent pas le mouvement et montrent un parcours différent, qui leur est propre. Ces astres sont les planètes (l'étymologie de planète renvoie d'ailleurs à un mot grec qui signifiait « errantes »).

Les planètes traversent la voûte nocturne, chacune à son rythme, en se mouvant d'ouest en est. Pourtant, on remarque vite que certaines d'entre elles, en fait les planètes extérieures que sont Mars, Jupiter, Saturne, Uranus et Neptune, font parfois un étrange trajet, allant de l'avant (d'ouest en est), puis revenant en arrière (d'est vers l'ouest), pour repartir vers l'avant. C'est cela, le mouvement rétrograde.

Le cas de Mars. En observant Mars par exemple sur l'année 2007 (➔ *Mars dans le zodiaque*, page 96), on peut voir un ballet insolite : en septembre, elle est dans le Taureau, puis, poursuivant sa route, elle atteint les Gémeaux en octobre. Là, soudain, au lieu de continuer en direction du Cancer, elle s'installe et reste dans les Gémeaux durant encore trois mois... Puis elle repart en arrière, vers le Taureau, en février 2008, pour revenir une nouvelle fois dans les Gémeaux en mars, et, enfin, reprendre sagement sa direction initiale vers le Cancer, le Lion, etc.

En reportant cette course sur une feuille, comme si vous faisiez une projection sur la voûte céleste, vous verrez que Mars a décrit un zigzag, comme un « S », qui s'étale sur huit mois.

La course contre Mars. Ce mouvement rétrograde se produit toujours dans des périodes durant lesquelles Mars est proche de l'opposition (alignement Soleil-Terre-Mars) : en fait, quand la Terre est en train de « rattraper Mars ».

À une distance d'environ 150 millions de km du Soleil, la Terre tourne autour du Soleil en une année, à la vitesse de 30 km/s. Plus éloignée du Soleil, à 228 millions de km en moyenne, Mars, elle, a besoin de presque deux ans (98 semaines) pour effectuer un tour complet, croisant à 24 km/s. La Terre va donc plus vite. Si, à une période donnée, elle paraît en retard dans le ciel (plus à l'ouest), elle finit donc par « rattraper » la planète rouge. En déplaçant les planètes Terre et Mars sur le Plateau des planètes telluriques, le phénomène apparaît de façon flagrante.

Les grandes planètes aussi. Toutes les planètes supérieures montrent ce mouvement rétrograde, mais, du fait de leur éloignement, il est beaucoup moins marqué (à l'opposition, Jupiter est environ 9 fois plus éloignée de la Terre que ne l'est Mars), parce que l'angle sous lequel nous les voyons est beaucoup plus pincé.

Ce phénomène ne concerne pas, bien sûr, les planètes inférieures (Mercure et Vénus), car ces dernières sont plus proches du Soleil que nous. Mais des Mercuriens et des Vénusiens verraient la Terre se comporter vis-à-vis d'eux comme Mars avec nous.

VOIR
- **Opposition** ➔ p. 49
- **Mars** ➔ p. 96
- **Suivre les planètes** ➔ p. 146

Mylar

Matériau plastifié, le mylar ne laisse passer qu'un dix-millième du rayonnement solaire. Il est donc souvent utilisé comme **filtre** lors des observations du Soleil. Particulièrement souple, il se présente sous forme de feuilles que l'on place grâce à un élastique sur le tube des jumelles, lunettes et télescopes.

VOIR
- **Filtres** → p. 31
- **Observer le Soleil** → p. 168
- **Observer les taches solaires** → p. 174

Un oculaire de 4,7 mm et un de 14 mm constituent un bon échantillon pour un télescope de 900 mm de focale. Un oculaire de 8 mm et un de 20 mm constituent, par exemple, un bon échantillon pour une petite lunette de 700 mm à 800 mm de focale.

N-O

Nébuleuse

On a longtemps nommé « nébuleuse » tous les objets célestes apparaissant depuis la Terre sous l'aspect d'une tache floue. Des amas d'étoiles et des galaxies étaient ainsi considérés comme des nébuleuses, jusqu'à ce que l'on dispose de télescopes assez performants pour faire une mise au point sur les étoiles qu'ils contenaient. Par exemple, ce n'est que dans les années 1920 que l'astronome E. Hubble découvrit que la « nébuleuse » d'Andromède (M 31) était en fait une galaxie : la galaxie d'Andromède. Aujourd'hui, le mot « nébuleuse » désigne deux sortes d'objets. Les unes et les autres sont essentiellement formées de gaz et de poussières, mais n'ont pas la même origine.

Les nébuleuses, pouponnières d'étoiles. Ce sont des formations de gaz et de poussières interstellaires de faible densité qui s'étendent sur plusieurs dizaines d'années-lumière. Lorsque ces nébuleuses sont suffisamment denses, elles s'effondrent sur elles-mêmes par l'effet de la gravitation et donnent alors naissance à de nombreuses étoiles.

Les nébuleuses, agonie des étoiles. Certaines nébuleuses, en revanche, ne sont que les restes d'anciennes étoiles qui ont éclaté, libérant gaz et poussières autour d'elles. Quand c'est une étoile géante qui a éclaté (supernova), les restes forment des taches sans forme précise. Quand il s'agit d'une petite étoile (nova), les restes demeurent longtemps comme satellisés autour du cadavre de l'astre, devenu une naine blanche. On donne à ces formations le nom de « nébuleuses planétaires », car le disque de poussière et de gaz qu'elles forment autour de la naine blanche ressemble un peu aux disques planétaires.

VOIR
- **Amas** → p. 17
- **Année-lumière** → p. 19
- **Nova** → p. 47
- **Les étoiles** → p. 68
- **Les taches floues du ciel** → p. 78
- **Les nébuleuses d'Orion** → p. 188
- **Les accords de la Lyre** → p. 207
- **Le Verseau et son Hélix** → p. 212

Nova (supernova)

Une nova est une étoile dont la magnitude, ou luminosité, augmente très brusquement, la rendant jusqu'à 10 000 fois plus brillante. Contrairement à ce pourrait laisser entendre l'origine du mot, qui vient de l'italien *nova stella* (nouvelle étoile), il s'agit là de l'**explosion d'une vieille étoile**, qui éjecte brutalement ses enveloppes de gaz ou couches externes. Selon l'importance de l'explosion, l'intensité lumineuse de la nova décroît très rapidement après quelques heures ou quelques jours.

Ce sont les étoiles de taille moyenne, comme le Soleil, qui disparaissent en nova. Quand il s'agit d'étoiles très massives, géantes bleues ou supergéantes rouges, l'explosion est appelée « supernova ».

VOIR
- **Magnitude** → p. 40
- **Les étoiles** → p. 68

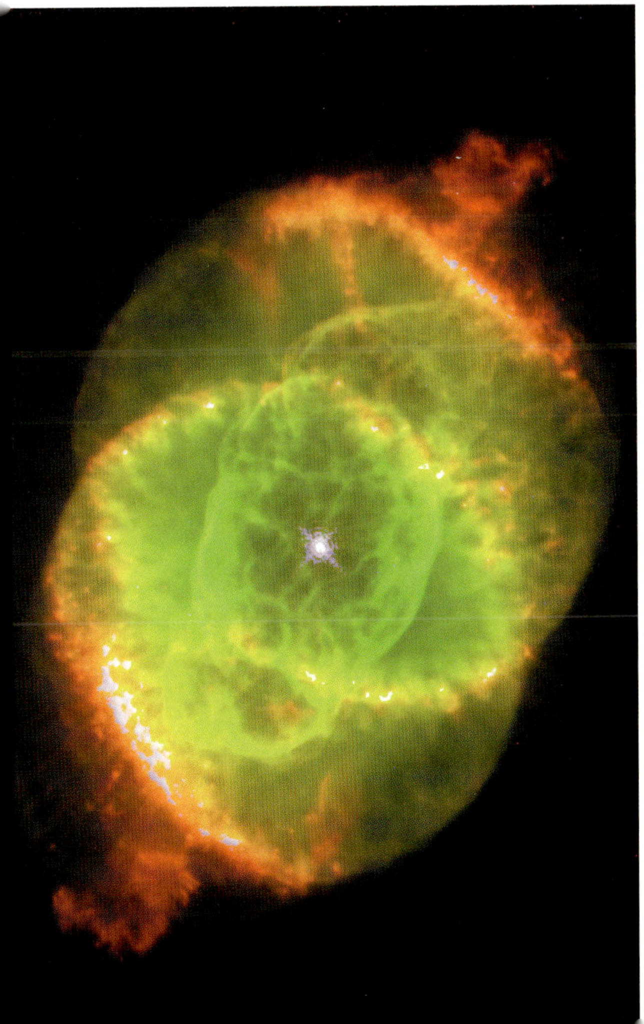

Objectif

Un objectif est constitué soit d'un système de lentilles accolées, dans les lunettes et les jumelles, soit d'un miroir, dans les télescopes. Comme dans les appareils de photographie, c'est la partie qui **collecte la lumière**. Pour cette raison, le diamètre de l'objectif est toujours beaucoup plus grand que celui de l'oculaire qui, lui, ne reçoit la lumière qu'après qu'elle a été focalisée par les lentilles ou le miroir.

Par extension, on parle de jumelles, de lunette ou de télescope ayant un objectif de 50 mm, 60 mm ou 115 mm : c'est le diamètre du tube de ces instruments à l'endroit où se situe l'objectif.

VOIR
- **Choisir et utiliser des jumelles** → p. 116
- **Les lunettes astronomiques d'amateur** → p. 118
- **Les télescopes d'amateur** → p. 122
- **Acheter votre instrument** → p. 124

Oculaire

Un oculaire, comme un objectif, est constitué de plusieurs lentilles formant une loupe. Cette pièce, dernier élément du système optique d'une lunette ou d'un télescope, joue un rôle primordial dans la qualité de l'image de l'objet observé. L'astronome amateur doit donc être pointilleux quant à son choix.

Sur chaque oculaire sont gravés : une lettre indiquant son type (H pour un oculaire de type Huygens, P pour un de type Plössl, etc.) et sa focale en millimètres : H 20 signifie oculaire de type Huygens de 20 mm de focale. La focale de l'oculaire, comprise généralement entre 4 et 50 mm, détermine le grossissement : plus elle est courte, plus le grossissement est élevé. Le grossissement total de l'instrument sera obtenu en divisant la focale de l'instrument par celle de

Cette photo de la nébuleuse de l'Œil de Chat prise par le télescope spatial Hubble montre bien la forme de disque autour de l'étoile centrale que prennent les gaz d'une nébuleuse « planétaire », résidus d'une nova.

l'oculaire. Les instruments d'astronomie sont souvent vendus avec plusieurs oculaires permettant des grossissements différents.

VOIR
- **Focale** → p. 32
- **Grossissement** → p. 35
- **Lentilles** → p. 37
- **Les lunettes astronomiques d'amateur** → p. 118
- **Les télescopes d'amateur** → p. 122
- **Acheter votre instrument** → p. 124

Onde

À voir le monde qui nous entoure, on pourrait penser qu'il n'est fait que de matière. Et, pourtant, tout est onde, ou presque. Les vagues, le son, les bruits, la lumière, la radio, la télévision, le téléphone... sont des ondes. Lorsque l'astronome regarde le ciel, ce sont des ondes (et des photons) qui lui parviennent depuis les confins de l'Univers : rayons gamma, ultraviolets, infrarouges, lumière...

Les caractéristiques d'une onde. L'image qui illustre le mieux ce qu'est une onde est celle du caillou que l'on jette dans un étang : autour du point de chute se crée une ride concentrique qui va s'étendre sur toute la surface. Cette ride est une onde, une onde de choc qui a déformé la surface de l'étang.

Regardons cette onde. Elle se propage, gagnant peu à peu les points les plus éloignés de l'étang. Mais, attention : ce n'est pas l'eau qui se déplace et forme ces rides. Si l'on observe le comportement d'un bout de bois à la surface, on voit qu'il ne se déplace pas, mais reste sur place, oscillant seulement de bas en haut à chaque passage d'une onde. Ainsi, l'onde fait vibrer de bas en haut le milieu dans lequel elle se déplace : elle le fait osciller, onduler.

Longueur d'onde et fréquence. Le rythme de ces oscillations est important, car il détermine les caractéristiques d'une onde. Certaines ondes ne produisent que 2 ou 3 rides, par exemple, sur un mètre. Mais d'autres marquent 20 ou 30 rides sur cette même distance. Dans le premier cas, la longueur d'onde, distance qui sépare deux crêtes de l'onde, est de 1/2 ou 1/3 de mètre. Dans le second, elle est dix fois plus petite. En outre, les ondes ne se déplacent pas et n'oscillent pas toutes à la même vitesse. Reprenons l'exemple précédent... Si l'onde parcourt 1 mètre par seconde, nous comptons qu'elle crée deux rides par seconde dans le premier cas, et 20 rides par seconde dans le deuxième : c'est la période (ou fréquence) de l'onde, temps qu'elle met pour revenir à la même position (une crête d'onde).

Les ondes lumineuses. Le son est une onde qui se déplace sur la Terre à environ 330 m/s. La lumière, elle, se déplace dans le vide à la vitesse de 300 000 km/s. Les longueurs d'ondes des différents rayons de la lumière visible sont en conséquence extrêmement petites : de l'ordre du milliardième

Les ondes lumineuses se déplaçant dans le vide n'ont pas besoin d'un support (comme l'atmosphère ou l'eau) pour se propager. Au passage d'une onde, ce n'est pas l'eau qui se déplace, mais l'onde qui se meut dans l'eau, la faisant osciller.

de mètre. Ainsi, les ondes lumineuses qui nous parviennent des objets célestes ont une longueur d'onde comprise entre 4 000 et 7 500 angströms.

L'énergie des ondes. En fonction de l'énergie qu'elle transporte, l'onde transmet une énergie plus ou moins forte au bout de bois qui flotte sur l'eau et oscille de bas en haut. Une forte houle océane fera monter le bâton à 2 m de hauteur, une petite ride à quelques millimètres ou centimètres. Mais cette énergie est continue, constante, et elle sera la même en haut, en bas, à n'importe quel point de l'onde. Pourtant, en ce qui concerne la lumière, on a fait, dès 1899, d'autres constatations : tout se passe comme si toute l'énergie lumineuse était contenue dans les seules crêtes de ses ondes. En bref, elle ne semble pas continue, mais comme concentrée par « paquets d'énergie », qui nous parviennent juste avec le sommet des vagues lumineuses. Par paquets, soit par sauts intermittents : c'est ce que l'on appelle la théorie des quanta qui donne un caractère discontinu aux ondes lumineuses. Ainsi, le rôle de certains filtres est de bloquer ces paquets d'énergie et de n'en laisser passer que 1 sur 1 000, voire 1 sur 10 000. Cela suffit pour apercevoir tout de même la lumière du Soleil mais sans être ébloui par son énorme énergie lumineuse.

VOIR
- Filtres → p. 31
- Lumière → p. 38
- Période → p. 50
- Photon → p. 51

Opposition

En astronomie, on appelle « opposition » le moment où le Soleil, l'observateur et l'objet observé sont alignés exactement et dans cet ordre précis. Comme pour l'heure on ne connaît pas d'autres observateurs que les Terriens, le Soleil et l'objet observé (planète, astéroïde) se trouvent alignés de part et d'autre de la Terre.

Le moment d'une opposition est toujours le meilleur pour l'observation, puisque, à cette occasion, l'objet observé (Mars, Jupiter, Saturne) se trouve non seulement parfaitement aligné avec l'observateur terrestre, mais aussi au plus près de la Terre. Les oppositions avec Mars ont lieu tous les 26 mois (environ) ; les oppositions avec Jupiter tous les 13 mois, et celles avec Saturne tous les 378 jours.

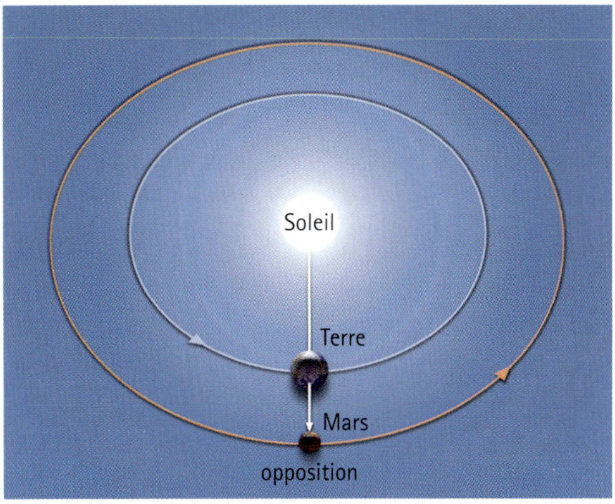

Lors d'une opposition, meilleur moment pour l'observation d'une planète, le Soleil, la Terre et la planète se trouvent alignés dans cet ordre.

VOIR
- Période synodique → p. 51
- Mars → p. 96
- Jupiter → p. 100
- Saturne → p. 102

Orbite

On appelle « orbite » le trajet, courbe et fermé, suivi par un corps (étoile, planète, satellite, comète, astéroïde) tournant autour d'un autre corps dans l'espace. Soumis aux lois de la gravitation de Newton, le corps de plus petite masse décrit une orbite en forme d'ellipse autour du corps de plus grande masse qui occupe géométriquement l'un des foyers de l'ellipse (seconde loi de Kepler : « L'orbite des planètes décrit une ellipse dont le Soleil est l'un des deux foyers »).

VOIR
- Excentricité → p. 31
- Gravitation → p. 33
- Masse → p. 41
- Suivre les planètes → p. 146

Ouverture

En optique, on considère que, plus un instrument est « ouvert », plus le champ d'observation proposé est large et plus l'image est lumineuse. L'ouverture se calcule à partir du rapport f/D (focale de l'instrument divisée par son diamètre). Plus le chiffre obtenu est petit, plus le champ d'observation sera large.

Par exemple, une lunette de 60 mm de diamètre (D) avec une focale (f) de 710 mm a une ouverture de 710/60, soit environ 12. Mais un télescope de diamètre 115 mm ne possédant qu'une focale de 900 mm, ce qui est généralement le cas, a une ouverture plus petite, de l'ordre de 8 (f/D = 900/115). Son champ est donc plus large, et l'image plus lumineuse. C'est pourquoi les télescopes sont mieux adaptés que les lunettes aux longues focales à l'observation des objets les moins lumineux : ceux du ciel profond.

VOIR
- **Champ** → p. 24
- **Diamètre** → p. 27
- **Focale** → p. 32
- **Les télescopes d'amateur** → p. 122

P

Pare-buée

Simple cylindre creux, le pare-buée s'abouche à l'extrémité du tube d'une lunette, auprès de l'objectif. Cet accessoire est essentiel en astronomie : il empêche, comme son nom l'indique, que la buée ne vienne se déposer et couler sur l'objectif.

Généralement, les lunettes astronomiques proposées dans le commerce sont livrées avec un pare-buée d'origine, incorporé au tube. C'est malheureusement plus rare pour les télescopes de type Schmidt-Cassegrain ou Maksutov qui, avec leur optique placée en bout de tube, en auraient pourtant parfois besoin.

Dans ce cas, rien n'est plus simple que de fabriquer un pare-buée avec un rouleau de carton ou de PVC, que l'on fixe au sommet de l'instrument.

VOIR
- **Construire une lunette astronomique** → p. 140

Parsec

Formellement, le parsec est défini comme « l'unité de distance astronomique telle qu'un astre de parallaxe de 1" est distant de 1 parsec, ou encore de 3,26 années-lumière ». Le parsec, que l'on emploie parfois à la place de l'année-lumière, vaut donc 3,26 années-lumière. Distante d' environ 26 années-lumière, Véga de la Lyre se trouve par exemple à 8 parsecs.

VOIR
- **Année-lumière** → p. 19
- **Des milliards de galaxies** → p. 66

Période

Une période désigne le temps au bout duquel un même événement se reproduit à l'identique... Ainsi, la période d'une onde, appelée aussi « fréquence », est le temps que met l'onde pour passer d'une crête à l'autre.

Le terme est bien sûr aussi utilisé pour les mouvements circulaires, fermés. La période de révolution de la Terre autour du Soleil est de 1 an, soit 365, 225 jours ; sa période de rotation sur elle-même est de 1 journée, soit 23 heures, 56 minutes et 40 secondes.

Enfin, on parle également de période pour les étoiles binaires à éclipse ou les étoiles variables :

l'événement de référence est dans ce cas le moment de plus forte luminosité de ces étoiles.

VOIR
- Onde → p. 48
- Les étoiles multiples → p. 74
- Les étoiles variables → p. 76
- Dresser les éphémérides de Jupiter → p. 152
- Observer les étoiles doubles → p. 228
- Observer les étoiles variables → p. 230

Période synodique

Prenons comme exemple deux objets satellisés autour de la Terre et montrant des périodes très différentes : l'un boucle son orbite en 2 h et l'autre, plus éloigné de la Terre, en 3 h. À des moments très réguliers, ces deux satellites vont pourtant se retrouver exactement dans une même configuration, alignés par exemple avec la Terre. En effet, après 6 h, le premier satellite a effectué exactement 3 tours et le second satellite exactement 2 tours. Les voici alignés comme au départ. Et le phénomène se reproduira précisément dans 6 h. C'est cette durée qui est appelée « période synodique ».

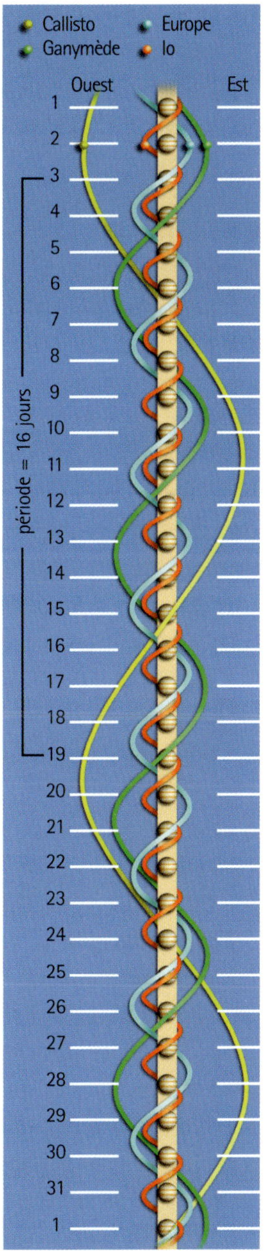

La période du satellite Callisto de Jupiter est de 16 jours environ, temps au bout duquel Callisto a effectué une orbite complète autour de Jupiter et est revenu à la même place.

Toutes les planètes bouclant une orbite autour du Soleil à des vitesses forts différentes, il suffit de calculer leur période synodique avec la Terre pour savoir quand exactement elles se retrouveront soit en conjonction, soit en opposition avec notre planète.

Quelques périodes synodiques. La Terre boucle son orbite solaire en 52 semaines, et Mercure en 13 semaines (environ). On calcule que la période synodique de Mercure avec la Terre est de 120 jours (17 semaines). Donc, 17 semaines après une conjonction inférieure, Mercure se retrouve en conjonction inférieure. Pour Mercure, dont l'excentricité est très forte et le trajet assez peu régulier, ce chiffre est approximatif et varie entre 114 et 120 jours. La période synodique de Vénus avec la Terre est de 584 jours (84 semaines). Celle de Mars est de 780 jours, soit 26 mois (chiffre également approximatif). Celle de Jupiter est de 399 jours, soit 1 an et 1 mois, et celle de Saturne est de 378 jours, soit 1 an et 13 jours.

VOIR
- Excentricité → p. 31
- Période → p. 50
- Mercure → p. 88
- Vénus → p. 90
- Mars → p. 96
- Jupiter → p. 100
- Saturne → p. 102

Photon

Bien que considéré comme une particule élémentaire au même titre que l'électron, le photon est en fait une particule sans masse et sans charge électrique. C'est A. Einstein qui, en 1905, a créé ce mot à partir du grec *photos* (la lumière) pour désigner les paquets, les **grains d'énergie**, qui accompagnent les ondes lumineuses.

La lumière se propage dans le vide comme une onde, mais ce sont ses photons qui viennent frapper nos yeux et les optiques des instruments

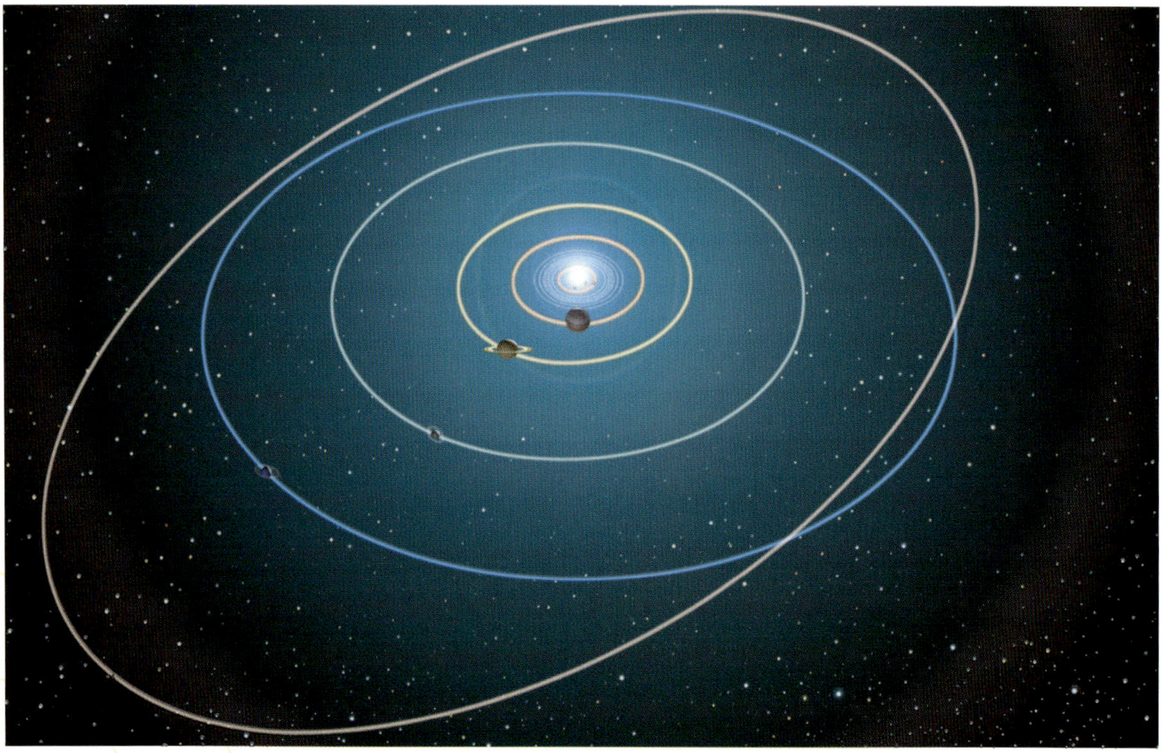
Notre système planétaire possède 9 planètes de forme sphérique effectuant une orbite autour du Soleil.

d'astronomie. Se déplaçant avec la lumière, les photons vont à la même vitesse qu'elle, soit à 300 000 km/s.

VOIR
- **Lumière** → p. 38
- **Onde** → p. 48

Planète

Tout corps de forme sphérique effectuant une orbite autour du Soleil est défini comme une planète. Il existe deux types de planètes : les planètes dites **telluriques**, qui sont solides et faites de roches et de métaux, et les planètes **gazeuses** constituées de gaz. Les neuf planètes du système solaire sont, en partant du Soleil : Mercure, Vénus, la Terre, Mars, Jupiter, Saturne, Uranus, Neptune et Pluton.

Les astéroïdes et comètes, bien qu'effectuant des orbites autour du Soleil, ne sont pas considérés comme des planètes du fait de leur petite taille et de leur forme irrégulière. On peut toutefois se demander pourquoi un astéroïde comme Cérès, d'un diamètre de 1 000 km, et de forme assez sphérique, ne reçoit pas pour autant le nom de planète. De même, pourquoi ne nommerait-on pas « planètes » (de Jupiter ou de Saturne) les grands satellites de Jupiter ou de Saturne, de formes parfaitement sphériques et de diamètres parfois supérieurs au diamètre de Mercure ?

VOIR
- **Orbite** → p. 49
- **Le système solaire** → p. 82

Pléiades

En raison de leur beauté, les Pléiades, situées dans l'hémisphère Nord, sont l'un des amas ouverts d'étoiles les plus célèbres et les mieux connus. Visible à l'œil nu, cet amas forme une tache irisée au-dessus et un peu à l'ouest de la constellation du Taureau. Même sans instrument d'optique, on parvient à distinguer de 6 à 9 étoiles sur les quelques dizaines qu'il contient ; un œil exercé par une nuit bien sombre et pure, peut en décompter jusqu'à 11. C'est en hiver, en décembre et janvier, que les Pléiades sont le mieux visibles, en début de soirée.

VOIR
- Amas → p. 17
- Le Taureau → p. 190

Pôle céleste

Le pôle céleste est la projection du pôle terrestre sur la voûte céleste (nord ou sud). Il se trouve donc dans le prolongement de l'axe de rotation de la Terre sur elle-même. De nos jours, le pôle Nord céleste est situé, à 1 degré près, tout près de l'étoile Polaire, ou Polaris, dans la constellation de la Petite Ourse. Dans quelques millénaires, ce ne sera plus l'étoile Polaire qui sera proche du pôle mais l'étoile α de Céphée, et plus tard encore Véga de la Lyre.

VOIR
- Utiliser une carte du ciel → p. 126
- Se repérer dans le ciel → p. 129
- Que sont les coordonnées célestes ? → p. 132

Printemps

Le printemps, saison terrestre, débute le 20 (ou 21) mars, jour d'équinoxe. Cela signifie qu'à cette date la durée du jour et de la nuit sont égales. Cette égalité a alors lieu sur toute la Terre, puisque le premier jour du printemps dans l'hémisphère Nord correspond au premier jour de l'automne dans l'hémisphère Sud.

Observer au printemps. Le printemps, en mars et avril du moins, se présente d'abord comme une bonne saison pour l'observation. Il se termine toutefois de manière exécrable (pour les astronomes amateurs, bien sûr) avec, dès la fin du mois de mai, des nuits courtes et surtout très claires, particulièrement au-delà de 45° de latitude Nord.

Malgré tout, les nuits de printemps sont moins fraîches que celles des mois précédents, et cela permet de prendre un peu de temps pour observer la belle étoile Arcturus et son éclat orangé, les galaxies en interaction des Chiens de Chasse, l'amas du Cancer, la Vierge ainsi que le Lion et ses nombreuses galaxies.

VOIR
- Automne → p. 21
- La Terre → p. 92
- Suivre les planètes → p. 146
- Le ciel de printemps → p. 195

Pulsars

Les pulsars, appelés aussi « étoiles à neutrons », sont formés de résidus d'étoiles très massives qui ont explosé en éjectant leurs couches gazeuses superficielles. Ils sont très petits, d'un diamètre équivalent à celui de la Terre, et d'une densité inouïe, puisqu'un dé à coudre rempli de la matière d'un pulsar pèserait plus d'une tonne.

Du fait de cette densité et de cette petitesse, les pulsars tournent très vite sur eux-mêmes, plusieurs fois ou dizaines de fois en une seconde, et ne diffusent plus leur lumière de manière égale, concentrique comme le fait le Soleil, mais seulement sous la forme d'un mince pinceau lumineux qui balaie le ciel comme le fait le rayon d'un phare côtier. Ainsi, cette lumière nous apparaît comme étant « pulsée » de l'étoile à intervalles réguliers, d'où le nom de « pulsars ».

VOIR
- Les étoiles → p. 68

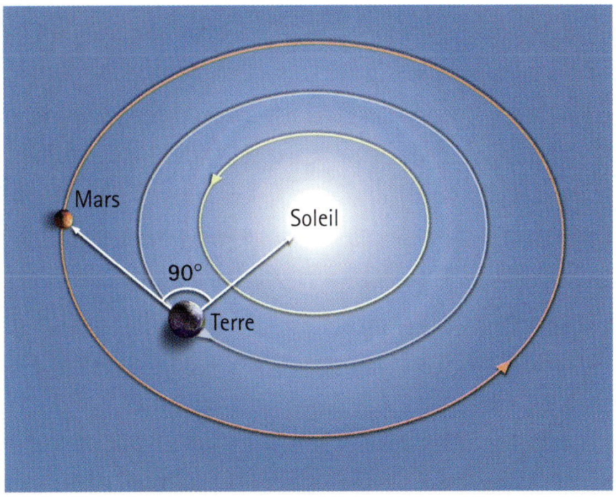

Dans le cas de la quadrature, la planète (ici Mars), la Terre et le Soleil forment un angle droit.

Q-R

Les radiotélescopes (ici celui de Nançay) captent les rayonnements en ondes radio émis par ces mêmes objets.

Quadrature

La quadrature désigne une position spécifique d'une planète extérieure (Mars, Jupiter, Saturne, Uranus ou Neptune) par rapport à la Terre. Cette position est telle que l'angle formé par la planète, la Terre et le Soleil (dans cet ordre) est droit. (➔ schéma p. 53)

Qualité (du ciel)

La notion de qualité du ciel, qui apparaît dans tous les ouvrages d'astronomie, est très importante : quand le ciel est de bonne qualité, on peut apercevoir de nombreux détails, même avec une petite lunette de 60 mm, mais, quand ce n'est pas le cas, même les meilleurs instruments ne permettent que des observations médiocres et décevantes.

Loin des usines et des villes. Pour l'astronome, les questions d'ozone et de trous d'ozone passent au second plan. Mais les observations doivent avoir lieu toutefois loin des zones industrielles polluées, car le ciel est alors voilé en permanence par des fumées d'origines diverses, et les turbulences sont nombreuses.

Il faut également se tenir loin des villes, dont la pollution lumineuse est bien plus gênante : la proximité d'un seul réverbère empêche presque toute observation détaillée. L'accumulation des lumières produit ainsi un halo lumineux, qui s'étend par exemple en région parisienne sur 60 km de rayon autour de la capitale.

Enfin, à l'absence de pollution atmosphérique et de lumières, s'ajoute la nécessité d'une nuit le plus noire possible. Il faut donc éviter les nuits proches du solstice d'été et de pleine lune.

Quelques sites de bonne qualité. D'une manière générale, tous les sites (ou presque) de moyenne montagne (à partir de 600 m d'altitude) et de haute montagne offrent des ciels de bonne qualité. Certains endroits de rase campagne éloignés des villes ou des zones industrielles (en France, au Royaume-Uni, aux États-Unis, au Canada…) constituent également d'excellents sites d'observation.

VOIR
- Choisir un site d'observation ➔ p. 114
- Mesurer l'acuité visuelle ➔ p. 121

Radiant

Le point radiant, ou radiant, est le point du ciel d'où, apparemment, toutes les étoiles filantes (ou météorites) d'un même essaim semblent provenir. Contrairement à ce que l'on pense, en effet, les étoiles filantes ne traversent pas le ciel en tous sens. Chaque météorite appartient à un essaim précis dont le nom (Perséides, Léonides, Lyrides) fait référence à la constellation (Persée, Lion, Lyre) dans laquelle se trouve le point radiant.

VOIR
- Les comètes et les étoiles filantes ➔ p. 106
- Observer les étoiles filantes ➔ p. 165

Radiotélescope

Les télescopes usuels captent uniquement la lumière visible, c'est-à-dire les photons lumineux. Mais les étoiles et autres corps lumineux du cosmos ne rayonnent pas seulement de la lumière, ils émettent également toutes les sortes d'ondes électromagnétiques, de longueurs d'onde fort différentes : rayons ultraviolets et gamma, rayons infrarouges, ondes millimétriques et centimétriques dites « ondes radio ». C'est pour capter ces dernières qu'ont été construits les radiotélescopes.

La surface collectrice des radiotélescopes n'est pas constituée d'un miroir ou d'une lentille, mais d'une espèce de filet métallique aux mailles de quelques centimètres. Ce dernier suffit amplement pour capter les ondes radio, dont les longueurs d'onde sont beaucoup plus grandes que celles des couleurs de la lumière visible. Les étoiles rayonnant toutefois très peu en ondes radio, les télescopes sont géants, de manière à recevoir un maximum de signaux.

Des radiotélescopes aux extraterrestres. L'étude des ondes radio émises par les corps célestes fournit avant tout divers renseignements sur la structure interne des étoiles et sur l'organisation dynamique des galaxies. Toutefois, certains chercheurs, dès les années 1960, ont supposé que des ondes radio pourraient aussi un jour être émises par des extraterrestres, selon le raisonnement suivant... Depuis la Terre, il nous serait quasi impossible d'envoyer un message lumineux : celui-ci serait noyé par la lumière émise par le Soleil, et personne ne le verrait. Par contre, on sait déjà envoyer des signaux en ondes radio bien plus forts que ceux du Soleil. En conséquence, s'il existe quelque part des extraterrestres, parvenus du moins au même point technologique que nous, ce sont des ondes radio qu'ils émettront pour tenter de communiquer.

C'est à la recherche de ce type d'ondes radio que s'est consacré le programme SETI (*Search for Extra Terrestrial Intelligence*, recherche d'intelligence extraterrestre) qui utilise régulièrement les sept plus grands radiotélescopes du monde.

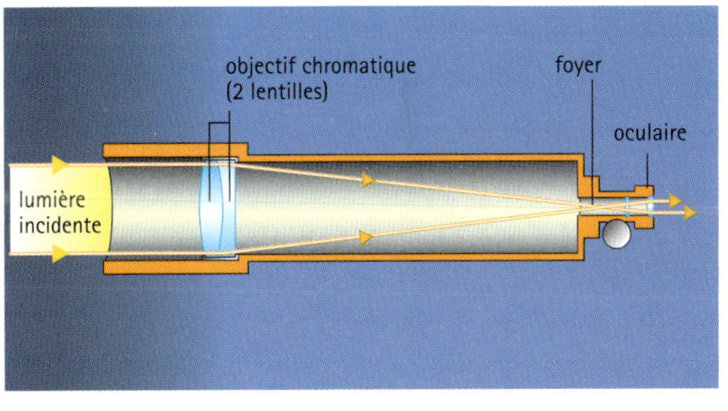

Réfraction.

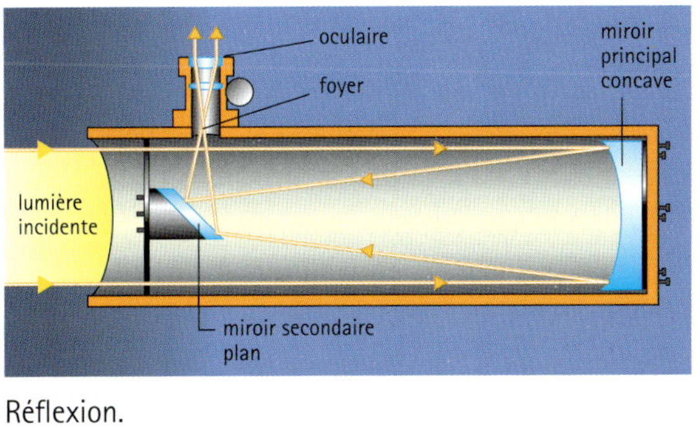

Réflexion.

VOIR
Lumière → p. 38
Onde → p. 48
Photon → p. 51

Réflexion

On appelle « réflexion » le changement de direction d'un rayon lumineux lorsque celui-ci rencontre une surface polie (métal, verre, miroir, etc.). Le rayon réfléchi ne pénètre pas dans la surface réfléchissante et reste dans le même milieu que le rayon incident. Les télescopes qui utilisent un miroir réfléchissant la lumière sont des réflecteurs : par une série de réflexions entre deux ou plusieurs miroirs, la lumière incidente est envoyée vers l'oculaire.

VOIR
Les télescopes d'amateur → p. 122

Réfracteur

Le nom de « réfracteur » est donné aux instruments d'optique utilisant la réfraction, comme les lunettes astronomiques.

VOIR
Réfraction → p. 56
Les lunettes astronomiques d'amateur → p. 118

Réfraction

Quand un rayon lumineux se trouve à la surface de séparation entre deux milieux transparents, il change de direction en pénétrant de l'un dans l'autre. C'est ce que l'on appelle la « réfraction ».

En passant depuis le vide spatial dans les différentes couches de l'atmosphère, les rayons du Soleil sont réfractés, c'est-à-dire déviés à plusieurs reprises : à chaque fois qu'ils passent d'une couche atmosphérique à une autre, d'un milieu à un autre.

Les lentilles des objectifs des lunettes astronomiques, avec une surface en verre transparent, sont des milieux réfringents : elles réfractent la lumière incidente, qu'elles dévient. Ces lentilles sont taillées de manière que tous les rayons soient déviés de façon uniforme et se concentrent en un point, dit « point focal », situé sur l'axe central de la lunette.

VOIR
- **Focale** → p. 32
- **Les lunettes astronomiques d'amateur** → p. 118

Renvoi coudé

Le renvoi coudé est un accessoire propre aux lunettes astronomiques et se place en avant de l'oculaire. Il est constitué d'un prisme qui renvoie la lumière à angle droit par rapport au plan de la lunette. Cette pièce est quasi indispensable pour observer sans se tordre le cou tous les objets placés haut dans le ciel, voire à la verticale.

VOIR
- **Les lunettes astronomiques d'amateur** → p. 118

Le renvoi coudé est un accessoire indispensable pour observer, avec une lunette, les objets situés haut dans le ciel.

Résolution (pouvoir de séparation)

On appelle « résolution » (ou pouvoir de séparation) d'un instrument d'astronomie la taille (ou angle minimal) d'un objet que peut percevoir cet instrument.

Alors qu'avec les télescopes et lunettes d'amateur on parvient à distinguer des détails ou formations d'une taille de quelques kilomètres sur la Lune, les télescopes géants du Keck parviendront, mis ensemble, à une résolution suffisante pour distinguer, sur notre satellite, un objet d'une taille de 2 m : la taille d'un être humain...

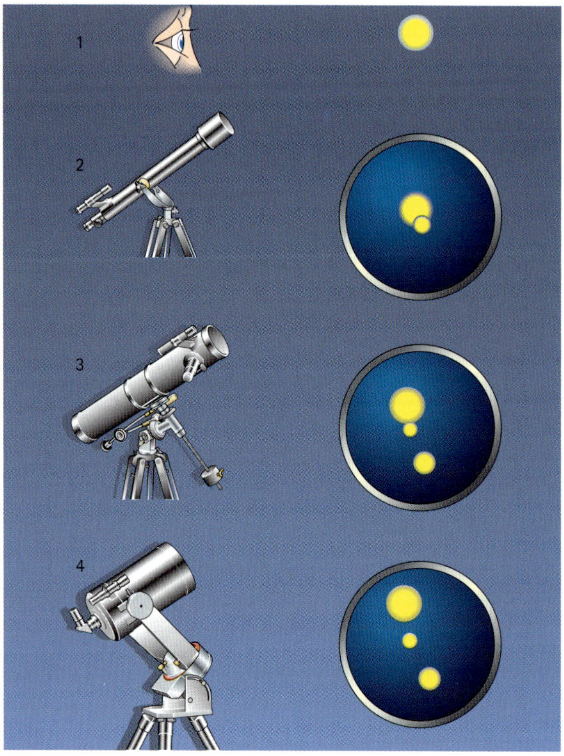

Pouvoir séparateur : à l'œil nu (1), une étoile double est perçue comme étant unique, allongée avec la lunette (2) et ses composants apparaissent avec des instruments plus puissants (3 et 4).

C'est lors des « étés » ou des « hivers » de Saturne que nous apercevons le mieux les anneaux, très ouverts, de cette planète géante qui, comme la Terre, connaît des saisons.

S

Saison

Ce n'est pas le plus ou moins grand éloignement de la Terre par rapport au Soleil qui fait les différentes saisons, mais uniquement le fait que notre planète est inclinée d'un angle de 23,30° par rapport au plan de l'écliptique. Ainsi, selon la saison, une partie de la Terre reçoit perpendiculairement les rayons du Soleil (c'est l'été), tandis que l'autre partie les reçoit de manière tangentielle, rasante (c'est l'hiver). Six mois plus tard, la situation sera inversée, et cela donnera l'hiver dans le premier hémisphère et l'été dans le second. En automne et au printemps, l'ensemble de la Terre reçoit les rayons solaires de manière uniforme.

Mais la Terre n'est pas la seule planète à être inclinée sur son axe par rapport à l'écliptique. Elle n'est donc pas la seule à connaître des saisons. Les planètes les plus concernées par ce phénomène sont Mars, qui est inclinée de 23,60°, presque comme la Terre, et Saturne, dont l'inclinaison est de 26,44°.

Les saisons de Mars. Comme Mars parcourt son orbite autour du Soleil en près de deux ans, ses saisons sont deux fois plus longues que les saisons terrestres, mais très ressemblantes. Pour l'astronome amateur, l'observation variera selon les saisons. Lors des oppositions, si c'est l'hiver martien, il apercevra bien les calottes glaciaires, même avec une petite lunette, mais, si c'est l'automne martien, ces calottes auront disparu, fondu.

Les saisons de Saturne. Sur Saturne, qui effectue son orbite en trente ans environ, chaque saison dure approximativement 7,5 ans. Pour l'observateur terrestre, ces cycles saisonniers se traduiront par la plus ou moins grande ouverture des anneaux de Saturne, qui ont la même inclinaison que la planète. Durant l'été ou l'hiver saturniens, ces anneaux se présentent de face (vus depuis la Terre par en dessous ou en dessus), tandis qu'ils

Ce satellite artificiel, le Hubble Space Telescope (HST), réalise le rêve de tous les astronomes : pouvoir observer au-dessus de l'atmosphère terrestre.

apparaissent de profil, et donc demeurent invisibles, durant l'automne et le printemps saturniens.

VOIR
- Automne → p. 21
- Été → p. 30
- Hiver → p. 37
- Printemps → p. 52
- La Terre → p. 92
- Mars → p. 96
- Observer les détails martiens → p. 236
- Saturne, ses anneaux et ses satellites → p. 240

Saros

Le saros est l'intervalle de temps séparant deux éclipses de Soleil à une même latitude terrestre. Sa durée est de 18 ans, 11 jours et 8 heures. Durant un saros, on compte 43 éclipses de Soleil et 28 éclipses de Lune à d'autres latitudes.
En moyenne, une éclipse de Soleil a lieu en un même point donné tous les trois saros, soit tous les 54 ans et 34 jours.

VOIR
- Les prochaines éclipses → p. 176

Satellite

On donne le nom de « satellite » à tout objet qui décrit une orbite autour d'un autre objet plus massif en suivant les lois de la gravitation de Newton. La Terre est un satellite du Soleil ; la Lune, un satellite de la Terre ; Phobos, Io, Titan sont respectivement des satellites de Mars, Jupiter et Saturne.

En astronomie, la possibilité, ou non, de voir les satellites des diverses planètes, en fonction des capacités de l'instrument employé, est l'un des enjeux d'une soirée d'observation.

VOIR
- Mars → p. 96
- Jupiter → p. 100
- Saturne → p. 102

Satellite artificiel

Depuis le 4 octobre 1957, date de l'envoi du premier satellite artificiel (Spoutnik 1), les hommes ont mis en orbite autour de la Terre plusieurs milliers de satellites artificiels. En dehors des objectifs militaires et de surveillance des territoires, les satellites artificiels ont des missions aussi variées que l'étude de la Terre, la météorologie, l'étude de l'espace, la navigation maritime ou aérienne, les télécommunications...

On peut trouver un certain intérêt à observer le passage des différents satellites artificiels qui tournent en permanence autour de la Terre et en guetter, si possible, le retour.

VOIR
- Observer les satellites artificiels → p. 245

Seconde

Une seconde est la subdivision de deux types de mesure : une mesure d'angle et une mesure de temps. Un degré d'angle est subdivisé en 60 min, chaque minute étant elle-même subdivisée en 60 s : il y a donc 3 600 s dans un degré d'angle.

Une heure est subdivisée en 60 minutes, et une minute en 60 secondes. Il y a donc 3 600 s dans une heure. On note la seconde avec le signe " quand il s'agit de la mesure d'angle et s quand il s'agit de la mesure de temps.

Solstice

Le solstice d'été a lieu le 21 (ou le 22) juin et celui d'hiver le 21 (ou le 22) décembre. À ce moment, le Soleil, dans son mouvement apparent sur l'écliptique, atteint sa plus forte déclinaison, ce qui correspond à une durée de jour maximale (solstice d'été dans un hémisphère) ou minimale (solstice d'hiver dans l'autre).

Spectre de raies

Le spectre de raies ou électromagnétique d'un objet céleste est l'ensemble de tous les rayonnements qu'il émet selon des longueurs d'onde différentes. Le spectre dit « visible » de la lumière émise par le Soleil est bien connu, avec ses sept raies distinctes, de couleurs, donc de longueurs d'ondes différentes. C'est un spectre de raies continu, car toutes les raies de couleur se touchent.

Il arrive parfois que, dans un spectre, apparaissent des raies noires ; des absences de raies de couleur, en fait. Cette absence de raie, ou raie noire, signifie qu'un élément chimique quelconque a absorbé la longueur d'onde correspondant à la couleur qui manque. Les astrophysiciens savent reconnaître quel est l'élément perturbateur qui a absorbé cette longueur d'onde bien précise, ce qui nous renseigne sur la composition des étoiles. Par exemple, si la raie correspondant à la longueur d'onde de l'hydrogène a été absorbée, cela signifie que l'étoile observée contient dans ses couches supérieures des atomes d'hydrogène qui ont absorbé cette longueur d'onde précise.

VOIR ■ **Onde** → p. 48

Supernova

Voir Nova.

T-V

Télé-extender

Le tele-extender est un tube allongé que l'on fixe dans le porte-oculaire d'un instrument d'astronomie avant d'y glisser l'oculaire. Il permet d'allonger artificiellement la focale de l'instrument pour procéder à des photographies de planètes par projection.

VOIR ■ **Éléments d'astrophotographie** → p. 136

Terminateur

On appelle « terminateur » la ligne, ou zone étroite, qui, sur la Lune, sépare la région sombre de la région illuminée lors des diverses phases lunaires. C'est généralement le long du terminateur que l'on peut faire les meilleures observations.

Le mot « terminateur » s'emploie également pour désigner cette même ligne sur Mercure et Vénus lorsque ces planètes présentent des phases (quartiers, croissants...).

VOIR ■ **La Lune** → p. 94
■ **Observer la Lune** → p. 178

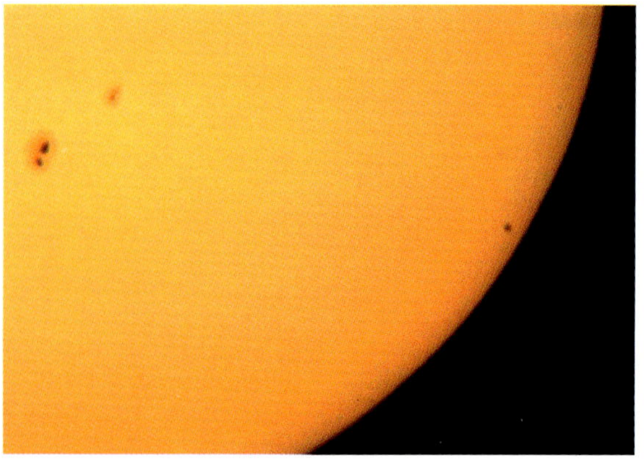

Toujours spectaculaires, mais à observer avec précaution puisqu'il s'agit de regarder le Soleil, les transits planétaires de Mercure ou Vénus sont très recherchés.

Transit

Quand un objet céleste passe devant un autre objet beaucoup plus grand, on parle de transit, et non pas d'éclipse (l'objet de grande taille n'étant pas caché par le plus petit).

Lorsque Mercure et Vénus passent entre la Terre et le Soleil, elles ne sont pas, parfois, parfaitement alignées avec la Terre et le Soleil, mais se trouvent dans un plan légèrement supérieur ou inférieur. Il est alors possible de les voir passer devant le Soleil, en transit, comme une petite boule noire sur la surface brillante de notre étoile. Ces transits sont assez rares (quelques-uns par siècle) et très recherchés par les astronomes amateurs. Par extension, on nomme également transit le passage d'un satellite devant une planète géante. Les transits de Io, Europe, Ganymède et Callisto devant Jupiter sont fréquents et très regardés, tout comme les transits de Titan devant Saturne.

VOIR
- **Mercure** → p. 88
- **Vénus** → p. 90
- **Dresser les éphémérides de Jupiter** → p. 152
- **Observer les occultations** → p. 246

Triangle d'été

Dénomination souvent employée par les astronomes amateurs, le Triangle d'été désigne le triangle que forment, dans le ciel d'été, les trois étoiles alors les plus brillantes : Véga (de la Lyre), Altaïr (de l'Aigle) et Deneb (du Cygne).

VOIR
- **Le ciel d'été** → p. 203

Turbulences

Contrairement à ce que l'on pense, l'atmosphère n'est pas lisse, uniforme, laminaire, mais se présente souvent avec des milliards de petites boules ou cellules de tailles différentes. Ces dernières constituent autant de surfaces sur lesquelles les rayons lumineux en provenance du cosmos subissent réflexions et réfractions. Ce sont des turbulences, dont les causes sont multiples : échanges de températures, circulation d'air, pollutions d'origine industrielle...

Lorsque ces turbulences sont de petite taille, elles peuvent se glisser dans le tube des télescopes ouverts de type Newton, détériorant considérablement la qualité de l'image obtenue. Pour éviter ce phénomène, il faut toujours sortir un télescope Newton une heure avant les observations, de manière qu'il soit à la température de l'air ambiant : les turbulences, attirées par les variations de température, auront moins tendance à venir se nicher dans le tube.

VOIR
- **Réflexion** → p. 55
- **Réfraction** → p. 55
- **Choisir un site d'observation** → p. 114
- **Préparer une soirée d'observations** → p. 156

Unité astronomique

L'unité astronomique n'est employée que pour le système solaire. Elle correspond à la distance moyenne séparant la Terre du Soleil. Une unité astronomique (1 ua) égale 149 597 870 km, que l'on arrondit généralement à 150 millions de km.

Viseur

Voir Chercheur.

Z

Zénith

Le zénith est le point qui se trouve à la verticale lorsqu'on regarde le ciel ; c'est donc le point le plus élevé. Sur les cartes mobiles du ciel, le zénith est matérialisé par une ligne noire, mobile, qui tourne avec le disque horaire. Cette ligne est la somme de tous les points qui sont au zénith à un moment de l'année.

Le Triangle d'été : Deneb (en haut), Véga (à droite) et Altaïr (en bas).

VOIR
Écliptique (plan de l') → p. 28
Observer la lumière zodiacale → p. 214

Zodiacal(e)

L'adjectif « zodiacal » désigne tout phénomène qui se déroule dans le plan des constellations du zodiaque, c'est-à-dire en fin de compte dans le plan de l'écliptique.

La lumière zodiacale, que l'on peut apercevoir en automne et en fin d'hiver, est produite par les milliards de micrométéorites qui gravitent autour du Soleil dans le plan de l'écliptique.

C'est fin septembre et fin février que l'on peut observer et photographier la lumière zodiacale.

Zodiaque

Bien connu des amateurs d'astrologie, le zodiaque, du grec *Zoa diacon* (la « roue des animaux »), a également une réalité physique en astronomie. Le zodiaque désigne l'ensemble des douze constellations (treize en comptant Ophiucus) qui se trouvent dans le plan de l'écliptique ou proche de lui.

Ne s'écartant que très peu du plan de l'écliptique, toutes les planètes passent tour à tour devant chaque signe du zodiaque, à des rythmes différents. Bien connaître la forme générale de chacune des constellations zodiacales permet donc de repérer immédiatement si une constellation semble contenir un astre supplémentaire, très brillant. Cet astre invité est en réalité une planète, vers laquelle il ne reste plus qu'à pointer ses jumelles, sa lunette ou son télescope.

VOIR
Constellation → p. 25
Écliptique (plan de l') → p. 28
La ronde du zodiaque → p. 108
Repérer les constellations du zodiaque → p. 160

Le catalogue des objets du ciel

La Voie lactée, notre galaxie

On a pensé jusqu'au XXe siècle que notre galaxie était la seule dans l'Univers, et qu'elle formait tout l'Univers. On l'a appelée pour cette raison la Galaxie, avec un « G » majuscule, ou la Voie lactée, ce qui revient au même.

VOIR
Amas
→ p. 17
Année-lumière
→ p. 19
Halo galactique
→ p. 35
Magellan (Nuages de)
→ p. 39

VOIR
Des milliards de galaxies
→ p. 66
Les étoiles multiples
→ p. 74
Les taches floues du ciel
→ p. 78

Un chemin d'étoiles

En été, la Voie lactée, ou plus exactement sa partie visible à l'œil nu depuis la Terre, traverse tout le ciel de l'hémisphère Nord, depuis la constellation du Sagittaire (au sud) jusqu'à Cassiopée et Persée (au nord), en passant par l'Aigle puis le Cygne.

L'ensemble se caractérise par un aspect « laiteux », d'où le nom de Voie lactée ou de Galaxie (du grec *galactos*, le chemin de lait). Cette impression provient du très grand nombre d'étoiles concentrées dans la même région et accumulant leur luminosité.

Des centaines de milliards d'étoiles. On estime que le nombre des étoiles peuplant la Voie lactée est compris entre 150 milliards et 400 milliards. De telles différences peuvent étonner, mais sont monnaie courante en astronomie. En effet, en dépit de tous les moyens scientifiques et techniques dont on dispose, il est encore difficile d'estimer correctement le nombre d'étoiles naines brunes, noires, voire rouges, quasi invisibles, qui peuplent une galaxie.

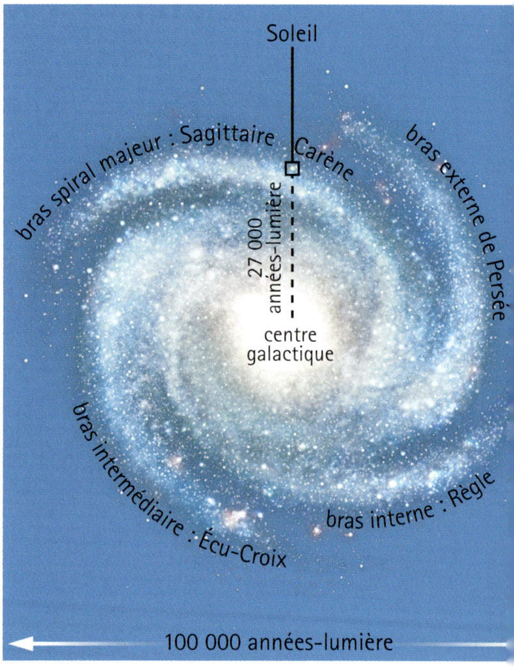

Le Soleil dans la Voie lactée.

LE SAVIEZ-VOUS ?

Pourquoi voyons-nous la Voie lactée ?

Si nous faisons partie de la Voie lactée, pourquoi, et comment, faisons-nous pour la voir ? Imaginons une roue de char. Le Soleil se trouve sur l'un des rayons, un « bras » de la Galaxie. Si nous voulons regarder de l'autre côté de la roue, nous voyons peu de chose, car le moyeu nous en cache une bonne partie. C'est ce qui se produit lorsque nous regardons vers le bulbe galactique : il masque les étoiles situées derrière. Par contre, nous pouvons voir les autres rayons de la roue, à savoir les autres bras de la Galaxie. Et si maintenant nous observons ce qui se passe de part et d'autre de la roue, nous voyons tout, comme si nous regardions perpendiculairement au plan galactique, et c'est dans cette direction que nous percevons les autres galaxies.

La forme d'un disque

Vue de profil, comme nous l'apercevons depuis la Terre, la Voie lactée se présente sous la forme d'un disque relativement plat, le **plan galactique** ; en son centre, elle montre un bulbe brillant d'étoiles, appelé **bulbe galactique.** La longueur du plan galactique atteint 100 000 années-lumière, et son épaisseur quelques milliers d'années-lumière seulement, tandis que le bulbe central

Superbe galaxie spirale : la Voie lactée resplendit dans nos nuits d'été.

forme une espèce de sphère d'environ 10 000 années-lumière de diamètre.

Une galaxie spirale. Si on le voyait de haut, on s'apercevrait que ce disque n'est ni plein, ni uniforme : du bulbe galactique s'échappent en fait plusieurs bras en spirale recourbés, à l'image de ce qui se passe dans une tasse de café au lait lorsqu'on fait tourner une cuiller en son centre. On dit pour cette raison que la Voie lactée est une galaxie spirale.

La position du Soleil. Le Soleil, qui est une étoile comme une autre, fait partie de la Voie lactée. Alors que, au début du XIXe siècle, W. Herschel le plaçait au centre de la Galaxie, l'astronome américain H. Shapley montra en 1915 que, en réalité, il en est éloigné de 27 000 al (années-lumière) et se situe tout près du bras dit du Sagittaire-Carène, l'un des principaux de la Galaxie.

Nébuleuses et poussières

Notre galaxie, comme toutes les autres, n'est pas uniquement composée d'étoiles. Elle comprend aussi des nébuleuses, des amas ouverts, des gaz et poussières interstellaires, autant d'objets qui se regroupent pour former ses bras spiralés.

En dehors des bras galactiques, il existe d'autres amas d'étoiles : **les amas dits globulaires.** Composés d'étoiles plus anciennes, ils sont situés hors du plan galactique et se répartissent en une espèce de halo autour de la Voie lactée. ■

VOIR
Le Sagittaire et la Voie lactée
→ p. 208

ASTUCE Trouver le centre galactique

Le meilleur moment pour admirer la Voie lactée est, en juillet et en août, à partir de 23 ou 24 h. Pour en trouver le centre, il faut suivre du regard la trace blanche en descendant en direction du sud, vers la constellation du Sagittaire. C'est là que se situe le centre de la Galaxie, dont la brillance est dissimulée par les poussières interstellaires.

Des milliards de galaxies

Galaxies d'Andromède, du Sombrero, des Chiens de chasse... tout astronome amateur sait aujourd'hui qu'il existe des milliards de galaxies comme la nôtre. La question de la multiplicité des galaxies a pourtant été débattue jusque dans les années 1920.

VOIR
Année-lumière → p. 19
Big bang → p. 22
Champ → p. 24
Parsec → p. 50

VOIR
La Voie lactée, notre galaxie → p. 64
Les taches floues du ciel → p. 78

De la Galaxie aux galaxies

En pointant une petite lunette astronomique vers la Voie lactée, on se rend compte qu'il ne s'agit pas d'un nuage ni d'une nébulosité quelconque, mais d'un ensemble d'étoiles.

Des premiers pas de Galilée... C'est ce qu'avait fait Galilée avec sa première lunette (grossissant neuf fois). Mais le ciel nocturne est parsemé d'innombrables autres taches semblables à des nuages, quoique bien plus petites que la traînée de la Voie lactée. Le progrès des instruments d'optique aidant, on a découvert progressivement que nombre de ces taches n'étaient pas des nuages de gaz, des nébuleuses, mais bien des petits amas d'étoiles que l'on apercevait distinctement avec des instruments de 1 m ou 1,20 m de diamètre. Ces amas appartenaient indubitablement à notre galaxie.

D'autres taches ne se résolvaient jamais en amas d'étoiles. S'agissait-il de nébuleuses, ou d'amas trop lointains pour que nos télescopes en distinguent les étoiles ? Dans ce dernier cas, ceux-ci se trouvaient certainement au-delà de la Voie lactée. Cette dernière ne serait-elle donc pas la seule à peupler l'Univers, et existerait-il d'autres formations d'étoiles ailleurs ?

... à la découverte de Hubble. Il a fallu attendre les années 1920 et l'arrivée du télescope géant Hooker de 2,51 m de diamètre pour en avoir le cœur net. En 1924, l'astronome Edwin Hubble, utilisant ce nouveau matériel, déclarait que la nébuleuse d'Andromède, M 31, n'est pas une nébuleuse gazeuse, mais bien une galaxie comme la nôtre, située à plus de 2 millions d'années-lumière.

Dès lors, les galaxies allaient surgir par milliers du ciel nocturne, et l'on distingua la Galaxie (la Voie lactée) des galaxies. Rien que dans la portion d'Univers que l'on peut observer depuis

M 86 est une galaxie elliptique située dans la constellation de la Vierge.

CONSEIL PRATIQUE

Observer les galaxies

À 2,5 millions d'années-lumière, la galaxie d'Andromède (M 31) est la seule galaxie visible à l'œil nu depuis l'hémisphère Nord, en automne, dans la constellation d'Andromède. Avec des jumelles de 60 mm de diamètre, pas moins de mille galaxies se révèlent comme des taches floues, et plus du double avec un télescope de 150 mm. Des jumelles ou un télescope sont plus performants qu'une lunette car leur champ est plus large.

la Terre, on compte aujourd'hui plus de 125 milliards de galaxies.

Différentes formes

Mais toutes les galaxies ne ressemblent pas exactement à la nôtre et certaines ont des formes particulières. Hubble, qui les a étudiées durant de longues années, les a classées en cinq catégories.
- Les **galaxies spirales** : la Voie lactée est le modèle de ce type de galaxies, qui composent la majeure partie de la population galactique (près de 70 %).
- Les **galaxies spirales barrées** : on utilise cette dénomination quand une barre d'étoiles vient couper le bulbe central de la galaxie spirale.
- Les **galaxies elliptiques** : montrant une forme ovale, elles représentent environ 15 % des galaxies et ne sont peuplées que de vieilles étoiles.
- Les **galaxies lenticulaires** se caractérisent par l'absence de bras spiraux.
- Les **galaxies irrégulières** : environ 2 % des galaxies n'ont pas de forme particulière, d'où le qualificatif d'irrégulières.

Des « troupeaux » de galaxies

Comme les étoiles, les galaxies se rassemblent en amas, puis en superamas. Les galaxies de l'amas de la Vierge, qui s'étend sur 100 millions d'années-lumière, se comptent ainsi par centaines. La Voie lactée, ses satellites – les Nuages de Magellan – et la galaxie d'Andromède appartiennent au **Groupe local**, qui rassemble une trentaine de galaxies et fait lui-même partie du **Superamas local**.

Dans un univers en expansion. Hubble a fait une autre observation, qui sous-tend toute la théorie du big bang : dans l'ensemble, les galaxies fuient ; elles s'écartent les unes par rapport aux autres et plus elles s'éloignent les unes des autres, plus elles vont vite. Ainsi, l'Univers se dilate : on estime que tous les millions de parsecs, il grossit de 75 km à chaque seconde. ■

Contrairement aux autres galaxies, Andromède (M 31) ne s'éloigne pas mais se rapproche de la Voie lactée. Impact dans... 3,7 milliards d'années.

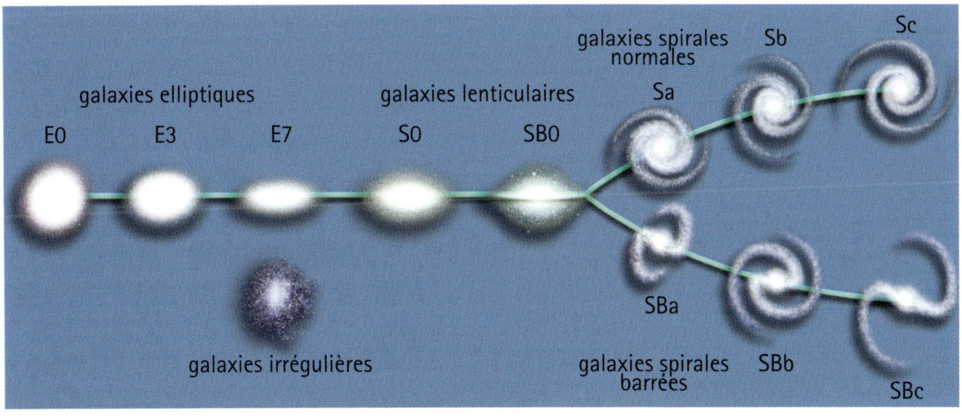

Hubble a classé les galaxies en cinq formes principales, elles-mêmes subdivisées en sous-classes.

VOIR
Spica de la Vierge et le Sombrero → p. 201
La galaxie d'Andromède → p. 211
Sac à charbon, LMC et SMC → p. 218

Les étoiles

Toutes les étoiles ne se ressemblent pas. Géantes rouges ou bleues, naines blanches ou noires, et même trous noirs, elles brillent par leur diversité. À l'astronome amateur de savoir les reconnaître.

La naissance d'une étoile

Pour créer une étoile, il faut beaucoup de gaz et de poussières. Pour des raisons encore inconnues, il arrive que des nuages de gaz et de poussières interstellaires flottant dans l'espace s'agglutinent. La densité augmentant, les forces de la gravitation, ou ce qui attire tous les objets massifs les uns vers les autres, entrent en jeu. La nébuleuse de gaz et de poussières rétrécit et, plus les particules du nuage sont proches les unes des autres, plus la température augmente.

Si la densité initiale du nuage est suffisante, le processus se poursuit en s'accélérant. Au bout de quelques millions d'années, gaz et poussières se trouvent concentrés en une boule très chaude qui forme une sorte de bébé étoile, **ou protoétoile**.

Des réactions de fusions en chaîne. Si la masse de ce bébé étoile est suffisante (environ 0,5 fois celle du Soleil), le processus se poursuit. La température augmente jusqu'à devenir telle (plus de dix millions de degrés Celsius) que des réactions de fusion nucléaire se déclenchent. Ainsi, au sein de l'étoile, quatre atomes d'hydrogène fusionnent pour former deux atomes d'hélium, et libèrent de l'énergie, en partie sous forme de lumière. Une étoile est née. Dans le Soleil, ces réactions se produisent continuellement depuis 4 milliards et demi d'années, et dureront pendant encore le même laps de temps.

Les diverses vies d'une étoile

«*Rien ne se perd, rien ne se crée, tout se transforme*», disait le savant français Lavoisier. Les étoiles subissent cette loi. Une fois nées, elles évoluent, changent, vivent plus ou moins longtemps, puis meurent en laissant dans le cosmos diverses traces de leur existence.

C'est pour cela que les étoiles de notre ciel sont à des stades de vie différents, tout comme, dans une foule, on repère des enfants, des adolescents, des adultes et des personnes âgées. Toutes les étoiles cependant ne vivent pas un destin semblable. Celle-ci est fonction de leur masse initiale, les étoiles de masse faible vivant bien plus longtemps que les étoiles de très grande masse. Si la masse initiale est inférieure à environ cinq fois celle du

LE SAVIEZ-VOUS ?

Les couleurs à l'œil nu

Notre œil est constitué de cônes et de bâtonnets. Ce sont ces derniers que l'on utilise le plus en astronomie, car ils sont plus sensibles dans l'obscurité. Malheureusement, ils perçoivent moins bien les couleurs, ce qui explique nos difficultés à voir les teintes des étoiles trop faibles. Les astronomes professionnels obtiennent des résultats plus précis sur les couleurs à l'aide de spectrographes, qui étudient le spectre (l'ensemble de la lumière, donc des couleurs) des étoiles.
Pour apprendre à reconnaître la couleur des étoiles, on peut utiliser comme repères visuels les étoiles aux couleurs connues : rouge pour Antarès du Scorpion (en été) ; bleue pour Rigel d'Orion (automne et hiver) ; orangée pour Arcturus du Bouvier (printemps).

À l'œil nu, on distingue bien les couleurs bleue de Rigel (en bas à droite) et rouge de Bételgeuse (en haut à gauche), dans Orion.

Soleil, l'étoile évoluera paisiblement pendant parfois des dizaines de milliards d'années. Par contre, si l'astre initial excède cinq fois la masse solaire, sa vie sera beaucoup plus courte, et sa fin cataclysmique.

Les étoiles blanches et jaunes. L'exemple type de la petite étoile jaune est le Soleil. Blanchâtres ou jaunes, ces étoiles, de masse comprise entre 0,5 et 5 fois celle de notre astre, ont une température de surface qui oscille entre 5 100 °C et 8 000 °C (degrés Celsius), comme Altaïr, dans la constellation de l'Aigle, qui, avec une température équivalente

ASTUCE A Fine Girl...

Pour retenir le classement par lettres des différents types d'étoiles (O, B, A, F, G, K, M), les étudiants en astronomie de l'université Harvard, qui sont aussi poètes, ont trouvé un moyen mnémotechnique : Oh Be A Fine Girl, Kiss Me... (Sois une chic fille, embrasse-moi...). Il est à noter que, au sein de chaque groupe, les étoiles sont encore distinguées par un chiffre allant de 0 à 9. Ainsi, la brillante Véga est une étoile A 0, avec une température de surface de 10 000 °C, et l'étoile Polaire, une géante rouge de type F 8.

VOIR
Année-lumière
→ p. 17
Magnitude
→ p. 40
Nova
→ p. 47
Pulsars
→ p. 53
Spectre de raies
→ p. 58

à celle du Soleil (5 600 °C), brille deux fois plus que notre étoile. À l'intérieur, leur température ne dépasse guère les 15 millions de degrés. Ces étoiles vivent plusieurs milliards d'années, et finissent leur existence en naine blanche, puis en naine noire, après être passées par différents stades.

Les étoiles orangées et rouges. Avec une température de surface oscillant entre 3 600 et 5 100 °C, les étoiles orangées sont plus grandes que les précédentes et vivent plus longtemps. À cette catégorie appartient par exemple Arcturus, étoile principale de la constellation du Bouvier. Plus petites et moins lumineuses que les étoiles orangées, les étoiles rouges sont aussi plus froides : de 2 000 à 3 600 °C.

Les géantes rouges. Du côté des étoiles plus massives, les géantes rouges sont des astres en fin de vie. En effet, lorsque l'étoile a usé une grande partie de son combustible, ses couches externes se dilatent, jusqu'à parfois 400 millions de kilomètres. Pour comparaison, dans le cas du Soleil, elles dépasseraient l'orbite de Mars. D'ailleurs, dans 4,5 milliards d'années, le Soleil se transformera, lui aussi, en géante rouge, et engloutira la Terre.

Une géante rouge, 1 000 fois plus grosse que le Soleil, et de masse 100 fois supérieure, brille 10 000 fois plus que lui. Dans la Voie lactée, nous pouvons surtout observer ces étoiles dans le plan galactique : Bételgeuse de la constellation d'Orion, 1 300 fois grande comme le Soleil, Aldébaran du Taureau et Antarès du Scorpion. Selon leur masse initiale, ces géantes rouges évoluent ensuite soit en supergéantes rouges, pouvant atteindre des diamètres de plusieurs milliards de kilomètres, soit en naines blanches, en éjectant complètement leurs couches externes.

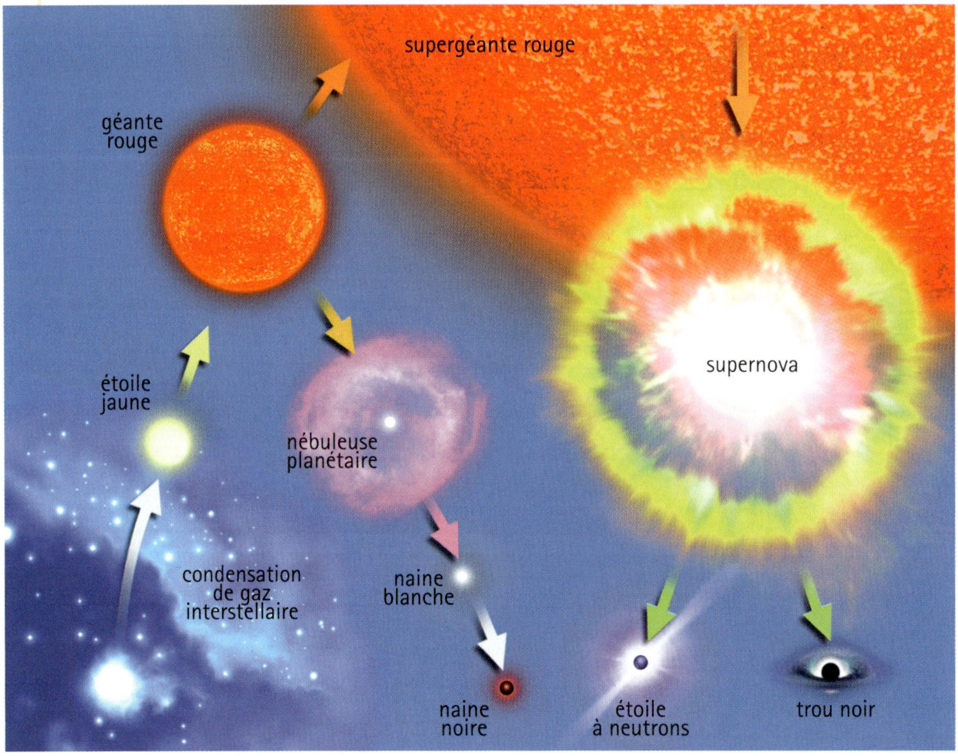

Selon la taille de l'étoile à sa naissance, son destin peut être bien différent.

En août 1975, une « nouvelle » étoile est apparue durant quelques jours. Cette « nova » était le résultat de l'explosion d'une géante rouge dont l'enveloppe s'est répartie dans l'espace comme le fera le Soleil dans 4,5 milliards d'années.

Les étoiles géantes bleues. De loin les plus lumineuses, et les plus massives à leur naissance, de 30 à 100 fois plus que le Soleil, ces étoiles ont une température en surface qui varie entre 10 000 et 40 000 °C, et leur cœur est soumis à une fournaise pouvant atteindre 30 millions de degrés Celsius ! Par exemple, Rigel, l'autre étoile remarquable de la constellation d'Orion, brille comme 50 000 soleils. Malheureusement pour elles, l'abondance de richesses est synonyme de vie courte et ces étoiles n'existent que quelques centaines, voire quelques dizaines de millions d'années.

La fin d'une star

Les naines blanches et les naines noires. Les naines blanches résultent de l'évolution d'une géante rouge dont la masse initiale ne dépassait pas environ 8 fois celle du Soleil. Cette géante finit par éjecter ses couches externes, et il en

LE SAVIEZ-VOUS ?

Sirius, comme le Soleil

Sirius, l'étoile la plus brillante du ciel, n'est pas une étoile géante. Elle ressemble au Soleil, mais si elle brille autant, c'est parce qu'elle est très proche de nous : 8,7 années-lumière.

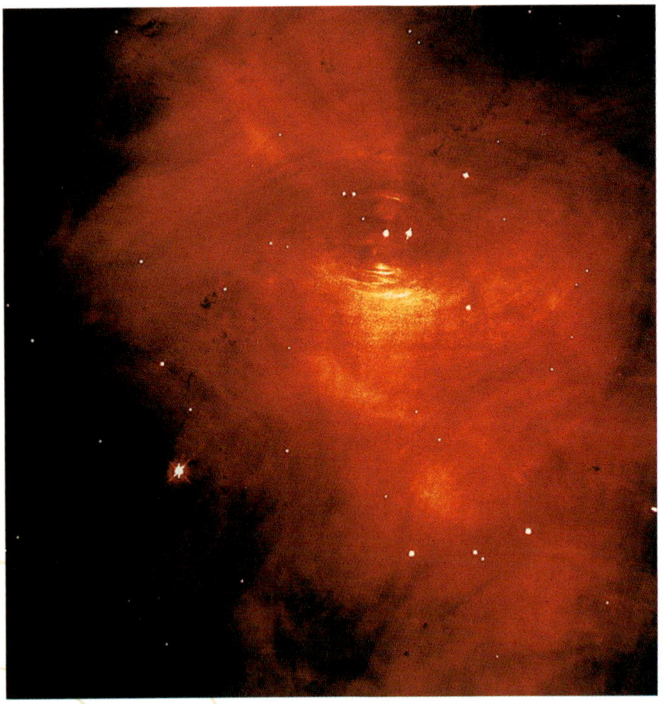

La Nébuleuse du Crabe (M 1), située à l'extrémité du Taureau, est le résultat d'une supernova qui eut lieu en 1054. Beaucoup plus violente qu'une nova comme la Lyre, l'explosion fut telle que l'étoile a été visible même en plein jour durant quelques temps.

résulte un anneau, ou une nébuleuse de poussières et de gaz, qui vient entourer l'étoile, devenue alors naine blanche d'à peine quelques milliers de kilomètres de diamètre, presque aussi petite que la Terre.

Au centre de l'anneau de la nébuleuse annulaire de la Lyre, l'étoile centrale, aujourd'hui naine blanche, était autrefois une étoile semblable au Soleil. C'est d'ailleurs l'ultime destin du Soleil, dans quelque cinq milliards d'années. Ainsi, on ne naît pas naine blanche, on le devient.

Très chaudes (jusqu'à 100 000 °C en surface), ces étoiles naines, du fait de leur petitesse, sont cependant 10 000 fois moins brillantes que le Soleil. Elles survivent des milliards d'années, pour finalement devenir des naines noires, cadavres stellaires invisibles.

Les novae. Ce que les anciens appelaient « étoile nouvelle » *(stella nova)* résulte en fait de l'explosion des couches externes d'une naine blanche. Lors de cette explosion, la luminosité peut augmenter de 100 000 fois, avant que l'étoile retrouve son éclat initial.

Les supernovae et les étoiles à neutrons. Que se passe-t-il maintenant si, au départ, notre jeune étoile a une masse 5 fois supérieure à celle du Soleil, comme c'est le cas pour les géantes bleues ? La température centrale s'élève et dépasse le milliard de degrés, et les couches externes éclatent, mais beaucoup plus rapidement que pour les naines blanches. Cette explosion est une supernova. Une luminosité gigantesque est libérée, et une supernova peut briller comme 10 milliards de soleils, autant qu'une galaxie. Si elle est assez proche de nous, on peut même la voir en plein jour.

L'une des plus célèbres supernovae est celle qui fut découverte en 1987 dans le Grand Nuage de Magellan : SN 1987A.

Enfin, de l'étoile initiale il reste une étoile à neutrons (également appelée « pulsar »), incroyablement dense : un dé à coudre de sa matière peut peser 500 millions de tonnes ! Tournant extrêmement vite sur elles-mêmes, ces étoiles à neutrons pulsent leurs rayons lumineux dans le cosmos (d'où leur nom de pulsar) comme le fait un phare côtier balayant l'horizon.

ASTUCE

À l'inverse des robinets

Tous les robinets du monde sont : rouges pour l'eau chaude, bleus pour l'eau froide. Pour les étoiles c'est l'inverse : bleue signifie chaude, et rouge veut dire froide.

Les trous noirs. Notre étoile à neutrons peut être si massive que même la lumière ne parvient pas à s'en échapper, complètement attirée par l'étoile à neutrons. Celle-ci ne brille donc plus. On parle alors de trou noir, invisible, que l'on ne peut détecter que parce qu'il attire et engloutit tout ce qui passe dans son voisinage : autres étoiles, gaz interstellaires, etc.

Couleur égale température

Nous venons de voir qu'une étoile changeait plusieurs fois de couleur au cours de sa vie. Et c'est logique puisque, en fait, la couleur d'une étoile est fonction de sa température, plus elle est chaude, et plus elle est bleue. Pour mieux s'en rendre compte, il suffit de faire craquer une allumette : à la base, la flamme est bleue et très chaude, tandis que le haut de la flamme est blanc, puis rouge, et beaucoup plus froid (mais quand même plus de 2 000 °C !).

Déterminer la température des étoiles. Ainsi, en observant les étoiles, nous pouvons déduire, d'après leur couleur, quelle est approximativement leur température. Le Soleil, jaune, est à un peu moins de 5 800 °C (il s'agit de sa température de surface). Arcturus, à 5 000 °C, est plutôt orange, comme Aldébaran. Basse sur l'horizon sud en été, Antarès du Scorpion est une géante rouge de 2 500 °C. Dans la constellation d'Orion, Rigel (bleue) brille à quelque 15 000 °C, tandis que Bételgeuse (rouge) a une température de surface d'environ 3 000 °C.

Les étoiles par type

On peut alors classer les étoiles des plus chaudes aux plus froides (ou des plus bleues aux plus rouges) selon dix catégories, ou types spectraux, qui sont notées de la manière suivante par les astronomes : O B A F G K M R N S. Les étoiles de type spectral A sont bleues, celles de type F et G sont blanches à jaunes (le Soleil est de type spectral G), celles de type M sont rouges (Antarès).

Le diagramme « couleur-luminosité ». Ainsi, la couleur (ou la température) et la luminosité suffisent à caractériser les étoiles, et permettent de les rassembler dans un diagramme dit de Hertzsprung-Russell (du nom des deux astronomes qui l'ont élaboré). Sur l'axe horizontal des abscisses est indiquée la température ; sur l'axe vertical des ordonnées, la luminosité, ou magnitude. On peut alors distinguer, sur ce diagramme, une géante rouge d'une naine rouge : bien qu'elles soient de la même couleur, les géantes rouges brillent beaucoup plus que les naines rouges. ■

VOIR
Les nébuleuses d'Orion → p. 188
Sirius et le Grand Chien → p. 189
Arcturus et le Bouvier → p. 198
Les accords de la Lyre → p. 207
Pleins feux sur le Scorpion → p. 226

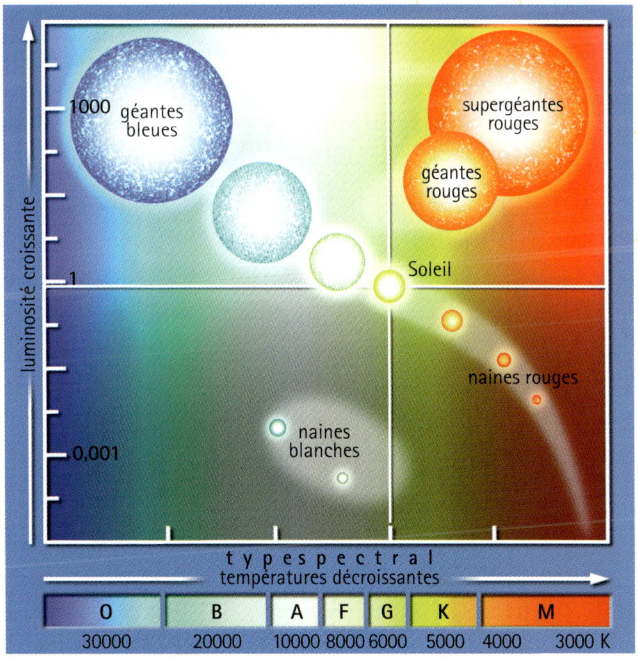

Les différents types d'étoiles sont représentés dans le diagramme de Hertzsprung-Russell, selon leur température et leur luminosité. Attention : les températures décroissent vers la droite, du plus chaud au plus froid.

Les étoiles multiples

Près de la moitié des étoiles qui peuplent le cosmos vivent en couple, voire à trois, à quatre, ou davantage. Certaines s'éclipsent même mutuellement et font le régal des astronomes amateurs ou confirmés.

VOIR Magnitude → p. 40

VOIR Les étoiles → p. 68

Les diverses manières de former un couple

Les étoiles doubles ne se trouvent pas toutes dans la même situation. Certains couples sont étroitement liés tandis que d'autres ne sont qu'illusion. Mais il faut les regarder de plus près pour s'en apercevoir.

Les couples stellaires optiques. Lorsque, de nuit, on arrive par la mer dans un grand port, on a d'abord l'impression que toutes les lumières de la ville se trouvent sur un même plan. Ce n'est qu'en s'approchant que l'on peut distinguer les lumières du boulevard côtier de celles des immeubles plus lointains.

Cette illusion d'optique est un trait caractéristique de l'astronomie : très lointains, les divers objets célestes nous apparaissent tous sur un même plan (la voûte céleste), et nous ne parvenons pas à distinguer les diverses profondeurs. Ainsi, lorsque Vénus et Jupiter sont en conjonction, c'est-à-dire alignées, nous les voyons côte à côte bien qu'elles soient éloignées l'une de l'autre de 700 millions de kilomètres. On appelle couples stellaires optiques les étoiles qui nous semblent proches l'une de l'autre mais qui, en fait, ne font que se trouver approximativement sur une même ligne de visée, alors qu'elles peuvent être distantes de centaines d'années-lumière. Il en est de même d'Alcor et de Mizar, dans la Grande Ourse.

Les deux composantes de Gamma Andromède, de magnitude 2,3 et 5,1, sont espacées de 10" d'arc et forment un couple stellaire physique.

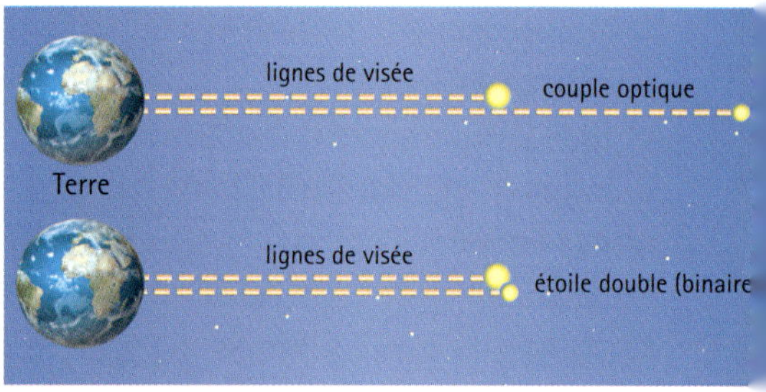

Différence entre couple optique et étoile binaire.

Les couples stellaires physiques. Il existe par contre des couples dont les étoiles qui, elles, sont très proches l'une de l'autre. Liées par la gravitation, elles tournent l'une autour de l'autre ou, plus exactement, autour d'un centre de gravité commun. Ces étoiles binaires forment les couples stellaires physiques. Un petit télescope montre ainsi que Mizar, toujours elle, a un « vrai » compagnon, à 14 secondes d'arc.

Les systèmes doubles visuels ou spectroscopiques. Dans certains couples stellaires physiques, les deux étoiles sont suffisamment éloignées l'une de l'autre pour que l'on parvienne à les distinguer dans un petit instrument, par exemple une lunette de 60 mm – c'est le cas pour celles de l'Albiréo, par exemple, espacées de 35 secondes d'arc. On appelle ces couples des systèmes doubles visuels.

Dans de nombreux autres couples stellaires physiques, en revanche, les étoiles ne sont pas visibles séparément avec un télescope, car trop proches l'une de l'autre ; seule une analyse spectrographique permet alors de comprendre qu'il y a bien deux étoiles. Ce sont les systèmes doubles spectroscopiques.

Le couple optique Alcor et Mizar, de la Grande Ourse.

Des triples, des quadruples…

Certains systèmes d'étoiles se révèlent triples, quadruples, ou plus. Castor, des Gémeaux, est un système sextuple. De même Epsilon Lyrae (Epsilon de la Lyre), située juste au-dessus de Véga, forme un système de six étoiles de magnitudes comprises entre 4,5 et 6.

Les étoiles binaires à éclipses

Lorsque le plan orbital que décrivent les étoiles binaires est vu par la tranche (depuis la Terre), elles passent alternativement l'une devant l'autre. De ce fait, l'éclat de l'ensemble diminue ou augmente alternativement. C'est comme si l'on tenait une orange dans une main et un citron dans l'autre, et que l'on fasse tourner les deux l'un autour de l'autre à la hauteur des yeux.

Deux éclipses par période. Ainsi, à chaque période, on assiste à deux éclipses, par les étoiles elles-mêmes : l'orange éclipse le citron, puis le citron éclipse l'orange. Mais, les composantes des systèmes binaires étant rarement de taille identique, la baisse de luminosité n'est pas la même. Elle est plus importante lorsque c'est l'étoile la plus grosse qui passe devant la plus petite (l'orange occulte complètement le citron). C'est le **minimum primaire.** Une demi-période plus tard, c'est l'étoile la plus petite qui occulte sa compagne, au **minimum secondaire** (le citron devant l'orange). ■

VOIR
Observer les étoiles doubles
→ p. 228

CONSEIL PRATIQUE

La preuve par Alcor

L'étoile qui, dans la Grande Ourse, forme avec Mizar un couple optique, a été baptisée « Alcor » par les Arabes : pour ceux-ci, le fait de pouvoir distinguer ces deux étoiles, était la preuve *(al kor)* que l'on avait une bonne vue. Avant une soirée d'observation, testez votre instrument – jumelles, lunette ou télescope – en repérant les étoiles doubles de la saison à laquelle vous observez.

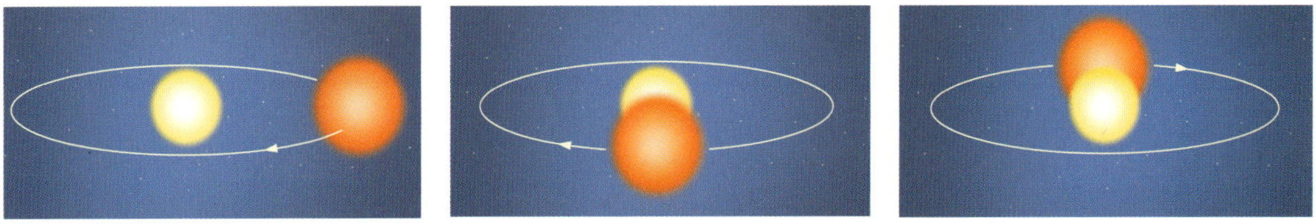

Lorsqu'un système binaire est vu par la tranche, les deux étoiles s'occultent mutuellement l'une après l'autre.

Les étoiles variables

Les étoiles variables changent souvent de luminosité. En notant ces variations, les astronomes amateurs apportent un grand soutien aux professionnels... et vivent de passionnantes soirées d'observation, même avec un instrument très modeste.

VOIR
Magnitude
→ p. 40

VOIR
Les étoiles multiples
→ p. 74

Le zoo des étoiles variables

En observant régulièrement le ciel, on se rend compte que certaines étoiles ne brillent pas toujours avec la même intensité. La raison de ce phénomène peut être extérieure à l'étoile elle-même. C'est le cas pour les étoiles binaires à éclipses, les variables cataclysmiques (novae et supernovae) ou encore les pulsars. Mais il arrive que l'intérieur de l'astre soit soumis à des perturbations telles qu'elles provoquent des tremblements (analogues aux tremblements de terre) qui modifient le rayon de l'étoile, et donc sa luminosité. On parle alors de **variables intrinsèques.**

On recense en tout quelque 80 000 variables, qui se répartissent dans plus de dix types différents, selon les variations de luminosité (ou amplitudes) et les périodes (la période est le temps au bout duquel l'étoile retrouve son éclat initial). Ne seront évoqués ici que les trois principaux types, dont les variations sont accessibles aux astronomes amateurs, à l'œil nu, avec des jumelles, une lunette ou un petit télescope.

Les Mira. On en connaît plus de 6 000. Ce sont des étoiles géantes rouges âgées, de longue période. Leur luminosité peut varier entre les magnitudes 2,5 et 7, sur une période allant de 80 à 1 000 jours. Au maximum de sa luminosité, on peut voir Mira Ceti (Mira de la Baleine) briller à la magnitude 2, puis disparaître des instruments en 332 jours, pour descendre jusqu'à la magnitude 10.

Avec des **jumelles**, on peut observer R Carinae, qui passe de la magnitude 3,9 à la magnitude 10,5 en 309 jours. Par contre, il est impossible de suivre l'évolution de Xi Cygni jusqu'au bout, car de la magnitude 3 elle chute à la magnitude 14,5, devenant 10 000 fois moins brillante !

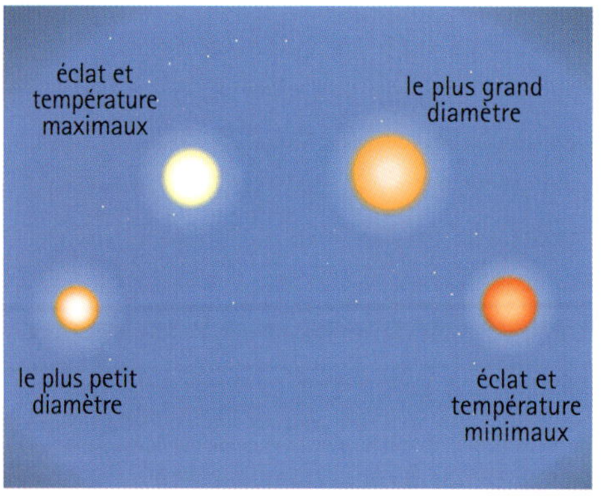

En 5,4 jours, Delta Céphei change de taille, de couleur et de magnitude.

LE SAVIEZ-VOUS ?

Un ballon que l'on gonfle et dégonfle

Delta Céphei, modèle des étoiles variables de type céphéides, change régulièrement de diamètre, comme un ballon que l'on gonfle puis dégonfle. Sa température de surface change simultanément, d'où une variation de luminosité (magnitude). Delta Céphei passe ainsi en 5,4 jours d'un diamètre de 31,6 à 35,5 fois celui du Soleil, et d'une température de 5 300 K à 6 700 K, avec une magnitude qui varie.

En 13 jours, l'étoile Béta de la Lyre varie entre les magnitudes 3,3 et 4,3.

Les céphéides. Ces étoiles variables ont une période beaucoup plus courte que celles du type Mira, n'excédant pas quelques jours, et des amplitudes parfois plus faibles. Pas besoin d'instrument pour observer Delta Céphei, leur prototype, qui varie entre les magnitudes 3,6 et 5, en 5,4 jours. Ces variables ont été baptisées « bougies » de l'Univers : en 1912, Henrietta Leavitt découvrit que plus leur période est longue, plus leur luminosité est élevée. Il devint dès lors possible de déterminer leur distance, et même l'âge de l'Univers !

Le groupe des R CrB. Ces étoiles sont très particulières. Loin d'exhiber des variations périodiques, elles présentent des chutes de luminosité très brusques, intervenant sans que l'on s'y attende. Leur prototype, R CrB, de la Couronne boréale, passe en quelques semaines d'une magnitude « habituelle » 6 à la magnitude 8, jusqu'à presque 15, où elle disparaît des instruments amateurs. Son retour à sa luminosité « normale » est beaucoup plus lent, et s'effectue par paliers. Entre 1864 et 1875, elle est restée onze ans à son maximum.

Le rôle des amateurs

Les étoiles variables sont connues depuis longtemps – la première, Mira Ceti, fut découverte par Fabricius en 1596. Mais elles ne sont réellement étudiées que depuis quelques décennies. Les amateurs jouent en ce domaine un grand rôle, car les professionnels ne peuvent scruter toutes les variables du ciel. Certaines variables sont visibles à l'œil nu (qui perçoit des différences de magnitude de 0,2 s'il est exercé), et des jumelles suffisent souvent pour relever les variations. ■

VOIR
Observer les étoiles variables
→ p. 230

CONSEIL PRATIQUE

Amateurs d'étoiles variables

L'attrait pour les étoiles variables est tel pour certains astronomes qu'il existe de nombreux clubs de « variabilistes ». Pour la France et l'Europe, renseignez-vous auprès de la SAF (Société astronomique de France), 3 rue Beethoven, 75016 Paris.

Les taches floues du ciel

Outre des étoiles, l'observateur distingue également des taches plus ou moins floues dans le ciel nocturne. Il s'agit en fait d'amas d'étoiles ou bien de nébuleuses, sujets d'observation pour l'astronome.

VOIR
Big bang
→ p. 22
Halo galactique
→ p. 35

Le catalogue Messier

Un observateur un peu attentif, balayant le ciel nocturne à l'œil nu ou mieux encore avec une paire de jumelles, distingue vite un certain nombre d'objets lumineux qui ne sont ni des étoiles, ni des planètes. Aucune mise au point de son instrument ne permet, en effet, d'obtenir le point net et brillant d'une étoile, ni le petit disque caractéristique d'une planète. Il obtient seulement une vague tache floue.

En fait, ces objets célestes, ou taches floues, sont si nombreux que, au XVIIIe siècle, l'astronome français Charles Messier a entrepris d'en établir un catalogue : le catalogue Messier, qui compte 110 objets.

Outre 40 galaxies, ce dernier recense des objets de natures diverses, allant des

Les jeunes étoiles de l'amas ouvert des Pléiades baignent toujours dans les restes de gaz interstellaire d'où elles sont nées, il y a 40 millions d'années.

Les amas globulaires sont généralement très éloignés de nous, à 20 000 années-lumière au moins. Ici, l'amas globulaire M 5, dans le Serpent, à 27 000 années-lumière.

simples amas d'étoiles ouverts aux nébuleuses sombres.

Les amas d'étoiles

Les étoiles naissent au sein de nébuleuses faites de gaz et de poussières. Par la suite, une bonne partie d'entre elles restent groupées en amas. Aussi les étoiles d'un même amas ont-elles toutes le même âge, la même composition chimique initiale, et sont situées à la même distance de la Terre. On distingue deux types d'amas, très différents.

Les amas ouverts. Ils sont le résultat de la contraction des nébuleuses gazeuses. Mais, les étoiles nouvellement formées s'éloignant progressivement les unes des autres et ne demeurant pas en groupe longtemps, ces amas se disloquent petit à petit. Ils ne se caractérisent par aucune forme particulière, sont constitués exclusivement d'étoiles jeunes, au nombre de quelques dizaines à quelques milliers seulement.

On rencontre ces amas dans le plan de notre galaxie, la Voie lactée. À 400 al, au-dessus de la constellation du Taureau, on peut repérer 5 à 6 étoiles de **l'amas ouvert des Pléiades à l'œil nu,** et jusqu'à deux cents avec des **jumelles.** Avec un **télescope de 200 mm,** on peut même apercevoir des restes de la nébuleuse primitive, au sud de l'étoile Mérope. Les principales étoiles de l'amas sont chaudes et blanches. Fin janvier, il est possible d'observer également M 44 (la Ruche, ou Praesepe), dans le Cancer. À 525 années-lumière de la Terre, une soixantaine d'étoiles occupent un champ de 95 minutes d'arc, offrant une magnitude totale de 3,1.

Les amas globulaires. Ils sont très différents des amas ouverts. De forme plus ou moins sphérique bien caractéristique, ils sont aussi plus grands, comportent un plus grand nombre d'étoiles et se composent d'étoiles vieilles. Ces amas hébergent en effet de 100 000 à 1 million d'étoiles rouges, âgées d'au moins quelques milliards d'années, sur un diamètre allant jusqu'à 100 années-lumière.

À la différence des amas ouverts, tous les amas globulaires se répartissent

VOIR
Observer les étoiles filantes → p. 165
Les Messier du Taureau → p. 191
Les Gémeaux et M 35 → p. 193
Le Lion et ses galaxies → p. 200
Le Cygne de l'été → p. 205
Le Sagittaire et la Voie lactée → p. 208
La galaxie d'Andromède → p. 211
Cassiopée, Chi et Êta Perséi → p. 213
Observer la lumière zodiacale → p. 214
Un marathon Messier → p. 222

LE SAVIEZ-VOUS ?

Un Univers loin d'être transparent !

En été, les habitants de l'hémisphère Nord peuvent admirer la Voie lactée et sa région centrale, et constater que, à certains endroits, il semble « manquer » des étoiles. Ces apparentes bandes sombres ne témoignent pas de l'absence d'étoiles, mais de la présence de nuages de gaz et de poussières. Ces derniers, formant comme une gigantesque nébuleuse devant elles, empêchent leur lumière de nous parvenir.

LE SAVIEZ-VOUS ?

Messier et les comètes

C'est parce qu'il cherchait des comètes, autres taches floues du ciel mais qui, elles, se déplacent, que Charles Messier a établi son catalogue des taches floues immobiles, afin d'éviter toute confusion dans ses observations.

autour du centre de la Voie lactée, hors de son plan, dans le halo galactique. On en connaît actuellement une centaine, mais trois seulement, de magnitude 5 ou 6, sont clairement visibles **à l'œil nu** dans l'hémisphère Nord, dont le fameux M 13 de Hercule.

Avec des **jumelles 7 × 50**, ces amas se présentent comme de petites taches floues, mais de nombreuses étoiles se révèlent avec une **lunette ou un télescope** (surtout en périphérie, car le centre est souvent trop dense). C'est ce que l'on constate au printemps en observant M 5, dans le Serpent. De magnitude 5,7, cet amas globulaire s'étale dans un champ de 10 minutes d'arc.

Les nébuleuses

Le terme de «nébuleuse» désignait autrefois tout ce qui avait des contours flous, jusqu'à ce que Hubble en découvrît la véritable nature, montrant par la même occasion que la présumée nébuleuse d'Andromède était en fait une galaxie.

Presque visible à l'œil nu (magnitude 5,9), M 13 d'Hercule est le plus vieil amas globulaire connu : environ 14 milliards d'années.

Berceau d'étoiles... Cinq cents mille ans après le big bang, gaz et poussières commencent à s'agglutiner, prêts à engendrer des étoiles. Mais tout n'est pas utilisé, et le reste se condense en nuages, les nébuleuses, d'où d'autres étoiles naîtront plus tard. Extrêmement peu denses, ces nébuleuses s'étendent sur des dizaines d'années-lumière et sont considérées par les astrophysiciens comme des pouponnières d'étoiles.

... ou linceul d'étoiles ? En fait, hormis les pouponnières d'étoiles, deux autres types d'astres ont l'aspect de nébuleuses, sans en être à proprement parler. Leur origine est différente, et ils signent plutôt la fin des étoiles.

– **Des restes de supernova** peuvent constituer ces objets, telle la nébuleuse du Crabe, par exemple. Dans ce cas, les filaments que l'on aperçoit sont les gaz et les poussières éjectés lors de l'explosion en supernova.

– **Les nébuleuses planétaires** proviennent, quant à elles, des couches externes d'une naine blanche à la fin de son existence, qui s'éparpillent autour de l'étoile sous forme de gaz en expansion ; l'aspect sphérique de ces rejets n'est pas sans rappeler celui des planètes (d'où le nom de nébuleuse planétaire). Avec sa magnitude 9,3 dans un champ de 1 minute d'arc, M 57, dans la Lyre, est l'une des plus faciles à observer.

Les nébuleuses obscures. Réparties dans le disque galactique, elles ne sont visibles que grâce aux étoiles qui les chauffent ou les éclairent, comme c'est le cas pour la nébuleuse du Trèfle (M 20), dans le Sagittaire, ou encore celle de Trifide.

Pour l'observation, on notera que les nébuleuses se révèlent mieux en photographie, tout au moins en ce qui concerne leurs couleurs, ou bien avec des filtres colorés appropriés. ■

La grande nébuleuse d'Orion (M 42) est visible à l'œil nu dans de très bonnes conditions atmosphériques.

CONSEIL PRATIQUE

Distinguer les différents amas

Comment reconnaître si c'est un amas ouvert ou globulaire que vous êtes en train d'observer ? Les amas ouverts sont moins grands, abritent moins d'étoiles et sont généralement plus diffus, moins serrés. De plus, ils logent dans le plan galactique, là où se trouve également beaucoup de gaz interstellaire qui empêche leur lumière d'arriver jusqu'à nous. Ils sont donc moins facilement décelables que les amas globulaires qui, eux, logent dans le halo galactique. Enfin, du fait justement de leur répartition autour du centre de la Voie lactée, les amas globulaires se trouvent en direction du Sagittaire. Profitez de la belle saison, du printemps ou de l'été, pour les observer, car ils disparaissent pour la plupart en hiver.

VOIR
La Voie lactée, notre galaxie → p. 64
Les étoiles → p. 68

Le système solaire

Si nos instruments amateurs peuvent nous emmener très loin dans l'Univers, il ne faut pas pour autant oublier que, beaucoup plus près de la Terre, le système solaire est, lui aussi, source d'émerveillements.

VOIR
Conjonction → p. 25
Diamètre → p. 27
Opposition → p. 49
Unité astronomique → p. 60

VOIR
Les étoiles → p. 68
Le Soleil → p. 86
Mercure → p. 88
Vénus → p. 90
La Terre → p. 92
Mars → p. 96
Les astéroïdes → p. 98
Jupiter → p. 100
Saturne → p. 102
Uranus, Neptune et Pluton → p. 104
Les comètes et étoiles filantes → p. 106

Une histoire de poussières...

Le vaste ensemble que constitue notre système solaire s'est formé il y a entre 5 et 4,6 milliards d'années, à partir d'une de ces nébuleuses faites de gaz et de poussières que l'on nomme des « pouponnières d'étoiles ». S'attirant toujours davantage sous l'effet de la gravitation, les gaz et les poussières de la nébuleuse se sont comprimés et échauffés. Une protoétoile est alors née, puis le Soleil.

Le système planétaire. Les gaz et poussières restants se sont mis à tourner autour du Soleil, et ont formé un disque proto-planétaire. C'est là, plus tard, que les planètes se sont constituées par agrégation de matière. Avec des centaines de satellites et des millions d'astéroïdes, elles forment le système planétaire, qui s'étend sur 6,5 milliards de km de rayon.

Le système solaire. Ce système planétaire est lui-même englobé dans le système solaire. Il existe en effet d'autres corps, d'autres astéroïdes, encore plus éloignés du Soleil : ils forment la ceinture de Kuiper, puis un vaste halo, le nuage d'Oort, d'où viennent les comètes. L'ensemble s'étend cette fois sur 5 000 milliards de km de rayon.

Le Soleil, pivot du système

Il faut 8 minutes à la lumière du Soleil pour parvenir jusqu'à la Terre, distante de quelque 150 millions de km. Gros comme 109 fois notre planète (1,4 million de km de diamètre), et faisant 333 000 fois sa masse, le Soleil est très chaud en surface, de 5 600 à 5 700 °C, et encore plus chaud au centre : environ 15 millions de degrés Celsius !

Le Soleil est l'axe et le moyeu du système planétaire. Sa masse pour le moins imposante représente à elle seule plus de 98 % de la masse totale du système. C'est pour cette raison que tous les autres corps tournent autour de lui : il attire planètes, astéroïdes et comètes selon les lois de la gravitation de Newton.

Les planètes telluriques

Au sein de notre système solaire, toutes les planètes ne sont pas semblables. On y distingue deux groupes différents : les planètes telluriques (Mercure, Vénus, la Terre, Mars et Pluton) et les planètes gazeuses (Jupiter, Saturne, Uranus et Neptune). Petites et denses, les planètes telluriques sont solides, c'est-à-dire qu'elles possèdent une surface stable formée de roches diverses.

Mercure. Distante de 58 millions de kilomètres en moyenne du Soleil, elle en est la planète la plus proche. Elle est trois fois plus petite que la Terre, pour à peine 6 % de sa masse. Parce qu'elle disparaît ou apparaît à nos yeux presque en même temps que le Soleil, son observation à l'œil nu, juste au lever du jour ou à la tombée de la nuit, est des plus délicates. Tout comme la Lune et Vénus, elle présente des phases (pleine, gibbeuse, nouvelle...), car, au cours de son trajet autour du Soleil, elle se trouve parfois elle aussi entre la Terre et notre étoile.

Ce montage présente de bas en haut : Neptune, Uranus, Saturne, Jupiter, Mars, la Terre et la Lune, Vénus et Mercure.

Vénus. On l'appelle également l'étoile du Berger, mais elle n'a rien d'une étoile ! Elle reste aussi très proche du Soleil, mais est beaucoup plus facile à repérer, car exceptionnellement brillante, parfois douze fois plus que Sirius. À 108 millions de km en moyenne du Soleil, Vénus est presque aussi grande que la Terre, et s'en approche à 40 millions de km en conjonction inférieure, c'est-à-dire lorsque la planète se trouve en alignement entre la Terre et le Soleil. C'est donc notre plus proche voisine.

La Terre. Située à 150 millions de kilomètres du Soleil, c'est la troisième planète du système solaire, et la seule à abriter la vie. Elle est également la première planète la plus proche du Soleil à posséder un satellite, étonnamment gros d'ailleurs : la Lune.

Mars. La « planète rouge », comme on la surnomme souvent, est un véritable régal pour les astronomes amateurs. Grosse comme la moitié de la Terre, à 228 millions de km de notre étoile, elle mesure jusqu'à 25 secondes d'arc de diamètre apparent lorsqu'elle se trouve en opposition (alignement Soleil-Terre-Mars) ; elle peut apparaître alors plus brillante que Sirius, l'étoile la plus lumineuse de notre ciel.

Elle est accompagnée de deux petits satellites, probablement des astéroïdes qu'elle a jadis capturés : Phobos et Deimos. Mars constitue l'un des grands enjeux de l'astronomie du XXIe siècle, car il n'est pas impossible qu'elle ait un jour abrité la vie.

Pluton. Située aux confins du système planétaire – c'est la plus éloignée du

Les planètes du système solaire

Planète	Diamètre (milliers de km)	Nombre de satellites	Révolution autour du Soleil	Excentricité
Mercure	4880	0	88 jours	0,206
Vénus	12100	0	225 jours	0,007
Terre	12750	1 : la Lune	1 an	0,017
Mars	6785	2	687 jours	0,093
Jupiter	143000	63	11 ans 11 mois	0,048
Saturne	120000	48	29 ans 6 mois	0,056
Uranus	52000	27	84 ans	0,047
Neptune	48600	13	164 ans	0,009
Pluton	2400	1	248 ans	0,246

Soleil –, Pluton appartient dorénavant à la catégorie des planètes naines. C'est la moins imposante de toutes les planètes : deux mille fois plus « légère » que la Terre, elle est aussi cinq fois plus petite ! Plus encore que Mercure, elle décrit une ellipse tellement ouverte autour du Soleil qu'elle passe parfois devant Neptune.

Les planètes gazeuses

Les planètes géantes, Jupiter, Saturne, Uranus et Neptune, sont dites gazeuses, car constituées en grande partie de gaz, sans sol où se poser. En revanche, et c'est ce qui permettra sans doute un jour d'aller les visiter de près, elles accaparent presque tous les satellites du système planétaire, à part 4 (1 pour la Terre, 2 pour Mars et 1 pour Pluton).

Jupiter. Située à 740 millions de kilomètres du Soleil, c'est le Goliath du système solaire. Grosse comme presque dix fois la Terre, la planète « pèse » à elle seule deux fois et demie plus que toutes les autres planètes réunies. Ce gigantisme laisse penser aux astrophysiciens que Jupiter pourrait être une sorte d'étoile avortée, dont la masse insuffisante n'aurait pas permis d'enclencher les réactions de fusion qui font les étoiles.

Saturne. Elle se reconnaît à sa couleur jaune. Deux fois plus éloignée du Soleil que Jupiter, à 1,35 milliard de kilomètres, Saturne est tout aussi géante. Elle est célèbre surtout pour le système d'anneaux qui l'entoure, visible depuis la Terre, à la différence de celui des autres planètes gazeuses. Elle présente une densité étrangement faible (0,69) par rapport à l'eau.

Uranus. Grande comme quatre fois la Terre, Uranus ne dévoile son disque vert que dans une lunette ou un télescope. Avec sa magnitude proche de 6, elle sera repérable, uniquement par les yeux les plus exercés, lors de ses oppositions, par exemple en montagne, où le ciel est de meilleure qualité.

Neptune. La plus petite des grosses planètes est, quant à elle, comme Pluton, définitivement hors d'atteinte des seuls yeux, à près de 4,5 milliards de km.

ASTUCE — L'ordre des planètes

Pour se remémorer l'ordre des planètes en partant depuis le Soleil, voici une phrase mnémotechnique : Marie, Viendras-Tu Manger Jeudi Sur Une Nappe Propre ?

Période de rotation	Distance minimale (millions de km)	Distance maximale (millions de km)	Magnitude maxi./Diamètre apparent	Magnitude mini./Diamètre apparent
59 jours	46	69	-2/13"	3/5"
244 jours	107	109	-4,4/58"	-3,5/9"
1 jour	147	152	-	-
24h 37 min	207	249	-2,8/25"	1,5/3"
9h 53 min	740	816	-3/50"	-2/30"
10h 25 min	1346	1511	-0,5/20"	1,3/15"
17h 15 min	2742	3000	5,9/4"	6,1/3"
18 h 30 min	4460	4540	7,7/2,5"	7,8/2,3"
6 jours 9h	4425	7400	13,7/0,1"	13,7/0,1"

L'orbite de Mars autour du Soleil (année martienne) s'effectue en 687 jours et sa rotation sur elle-même (journée martienne) est assez semblable à celle de la Terre avec 24h 37 min. Mars suit un trajet très elliptique autour du Soleil, d'où une distance minimale de 207 millions de km et une maximale de 249 millions de km.

Des « cailloux » par milliers

Entre Mars et Jupiter existe un « vide », qui s'étend sur plus de 500 millions de km. Vide ? Pas tout à fait. Car si les planètes sont inexistantes, les astéroïdes abondent. On en recense pas moins de 430000, qui forment la **ceinture d'astéroïdes.** Cérès, le plus gros (1000 km de diamètre), gravite à 414 millions de km du Soleil. D'autres, un peu plus inquiétants, viennent croiser l'orbite de la Terre, d'où leur nom de « géocroiseurs ». Peut-être est-ce la rencontre de l'un de ces géocroiseurs qui a causé la disparition des dinosaures et, de manière générale, de tous les animaux de grande taille, il y a 65 millions d'années.

La ceinture de Kuiper et le nuage d'Oort. Le système solaire ne s'arrête pas à Pluton. Au-delà orbitent encore quelque mille milliards de petits corps solides, appelés planétésimaux. Parmi ces gros cailloux, 100 millions présentent une taille supérieure à 10 km de diamètre. Ils forment la ceinture de Kuipper, qui s'étend entre 30 et 1000 unités astronomiques de distance.

L'ensemble, enfin, est entouré par une espèce de bulle qui s'étend sur 0,5 année-lumière : le nuage d'Oort, zone encore soumise, même faiblement, à l'attraction du Soleil, et d'où nous proviennent un grand nombre de comètes. ■

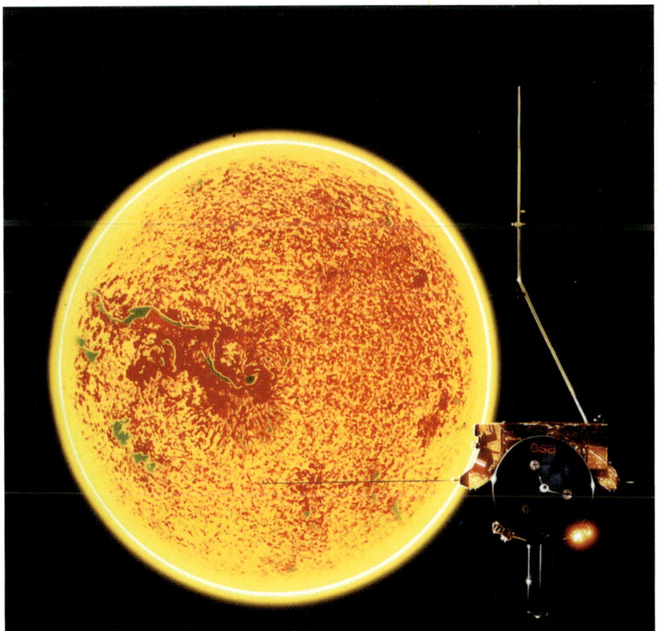
Vue d'artiste de la sonde européenne Ulysse, lancée en octobre 1990 et destinée à l'étude du Soleil.

Le Soleil

Au centre des neuf planètes, axe et moyeu de leur ronde, se trouve le Soleil, que les Anciens ont divinisé très tôt, et c'était logique : sans lui, ni le système planétaire, ni la vie, ni les astronomes amateurs n'existeraient...

VOIR
Coronographe
→ p. 26
Éclipse
→ p. 28
Fusion
→ p. 32
Lumière
→ p. 38

Comment fonctionne une étoile

Issu de l'Univers, le Soleil a une composition qui lui est assez semblable. C'est-à-dire qu'il est composé pour 90 % d'hydrogène et pour 9 % d'hélium. Mais, du fait des réactions nucléaires qui se déroulent en son cœur, la situation évolue continuellement et un jour, dans 5 milliards d'années, le Soleil n'aura plus d'hydrogène. Celui-ci se sera complètement transformé en hélium.

Fusion et énergie solaire. Avec 1,4 million de kilomètres de diamètre, le Soleil est 109 fois plus grand que la Terre. Sa température passe, de l'intérieur vers l'extérieur, de 15 millions de degrés à moins de 6 000 degrés.

40 % de la masse totale du Soleil est réunie en son cœur, une région qui s'étend depuis le centre jusqu'à 20 % de son rayon. C'est là que, à 15 millions de degrés, ont lieu les réactions de fusion nucléaire qui transforment l'hydrogène en hélium. Chaque jour, notre étoile transforme ainsi 600 millions de tonnes d'hydrogène en 596 millions de tonnes d'hélium. Les 4 millions de tonnes restants sont expulsés dans l'espace sous forme d'énergie lumineuse (les photons) après un trajet interne qui dure plus de cent mille ans. Ainsi, sur la Terre, nous ne recevons, après un voyage de 150 millions de kilomètres dans l'espace, que 2 milliardièmes de l'énergie produite par notre étoile.

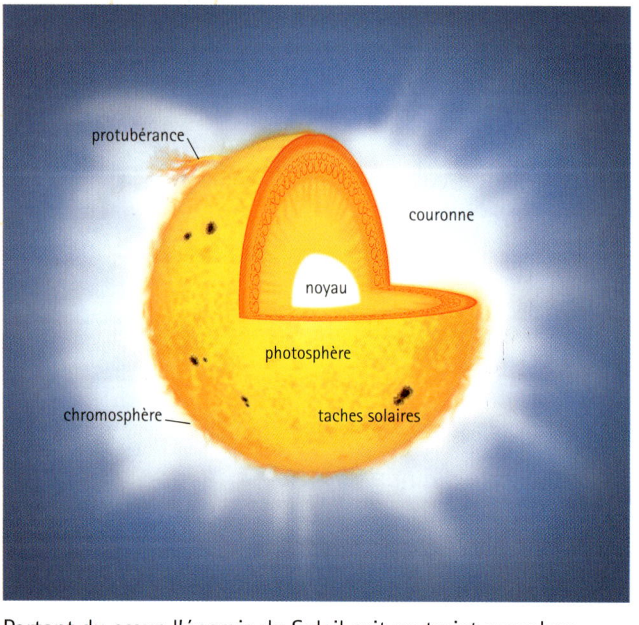

Partant du cœur, l'énergie du Soleil suit un trajet complexe qui dure plus de cent mille ans avant d'atteindre la surface. Au-delà s'étendent la chromosphère, où l'on peut observer les éruptions solaires, puis la couronne que les astronomes observent soit avec un coronographe, soit lors des éclipses.

LE COIN CALCUL

21 orbites galactiques

Né il y a 4,6 milliards d'années, le Soleil tourne autour du centre de la Galaxie en 220 millions d'années. Il achève donc sa vingt et unième orbite galactique.

Les mouvements du Soleil

Le mouvement apparent du Soleil, qui le fait apparaître vers l'est puis disparaître vers l'ouest dans notre ciel, est dû à la rotation de la Terre sur elle-même. Mais le Soleil n'en est pas immobile pour autant et connaît trois mouvements principaux.

Une rotation... Tout comme les planètes qui l'entourent, le Soleil tourne sur lui-même. Cette rotation s'effectue en 27,3 jours. Mais ce chiffre n'est valable qu'à l'équateur solaire. Notre étoile est une boule de gaz, il existe donc un différentiel entre sa vitesse de rotation à l'équateur et celle à proximité des pôles. Les taches solaires, d'une espérance de vie habituelle de quelques jours seulement, permettent néanmoins aux astronomes de calculer la vitesse de rotation.

... et deux révolutions. Le Soleil effectue, lui aussi, une révolution au sein même du système planétaire. C'est-à-dire que notre étoile tourne autour d'un axe central qui est l'axe même du système solaire tout entier. Cela tient au fait que, si le Soleil attire les planètes à lui, il est également un tout petit peu attiré par les planètes. Ainsi, tout comme l'athlète lanceur de marteau, qui, à cause de son engin, ne tourne pas sur un axe fixe mais décrit un petit cercle sur lui-même, le Soleil décrit un petit cercle autour du centre de gravité de l'ensemble des masses de notre système. Cependant nous ne le percevons pas car celui-ci reste confondu avec l'intérieur du Soleil.

Enfin, et ici le mouvement est bien plus important, notre étoile nous emmène autour du centre de la Galaxie à 250 km/s, ce qui lui fait accomplir le tour de celle-ci en environ 220 millions d'années – en comparaison, la Terre tourne autour du Soleil à la vitesse de 30 km/s. Au cours de ce périple, le Soleil traverse un à un les quatre bras de la Voie lactée. Il n'est pas impossible que la traversée de ces zones riches en gaz et en poussières interstellaires faisant écran à la lumière donne lieu à d'importantes périodes glaciaires, sur la Terre notamment. ■

CONSEIL PRATIQUE

Observateurs, attention !

Il est **absolument déconseillé de regarder directement le Soleil** à l'œil nu et encore plus avec des instruments d'astronomie. De même, les lunettes dites « de soleil » n'évitent qu'une partie de la luminosité générale de notre étoile, mais ne permettent absolument pas de la regarder en face. On ne peut admirer l'astre solaire que lorsqu'il est très bas sur l'horizon, au couchant ou à l'aube : en effet, la quantité d'atmosphère traversée par ses rayons alors rasants est, à ces moments-là suffisante pour en atténuer partiellement la virulence.

L'astronome amateur, pour observer tout de même le Soleil, usera de précautions et de tactiques, présentées dans cet ouvrage. Les principales observations portent, outre les rayons solaires, sur les taches solaires ainsi que sur la couronne.

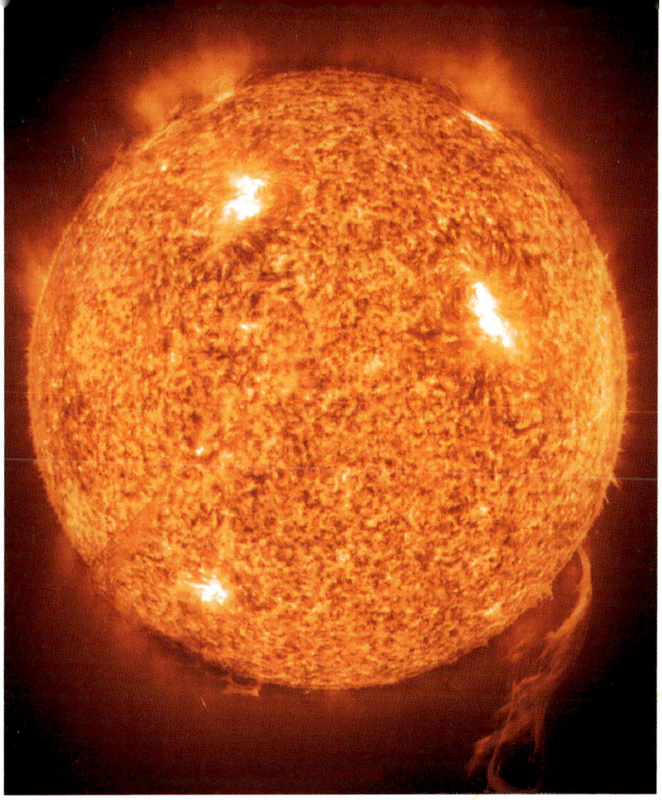

À l'intérieur du Soleil s'effectue une alchimie complexe – la fusion thermonucléaire – sans laquelle nous ne pourrions pas vivre.

VOIR
La Voie lactée, notre galaxie → p. 64
Les étoiles → p. 68
Le système solaire → p. 82

VOIR
Observer le Soleil → p.168

Mercure

La plus petite des planètes intérieures, la plus proche du Soleil et la plus rapide, Mercure est également la plus difficile à observer.

VOIR
Élongation
→ p. 29
Excentricité
→ p. 31
Période synodique
→ p. 51

VOIR
Le système solaire
→ p. 82

Mercure, excentrique et « invisible »

D'un diamètre de 4 800 km environ, Mercure est plus petite que le satellite de Jupiter, Ganymède. Cela ne l'empêche pas d'être une planète à part entière, formée avec toutes les autres planètes lors de la naissance du Soleil. Pourtant, ses singularités sont nombreuses.

Des cratères d'origine volcanique. Depuis la Terre, les détails de la surface de Mercure sont invisibles, aussi bien par les astronomes amateurs que par les plus puissants télescopes. Ce sont, en fin de compte, le radiotélescope d'Arecibo en ondes radar et la sonde Mariner 10 (1974-1975) qui nous ont appris ce que nous en savons.

Tout autant que la Lune, à laquelle elle ressemble beaucoup, la surface de Mercure est criblée de cratères, mais ceux-ci sont à 70 % d'origine volcanique, **et non pas dus à des impacts de météorites comme le sont les cratères lunaires.** L'atmosphère y est inexistante, mais, en 1991, le radiotélescope d'Arecibo a sans doute découvert la présence d'eau solide se cachant à l'intérieur des cratères polaires jamais exposés au Soleil.

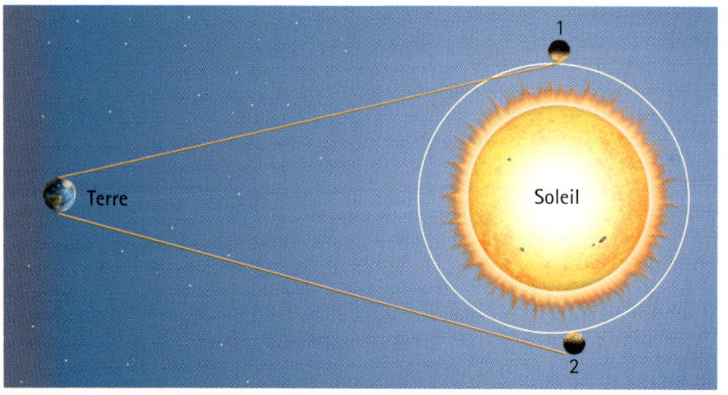

En 1, Mercure est visible le soir à son élongation maximale. Deux mois plus tard, c'est le matin, en 2.

LE SAVIEZ-VOUS ?

Un rapport de 2 sur 3

Mercure présente un rapport de 2/3 entre sa période de révolution et sa période de rotation : elle fait 2 tours du Soleil (révolution de 88 jours) dans le même temps qu'elle tourne 3 fois sur elle-même (rotation de 59 jours).

Des températures très différentes

Puisque Mercure est très proche du Soleil, on pourrait penser qu'il y fait très chaud. Cependant la température de surface d'une planète ne dépend pas seulement de la distance qui la sépare d'une étoile, mais aussi de sa vitesse de rotation sur elle-même. Près d'un feu de bois, nous avons vite chaud mais, si nous restons longtemps immobile, nous aurons bientôt très froid dans notre dos. Nous tournons alors notre dos vers la cheminée pour le réchauffer à son tour.

C'est ce qui arrive sur Mercure qui ne tourne que lentement sur elle-même, en 59 jours, ce qui donne à la partie exposée au Soleil le temps de se réchauffer considérablement, jusqu'à + 430 °C, et à la partie plongée dans la nuit de descendre à -180 °C.

Pour les mêmes raisons, ces différences de température entre le jour et la nuit que l'on nomme l'amplitude thermique, sont aussi importantes sur la planète Vénus qui tourne sur elle-même en 225 jours, et ne sont pas négligeables sur la Lune qui, avec des nuits et des jours de 14 jours chaque, connaît une amplitude thermique allant de + 150 °C le jour à -150 °C la nuit.

Rien de comparable avec notre Terre qui effectue sa rotation en 24 heures, et c'est bien peut-être la raison pour laquelle la vie a pu s'y développer, avec une amplitude thermique diurne ne dépassant guère 50 °C.

Un trajet elliptique très irrégulier. Mercure est située en moyenne à 58 millions de km de notre étoile, mais cette distance au Soleil oscille entre des valeurs allant de 46 millions à 69 millions de kilomètres du fait de son excentricité très forte : 0,21. D'où un trajet réellement elliptique et irrégulier. D'autant que l'orbite de Mercure est inclinée de 7° par rapport à l'orbite terrestre.

Pour voir Mercure

Mercure n'est **bien** visible que lorsqu'elle est à son élongation maximale, c'est-à-dire lorsque, vue depuis la Terre, elle est au plus loin du Soleil. On l'aperçoit alors à l'œil nu tel un point lumineux dans le couchant ou au lever du Soleil. La période synodique de la Terre et de Mercure étant d'environ 120 jours, nous voyons donc Mercure alternativement : le soir, puis 60 jours après au matin, puis de nouveau le soir 60 jours après, etc. La chercher (notamment à l'aide du Plateau des planètes telluriques) est un excellent exercice pour l'astronome amateur. ■

VOIR
Suivre les planètes → p. 146
Les planètes en couleurs → p. 232
Chercher Mercure → p. 233

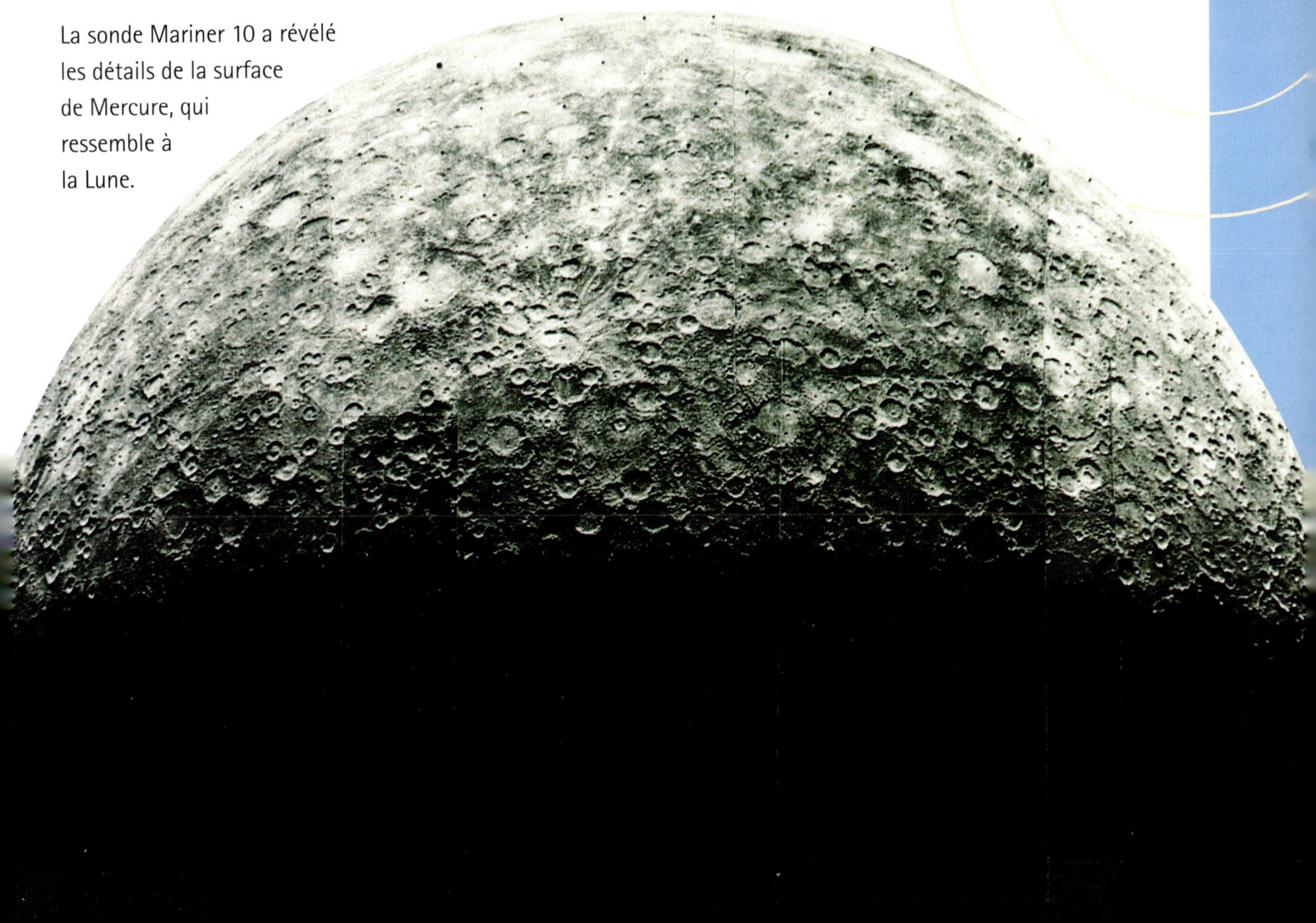
La sonde Mariner 10 a révélé les détails de la surface de Mercure, qui ressemble à la Lune.

Vénus

Cachée sous une épaisse atmosphère, la surface de Vénus n'est guère plus visible que celle de Mercure depuis la Terre. Mais, par sa grande taille et sa proximité, Vénus n'en offre pas moins de beaux spectacles aux astronomes amateurs.

VOIR
Excentricité
→ p. 31
Période synodique
→ p. 51

VOIR
Le système solaire
→ p. 82

Une vraie fournaise

À 108 millions de km du Soleil, Vénus décrit, à 35 km/s en moyenne, une orbite presque circulaire entre 107 et 109 millions de km (excentricité de 0,007). Cela place donc Vénus parfois à tout juste 40 millions de km de la Terre, et en fait notre plus proche voisine. Mais c'est bien à tort que l'on nomme Vénus la « sœur jumelle de la Terre ». Leur diamètre est semblable (12 100 km pour Vénus et 12 750 km pour la Terre), mais la comparaison s'arrête là, car Vénus est une véritable fournaise, absolument inhabitable. Tournant lentement sur elle-même (en 243 jours), et dans le sens inverse de toutes les autres planètes du système solaire elle présente, alternativement au Soleil, une surface où la température atteint les 470 °C tandis que l'autre côté, plongé dans la nuit de l'espace, descend sous les -200 °C.

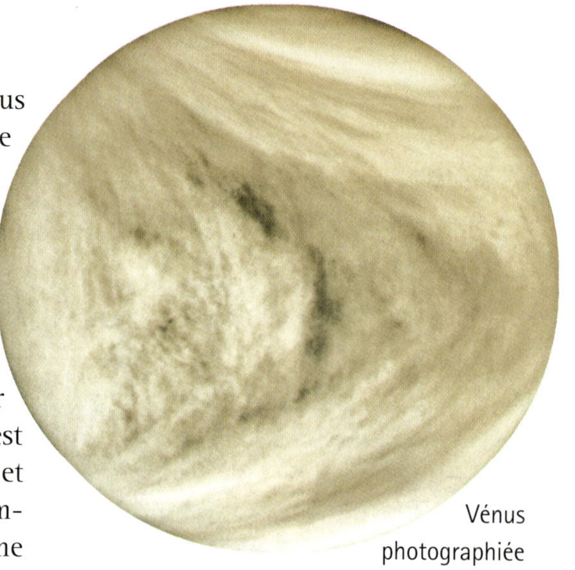

Vénus photographiée par Pioneer Vénus 1, 1979.

Le cycle de Vénus.

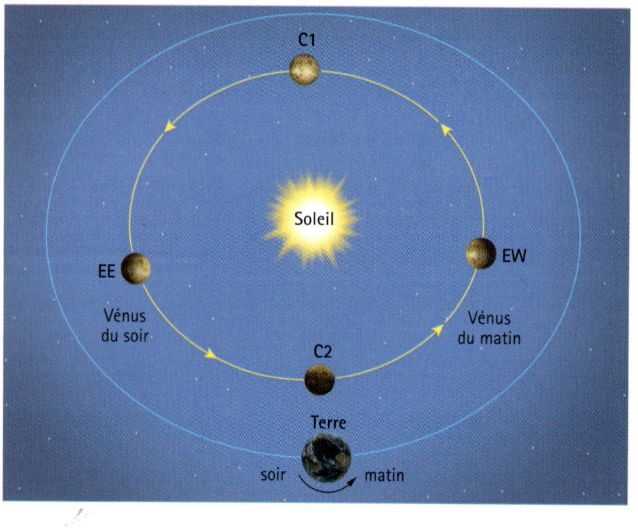

Des continents inhabitables. Composée à 96 % de gaz carbonique, l'atmosphère de Vénus exerce une pression de 90 bars, soit 90 fois celle de la Terre. Au sol, l'eau n'existe pas, mais les missions vénusiennes et les radars ont décelé des hauts plateaux nommés « continents » par analogie avec notre planète : Aphrodite Terra, un grand plateau de la taille de l'Afrique, Isthar Terra, qui a la taille de l'Australie et où culmine le mont Maxwell à 11 000 m d'altitude, et, enfin, Bêta Regio.

Pour observer Vénus

L'atmosphère vénusienne, qui renvoie les deux tiers de la lumière solaire, et la proximité de cette planète en font l'astre le plus brillant de nos nuits, avec une magnitude allant de -3,5 à -4,4. Vénus est donc facilement visible **à l'œil nu** même lorsqu'elle est au plus loin de la Terre. L'important, pour l'observer, est de savoir quand elle est visible et si elle apparaît le soir ou bien le matin. Vénus reste invisible quand elle est en conjonction supérieure, c'est-à-dire lorsqu'elle se trouve de l'autre côté du Soleil par rapport à nous.

Une planète à suivre. C'est aux **jumelles**, ou avec une **lunette** ou un **télescope** d'amateur, que Vénus présente tout son attrait et gagne à être suivie plusieurs semaines et plusieurs mois de suite. Pour cela, il faut connaître sa période de rotation : 225 jours, ainsi que sa période synodique qui remet Vénus dans la même position observée depuis la Terre, soit 584 jours (84 semaines).

Rendez-vous le matin ou le soir. Partons d'un **point C1**, lorsque Vénus se trouve de l'autre côté du Soleil par rapport à la Terre (elle est alors invisible). Dès que Vénus – le soir – nous apparaît de derrière le Soleil, comme par exemple en janvier 2007, toute sa surface est éclairée. Mais elle est lointaine, proche angulairement du Soleil, ce qui la place dans les feux du couchant, et son diamètre apparent est de l'ordre de 9" ou 10" seulement. Vénus va ensuite se rapprocher jusqu'à son élongation maximale (EE), s'attardant de plus en plus dans notre ciel. Pendant ce temps, elle va présenter des phases comme la Lune. Gibbeuse depuis C1, Vénus présentera un dernier quartier à son élongation maximale en EE, puis se montrera en croissant jusqu'à ce qu'elle disparaisse entre la Terre et le Soleil en C2. C'est alors une « nouvelle Vénus ». Ce cycle dure 292 jours. Dans notre exemple, cela s'étend entre janvier 2007 et mi-août 2007. Puis le même jeu recommence, Vénus s'éloignant cette fois de C2 à EW puis vers C1, où elle revient en 292 + 292 jours, soit 584 jours plus tard. Elle est alors visible le matin (de septembre 2007 à avril 2008). ■

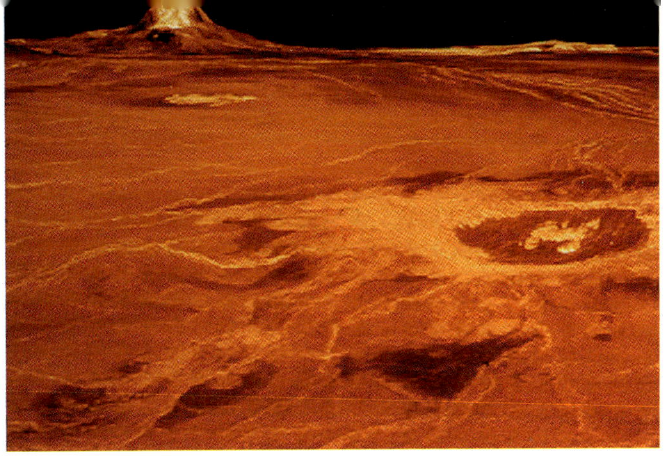

Depuis 1991, la sonde américaine Magellan a relevé une cartographie assez complète de la surface vénusienne, avec ses « continents ».

VOIR
Suivre les planètes → p. 146
Les planètes en couleurs → p. 232
Les croissants de Vénus → p. 234

VÉNUS DU SOIR ET DU MATIN

Année	Visible le soir	Visible le matin
2006	début janvier	de fin janvier à septembre
2007	de janvier à mi-août	de septembre à décembre
2008	de mi-juillet à décembre	de janvier à avril
2009	de janvier à mars	d'avril à novembre
2010	de mars à octobre	de mi-novembre à décembre
2011	d'octobre à décembre	de janvier à mi-juillet
2012	de janvier à fin mai	de mi-juin à décembre
2013	de mi-mai à décembre	de janvier à février
2014	début janvier	de fin janvier à septembre

L'éphéméride qui va de 2006 à 2014 se répétera exactement de 2014 à 2022, puis encore et encore.

La Terre

Troisième planète en partant du Soleil, la Terre est une planète tellurique d'une taille égale à celle de Vénus. Comme cette dernière, elle possède une atmosphère, mais, à sa surface, prolifère une étrange mousse à peine visible à quelques rayons terrestres seulement : la vie.

VOIR
Écliptique (plan de) → p. 28
Lumière → p. 38
Onde → p. 48
Réfraction → p. 55
Turbulence → p. 60

Les saisons de la Terre

Contrairement à ce que l'on pense, l'hiver et l'été ne sont pas des saisons dues à l'éloignement ou à la proximité de la Terre par rapport au Soleil. Si c'était le cas, l'hiver par exemple n'aurait pas lieu que dans l'hémisphère Nord, mais de la même manière et en même temps dans l'hémisphère Sud : c'est bien toute la planète qui serait éloignée du Soleil et qui, donc, subirait le froid. La cause de ce phénomène vient donc d'ailleurs : l'inclinaison de la Terre sur le plan de l'écliptique. C'est en effet l'inclinaison de la Terre sur son axe qui, en modifiant la durée d'ensoleillement, provoque les saisons.

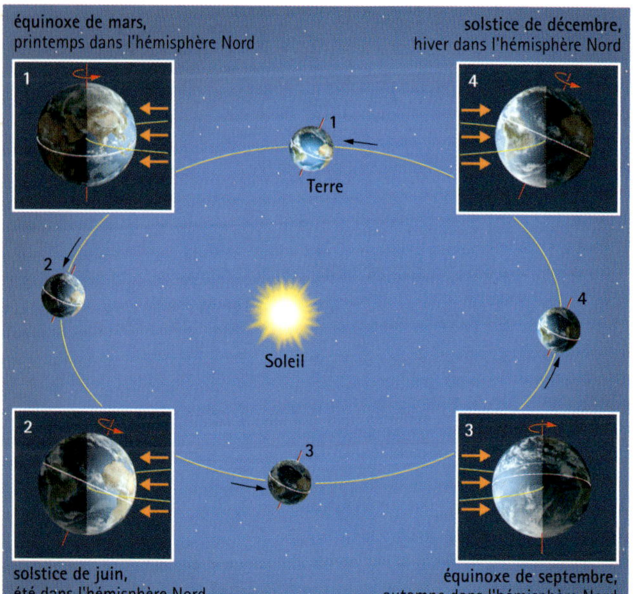

C'est l'inclinaison de la Terre par rapport au plan de l'écliptique qui engendre le phénomène des saisons.

LE SAVIEZ-VOUS ?

La Terre en chiffres

Diamètre : 12 750 km
Satellite : la Lune
Densité moyenne : 5,5 g/cm^3
Distance moyenne au Soleil : 150 millions de km
Inclinaison sur le plan orbital : 23°30'
Période de rotation : 23 h 56 min 4 s
Période de révolution : 365 j et 6 h

Une inclinaison pour les saisons. La Terre, comme d'autres planètes d'ailleurs, est inclinée sur son axe. Cela signifie que l'axe nord-sud n'est pas perpendiculaire avec le plan dans lequel la Terre tourne autour du Soleil, mais incliné d'un angle mesurant un peu plus de 23°.

Dans ce cas, un schéma simple montre qu'en été, par exemple, les rayons du Soleil frappent une grande partie de l'hémisphère Nord presque perpendiculairement tandis que, dans l'hémisphère Sud, ils sont beaucoup plus rasants. Or, l'atmosphère entourant notre planète est un frein puissant aux rayons solaires et, donc, moins la couche d'atmosphère qu'ils doivent traverser est épaisse (lorsqu'ils arrivent perpendiculairement), moins ils perdent d'intensité. L'illustration de ce phénomène peut se faire avec une simple lampe de poche. Si on dirige celle-ci droit vers le sol, son faisceau est plus clair, plus lumineux que lorsqu'on incline la lampe : il s'étale et perd de son intensité. Il en est de même pour la Terre : lorsque, en été, les rayons solaires arrivent perpendiculairement au sol, ils ont conservé une grande partie de leur intensité et il fait chaud, alors que, de l'autre côté de la planète, l'incidence rasante du Soleil ne procure qu'une faible chaleur : il fait froid. C'est l'hiver.

L'atmosphère terrestre

La Terre n'est pas l'unique planète tellurique possédant une atmosphère, mais elle est la seule en revanche qui semble réussir cet heureux compromis qui a permis à la vie de se développer. En effet, elle n'est ni trop ténue comme c'est le cas sur Mars, ni au contraire trop étouffante comme l'atmosphère vénusienne.

Un écran protecteur vital... Le rayonnement solaire se divise pour l'essentiel en trois catégories : 46 % du rayonnement est situé dans la bande lumineuse visible, 49 % dans la bande infrarouge et le reste dans l'ultraviolet. Sur la Terre, l'écran formé par l'atmosphère nous ouvre une fenêtre par laquelle nous ne recevons pratiquement que le rayonnement visible, ainsi que les ondes dites « radio » comprises entre 30 mm et quelques millimètres de longueur d'onde. Cette « fenêtre » est garante de notre survie, et tout le monde sait aujourd'hui qu'une augmentation des ultraviolets mettrait la vie terrestre en péril.

... mais une gêne pour l'observateur. Par contre, cette épaisse couche, composée en fait de plusieurs étages atmosphériques différents, est évidemment, une catastrophe pour les astronomes, amateurs ou non. L'exemple connu du bâton qui, plongé dans l'eau, paraît se tordre, illustre parfaitement ce qu'est la réfraction de la lumière lorsque celle-ci passe d'un milieu à un autre. Pareillement, la lumière qui provient des astres subit une réfraction en traversant l'atmosphère, déformant plus ou moins les images qui parviennent jusqu'à nos instruments d'astronomie. D'où l'idée consistant à envoyer des télescopes hors atmosphère, tels que le télescope spatial Hubble (HST).

La réfraction astronomique atteint son maximum sur l'horizon, ce qui provoque ces effets grossissants et déformants que l'on constate, à l'œil nu, sur le Soleil ou la Lune à leurs levers et couchers. Elle est normalement minimale au zénith. Pourtant, même au zénith, elle peut, en cas de turbulences atmosphériques dues au frottement des diverses couches d'atmosphères superposées, se révéler si importante que les images nous parviennent alors complètement brouillées. Contre cela, il n'y a rien à faire si ce n'est... attendre que cessent ces turbulences... ■

La Terre, située en moyenne à 150 millions de km du Soleil, est la seule planète du système solaire à avoir donné naissance à des astronomes !

VOIR
Le système solaire
→ p. 82

VOIR
Choisir un site d'observation
→ p. 114
Suivre les planètes
→ p. 146

LE SAVIEZ-VOUS ? **Le 4 janvier**

Ce n'est pas en été mais en hiver (pour l'hémisphère Nord), le 4 janvier de chaque année exactement, que la Terre est la plus proche du Soleil (périhélie de son orbite elliptique).

La Lune

Empêchant parfois par sa clarté l'observation du ciel profond, mais passionnante à étudier, la Lune nous offre de nombreux spectacles dont nous ne nous sommes pas lassés depuis que l'Homme existe.

VOIR
Angle → p. 17
Éclipse → p. 28
Lunaison → p. 39
Minute → p. 42
Mois synodique → p. 44
Seconde → p. 58
Terminateur → p. 59

VOIR
Les prochaines éclipses → p. 176
Observer la Lune → p. 178

Un imposant satellite

Avec 3 480 km de diamètre, la Lune est l'un des plus grands satellites du système solaire, après Ganymède et Callisto, satellites de Jupiter, et Titan, lune de Saturne.

Sa distance au Soleil est la même que celle de la Terre, à savoir d'une unité astronomique, soit 150 millions de km. Du fait d'une trajectoire très elliptique (excentricité de 0,06), sa distance à la Terre varie considérablement, passant de 356 500 km à 406 700 km..., soit 50 000 km de différence !

En fonction de son éloignement, la Lune nous apparaît sous un angle compris entre 29' 22" (29 minutes et 22 secondes) et 34' 8". Comme le Soleil, lui, nous apparaît sous un angle sensiblement égal ou inférieur (entre 31' 28" et 32' 31"), la Lune peut l'éclipser totalement lorsqu'elle se situe entre lui et la Terre.

Dépourvue d'atmosphère, la Lune connaît des températures extrêmes allant de + 150 °C le jour (qui dure environ 14,5 jours terrestres) à -150 °C la nuit.

Douze hommes ont déjà foulé le sol lunaire. L'Agence spatiale européenne envisage avec la NASA d'y implanter une base d'ici à 2020.

Les mois lunaires

Le temps de révolution de la Lune peut sembler d'un premier abord étonnant. Sa révolution proprement dite (orbite de la Lune autour de la Terre) s'effectue en 27 jours et 8 heures. Pourtant, la nouvelle lune, elle, ne survient que tous les 29 jours et demi. Comment cela est-il possible ? L'explication est la suivante...

Tandis que la Lune tourne autour de la Terre, notre planète se déplace dans le cosmos en tournant autour du Soleil, entraînant son satellite avec elle. De ce

LE SAVIEZ-VOUS ?

Poids Lune, poids plume

À peu près quatre fois moins grande que la Terre, la Lune, avec une densité de 3,3 (contre 5,5 pour la Terre), pèse 81 fois moins que notre planète. Ainsi, sur la Lune, la force d'attraction de la gravité est 6 fois moindre que sur la Terre. Voilà pourquoi les astronautes lunaires, harnachés à 150 kg, avaient la sensation de n'en peser que 25.

fait, la Lune ayant accompli avec nous un angle de 30° environ ne peut pas se trouver exactement dans la même position par rapport à la Terre et au Soleil lorsqu'elle a bouclé sa révolution : elle a pris un peu de retard, et cela donne le mois synodique lunaire qui est de 29,53 jours ; temps au bout duquel le cycle lunaire recommence pour un observateur terrestre.

Pour observer la Lune

Avant d'observer la Lune, il est bon de savoir qu'elle présente une **rotation synchrone obligée.** Cela signifie qu'elle met autant de temps pour effectuer sa rotation sur elle-même que pour accomplir le tour de la Terre (à la vitesse moyenne de 1 km/s). Résultat : nous n'en apercevons toujours que la même face (en fait 59 % de la surface totale). On a longtemps pensé que ce phénomène était unique, mais nous savons maintenant, grâce aux missions Pioneer et Voyager, qu'il est au contraire commun à tous les grands satellites proches de leurs planètes.

Suivre les diverses phases. Selon sa position par rapport à la Terre et au Soleil, la Lune est plus ou moins éclairée – elle n'émet pas de lumière, mais renvoie simplement la lumière solaire. Lorsque la Lune se trouve entre le Soleil et la Terre, elle nous est invisible : c'est la nouvelle lune (NL). C'est la position des éclipses de Soleil.

Puis apparaît un premier croissant, un premier quartier, puis la pleine lune (PL) lorsque la Lune se trouve de l'autre côté de la Terre par rapport au Soleil. C'est la position des éclipses de Lune. Enfin, la Lune décroît : dernier quartier (DQ), puis dernier croissant et nouvelle lune.

Des paysages variés. Selon ces diverses phases, la surface lunaire présente à l'observation des mers, des montagnes et des cratères différents, que l'on peut apercevoir à l'œil nu, aux jumelles ou grâce à une lunette astronomique.

La ligne séparant la zone éclairée de la zone sombre s'appelle le **terminateur,** et c'est au long de cette ligne que les observations sont les plus intéressantes. ■

LE SAVIEZ-VOUS ?

Pleine terre, nouvelle lune

Vue depuis la Lune, la Terre présente également des phases, mais inversées par rapport à celles de la Lune : pleine terre lorsque c'est pour nous la nouvelle lune, et nouvelle terre vue depuis la Lune lorsque c'est pour nous la pleine lune.

De haut en bas : premier croissant, premier quartier, pleine lune, dernier quartier, dernier croissant.

Mars

La quatrième planète du système solaire sera sans aucun doute l'une des grandes aventures du XXIᵉ siècle. Elle fait l'objet, depuis le début du XXIᵉ siècle, d'une mission robotisée tous les vingt-six mois.

VOIR
Excentricité → p. 31
Opposition → p. 49
Période synodique → p. 51

VOIR
Le système solaire → p. 82
La Terre → p. 92
La ronde du zodiaque → p. 108

Des similitudes avec la Terre

D'un diamètre de 6 800 km, Mars accomplit son orbite solaire en 687 jours à la vitesse moyenne de 24 km/s. Son excentricité est relativement importante puisque presque égale à 0,1. La trajectoire de Mars se situe ainsi à une distance variant de 207 à 249 millions de km du Soleil, la moyenne étant de 228 millions de km.

La Terre et Mars ont jadis échangé des morceaux d'elles-mêmes, dont cette fameuse pierre martienne est un témoin.

L'existence de saisons. Penchée comme la Terre sur le plan de l'écliptique avec un angle de 24° (23,4° pour la Terre), Mars ne reçoit pas de manière égale le rayonnement solaire, et connaît donc également des saisons. Les astronomes peuvent ainsi voir tour à tour apparaître, s'étendre, puis fondre et disparaître les calottes glaciaires polaires. La ressemblance avec notre planète ne s'arrête pas là, puisque, tandis qu'un jour terrien (période de rotation) compte 24 h (environ), un jour martien dure 24 h 37'. Les futurs cosmonautes

Mars dans le zodiaque

Année	Janv.	Fév.	Mars	Avril	Mai	Juin	Juil.	Août	Sept.	Oct.	Nov.	Déc.
2003	Lib	Oph	Sgr	Sgr	Cap	Aqr	Aqr	Aqr	Aqr	Aqr	Aqr	Psc
2004	Psc	Ari	Tau	Tau	Gem	Gem	Cnc	Leo	Leo	Vir	Vir	Lib
2005	Oph	Sgr	Sgr	Cap	Aqr	Psc	Psc	Ari	Ari	Ari	Ari	Ari
2006	Ari	Tau	Tau	Gem	Gem	Cnc	Leo	Leo	Vir	Vir	Lib	Sco
2007	Sco	Sag	Cap	Aqr	Psc	Psc	Ari	Tau	Tau	Gem	Gem	Gem
2008	Gem	Tau	Gem	Gem	Cnc	Leo	Leo	Vir	Vir	Lib	Lib	Oph
2009	Oph	Cap	Aqr	Psc	Psc	Ari	Tau	Tau	Gem	Cnc	Cnc	Cnc
2010	Cnc	Cnc	Cnc	Cnc	Leo	Leo	Vir	Vir	Lib	Sco	Sco	Sgr
2011	Sgr	Cap	Aqr	Aqr	Psc	Psc	Ari	Tau	Tau	Gem	Cnc	Leo
2012	Leo	Leo	Leo	Leo	Leo	Leo	Vir	Lib	Lib	Sco	Sgr	Sgr
2013	Cap	Aqr	Aqr	Psc	Psc	Ari	Tau	Gem	Gem	Cnc	Cnc	Leo

Sur le tableau ci-dessus, les oppositions martiennes apparaissent lorsque Mars reste comme « bloquée » durant quelques mois dans la même constellation : sur le Verseau (Aquarius) entre juin et novembre 2003, par exemple... Quelques oppositions (en gris clair, le gris foncé désignant le mois où se situe l'opposition) : 25 décembre 2007 et 29 janvier 2010.

martiens ne seront pas trop dépaysés.

Une atmosphère très ténue. En revanche, la température est assez basse, bien qu'en certains points et à certains moments elle soit comparable aux températures polaires terrestres. Ainsi fait-il en moyenne – 50 °C à l'équateur et – 130 °C aux pôles. Très fine, l'atmosphère martienne est constituée à 95 % de gaz carbonique qui, l'hiver, se condense en neige (carbonique), ce qui augmente la taille de la calotte polaire. Celle-ci fond ensuite (s'évapore en fait, sans faire d'eau) durant l'été martien.

Mars (vue au télescope) avec sa calotte glaciaire.

Pour observer Mars

À l'œil nu, Mars se repère toujours par son éclat rouge. Pour savoir où elle se trouve, reportez-vous soit au tableau indiquant la position de Mars devant les constellations du zodiaque, soit au Plateau des planètes telluriques.

Un cycle de 780 jours. Mars effectuant une orbite en 687 jours et la Terre en 365 jours, les deux planètes ont une période synodique de 780 jours, soit 26 mois. Cela signifie que, tous les 26 mois, elles se retrouvent dans la même configuration. La période la plus intéressante pour l'observation est le moment où la Terre et Mars se trouvent en opposition, c'est-à-dire lorsqu'elles sont alignées dans l'ordre suivant : Soleil, Terre, Mars. Il est à noter que Mars est facilement observable durant les trois ou quatre mois qui précèdent et qui suivent une opposition.

Admirer sa surface. Avec des **jumelles**, Mars apparaît tout juste comme une planète en laissant deviner son disque. Une lunette de 60 mm permet de mieux la voir, mais sans détails, à moins que Mars ne soit en opposition. Dans ce cas, il est possible avec un ciel de bonne qualité d'apercevoir une calotte polaire couverte de glace.

Avec une **lunette** de 83 mm ou un **télescope** de 115 mm, on distingue les calottes polaires, ainsi que des taches sombres que les premiers observateurs ont appelées « mers », « lacs » ou « sinus ».

Enfin, les deux satellites de Mars, Phobos (23 km de diamètre, à 9 400 km de sa planète) et Deimos (13 km de diamètre, à 23 000 km), ne sont visibles qu'avec un télescope de 200 mm. ■

VOIR
Suivre les planètes → p. 146
Les planètes en couleurs → p. 232
Observer les détails martiens → p. 236

LE SAVIEZ-VOUS ?

Mars, une planète habitable ?

Selon ce que nous savons des conditions pour que la vie apparaisse sur terre, les biologistes ont déterminé une zone de viabilité, d'« habitabilité » autour du Soleil. Celle-ci s'étendrait entre 100 et 220 millions de km. Vénus se trouve donc à la limite inférieure et Mars à la limite supérieure de cette zone.

Les astéroïdes

La plupart des astéroïdes évoluent très loin de la Terre, entre 200 millions et 400 millions de kilomètres. Mais certains, appelés « géocroiseurs », s'en approchent de très près, voire peuvent s'y écraser.

VOIR
Écliptique (plan de) → p. 28

Entre Mars et Jupiter, la ceinture d'astéroïdes

Les astéroïdes sont des sortes de cailloux plus ou moins gros, qui gravitent autour du Soleil. Sans doute sont-ils les matériaux d'une planète qui ne se serait pas formée entre Mars et Jupiter. Les plus petits ne mesurent que quelques millionièmes de mètres, et l'on en connaît sept qui dépassent 300 km de diamètre (1 003 km pour Cérès).

La plupart de « ces planètes mineures » évoluent entre Mars et Jupiter, à des distances variant de 300 à 550 millions de kilomètres du Soleil. On en connaît actuellement plus de quinze mille, mais il en existe sans doute des millions, composés essentiellement soit de carbone, soit de silicium, ou encore de fer.

Différentes localisations. Certains astéroïdes sont beaucoup plus proches. Icarus, de 1 km de diamètre, se rapproche ainsi du Soleil, plus près que Mercure. D'autres se trouvent plus loin, au-delà de la ceinture d'astéroïdes délimitée par les orbites de Mars et de Jupiter. Ainsi, Chiron se situe en moyenne à 2 milliards de kilomètres du Soleil, entre les orbites de Saturne et d'Uranus, là où l'on n'avait encore jamais observé de tels objets.

Éros, l'astéroïde qui a frôlé récemment la Terre, photographié par la mission Near.

LE SAVIEZ-VOUS ? Cérès d'abord

Le premier astéroïde, Cérès, a été découvert par l'Italien Piazzi en 1801. Depuis, nous en avons répertorié plus de 15 000 et nous en découvrons une centaine chaque année. Les cratères lunaires et terrestres, restes d'impacts d'astéroïdes, nous permettent de calculer qu'une douzaine d'astéroïdes de grande taille (100 m ou plus) frappent la Lune ou la Terre en un million d'années. Mais personne ne sait encore prévoir la date du prochain impact.

Les géocroiseurs et les dinosaures

Les géocroiseurs sont des astéroïdes dont l'orbite, très elliptique, est telle qu'ils ne restent pas dans la ceinture d'astéroïdes et qu'ils foncent vers le Soleil en croisant les orbites de la Terre, de Vénus et de Mercure. Il leur arrive ainsi de passer parfois extrêmement

Orbite des principaux astéroïdes.

près de la Terre. Nous connaissons actuellement 200 astéroïdes de 1 kilomètre ou plus (mais il en existe fort probablement dix fois plus) susceptibles de s'écraser un jour ou l'autre sur notre planète si d'aventure leur trajectoire complexe autour du Soleil croisait la nôtre. En 1993, on en a repéré un qui a frôlé la Terre à 140 000 km.

Prenons son cas en exemple... Du fait de sa petite masse, il est très sensible à l'attraction des autres corps du système solaire, et il suffirait que, au cours de son orbite, il passe également près de Vénus ou de Mars pour être légèrement dévié. Dans ce cas, ces 140 000 km seraient bien vite transformés en 280 000 km de différence ou en... zéro kilomètre. Cet objet viendrait alors frapper la Terre de plein fouet. De là à imaginer des scénarios catastrophes, tels que les apprécient les studios de cinéma américains... C'est toutefois à un tel astéroïde (de 10 km de diamètre) entré en collision avec la Terre, il y a 65 millions d'années, que l'on impute l'extinction des dinosaures. Fort heureusement, la plupart des astéroïdes se désintègrent en traversant l'atmosphère terrestre.

Observer des astéroïdes

Les astéroides sont si petits que l'on ne distingue rien d'autre qu'un point lumineux dans le télescope ou la lunette astronomique. Cependant, tenter de les « traquer » est intéressant. L'observation de l'occultation d'une étoile par un astéroïde est notamment assez impressionnante, car l'astre lumineux disparaît alors du ciel pendant quelques secondes !

Où chercher les astéroïdes ?

70 % des astéroïdes se trouvent dans la bande zodiacale (c'est-à-dire en fait dans le plan de l'écliptique), c'est donc là qu'il faut les chercher. Affaire de patience : l'astéroïde est comme une étoile, mais... une étoile qui bouge par rapport aux autres, du fait de sa rotation autour du Soleil.

Ainsi, en « découpant » des secteurs dans la bande zodiacale et en pointant un même endroit durant plusieurs minutes, vous aurez quelque chance de tomber sur un astéroïde. À ne pas confondre toutefois avec les satellites artificiels qui, eux, défilent bien plus rapidement et bien plus haut que la bande zodiacale. ■

VOIR
Le système solaire
→ p. 82
La ronde du zodiaque
→ p. 108

Jupiter

À 780 millions de kilomètres du Soleil se trouve la première planète gazeuse, une géante : Jupiter. Son grand diamètre, sa relative proximité et ses quatre satellites en font l'une des proies de choix de l'astronome amateur.

VOIR
Éphémérides → p. 29
Excentricité → p. 31
Magnitude → p. 40
Opposition → p. 49
Période synodique → p. 51

VOIR
Le système solaire → p. 82
La ronde du zodiaque → p. 108

Jupiter la géante

Avec ses 143 000 km de diamètre, Jupiter est 11 fois plus grande que la Terre. Située en moyenne à 780 millions de km du Soleil (entre 740 et 816 millions de km, excentricité e = 0,05), Jupiter boucle son orbite en 11 ans et 11 mois à la vitesse de 13 km/s.

Le plus remarquable est sa vitesse de rotation puisque cette géante tourne sur elle-même en 9 h 53 min ! Du fait de sa vélocité et de sa constitution gazeuse, Jupiter est très aplatie aux pôles, le diamètre polaire faisant 10 000 km de moins que le diamètre équatorial. Cette grande rapidité est sans doute aussi à l'origine des bandes nuageuses de couleur que l'on distingue près de l'équateur jovien.

Une composition proche d'une protoétoile. L'atmosphère jovienne, composée de 82 % d'hydrogène et 17 % d'hélium fait un peu penser à une protoétoile qui ne se serait pas formée. Mais il aurait fallu que Jupiter fût 500 fois plus massive pour que les réactions de combustion nucléaires s'y déclenchent.

La Grande Tache rouge de Jupiter a été repérée pour la première fois il y a trois cents ans.

L'éloignement et la grande taille de Jupiter font que nous voyons son disque ne grandir que dans un rapport de 3/5.

Un anneau aussi

Jupiter possède un système d'anneaux entourant la planète, mais si ténu qu'il est invisible depuis la Terre avec les meilleurs instruments et n'a été découvert qu'en 1979 par la sonde Voyager 1.

Quatre satellites principaux

Jupiter possède 68 satellites connus à ce jour, dont les 4 plus grands sont Io, Europe, Ganymède et Callisto. D'un diamètre de 3 650 km, Io, à 421 000 km de Jupiter, est le siège d'un volcanisme intense au point qu'on le nomme la « pizza » du système solaire. Plus petit, le satellite Europe, avec son diamètre de

3 150 km, tourne à 671 000 km de Jupiter. On sait, grâce à la sonde Galileo, que sous sa couche de glace se cache un grand océan. Le troisième satellite, Ganymède, est plus grand que la planète Mercure, avec un diamètre de 5 300 km, et tourne à un million de kilomètres de Jupiter. Callisto, enfin, d'un diamètre de 4 800 km, tourne à 1,8 million de km et abriterait aussi un océan d'eau salée.

Pour observer Jupiter

À l'œil nu, Jupiter se repère à son éclat blanc et à sa forte magnitude (entre – 2 et – 3). Jupiter présente une période synodique avec la Terre de 399 jours, soit 1 an et 1 mois. Cela signifie que si Jupiter est, par exemple, observable à 22 h TU à telle époque, il en sera de même 1 an et 1 mois plus tard. Entre-temps, elle se sera déplacée de 30°, soit un signe du zodiaque vers l'est.

À la découverte de la surface. Aux **jumelles** (7 × 50), on peut voir ses quatre principaux satellites : Io, Europe, Ganymède et Callisto. Avec une **lunette** de 60 mm, ces derniers apparaissent plus distinctement et on peut en établir les éphémérides. Surtout, on peut alors distinguer deux bandes centrales ceinturant Jupiter. Dans des conditions excellentes (opposition), on voit également la Grande Tache rouge (GTR), un cyclone grand comme 3 fois la Terre lorsque, bien sûr, celle-ci est du bon côté. Sinon, Jupiter effectuant 2,5 tours en 24 heures, vous la verrez le lendemain à la même heure. Un **télescope** de 200 mm permet de distinguer plusieurs bandes autour de Jupiter ainsi que la couleur orangée de la Grande Tache rouge.

Le passage d'un satellite projetant son ombre sur Jupiter.

Les ombres des satellites. Lorsque les satellites passent dans le plan équatorial de Jupiter (transit), il est possible de voir leur ombre projetée sur Jupiter, tel un petit disque sombre, et parfois plusieurs ombres simultanément. Une lunette de 60 mm suffit dans un bon site, mais un diamètre supérieur ou un télescope de 115 mm seront plus satisfaisants.

De la vie sous Europe ?

En 1999, on a découvert en Antarctique, sous plusieurs kilomètres de profondeur, l'existence d'un lac qui abritait une vie bactérienne. Depuis lors se pose une question : existe-t-il également une forme de vie dans l'océan recouvert de glace qui se trouve sur le satellite Europe de Jupiter ? Pour le savoir, on envisage l'envoi d'une mission (Cryobot/Hydrobot) chargée de forer la glace jusqu'à atteindre le vaste océan souterrain. ■

JUPITER DANS LE ZODIAQUE

Année	Constellation
2005	Vierge
2006	Balance
2007	Scorpion (Ophiucus)
2008	Sagittaire-Capricorne
2009	Capricorne-Verseau
2010	Verseau-Poissons
2011	Poissons
2012	Bélier-Taureau
2013	Taureau-Gémeaux
2014	Gémeaux-Cancer
2015	Cancer-Lion
2016	Lion-Vierge
2017	Vierge...

Le tableau indique dans quelles constellations Jupiter se trouvera de 2005 à 2017.

VOIR
Suivre les planètes → p. 146
Dresser les éphémérides de Jupiter → p. 152
Les planètes en couleurs → p. 232
Jupiter et la vitesse de la lumière → p. 238

Saturne

Si Mars est la planète préférée de nombre de gens, et Jupiter la plus intéressante pour l'astronome amateur, Saturne est assurément la plus belle à observer lorsqu'elle déploie ses anneaux.

VOIR
Éphémérides → p. 29
Excentricité → p. 31
Focale → p. 32
Magnitude → p. 40
Opposition → p. 49
Période synodique → p. 51

VOIR
Le système solaire → p. 82
La ronde du zodiaque → p. 108

La planète aux anneaux

Bien que l'on sache aujourd'hui que Neptune, Uranus et Jupiter possèdent aussi des anneaux très ténus, et impossibles à voir depuis la Terre, Saturne est et restera la planète aux anneaux.

En 1612, lorsque Galilée a pointé sa lunette vers Saturne, il a distingué comme une espèce d'anse de chaque côté et il en a conclu que Saturne était une planète triple (accompagnée par deux très gros satellites). Le grossissement de sa lunette ne dépassait pas 25 fois. C'est en 1659 que C. Huygens, utilisant un appareil plus puissant, a vu les anneaux de Saturne pour la première fois.

Saturne et quelques-uns de ses satellites (Rhéa au premier plan, Titan en haut à droite).

Une rotation en dix heures

Géante gazeuse comme Jupiter, Saturne est également composée essentiellement d'hydrogène et d'hélium. Avec un diamètre de 120 000 km, qui paraît plus que doublé par celui des anneaux (280 000 km), Saturne effectue une révolution solaire en 29 ans et 6 mois à la vitesse de 9 km/s.

Sa distance moyenne au Soleil est d'environ 1,43 milliard de km, variant entre 1,35 et 1,5 milliard de km avec une excentricité de 0,05. Tout comme Jupiter, Saturne tourne très vite sur elle-même, effectuant sa rotation en 10 h 25 min.

Cinq satellites principaux. On a déjà dénombré une quarantaine de satellites autour de Saturne, dont cinq seulement dépassent 1 000 km de diamètre : Japet, Rhéa, Dioné, Téthys et, surtout, l'énorme Titan. Ce dernier, avec ses 5 140 km de diamètre, se classe en deuxième place des satellites du système solaire, après Ganymède, en orbite autour de Jupiter.

SATURNE DANS LE ZODIAQUE

Année	Constellation
2006	Cancer
2007	Cancer-Lion
2008	Lion
2009	Lion
2010	Lion-Vierge
2011	Vierge
2012	Vierge
2013	Balance
2014	Balance
2015	Balance-Scorpion
2016	Scorpion
2017	Scorpion
2034	Gémeaux
2035	Gémeaux-Cancer...

Le tableau indique dans quelles constellations se trouvera Saturne sur une période de 30 ans.

Titan possède une atmosphère épaisse d'azote (90 %) et de méthane qui en cache la surface : celle-ci est-elle un océan de méthane ou bien, le méthane étant solide à – 183 °C (ce qui est à peu près la température de Titan), existe-t-il là des continents ? Le but de la mission Cassini/Huygens lancée en 1997, avec une arrivée fin novembre 2004, était de répondre à cette question.

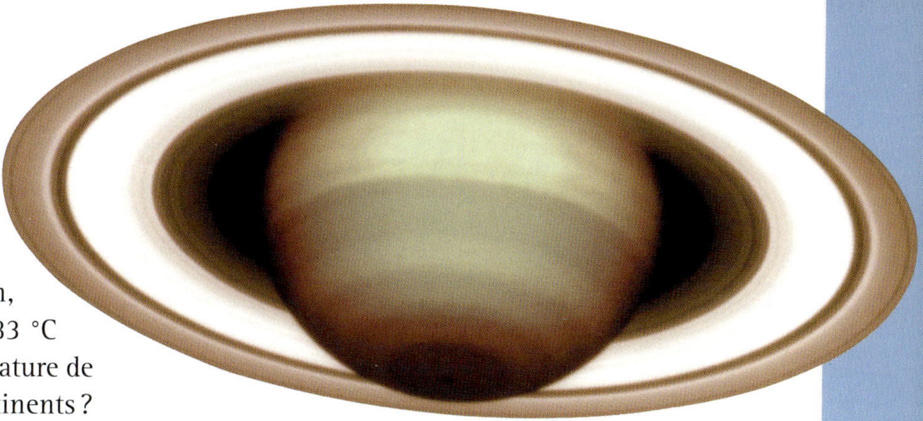

Composée de gaz, Saturne est encore plus légère que Jupiter (densité = 1,3 par rapport à l'eau = 1) et sa densité de 0,69 fait qu'elle flotterait dans l'eau...

Pour observer Saturne

Se déplaçant encore plus lentement que Jupiter, Saturne présente une période synodique avec la Terre de 378 jours. Ce qui veut dire que, après une année terrestre, nous retrouvons Saturne à peu près au même endroit, n'ayant dérivé vers l'est que de 13°. Lorsqu'elle est au plus près de nous, en opposition, Saturne se présente sous un angle de 20", mais l'ensemble avec les anneaux fait plus que doubler cette valeur, qui passe à 44".

À l'œil nu. Saturne est la planète la plus éloignée que l'on puisse apercevoir à l'œil nu, avec une magnitude généralement située entre + 1 et – 0,5. Son éclat jaune permet de la repérer sans difficulté tandis qu'elle se déplace parmi les étoiles au fil des mois. Sa brillance tient à son fort indice de réfraction de la lumière, son albédo (0,76), qui renvoie 76 % de la lumière que Saturne reçoit du Soleil.

À la lunette. Saturne et son satellite principal Titan se découvrent avec une lunette de 60 mm. Les anneaux apparaissent avec un grossissement d'au moins 40 fois, mais il ne faut pas hésiter à choisir des grossissements plus forts, de 80 à 100 fois. Pour apercevoir la principale division des anneaux, la division de Cassini large de 3 500 km, il faut une atmosphère stable et un grossissement de 100 à 120 que l'on obtient avec une lunette de 800 mm de focale ou un télescope de 115 mm. Enfin, sous certaines conditions, l'ombre des anneaux se projette sur la planète ou c'est l'ombre de Saturne qui se projette sur les anneaux. Le spectacle est alors garanti. ■

VOIR
Suivre les planètes → p. 146
Dresser les éphémérides de Jupiter → p. 152
Les planètes en couleur → p. 232
Saturne, ses anneaux et ses satellites → p. 240

Depuis 2005, la mission Huygens nous a dévoilé certains aspects de Titan.

CONSEIL PRATIQUE

Non pas un, mais plusieurs anneaux

Ainsi que l'a vu l'astronome Cassini dès le XVIIe siècle, l'anneau de Saturne est composé de multiples anneaux concentriques formés de milliards de roches satellisées autour de Saturne. Une lunette ou un télescope permettent d'apercevoir les césures (divisions) entre les anneaux. Par contre, lorsque ceux-ci se présentent à nous de profil, même avec les meilleurs télescopes du monde, il nous est impossible de les voir.

Uranus, Neptune et Pluton

Invisibles à l'œil nu mais accessibles avec une lunette ou un petit télescope, trois planètes viennent clore le cortège solaire après Jupiter et Saturne. Ce sont Uranus, Neptune et Pluton, qui est une planète naine.

VOIR
Acuité visuelle → p. 14
Excentricité → p. 31
Magnitude → p. 40

VOIR
Le système solaire → p. 82
La ronde du zodiaque → 108

Uranus, la géante couchée

Située entre 2,75 milliards et 3 milliards de km du Soleil, la planète Uranus boucle son orbite en 84 ans à la vitesse de 7 km/s. Son diamètre de 52 000 km la place en troisième position après les planètes géantes Jupiter et Saturne. Cette planète gazeuse a une densité très faible, de 1,3, ce qui en fait la planète la moins dense après Saturne.

Comme les autres géantes, Uranus tourne très vite sur elle-même, en 17 h 15 min et cette rapidité engendre d'importantes tempêtes avec des vents dépassant les 400 km/h. Mais sa plus grande particularité est d'être complètement couchée sur son axe de rotation, à presque 90° (23° pour la Terre). C'est grâce à cette position que, tous les 42 ans, nous pouvons voir ses satellites répartis autour d'elle comme vus d'avion. Les prochains rendez-vous du XXIe siècle sont en 2028 et 2070.

Shakespeare et les satellites. Uranus possède une trentaine de satellites, dont seize découverts en l'an 2000. Ses 5 satellites principaux de forme sphérique ont été nommés : Titania, Obéron, Umbriel, Ariel et Miranda, des noms de personnages de Shakespeare, selon le vœu du Britannique Herschel, qui a découvert Uranus en 1781. Miranda excepté (480 km), ces satellites dépassent les 1 000 km de diamètre. Les quatre premiers sont visibles avec une lunette de 100 mm ou un Maksutov-Cassegrain d'au moins 125 mm.

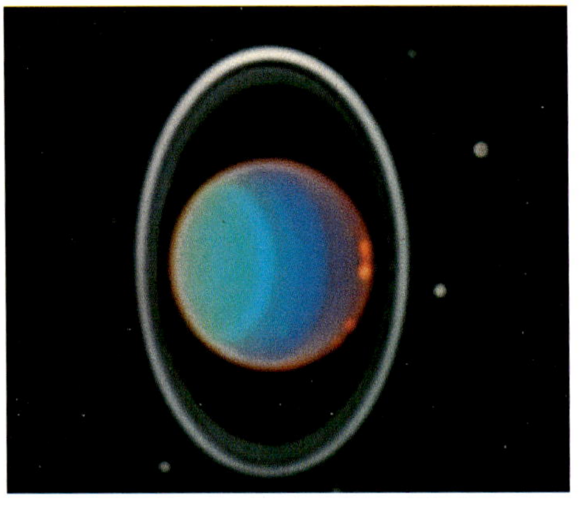

Ce photomontage d'Uranus avec ses anneaux montre que la planète est couchée sur son orbite avec un angle de 90°.

Pour observer Uranus. Avec une magnitude moyenne de 6, Uranus est à la limite de visibilité à l'œil nu, mais on peut parfois l'apercevoir avec une bonne acuité visuelle. Une paire de jumelles suffit parfois pour la distinguer comme une tache verte. Observée au télescope de 115 mm ou à la lunette de 60 ou 70 mm (grossissement 100 fois ; soit un oculaire de 6 mm), la planète apparaît comme un petit disque verdâtre. Depuis 1998, elle est visible dans la constellation du Capricorne. Uranus parcourt en moyenne un signe zodiacal en sept ans : elle passera dans le Verseau en 2005, puis vers les Poissons en 2012.

L'énigme d'Uranus révèle Neptune

Découverte en 1781, Uranus posait un problème : sa trajectoire ne correspondait pas à ce que prévoyaient les équations de la gravitation de Newton. Conclusion ? Une autre planète devait être la cause de ces perturbations. Les mathématiciens se plongèrent dans leurs calculs, et le Français Le Verrier et le Britannique Adams découvrirent ce trouble fête en 1846 : Neptune.

Neptune, la dernière géante

Située à 4,5 milliards de km du Soleil, Neptune boucle son orbite en 164 ans environ. Son diamètre équatorial est 4 fois celui de la Terre, soit 48 000 km. Comme ses 3 sœurs géantes, Neptune possède un système d'anneaux (quasi invisible et découvert en 1984 par André Brahic) et de nombreux satellites, dont 8 répertoriés en l'an 2000. Le principal, Triton, a un diamètre de 2 720 km et, comme Titan (satellite de Saturne), il possède une atmosphère. Neptune est une boule d'hydrogène, d'hélium et de méthane (ce qui lui donne sa couleur bleue). Elle effectue sa rotation sur elle-même en 16 h 03 min tandis que son atmosphère externe, elle, tourne en 18 h 30 min. La différence provoque des tempêtes de vent de 1 200 km/h.

Pour observer Neptune. Avec une magnitude de 7,7, Neptune est invisible à l'œil nu. Avec une lunette de 60 mm ou un télescope de 115 mm, il est possible de distinguer son disque bleuté. Son satellite principal, Triton, de magnitude 14, nécessite, quant à lui, pour être vu, un télescope de 250 mm.

Comme Neptune boucle son orbite en 164 ans, il lui faut 15 années en moyenne pour traverser un signe du zodiaque. Ainsi, de 1995 à 2010 (date à laquelle nous fêterons sa 1re révolution depuis sa découverte), elle est visible dans la constellation du Capricorne (près d'Uranus), puis elle passera dans le Verseau de 2010 à 2025.

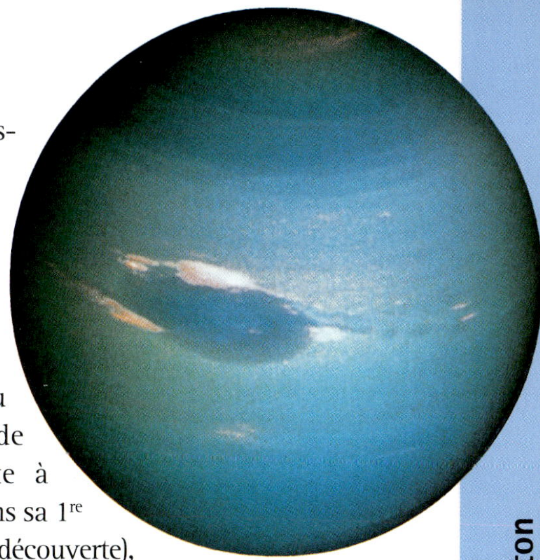

D'apparence bleutée, Neptune présente une grosse tache sombre (GTS) visible avec un télescope de plus de 200 mm.

Pluton, une tellurique voyageuse

Nous ne savons pas grand chose de Pluton, découverte en 1930 par l'astronome américain Clyde Tombaugh. Son diamètre est estimé à 2 400 km, soit le double de celui de son satellite Charon. Sa révolution a une durée de 247 ans. Son orbite, très elliptique (excentricité de 0,246) place parfois Pluton plus proche du Soleil que ne l'est Neptune (à 4,42 milliards de km), comme ce fut le cas entre 1979 et 1999. Depuis, elle s'éloigne et s'en ira jusqu'à une distance de 7,4 milliards de km.

Pour observer Pluton. Avec une magnitude de 13,7, Pluton est quasi inaccessible pour les instruments amateurs n'ayant pas un diamètre égal ou supérieur à 200 mm. ■

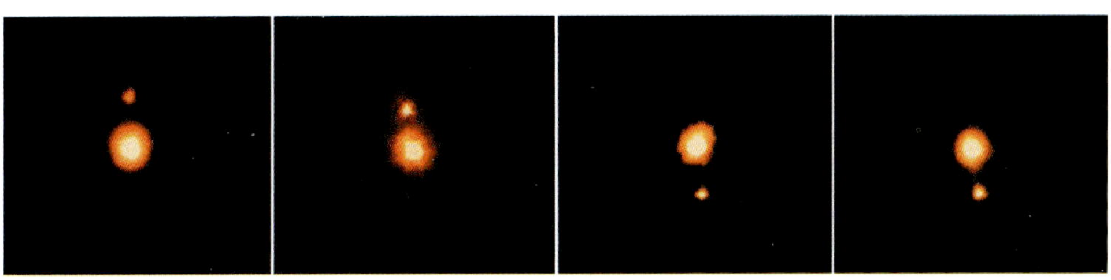

Tournant l'un autour de l'autre, Pluton et son satellite Charon présentent l'un des plus étranges ballets du système solaire.

VOIR
Mesurer l'acuité visuelle → p. 121
Les télescopes d'amateur → p. 122
Suivre les planètes → p. 146
Comment voir Uranus et Neptune ? → p. 244

Les comètes et les étoiles filantes

Les comètes nous viennent des confins du système solaire, dont elles portent les mystères. Depuis la Terre, nous pouvons apercevoir soit les comètes proprement dites, type Halley, soit leurs débris, les météorites, plus connues sous le nom d'étoiles filantes.

VOIR
Écliptique (plan de)
→ p. 28

De simples corps de glace

Loin du Soleil, une comète se résume à un noyau de quelques kilomètres à quelques dizaines de kilomètres de diamètre, constitué de neige poussiéreuse remplie de poches de gaz. Mais il arrive que, au cours de son périple, une comète puisse s'approcher du Soleil. La neige du noyau s'échauffe et passe à l'état gazeux, tandis que les gaz s'échappent des poches. Les deux queues des comètes apparaissent de cette façon.

Les queues et la chevelure. La **queue de plasma** provient des gaz repoussés et ionisés par le vent solaire. Rectiligne, elle peut s'étendre sur plusieurs millions de kilomètres, et sa direction est opposée au Soleil. La **queue de poussières**, elle, est constituée par les poussières repoussées par la pression du rayonnement solaire. De couleur jaunâtre, elle est également opposée au Soleil, mais présente une forme incurvée. Autour du noyau, la poussière restante et la vapeur forment pour leur part la **chevelure** (du grec *komêtês*, d'où le nom de « comète »), sorte de nébulosité qui peut atteindre un diamètre de 100 000 km. À ce stade, la comète tout entière est alors entourée d'un vaste **halo** d'hydrogène.

Originaires d'Oort ou Kuiper

Certaines comètes proviennent du nuage de Oort, situé entre 75 et 150 milliards de km du Soleil. Elles ont des orbites très allongées et très inclinées

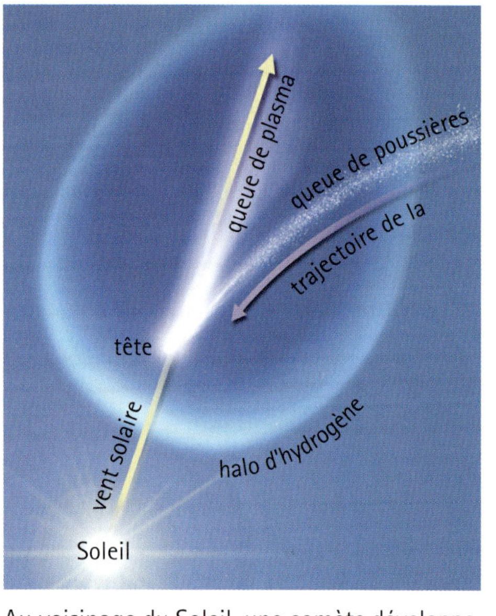

Au voisinage du Soleil, une comète développe une queue de poussières, à l'opposé du Soleil.

LE SAVIEZ-VOUS ? Les chasseurs de comètes

Les astronomes amateurs apportent une aide précieuse aux professionnels dans la chasse aux comètes. On leur doit la découverte d'un tiers d'entre elles. Caroline Herschel, sœur de l'illustre William, en a découvert 8 entre 1786 et 1797, et William Bradfield est actuellement le plus chanceux des amateurs en la matière. De même, Hale-Bopp, la dernière grande comète du XXe siècle, doit son nom à deux astronomes amateurs : MM. Hale et Bopp, qui ont annoncé son arrivée.

La plus célèbre de toutes les comètes... celle de Halley.

sur le plan de l'écliptique, et nous ne les voyons pas. Mais l'influence des étoiles et des grands corps célestes les conduit parfois à modifier leur orbite et à pénétrer dans le système solaire interne.

« Jeunes », en ce sens qu'elles ne se sont pas encore « frottées » au Soleil, ces comètes ont des périodes longues. La comète de Hale-Bopp, par exemple, après une visite en 1997, ne reviendra qu'en... 6 300 environ ! Toutefois, dès que les comètes ont commencé à pénétrer dans le système planétaire, cette période diminue progressivement, du fait de la gravitation. Les comètes, devenues « vieilles », sont alors à courte période, telle Halley, qui revient tous les 76 ans.

Les comètes de Kuiper. Découvertes au début des années 1990, ces comètes sont, elles, originaires de la ceinture de Kuiper, entre les orbites de Neptune et de Pluton. On en dénombre plus de un million. À la différence des comètes du nuage de Oort, elles orbitent dans un plan proche de celui de l'écliptique et présentent une période courte. Mais elles sont également déviées par les planètes, et peuvent même les percuter. En 1992, la comète Shoemaker-Levy 9 est passée si près de Jupiter qu'elle s'est scindée en une vingtaine de fragments ; certains se sont écrasés sur la planète en 1994, faisant le régal des astronomes.

Les étoiles filantes, débris des comètes

Loin d'être parentes avec les étoiles, les étoiles filantes proviennent des débris des comètes, produits lorsque celles-ci s'approchent très près du Soleil. Ce sont des **météorites**. La traînée fugace qui crève la voûte céleste provient de l'échauffement des débris qui pénètrent dans l'atmosphère terrestre : à 40 km/s, ils sont portés à une température de 3 000 °C. On parle de **météore** – la météorite est l'objet en lui-même ; le météore désigne le phénomène lumineux.

Les essaims de météores. On peut voir des météores toute l'année, mais certaines périodes sont plus propices. Au mois d'août, par exemple, les perséides font un véritable feu d'artifice dans le ciel : plus de 50 météorites par heure. Provenant de la comète Swift-Tuttle, cet essaim est visible dans la constellation de Persée, d'où son nom. ■

VOIR
Observer les étoiles filantes
→ p. 165
Observer et chercher les comètes
→ p. 242

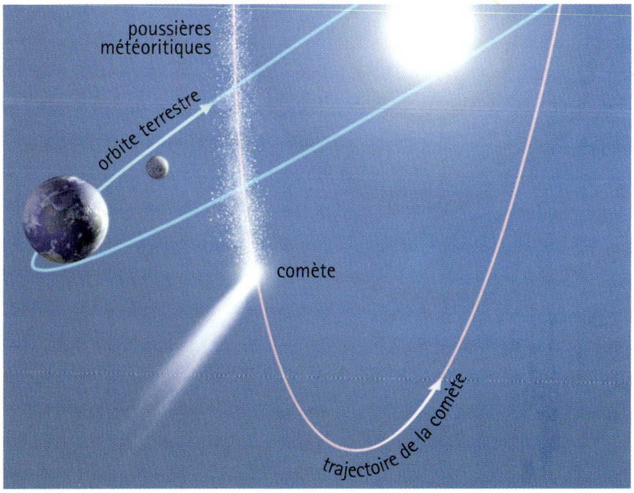

Lorsque l'orbite terrestre autour du Soleil recoupe l'ancien trajet d'une comète, elle rencontre les résidus (poussières météoritiques) laissés par celle-ci. Au contact de l'atmosphère, ces débris s'échauffent et forment les météores ou « étoiles filantes ».

La ronde du zodiaque

«... Tandis que, impassible, supervisant le destin des hommes, tourne la roue du zodiaque...». Tout le monde connaît le zodiaque des astrologues et ses signes, mais qu'est-ce que le zodiaque des astronomes? En quoi se ressemblent-ils, en quoi diffèrent-ils?

VOIR
Écliptique (plan de) → p. 28
Zodiaque → p. 61

Douze constellations

En astronomie comme en astrologie, le zodiaque comprend 12 signes (auxquels l'astronomie ajoute Ophiucus, au-dessus du Scorpion). Ce sont: le Verseau, les Poissons, le Bélier, le Taureau, les Gémeaux, le Cancer, le Lion, la Vierge, la Balance, le Scorpion, le Sagittaire et le Capricorne. Ces appellations se rapportent à autant de constellations qui, toutes, se trouvent dans le plan de l'écliptique, c'est-à-dire dans le même plan apparent que la Terre, le Soleil et ses planètes.

Un manège à douze

Il existe de multiples constellations dans le ciel: Orion, la Grande Ourse, Hercule... pour l'hémisphère Nord; ou la Croix, les Voiles, le Poisson austral... dans l'hémisphère Sud. Parmi elles, depuis la plus haute Antiquité, les hommes en ont repéré douze un peu particulières, les constellations du zodiaque: devant elles, l'année tout entière semblait se dérouler... Voici comment.

Jupiter, la plus brillante au centre, et Saturne, jaune, à droite dans la constellation du Taureau à l'automne 2000.

Un manège annuel... Imaginons: sur la grand place de la ville tourne un manège. Embarqué à bord, vous voyez passer successivement à votre hauteur, la banque, l'épicerie, la compagnie d'assurance, le garage, le centre commercial, la boucherie... jusqu'au restaurant et au chausseur, dernières boutiques de la place. Et puis, après un tour, tout recommence: la banque, l'épicerie, la compagnie d'assurances...

Pour comprendre ce qu'est le zodiaque, il suffit de remplacer le baquet qui tourne autour de l'axe du manège par la Terre tournant autour du Soleil, et les divers commerces par des constellations: Verseau, Poisson, Bélier, etc. Le tour s'effectue en un an, et le manège céleste nous ramène avec une même régularité de métronome que le manège de la foire devant les mêmes «maisons», les mêmes constellations.

... et un manège nocturne. Imaginons maintenant que, dans ce même baquet du manège de foire, vous ayez la curiosité de regarder autour de vous. Vous passez devant la banque, mais tout de suite après, vous voyez déjà l'épicerie, puis la compagnie d'assurances. En tournant sur vous-même, vous allez même parvenir à voir les 12 commerces de la grand place. En fait, il en manquera un: celui que vous cache le grand

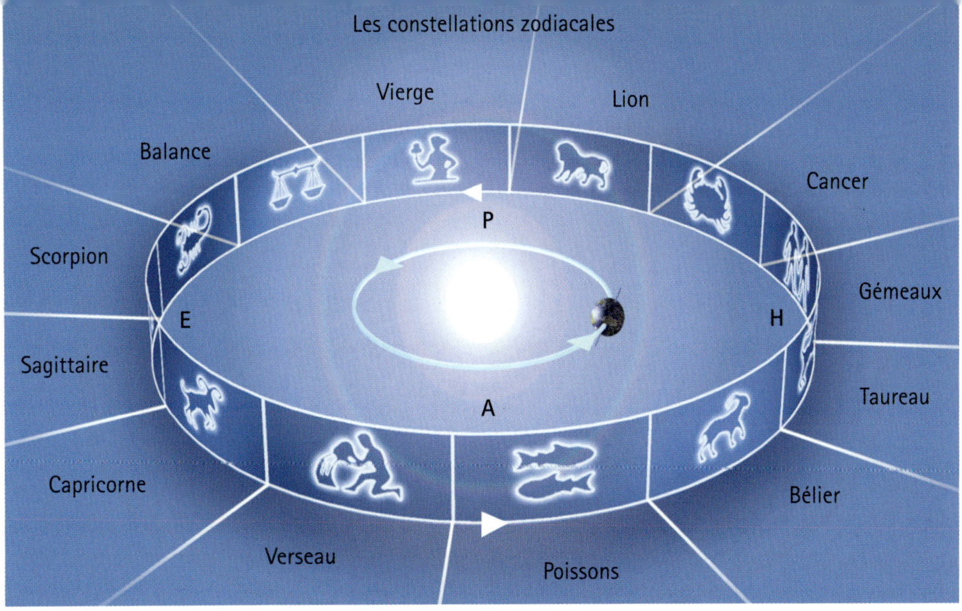

Les planètes traversent les signes du Zodiaque l'un après l'autre. Ces positions sont indiquées pour chaque planète extérieure (de Mars à Pluton) à l'article qui les concerne.

axe, le cylindre qui fait tourner le manège. Pour le Zodiaque, il en va de même. La Terre tournant sur elle-même, nous parvenons en une nuit à apercevoir toutes les constellations du Zodiaque. Sauf une : celle devant laquelle, au matin, le Soleil, axe du manège terrestre, va se lever.

Entre astronomie et astrologie, la précession

Jusque-là, les constellations zodiacales de l'astrologie et de l'astronomie sont les mêmes. Mais, alors que les astrologues commencent toujours l'énumération des signes du zodiaque par le Bélier, les astronomes, eux, commencent par Verseau... Pourquoi ? Il ne s'agit pas là seulement d'une question de forme, mais de la prise en compte de la constellation devant laquelle le Soleil se lève au printemps... Petite explication.

La précession des équinoxes... Au IIe siècle avant J.-C., le Grec et Alexandrin Hipparque a découvert un phénomène qui a pris, depuis, le nom de précession des équinoxes. Pour simplifier, il suffit de savoir que l'axe autour duquel la Terre effectue sa rotation n'est pas aussi fixe qu'on le croit et se balance légèrement sur un cycle de près de 25 800 ans. Cela semble lent mais suffit pour que, au fil des siècles, nous ne voyions plus exactement la même chose sur le plan de l'écliptique.

... ou « retard » des constellations. En un mot, tout se passe comme si le manège de la foire retardait, disons de 1 seconde à chaque tour. Si vous voyez l'un des commerces passer devant vous toutes les 7 secondes, cela signifie que, au bout de 7 tours, ce ne sera plus la banque que vous verrez en premier, mais le chausseur ; 7 tours encore, et ce sera le restaurant, etc. Dans l'espace, le manège, la Terre, ne ralentit pas, mais le déplacement de son axe en donne l'illusion et fait que, en 2 160 ans (en moyenne), c'est le signe précédent du zodiaque qui nous apparaît lors de l'équinoxe de printemps.

Du Bélier au Verseau... Lorsque les astrologues ont commencé à codifier leur art, c'était devant le Bélier que se levait le Soleil de printemps. Depuis, ils n'ont pas changé leur code ni leurs calculs. Pourtant, entre 210 avant J.-C. et 1950 après, le Soleil du printemps s'est levé dans la constellation précédente, devant les Poissons. Aujourd'hui, il se lève entre les Poisson et le Verseau, pour bientôt se lever dans le Verseau. ■

VOIR
Repérer les constellations du zodiaque
→ p. 160

Les planètes extrasolaires

Depuis 1995, une hypothèse souvent émise a été, enfin, confirmée : d'autres étoiles que notre Soleil sont entourées par une ou plusieurs planètes, mais personne ne les a encore vues, ni professionnels ni amateurs, et leur « chasse » requiert des techniques bien particulières...

VOIR
Alphabet grec → p. 16
Année-lumière → p. 19
Doppler (effet) → p. 27
Transit → p. 59

Comment localiser des exoplanètes

Pour faire un tour d'horizon aussi complet que possible des planètes, il faut aussi parler de ces planètes exotiques, les « exoplanètes » ou « planètes extrasolaires », dont les astronomes ont trouvé une centaine d'exemplaires entre 1995 et 2003.

Une détection toujours indirecte. Noyées dans la lumière de leur étoile proche, les planètes, aussi grosses soient-elles, ne sont pas plus visibles que le serait une allumette (éteinte de surcroît !) auprès d'un phare côtier, le tout vu depuis plusieurs kilomètres. Il suffirait par exemple de s'éloigner de quelques mois-lumière de notre système planétaire, contenant pourtant 9 planètes, pour ne plus voir que le seul Soleil. La détection des exoplanètes a donc dû se faire de manière indirecte.

Dans la constellation d'Andromède, l'étoile Upsilon Andromedae, distante de 42 années-lumière, possède au moins 3 planètes géantes gazeuses.

Première méthode, le décalage spectral. On sait que le Soleil, très légèrement entraîné par la masse totale des planètes qui l'entourent, ne reste pas fixe, mais décrit un minuscule cercle autour de son centre, comme le lanceur de marteau qui fait tourner son engin. Ainsi, si nous le regardions de loin, sa lumière ne nous parviendrait pas de manière absolument uniforme, mais parfois avec un petit (très petit en fait !) décalage selon que, tournant autour de ce centre, le Soleil serait en train de s'éloigner ou de se rapprocher de la Terre. C'est ce que l'on appelle l'effet Doppler.

On parvient à mesurer cet effet Doppler grâce aux spectres lumineux, et on peut donc l'enregistrer sur une étoile si elle est entourée de planètes. Mais cela exige une précision inouïe, et c'est la raison pour laquelle très peu d'exoplanètes ont été découvertes à ce jour par ce moyen. Cela viendra... Sûre, cette méthode présente toutefois un inconvénient de taille : en calculant l'effet Doppler, on parvient seulement à connaître approximativement la masse totale des planètes entourant l'étoile, mais sans savoir s'il y en a une ou plusieurs.

Grâce au projet de télescope géant OWL (miroir de 100 m de diamètre), nous pourrons apercevoir directement quelques exoplanètes d'ici à 2020.

Seconde méthode, les transits. La méthode complémentaire est plus simple en apparence : il s'agit d'observer les occultations subies par l'étoile étudiée. En effet, lorsqu'une planète passe devant l'étoile par rapport à nous (elle est dite alors « en transit »), l'éclat de cette dernière diminue, comme lorsque nous passons notre main devant une lampe. Mais cette diminution est infiniment faible, bien sûr, et on ne peut actuellement repérer que le passage des plus grosses planètes et, aussi, de celles dont la révolution est la plus rapide : de l'ordre de quelques heures ou quelques jours.

Mais il reste très difficile de détecter d'autres planètes plus petites, ou bien tournant en plusieurs dizaines d'années, comme le font Saturne ou Uranus autour du Soleil. Pour pouvoir déceler ces dernières, en effet, un extraterrestre malchanceux devrait attendre 29 ans ou 84 ans avant que Saturne ou Uranus repassent devant le Soleil.

À défaut d'exoplanètes, observer les étoiles proches

Aucun astronome amateur, même nanti d'un excellent matériel, ne saurait voir une exoplanète. Il lui reste cependant quelques consolations : tenter d'apercevoir au moins certaines de ces étoiles, dont on dit qu'elles sont entourées par une ou plusieurs planètes.

Dans l'hémisphère Nord. La toute première exoplanète découverte par Michel Mayor et Didier Queloz en 1995 appartient à une étoile de la constellation de Pégase. Cette étoile, Peg 51, située à seulement 44 années-lumière et ressemblant beaucoup au Soleil, est visible à l'œil nu (magnitude 5,6) en automne. Il est par contre plus difficile de découvrir dans la Grande Ourse 47 Ursae Majoris, qui possède au moins une planète dont l'orbite s'effectue en quatre ans. Toujours dans l'hémisphère Nord, située à 42 années-lumière, Upsilon d'Andromède est visible avec un petit télescope et possède tout un système planétaire, avec au moins 3 planètes déjà répertoriées.

Dans l'hémisphère Sud. Bêta Picoris est la seconde étoile en brillance de la Constellation du peintre. Située à 63 années-lumière, elle est entourée par un disque de poussières et de gaz qui serait un système planétaire en formation. ■

VOIR
Le système solaire
→ p. 82

Les activités pratiques

Choisir un site d'observation

Plus encore que les performances de votre lunette ou de votre télescope, la qualité de vos observations dépend avant tout du site dans lequel celles-ci vont se dérouler.

VOIR
Albédo
→ p. 15
Turbulences
→ p. 60

Déjouer les pièges de la météorologie

La météorologie est très importante dans le choix d'un site d'observation. En dehors de la pluie et des nuages masquant le ciel, trois facteurs sont à prendre en compte : le vent, l'humidité et la chaleur. Tous les trois sont causes de turbulences.

Le vent. À moins que le pied de l'appareil ne soit très peu stable, ce n'est pas tant le vent lui-même qui pose problème que les turbulences qui l'accompagnent. Ces turbulences sont en fait des sortes de « bulles d'air », de diamètres divers, dont certaines se placent dans le tube (ouvert) du télescope, gênant considérablement la vision et donnant un aspect flou, tremblant, à l'objet observé.

Il ne faut donc pas, comme on le croit souvent, se cacher derrière une montagne, une colline, où le vent va venir tourbillonner, mais plutôt s'exposer au vent. On bénéficiera de la sorte d'un régime venteux non tourbillonnant, mais laminaire, qui ne gênera pas l'observation.

ASTUCE Rendez-vous dans le Morvan

S'étageant entre 400 et 900 m d'altitude, le Morvan, au milieu de la France, présente un très bon site, à deux ou trois heures de Paris, de Lyon, de Tours, etc. Par nuit claire, la qualité du ciel est telle que l'on peut observer par exemple la nébuleuse de la Lyre avec une lunette de 60 mm.

En ville, seules les lunettes permettent d'observer les planètes.

L'humidité. Vallées, vallons, bords de rivière, d'étang et rivages côtiers, chargés d'humidité, sont à éviter. Si vous séjournez près de la mer, n'hésitez donc pas à gagner l'arrière-pays, à quelques kilomètres. L'eau, en raison de sa grande inertie thermique, provoque en effet des turbulences qui font flotter les images obtenues comme au-dessus d'un feu. Sans compter les autres effets indésirables : la buée qui se dépose sur les objectifs, ou l'oxydation, qui peut endommager le miroir des télescopes...

La chaleur. L'été n'est pas la meilleure saison pour observer et, une fois initié, tout astronome préfère de loin pratiquer durant les autres mois de l'année. En dehors du fait que les nuits sont courtes et trop claires, cette saison pose en effet le problème de la chaleur. Accumulée par le sol durant la journée, celle-ci rayonne la nuit sous forme d'infrarouges (entre autres). Il en résulte ces turbulences que tous peuvent observer en journée, lorsque l'air semble « trembler » au-dessus des routes et des dalles de béton. Pour éviter ces inconvénients, l'appareil doit être impérativement installé sur un coin d'herbe. Faire montre de patience, qualité maîtresse de l'astronome, peut aussi pallier le problème : si l'on sait attendre assez longtemps que les turbulences cessent juste au-dessus de soi, on pourra parvenir à voir nettement l'objet qui a déçu au premier regard.

Éviter la lumière parasite

La lumière des villes éclaircit les basses couches de l'atmosphère, formant alors un écran lumineux qui éblouit les astronomes. Le halo lumineux parisien, par exemple, est gênant jusqu'à environ 80 km.

Lunette préférable... Toutefois, cet écran lumineux ne pose pas de trop grands problèmes pour l'observation des planètes, à la condition expresse de les observer avec une lunette. Il convient seulement d'éviter de se placer en des endroits rayonnant fortement la chaleur, comme les toits en tôle par exemple.

Il est à noter en outre qu'il existe certains filtres destinés, en partie, à corriger la pollution lumineuse des villes, comme ceux arrêtant par exemple les raies du sodium ou d'autres gaz utilisés pour l'éclairage de ville.

Sélectionner un bon site

Du fait de l'absence de pollution lumineuse, les sites les plus propices à l'observation se trouvent en général soit en haute montagne, soit en moyenne montagne, à partir de 600 m d'altitude, aussi bien sur les collines que sur les plateaux herbeux. Mais certaines plaines, en rase campagne, éloignées des

Juché à 2000 m d'altitude, souvent entouré de neige, l'observatoire amateur de Saint-Luc en Suisse propose un site presque idéal.

agglomérations, peuvent offrir également de bonnes conditions à l'astronome amateur. Dans tous ces lieux, seuls le vent ou la chaleur poseront éventuellement problème.

Vive la neige ! Si vous effectuez des observations en hiver, installez de préférence votre appareil sur une couche de neige. Celle-ci, présentant un fort albédo (indice de réfraction de la lumière) ne renvoie durant la nuit que très peu de chaleur, ou pas du tout, ce qui évite les turbulences. ■

VOIR
Mesurer l'acuité visuelle
→ p. 121
Préparer une soirée d'observation
→ p. 156

LE SAVIEZ-VOUS ?

100 km de lampadaires...

La nuit, sur la Côte d'Azur, les lampadaires forment une ligne lumineuse continue de 100 km. Plusieurs associations luttent contre cette pollution lumineuse entourant villes et bourgades, et, parmi elles, nombreux sont les clubs d'astronomes amateurs.

Choisir et utiliser des jumelles

Il est rare que les gens possédant une paire de jumelles aient l'idée de la braquer vers le ciel. Pourtant, avec les plus simples d'entre elles, chacun peut devenir un astronome amateur.

VOIR
Champ
→ p. 24
Grossissement
→ p. 35
Magnitude
→ p. 40
Terminateur
→ p. 59

Choisir des jumelles

Posséder des jumelles est quasi indispensable à l'astronome amateur. Quelles que soient leurs caractéristiques, et même s'il ne s'agit que de petites jumelles de 30 mm, ces instruments trouvent leur utilité lors de toutes les soirées d'observation. Elles permettent un premier et nécessaire repérage des objets que l'on désire observer.

Grossissement et diamètre. Deux nombres, indiqués sur l'appareil, caractérisent chaque paire de jumelles : le grossissement et le diamètre de l'optique. Par exemple, des jumelles 8 × 50 ont un grossissement de 8 fois et un objectif de diamètre 50 mm. Ce diamètre est suffisant pour effectuer les repérages. Mais il demeure cependant un minimum pour admirer certaines merveilles du ciel. Il existe pour des observations plus détaillées des jumelles de 70, voire 80 ou 100 mm – plus le diamètre est important, mieux l'optique collecte les rayons lumineux. Mais le prix varie évidemment en fonction, pouvant être multiplié par douze selon que l'on opte pour une optique de 50 mm ou de 100 mm (de 120 euros à 1 500 euros).

Les 8 x 50, un bon début. Retenons que, pour l'astronome amateur débutant, des jumelles de 7 × 50 ou de 8 × 50 présentent un compromis intéressant entre le grossissement, qui, sous peine de réduire le champ, ne doit pas être trop important, et une bonne luminosité. Des jumelles de 50 mm de diamètre permettent déjà d'observer des objets qui seraient 70 fois moins lumineux que ceux observables à l'œil nu, soit d'une magnitude 10 environ.

PETIT TEST

Admirer les Pléiades

Regardez les Pléiades avec leurs 5 ou 6 étoiles visibles à l'œil nu, puis braquez vos jumelles vers ce magnifique amas : des dizaines de joyaux s'offrent à vous, dessinant les Pléiades comme un bonnet de Schtroumpf empli d'étoiles.

Premier instrument d'astronomie amateur, les jumelles restent indispensables, même si l'on possède une lunette ou un télescope.

Regarder, soir après soir, la Lune avec des jumelles est un passe-temps dont on ne se lasse guère.

Manipuler des jumelles

Le maniement des jumelles, en astronomie, est parfois malaisé, le moindre mouvement des mains faisant trembler l'appareil, et littéralement danser l'objet étudié. Un inconvénient inévitable du fait du poids de l'instrument... Pour éviter les tremblements, il faut donc soit s'appuyer sur un muret quelconque, afin de bien se caler, soit, ce qui est mieux, posséder un trépied pour fixer ses jumelles.

Un réglage en deux temps. Avant tout réglage, il convient d'habituer vos yeux à la lumière nocturne et d'enlever vos lunettes – le réglage va corriger votre vue, à moins que vous ne soyez astigmate. Procédez ensuite comme suit :

– choisissez une étoile ou une planète, puis réglez l'écartement des jumelles à vos yeux et ajustez bien les œilletons sur vos arcades sourcilières ;

– fermez l'œil droit et, en regardant de l'œil gauche, agissez sur la molette centrale sise entre les deux optiques jusqu'à ce que l'objet regardé devienne net ;

– ensuite, fermez l'œil gauche et agissez sur la molette qui se trouve sur l'œilleton droit. Vos jumelles sont réglées.

Que voir avec des jumelles ?

Si l'on s'en tient à des jumelles 7 × 50 ou 8 × 50, c'est en regardant la surface de la Lune que s'offrent les plus beaux spectacles, particulièrement près du terminateur. Les planètes principales, de Mercure à Saturne, sont également visibles, chacune avec sa couleur propre, et l'on peut même suivre la ronde des satellites galiléens de Jupiter ; en revanche, ni les croissants de Mercure, ni les anneaux de Saturne ne seront accessibles. Les jumelles conviennent aussi à l'observation des galaxies et des amas, ouverts ou globulaires... ■

VOIR
Acheter votre instrument → p. 124
Entretenir votre matériel → p. 125

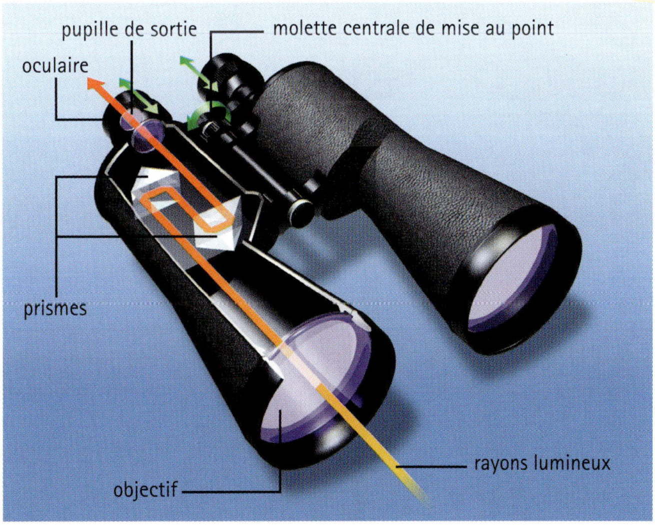

Fonctionnement d'une paire de jumelles.

Les lunettes astronomiques d'amateur

Bon nombre d'astronomes amateurs confirmés préfèrent utiliser une lunette astronomique plutôt qu'un télescope. Afin de tirer le meilleur parti de cet instrument, il convient de connaître ses possibilités.

VOIR
Altazimutale → p. 17
Barlow → p. 22
Chercheur → p. 24
Diamètre → p. 27
Focale → p. 32
Grossissement → p. 35
Monture → p. 44

Le principe de la lunette

Les lunettes utilisent la réfraction de la lumière à travers un système de lentilles, appelé objectif. Ce dernier est placé à l'avant du tube formant la lunette astronomique.

De l'objectif au point focal. La lumière provenant de l'objet observé traverse d'abord l'objectif avant d'être focalisée, c'est-à-dire concentrée, en un point appelé « foyer », ou « point focal », situé près à l'autre extrémité du tube. La distance exacte entre l'objectif et ce point focal est appelée « distance focale ». La taille du tube qui forme le corps de la lunette est toujours calculée de manière à être un peu plus grande que la distance focale.

Lunette de 60 mm

L'oculaire, partie mobile. Au niveau du foyer, toutes les lunettes possèdent en outre un tube coulissant, muni d'une crémaillère, au bout duquel est installé un autre système de (petites) lentilles, qui va permettre d'agrandir l'image obtenue : il s'agit de l'oculaire. Ce dernier n'appartient pas de manière fixe au corps de la lunette. Il en existe de différentes tailles, à choisir en fonction du grossissement souhaité.

Choisir une lunette

Tout comme les paires de jumelles, les lunettes sont caractérisées par deux nombres indiqués sur l'instrument : le diamètre de l'objectif (par exemple : 60 mm) et la distance focale de la lunette (par exemple : 710 mm).

Distances focales et grossissement. Contrairement aux jumelles, les lunettes et télescopes ne portent aucune indication sur le grossissement de l'appareil. Ce dernier varie en effet selon la focale de l'oculaire. On calcule le grossissement (G) en divisant la distance focale de la lunette (f) par la distance focale de l'oculaire (f'), marquée sur ce dernier.

Débuter avec une 60 mm de diamètre. Le choix d'une lunette est, bien sûr, fonction du prix que l'on veut ou peut y mettre. On conseille cependant aux débutants de ne pas se lancer immédiatement dans l'achat d'instruments de 80 ou 100 mm de diamètre, par ailleurs très coûteux, mais de commencer par des lunettes de 60 mm, voire 70 mm, d'un prix avoisinant 150 à 450 euros. Ces appareils offrent tout de suite satisfaction et ne risquent pas de rebuter le novice par un emploi souvent un peu sophistiqué.

Quel oculaire ? Généralement, les petites lunettes d'amateurs sont vendues avec deux oculaires : l'un de 20 mm et l'autre de 12,5, de 8 ou parfois de 6 mm. Pour une lunette de 710 mm à 800 mm de focale, il est conseillé d'opter pour des oculaires de 8 mm et de 20 mm.

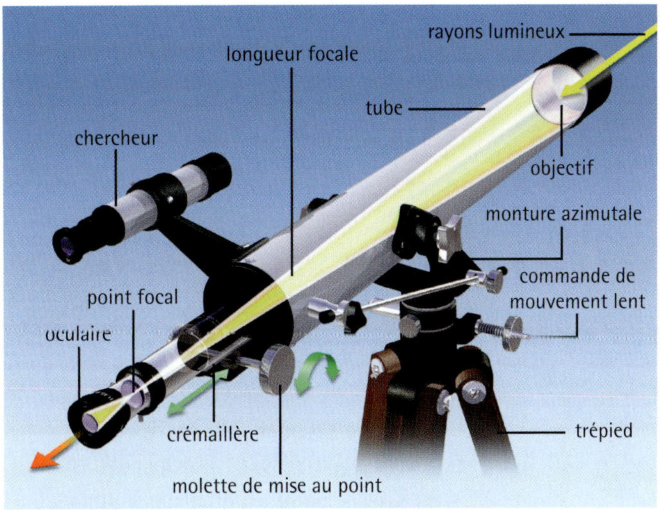

Fonctionnement d'une lunette astronomique.

Le rôle de la monture

Utiliser une lunette astronomique dans de bonnes conditions nécessite tout d'abord une bonne monture permettant de suivre la course apparente des astres. La Terre tournant sur elle-même (rapidement : 1 660 km/h !), la monture doit permettre en effet de « suivre » la planète observée tout comme, dans un train, on tourne la tête pour observer un détail du paysage traversé.

Manier une monture altazimutale. Sur les petites lunettes, la monture, placée sur un trépied en bois ou en métal, est généralement dite « azimutale », ou « altazimutale ». Celle-ci permet soit de faire pivoter la lunette selon un axe horizontal (azimut), soit de la faire monter ou descendre selon un axe vertical (altitude). Pour éviter les éventuelles vibrations liées au maniement de ce type de monture, on peut régler l'angle d'observation de la lunette (44° par exemple), fixer cet angle grâce à un petit verrou placé sur le corps de la lunette, et laisser libre le mouvement latéral de l'instrument afin de suivre une planète dans sa course. Pour cette dernière opération, il existe de petits moteurs fonctionnant sur piles, vendus avec les lunettes ou séparément.

LE COIN CALCUL

Le bon grossissement

Le grossissement limite d'une lunette astronomique est estimé à 1,5 fois, au grand maximum à 2 fois le diamètre de l'objectif. Soit, pour une lunette de 60 mm, un grossissement maximal compris entre 90 et 120 fois.

Régler une lunette

La lunette astronomique doit toujours faire l'objet de deux types de réglage... Si le réglage de la lunette proprement dite est extrêmement facile, celui du viseur, exigeant davantage de patience, demeure plus délicat.

Le réglage de la lunette. Il est impératif de régler la lunette pour chaque objet observé. Pour ce faire, enlevez vos lunettes de vue, puis, l'œil rivé sur l'oculaire, tournez lentement la molette fixée sur la lunette jusqu'à ce que l'image soit bien nette. Les cratères de la Lune doivent apparaître aussi bien que sur une

La première fois que l'on voit Saturne et ses anneaux dans une lunette d'amateur, on vit un moment que l'on n'oublie jamais.

photo, une étoile se montre tel un petit point brillant, sans halo lumineux, et une planète comme une bille bien ronde.

Le réglage du viseur. Posé parallèlement au corps de l'instrument, le viseur, appelé aussi « chercheur », est une petite lunette d'un grossissement moyen de 20 ou 25 fois. Offrant un champ plus grand que la lunette, il permet de pointer l'instrument dans la bonne direction, surtout lorsque l'objet observé est peu (ou pas) visible à l'œil nu. Il doit donc être parfaitement parallèle au corps de la lunette, comme la lunette d'approche d'un fusil est parfaitement alignée avec le canon de l'arme. Pour le régler, voici comment procéder :

VOIR
Acheter votre instrument → p. 124
Entretenir votre matériel → p. 125
Construire une lunette astronomique → p. 140

– choisissez en plein jour un objet lointain, un clocher d'église par exemple ;
– réglez votre viseur à l'aide des vis micrométriques qui l'entourent, jusqu'à ce que la pointe du clocher (qui apparaît à l'envers, le système de réfraction inversant les images) se trouve exactement au croisement des fils du viseur ;
– vérifiez alors si l'image (inversée) se trouve bien également au centre de l'objectif en regardant dans l'oculaire (le plus grand) de votre lunette ;
– recommencez vos réglages jusqu'à ce que le résultat soit satisfaisant. Dans la nuit, la plus petite erreur d'orientation est redoutable, et, avec un appareil mal réglé, on risque fort de ne pas retrouver dans l'objectif l'objet que l'on voit si bien dans le viseur.

CONSEIL PRATIQUE

Oculaire ou lentille de Barlow ?

Grâce aux lentilles de Barlow, un instrument qui permet de grossir encore 2 ou 4 fois l'objet étudié, les vendeurs de lunette annoncent des grossissements de 300 fois pour des lunettes de 710 mm de focale. C'est beaucoup trop, car l'image ainsi obtenue est floue. Si vous avez le choix, tentez plutôt de troquer la lentille de Barlow vendue avec votre lunette contre un oculaire de bonne qualité : vous serez certainement gagnant.

Que voir avec une petite lunette ?

Avec les lunettes de 60 mm de diamètre et d'une distance focale allant de 710 à 800 mm, il est déjà possible d'observer la Lune, ses cratères et ses montagnes, Jupiter et la danse de ses satellites, Saturne et ses anneaux, les croissants de Vénus, les couleurs vertes et bleues que présentent Uranus et Neptune, et bien sûr Mars. Concernant cette dernière, il faudra toutefois un site exceptionnel pour apercevoir la calotte polaire et des détails de la surface, ou bien une lunette de 70 mm, voire 83 mm de diamètre.

Les petites lunettes permettent également de voir les taches et les éruptions solaires, à condition, bien sûr, de prendre toutes les précautions nécessaires. En revanche, leur diamètre relativement petit ne permet pas des observations du ciel profond de très bonne qualité (amas stellaires, nébuleuses, galaxies). ■

Mesurer l'acuité visuelle

En astronomie, l'acuité visuelle fait aussi référence à la qualité du ciel. Avant toute soirée d'observation, on peut l'évaluer de manière précise, à condition d'appliquer la bonne méthode...

Évaluer la qualité du ciel

Lors de toute soirée d'observation, il convient d'estimer l'acuité visuelle. Ce terme ne désigne pas seulement votre capacité visuelle personnelle, mais fait aussi référence à la qualité du ciel. Votre vue, quelle que soit sa performance, sera corrigée par les instruments utilisés. En revanche, l'acuité visuelle que présente le ciel déterminera les détails que vous pourrez, ou non, admirer, et donc, éventuellement, vos choix d'observation. D'où l'importance d'effectuer une évaluation en début de chaque soirée.

On considère qu'un ciel de bonne qualité est un ciel dont l'acuité visuelle est d'un ordre de magnitude de 6, ou plus. Grâce à une méthode de comptage, différente selon les saisons, on peut estimer si l'acuité visuelle atteint, ou non, ce niveau. Voici comment procéder...

En automne et en hiver. Après avoir délimité visuellement le Rectangle de Pégase, comptez le nombre d'étoiles que vous apercevez dans cette portion de ciel. Attention : les étoiles sont assez nombreuses, et il faut être méticuleux pour ne pas compter plusieurs fois la même. Pour avoir une acuité visuelle de 6, il faut compter 13 étoiles.

Au printemps et en été. Comptez cette fois-ci les étoiles dans le trapèze formant le corps de la constellation d'Hercule. Elles sont moins nombreuses, mais, en revanche, très peu d'entre elles ont une magnitude supérieure à 5,8. Une acuité visuelle de 6 nécessite que vous ayez compté 4 étoiles seulement.

Dans les deux cas, si vous n'obtenez pas le nombre d'étoiles indiqué, vous saurez que vous vous situez au-delà ou en deçà de l'acuité visuelle de référence (→ **Tableau**). ■

VOIR
Acuité visuelle
→ p. 14
Magnitude
→ p. 40

LE COIN CALCUL

Calculer la différence de performance entre l'œil et une optique

Soient par exemple des jumelles de 30 mm de diamètre. Par rapport aux yeux humains (6 mm de diamètre), leur surface collectrice (30 mm) est 5 fois plus grande : 30/6 = 5. Si l'on élève ce résultat au carré, on obtiendra la différence de performance, soit $5^2 = 25$. Cela signifie que ces jumelles, comparées à l'œil, donnent accès à des objets 25 fois moins lumineux. En opérant le même calcul avec une lunette de 60 mm de diamètre (donc 10 fois plus grande que l'œil), on verra qu'elle donne accès à des objets 100 fois moins lumineux : $(60/6)^2 = 10^2 = 100$.

ÉVALUATION DE L'ACUITÉ VISUELLE

Rectangle de Pégase		Constellation d'Hercule	
Étoiles comptabilisées	Magnitude limite	Étoiles comptabilisées	Magnitude limite
Aucune	≤ 4,6	Aucune	≤ 5,8
4	4,8	4	6
5	5,2	6	6,1
7	5,4	7	6,2
9	5,6	8	6,3
12	5,8	9	6,4
13	6	10	6,5
18	6,1	11	6,6
24	6,2	12	6,7

On désigne par magnitude limite la magnitude la plus basse que l'on peut observer à l'œil nu.

Les télescopes d'amateur

D'un diamètre supérieur à celui des lunettes astronomiques d'amateur, les télescopes ont un champ plus ouvert et collectent davantage de lumière.

VOIR
Chercheur → p. 24
Diamètre → p. 27
Focale → p. 32
Grossissement → p. 35
Miroir → p. 43
Monture → p. 44
Réflexion → p. 55
Réfraction → p. 56

VOIR
Les lunettes astronomiques d'amateur → p. 118
Acheter votre instrument → p. 124
Entretenir votre matériel → p. 125
Construire une lunette astronomique → p. 140

Pourquoi des télescopes ?

Les télescopes ont été créés à l'origine pour pallier un problème constaté dès l'invention des lunettes astronomiques, en 1610, à savoir l'aberration chromatique. On avait noté en effet que les rayons, en traversant les lentilles formant l'objectif, se conduisent comme à travers un prisme : chaque couleur traverse la lentille d'une manière différente et chacune d'entre elles se trouve donc focalisée en un point spécifique dans le tube de la lunette. Ainsi, au point où l'oculaire vient se placer, l'image n'est nette que pour le bleu, ou pour le rouge, etc.

Un miroir au lieu de lentilles. L'aberration chromatique est aujourd'hui corrigée en accolant plusieurs lentilles les unes aux autres. Mais c'est pour corriger ce défaut que plusieurs astronomes ont cherché à inventer un autre type d'instrument, n'utilisant plus cette fois la réfraction des rayons à travers une lentille, mais leur réflexion sur un miroir : le télescope était né !

Trois types de télescopes

Depuis le XVIIe siècle, trois types différents d'instruments ont été mis au point et sont aujourd'hui disponibles. Tous ont leurs qualités et leur intérêt propres.

Les télescopes Newton... C'est Isaac Newton qui, le premier, eut l'idée, en 1668, d'utiliser comme pièce principale de son instrument d'astronomie non pas une lentille placée à l'avant du tube, mais un miroir sphérique, installé, lui, au fond du tube, qui reste ouvert à l'air libre. Ce miroir, appelé aussi « miroir primaire », récolte la lumière qui s'engouffre dans le tube, puis focalise les rayons sur un petit miroir secondaire plan, qui les dévie finalement vers l'oculaire. C'est le télescope de type Newton, très souvent utilisé par les débutants pour sa simplicité même qui le rend peu onéreux. Pour des diamètres allant de 115 à 200 mm, le prix d'un tel appareil est aujourd'hui situé entre 300 et 900 euros.

Les télescopes Cassegrain. Dans ce type de télescope, inventé par le Français Cassegrain en 1672, le miroir secondaire ne renvoie pas la lumière sur le côté du

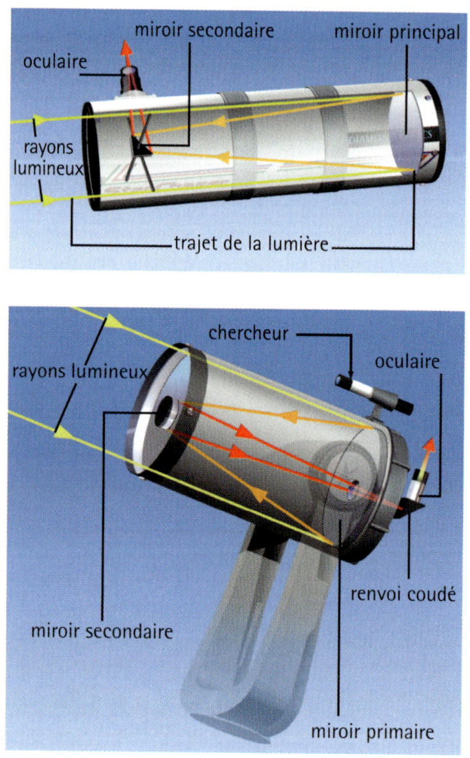

Télescopes Newton (haut) et Cassegrain (bas).

tube, mais la focalise une nouvelle fois vers le miroir principal, percé en son centre pour recevoir les oculaires. La lumière fait alors un double trajet, ce qui permet d'obtenir une grande distance focale mais avec des instruments beaucoup plus compacts, donc moins encombrants à transporter.

Pour un prix avoisinant 1 000 euros, l'ETX 90 de Meade, avec sa monture motorisée et son diamètre de 90 mm, est un Maksutov-Cassegrain, bon compromis entre la lunette et le télescope.

Les télescopes **Schmidt-Cassegrain**, plus souvent proposés dans le commerce, sont une variante du Cassegrain. Ils se caractérisent par l'ajout d'une lame de verre sphérique qui vient fermer l'ouverture du tube. Ce procédé évite d'autant les poussières et permet de stabiliser l'air à l'intérieur du tube.

Les télescopes Maksutov-Cassegrain. Ce type de télescopes ressemble au Schmidt-Cassegrain, mais il est entièrement composé de pièces d'optique sphériques (lame, miroir principal, miroir secondaire). Cette caractéristique, qui rapproche le Maksutov-Cassegrain des lunettes astronomiques, en fait un instrument tout autant réservé, en un bon compromis, à l'observation des objets du système solaire qu'à celle du ciel profond. De tels appareils sont un peu plus chers, mais proposent d'intéressantes observations dès les petits diamètres (90 mm) pour un prix de 800 euros avec une monture motorisée.

Réglages et grossissement

Pour l'essentiel, le maniement des trois types de télescopes est similaire. Les réglages à effectuer, tant de l'instrument que du viseur, ou chercheur, sont les mêmes que pour une lunette astronomique. Quant au grossissement, il varie aussi dans un télescope en fonction de l'oculaire choisi, et son calcul demeure le même qu'avec une lunette : en divisant la focale de l'instrument par la focale de l'oculaire.

L'intérêt d'un grossissement minimal. Les télescopes d'amateurs sont proposés avec des oculaires de plus courte focale que les lunettes, jusqu'à 4 mm, ce qui permet d'importants grossissements. Toutefois, ces appareils étant le plus performants dans l'observation des objets du ciel profond, on choisira des grossissements minimaux afin d'obtenir le meilleur contraste entre l'objet observé et le fond du ciel.

Que voir avec un télescope ?

Possédant une surface collectrice plus grande, les télescopes sont utilisés avant tout pour observer les objets célestes les moins lumineux. Ainsi, ils permettent de bonnes observations des galaxies, amas ouverts et globulaires, voire de certaines nébuleuses. Il faut toutefois se placer hors des villes, dont la pollution lumineuse est néfaste à ces instruments. Avec des télescopes d'un diamètre inférieur à 200 mm, l'observation planétaire est, par contre, souvent décevante (excepté pour la Lune). À moins d'utiliser un Maksutov-Cassegrain... ■

ASTUCE La mise à température

Les télescopes du type Newton, dont le tube n'est pas fermé, doivent être mis en contact avec l'air ambiant au moins une heure avant toute observation. Si la température du tube est proche de la température extérieure, les turbulences seront moins nombreuses.

Acheter votre instrument

Jumelles, lunette ou télescope ? Avant de choisir et d'acheter un instrument d'astronomie, mieux vaut avoir une notion de son prix et de ses capacités. Cela évitera bien des déceptions...

VOIR
Grossissement
➔ p. 35
Magnitude
➔ p. 40

VOIR
Choisir et utiliser des jumelles
➔ p. 116
Les lunettes astronomiques d'amateur
➔ p. 118
Les télescopes d'amateur
➔ p. 122

Quelques critères de choix

Les instruments d'astronomie présentés ici (➔ **Tableau**) figurent parmi les plus simples, pour un prix allant de 80 à 1 200 euros.

Ces prix, assez constants d'un pays à un autre, sont ceux des grandes marques qui assurent le minimum de qualité requis pour des observations satisfaisantes. Le maniement de ces instruments n'est généralement guère compliqué, et permettra à l'astronome amateur débutant de bien se familiariser avec le cosmos et ses merveilles.

Les optiques. On notera toutefois que, dans les fourchettes de prix indiquées, les appareils les moins chers sont bien évidemment des bas de gamme dont, trop souvent, les montures et les optiques présentent une qualité médiocre. Cela ne signifie pas pour autant qu'il faille se focaliser sur les seuls hauts de gamme. Une lunette à 200 euros, par exemple, constitue bien souvent un excellent appareil.

INSTRUMENT	PERFORMANCE	PRIX
Jumelles 50 ou 60 mm (magnitude 10 ou 11)	Repérages. Gros cratères lunaires.	80 à 800 €
Jumelles 70 mm (magnitude 11,3)	Amas ouverts. Repérage des galaxies.	300 à 1200€
Lunette de 60 mm (magnitude 11)	Cratères lunaires. Planètes. Amas ouverts et globulaires. Taches solaires.	150 à 250€
Lunette de 83 mm (magnitude 11,6)	Mêmes possibilités mais avec plus de détails.	300 à 1 000€
Télescope 115 mm (magnitude 12,4)	Nébuleuses. Mêmes possibilités que lunettes de 60 et 83 mm.	300 à 750€

Le grossissement. Si l'oculaire et la monture sont essentiels, il convient en revanche de pas trop s'attacher aux grossissements de 300 fois, 450 fois, voire 600 fois, annoncés par les vendeurs.

Un grossissement qui, en effet, dépasse deux fois le diamètre de l'appareil (par exemple 120 fois pour une lunette de 60 mm) ne donne généralement qu'une image floue. Pour le prix d'une lentille de Barlow (multipliant par 2, 3 ou 4 la taille de l'image), mieux vaut acquérir un oculaire de bonne qualité qui permettra d'obtenir des images nettes.

Les marques. De nos jours, presque toutes les grandes marques, européennes, américaines ou japonaises, se valent, à peu de chose près, et choisir l'une d'entre elles est plutôt affaire d'affinité personnelle, comme il en va pour les voitures.

Quel que soit le lieu où vous achetez votre instrument – boutique spécialisée ou grande surface –, renseignez-vous toutefois sur le suivi de la marque choisie. Sinon il vous sera parfois bien difficile de trouver plus tard le nouvel oculaire, le filtre ou tout autre accessoire que vous voudriez ajouter à ceux que vous possédez déjà. ■

Entretenir votre matériel

Fragiles et cassables. Ces deux mots résument les traits essentiels des instruments d'astronomie faits, pour leurs parties principales, de verres et de miroirs. Même les nettoyages intempestifs sont à proscrire !

Ranger les appareils

Les jumelles sont vendues généralement avec un étui. Entre deux utilisations, elles doivent être impérativement rangées à l'intérieur de cet accessoire indispensable.

Lunettes et télescopes. Pendant la saison des observations, voire toute l'année, lunettes et télescopes peuvent rester sur leur trépied et leur monture, plutôt qu'être rangés dans leur boîte. Cela est valable même en hiver, mais à condition toutefois d'installer les instruments dans un endroit sec (garage, grenier), en posant une bâche sur l'ensemble tube et trépied.

Dans tous les cas, deux précautions sont pourtant nécessaires :

– ne laissez pas trop longtemps lunettes et télescopes dans la même position, car, même avec des instruments relativement légers, vous risquez de déséquilibrer un peu la monture qui, après, donnera un peu de jeu ; ce qui est gênant lors des observations ;

– veillez surtout à placer la lunette ou le télescope de manière que l'une de ses extrémités ne se trouve jamais dans l'axe d'une fenêtre par où passe la lumière solaire. Par effet de loupe, celle-ci pourrait bien mettre le feu.

Entretenir les optiques

Les lentilles des objectifs et des oculaires, comme les miroirs, sont très fragiles. Le meilleur des entretiens consiste à les ranger dans leur boîte après chaque soirée d'observation. Avant de les nettoyer, sachez qu'une lentille très sale fait perdre au maximum 10 % de la lumière, ce qui est bien peu. Par contre, vous risquez, pour enlever quelques poussières, de rayer votre miroir ou votre lentille, ce qui abîmera irrémédiablement la qualité des images.

Bagues et chiffons prohibés. Il se peut toutefois que l'optique ait véritablement besoin d'un nettoyage. En ce cas, ne négligez pas de prendre les précautions suivantes :

– ôtez d'abord tous vos bijoux, les bagues surtout, qui risqueraient de rayer l'optique ;

– utilisez de préférence une bombe à air pressurisé : son souffle permettra d'éliminer la plupart des poussières sans avoir à frotter le verre ;

– n'employez surtout jamais de chiffon, même de manière délicate, et, si la bombe à air ne suffit vraiment pas, usez d'un coton imprégné d'un produit destiné aux lunettes de vue. ■

CONSEIL PRATIQUE

No child resistant !

Cette expression anglaise indique bien que les instruments d'astronomie sont fragiles. Ils doivent être manipulés lentement, sans précautions exagérées certes, mais de manière, tout de même, à ne pas tomber. De ce fait, l'installation sur la monture ainsi que les réglages (viseur, taille du pied, etc.) doivent être réalisés par un adulte ou un enfant d'une douzaine d'années au moins.

Utiliser une carte du ciel

La connaissance du ciel passe par celle de ses principales constellations et de ses étoiles les plus brillantes. Pour les reconnaître, les cartes du ciel sont essentielles et faciles à utiliser.

VOIR
Écliptique (plan de) → p. 28
Équateur (céleste) → p. 30
Heure → p. 36
Méridien → p. 41

L'intérêt des cartes mobiles

Les cartes mobiles décrivent le ciel à n'importe quel moment de l'année et à n'importe quelle heure, pour une latitude donnée. À la différence des cartes fixes, elles permettent aux astronomes de suivre la ronde apparente des astres au cours de la nuit et de l'année. L'axe autour duquel tourne l'ensemble de la carte est matérialisé par l'étoile Polaire, indiquant le pôle céleste Nord (qui est immobile) : tout autour, au fil des heures et des saisons, tourne l'ensemble de la voûte céleste.

En Europe et aux États-Unis ou au Canada, la plupart des cartes mobiles proposent une réglette permettant d'ajuster la latitude entre 40° et 50° de

Carte du ciel de l'hémisphère nord parue dans un Atlas du XVIIe siècle.

latitude Nord. Parfois, ces cartes mobiles du ciel ont une latitude fixe (45° Nord en Europe, et souvent 40° Nord aux États-Unis), qui est la latitude moyenne de la région concernée.

Utiliser une carte mobile

La manipulation de la carte mobile elle-même est un jeu d'enfant... Il s'agit d'abord de repérer la date du jour sur le disque extérieur, puis de faire glisser le disque mobile, qui indique les heures, de façon que la date et l'heure d'observation coïncident. Le ciel que vous pouvez observer à ce moment-là se trouve alors dans l'ovale délimité par le disque mobile. Par exemple, le 21 mars à 22 heures TU (temps universel), vous pourrez voir le Lion au centre de l'ovale, avec à sa droite le Cancer et les Gémeaux et, à sa gauche, la Vierge. Une heure plus tard, en faisant de nouveau glisser le disque mobile, vous verrez apparaître à l'est la Balance.

Se repérer à l'aide de la carte. Le soir venu, lorsque vous commencez les observations, placez la carte au-dessus de votre tête, en veillant à l'incliner nord-sud : l'étoile Polaire se trouve alors derrière vous, le sud devant, l'est se situe à votre gauche et l'ouest à votre droite. Commencez alors par repérer les constellations le plus faci-

VOIR
Se repérer dans le ciel
→ p. 129
Observer la nuit qui tourne
→ p. 164
Observer le ciel saison par saison
→ p. 186

Difficiles à lire chez les Anciens, les cartes du ciel sont de nos jours beaucoup plus pragmatiques et lisibles (ci-contre : carte de l'hémisphère nord).

lement reconnaissables : Grande Ourse, Cassiopée (toujours à l'opposé de la Grande Ourse par rapport à l'étoile Polaire), Petite Ourse, qui sont présentes toute l'année. À partir de là, en vous aidant de la carte, vous pourrez chercher les constellations de la saison : Lion, Cancer, Gémeaux, Vierge, par exemple, le 21 mars...

Trois lignes dans le ciel

Les cartes mobiles, appelées aussi « cherche-étoiles », incluent trois lignes courbes caractéristiques du ciel : l'équateur céleste, sur l'horizon sud, le plan de l'écliptique, et le méridien, la ligne qui passe par le zénith et les pôles. Lors des observations nocturnes, ces trois lignes imaginaires vous seront d'une grande utilité pour vous repérer.

C'est en effet sur l'écliptique que défilent les constellations du zodiaque, et entre l'écliptique et l'équateur céleste que l'on peut admirer les planètes – les deux lignes se recoupent le jour du printemps et le jour de l'automne.

De même, certaines indications d'observations ou certaines cartes précisent quels objets célestes seront au méridien telle date à telle heure. Pour exemple, M 13 d'Hercule sera au zénith (méridien) le 19 mai à 24 h TU (00 h), et Véga de la Lyre le 14 mai à 00 h TU ou le 11 août. Vérifiez-le sur votre carte mobile...

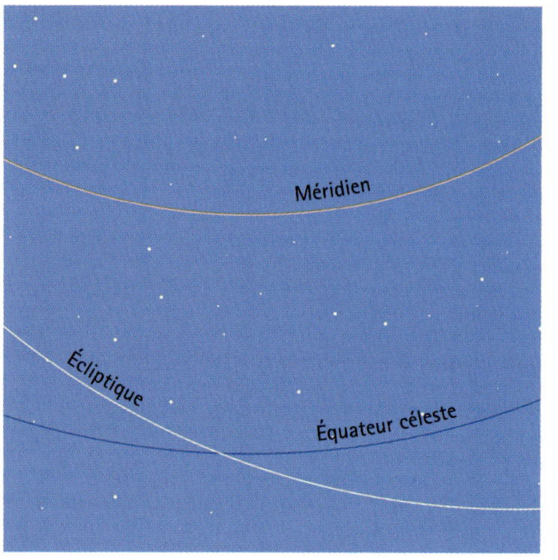

Écliptique et équateur céleste se recoupent aux équinoxes. En hiver, l'écliptique est au-dessus de l'équateur céleste.

Les cartes générales ou détaillées

Outre les cartes mobiles, il existe toutefois d'autres types de cartes, comme celles proposées dans cet ouvrage, et qui sont tout aussi utiles. Tout d'abord des cartes générales du ciel, de deux sortes : les cartes d'un hémisphère (Nord ou Sud), et les cartes pour chaque saison.

Dans le chapitre *Observations*, les cartes générales pour chaque saison sont suivies de six ou sept cartes détaillées découpant le ciel en ses principales constellations. En utilisant ces cartes saison après saison, mois après mois, la voûte céleste n'aura rapidement plus de secrets pour vous, et l'achat d'une carte mobile deviendra alors secondaire. ■

CONSEILS PRATIQUES

Quelle heure est-il ?

Attention, les cartes mobiles mentionnent toujours les heures TU (temps universel). Pour connaître l'heure TU, il suffit en France de retrancher 1 h à l'heure locale, pour les horaires d'hiver, et 2 h pour les horaires d'été.

D'une latitude à l'autre

Il faut savoir, lorsque vous voyagez, que 1° de latitude représente environ 111 km. Ainsi, de Paris aux Baléares par exemple, votre latitude descend d'environ 10°, ce qui offre un site d'observation un peu différent de celui auquel vous êtes habitués. Il en est de même entre New York et la Floride.

Se repérer dans le ciel

Un bon site d'observation, une lunette ou un télescope et une carte mobile du ciel ne suffisent pas tout à fait : il faut aussi que le ciel nocturne soit devenu familier, grâce à certains repères.

Des itinéraires à apprendre

À l'image des autoroutes qui relient les principales villes terrestres, il existe pareillement, dans le ciel nocturne, certains « itinéraires » généraux que l'on peut apprendre et qui, avec un peu d'entraînement, mènent directement vers l'objet cherché : galaxie d'Andromède, Pléiades, Sirius, etc. Vous choisirez l'un ou l'autre selon les saisons et les objets que vous souhaitez admirer. Tous ces itinéraires impliquent que vous observiez le ciel face au sud. Voici les principaux...

En été, au départ de la Voie lactée

Bien visible en juillet et août dans l'hémisphère Nord, la Voie lactée constitue un excellent point de repère. Là où elle est traversée par la constellation du Cygne, qui marque une grande croix dans le ciel, elle fait comme une patte d'oie. Ce sera votre point de départ.

Du Cygne au Capricorne. Suivez l'embranchement de gauche (à l'est). Celui-ci mène tout droit vers une constellation du zodiaque : le Sagittaire (en anglais « Tea Pot », car elle ressemble un peu à une théière avec son couvercle). Dans cette région, vous verrez de nombreux amas ouverts d'étoiles et des nébuleuses : c'est la direction du centre de la Galaxie. À gauche encore, se trouve le Capricorne. Parmi ces étoiles, un petit disque verdâtre : Uranus, qui restera là jusqu'en 2005. Dans cette zone, vous pourrez également admirer Mars en mars 2007, février 2009, février 2011 et janvier 2013. Ce premier parcours offre déjà une belle soirée d'observations.

Du Cygne au Scorpion. Si vous aviez pris à droite (à l'ouest), vous auriez trouvé

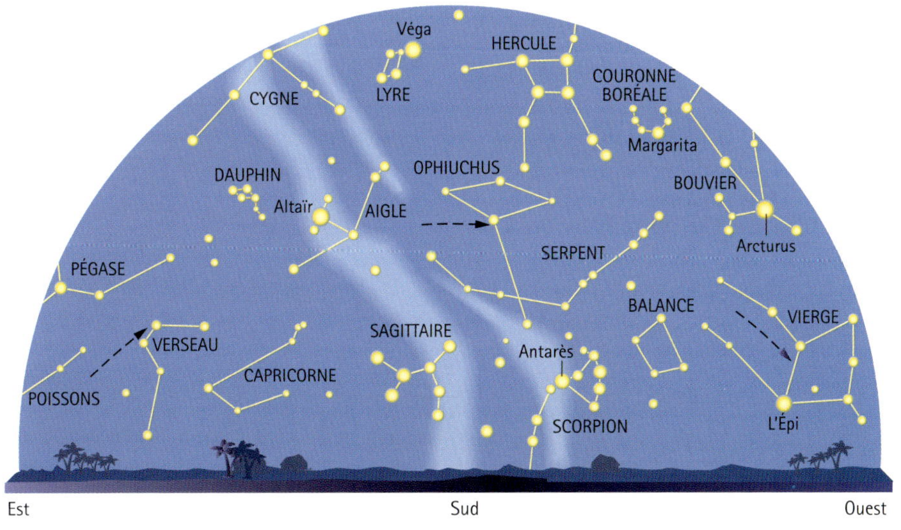

Avant chaque observation, utilisez les constellations les plus connues pour prendre vos repères (ci-contre : repères d'été).

VOIR
Observer le ciel saison par saison
→ p. 186

sur l'horizon la constellation du Scorpion, assez reconnaissable avec l'étoile rouge Antarès. C'est là que se trouvaient Jupiter et Mars fin 2006. Mais bien avant, contre la Voie lactée, vous auriez repéré, toujours en été, la très brillante Véga, au sommet de la Lyre. La nébuleuse planétaire de la Lyre se trouve au pied du losange formé sous Véga. De Véga, un petit écart à droite (vers l'ouest) mène au trapèze de Hercule, bien marqué de 4 étoiles. Dès lors, en consultant une carte mobile du ciel ou la carte détaillée des Observations, il est aisé de trouver l'amas globulaire M13.

En automne et au printemps, depuis la Grande Ourse

À partir de la Grande Ourse, on peut trouver l'étoile Polaire (indiquant donc le nord), appelée aussi Polaris. Pour cela, il suffit de prolonger imaginairement le fond de la Grande Ourse formé par 2 étoiles sur près de cinq fois la distance séparant ces 2 étoiles. On arrive ainsi à une petite étoile, souvent peu brillante : c'est Polaris. Si vous utilisez des jumelles, vous pourrez voir autour apparaître la Petite Ourse.

Vers la galaxie d'Andromède... Symétriquement ou presque à la Grande Ourse par rapport à Polaris se trouve la constellation Cassiopée, caractérisée par le W qu'elle trace dans le ciel. C'est au pied le plus marqué de ce W que l'on aperçoit, visible à l'œil nu en automne, M31, la galaxie d'Andromède.

D'Arcturus à Spica de la Vierge. Prenez maintenant la Grande Ourse par le manche, la queue de la Casserole formée par 3 étoiles. Dans le ciel, prolongez cette queue en courbant légèrement la trajectoire : vous parvenez à une étoile brillante, la plus brillante du printemps : la rouge-orangé Arcturus. En poursuivant ce même mouvement, apparaît sur l'horizon un autre astre lumineux : Spica de la Vierge. Juste un peu à sa droite (à l'ouest) se trouve la galaxie M 104 du Sombrero.

En hiver, à partir du Baudrier d'Orion

En hiver trône dans le ciel la constellation d'Orion : un gigantesque double trapèze qui est traversé en son milieu par 3 étoiles alignées formant le Baudrier

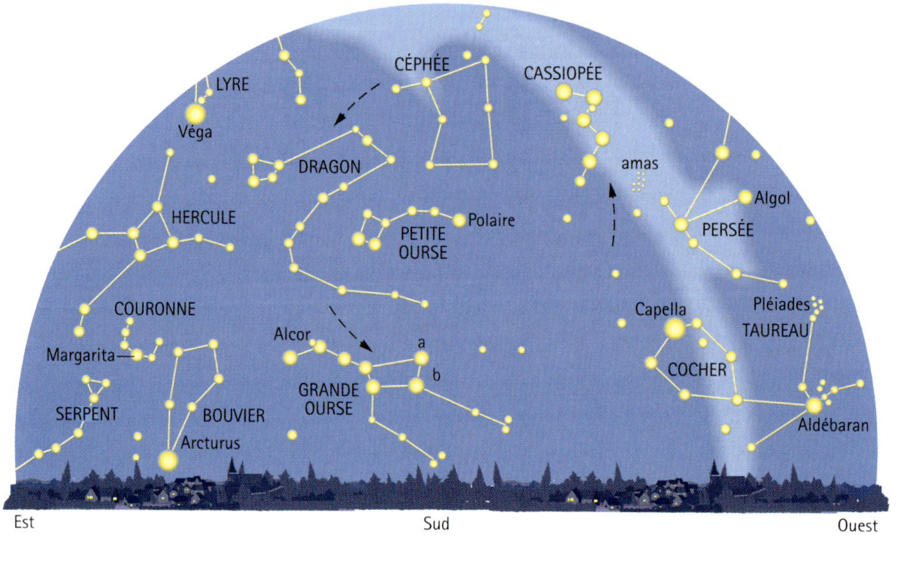

Repères d'automne et de printemps

d'Orion. Au sommet, une étoile rouge, brillante : Bételgeuse. Au pied, une brillante bleue : Rigel.

Du Grand Chien... Tourné vers le sud, suivez maintenant le tracé du Baudrier en descendant vers l'horizon jusqu'à trouver l'étoile la plus brillante du ciel d'hiver : Sirius du Grand Chien. Revenez ensuite aux 3 étoiles du Baudrier. C'est juste sous ces astres, vers le sud, que se situe la Nébuleuse M42 d'Orion, à regarder absolument.

... au Taureau. Continuez votre voyage de l'autre côté du Baudrier. Pareillement, une ligne droite, montante cette fois, mène directement à la tête du Taureau, à l'amas des Hyades. Un peu au-dessus, comme une tache floue parsemée de 5, 6 ou 7 étoiles, vous admirerez alors le splendide amas des Pléiades. ■

C'est en partant de la Grande Ourse que l'on trouve aisément M 104, la galaxie du Sombrero.

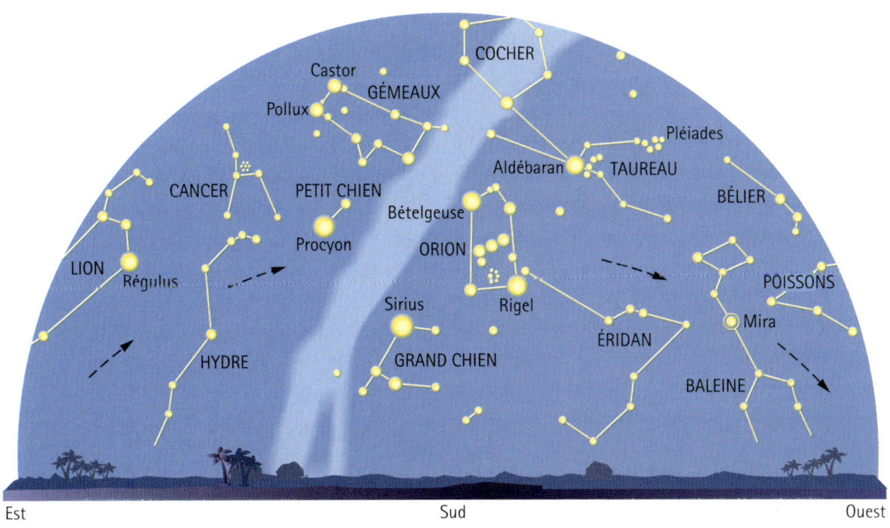

Repères d'hiver

Que sont les coordonnées célestes ?

Souvent mal appréciées par les astronomes débutants, les coordonnées célestes peuvent être utiles, notamment lorsqu'il s'agit d'utiliser un instrument équipé d'une monture motorisée.

VOIR
Angle → p. 17
Ascension droite → p. 20
Déclinaison → p. 26
Équateur céleste → p. 30
Renvoi coudé → p. 56

Les latitudes et longitudes célestes

Généralement, si l'on appris un tant soit peu à se repérer dans le ciel, l'emploi conjugué d'une carte mobile du ciel et de cartes détaillées du ciel suffit amplement pour trouver l'essentiel des galaxies, amas d'étoiles, étoiles doubles et à éclipses accessibles à l'amateur. Il peut arriver pourtant que l'on ait besoin de connaître les coordonnées célestes de tel ou tel objet ou, au moins, de comprendre ce que signifie par exemple une indication comme celle-ci : l'amas globulaire M 13 de Hercule se trouve, en été, à 16 h 41 min 7 s d'ascension droite et à 36°28' de déclinaison... Ces deux nombres ne sont en fait rien d'autre que des indications similaires à celles qu'utilisent les marins pour la navigation terrestre. Tandis que, sur la Terre, un endroit est situé par sa latitude et sa longitude, en astronomie, on parle de déclinaison et d'ascension droite.

La déclinaison. Elle correspond en quelque sorte à la latitude terrestre, mais projetée cette fois sur la voûte céleste. Pour l'observateur, elle correspond à la hauteur à laquelle l'objet se trouve dans le ciel, hauteur exprimée en degrés.

Le 0° (zéro degré d'angle) correspond ainsi à un objet situé sur l'équateur céleste et le 90° à un objet situé au pôle Nord céleste (– 90° au pôle Sud). Comme il s'agit là de projections, un observateur situé sur la Terre à des latitudes moyennes, entre 30° et 50° de latitude Nord par exemple, peut très bien apercevoir des objets célestes situés en dessous de l'équateur céleste. C'est la raison pour laquelle, en été, on peut admirer les amas stellaires du Sagittaire situés entre – 19°15' et – 23°54'.

L'ascension droite. Logiquement, elle correspond pour sa part à la longitude terrestre, toujours projetée sur la voûte céleste. Il y a cette fois 360°, mais, généralement, cette mesure est exprimée dans les ouvrages de référence en heures, 24 heures équivalant, comme les 360°, à une rotation complète de la Terre.

LE SAVIEZ-VOUS ?

Pôle céleste et équateur

Le pôle céleste correspond à la direction dans laquelle pointe l'axe de rotation de la Terre : c'est-à-dire l'étoile Polaire, à 1° près, dans l'hémisphère Nord. C'est dans cette direction qu'il faut diriger l'appareil pour une mise en station. L'équateur céleste est, lui, la projection sur la voûte céleste de l'équateur terrestre. On notera toutefois que, en raison de l'inclinaison de la Terre sur son plan de rotation, l'équateur céleste fait donc un angle de 23,3° avec le plan de l'écliptique.

À l'aide des rotules de déclinaison et d'ascension droite d'une lunette ou d'un télescope, tentez de retrouver en été la nébuleuse Trifide M 20 du Sagittaire à – 23° de déclinaison et 18 h d'ascension droite.

Des graduations sur la lunette

À partir des lunettes ou des télescopes d'amateur, on peut pointer telle ou telle coordonnée céleste. Ces instruments sont en effet articulés sur deux rotules, toutes deux marquées par des graduations. L'une d'elles permet de faire pivoter l'instrument de gauche à droite, les degrés mentionnés, de 0° à 360° (à convertir ensuite en heures), donnant l'ascension droite. L'autre dirige le tube de haut en bas et de bas en haut, la graduation, de 0° à 90°, indiquant telle ou telle déclinaison. Pour effectuer les réglages, il faut toutefois tenir compte aussi de sa position sur la Terre... En fait, l'astronome amateur débutant n'effectue généralement pas ces réglages, se contentant au départ d'observer seulement les objets visibles à l'œil nu, vers lesquels il pointe directement son instrument, et les coordonnées des astres ne deviennent utiles que pour l'observation d'objets invisibles à l'œil nu ou pour organiser un « marathon Messier ».

Régler la déclinaison. Selon le lieu d'où l'on observe, on voit les objets célestes sous des angles différents. À la déclinaison indiquée pour un objet, il faut donc ajouter la latitude terrestre à laquelle on se trouve. Imaginez par exemple que vous vouliez pointer votre lunette vers la nébuleuse annulaire de la Lyre M 57, située en été à 33° de déclinaison. Si vous êtes à l'équateur, il suffit de régler la rotule sur 33°. Mais, si vous vous trouvez en revanche à 40° Nord (New York, Madrid, Baléares, Naples), il faut ajouter ces 40° et pointer l'instrument à 73°. La lunette se tient alors presque droite, et il faut en ce cas employer un renvoi coudé pour regarder la Lyre.

Régler l'ascension droite. Pour régler ensuite l'ascension droite, il convient d'abord de placer le zéro de la rotule face au nord en direction de l'étoile Polaire, toute proche du pôle Nord céleste. Puis tournez la lunette comme si, sur votre montre, vous passiez de 12 h à 18 h. La Lyre est toute proche. ■

VOIR
Les accords de la Lyre → p. 207
Le Sagittaire et la Voie lactée → p. 208
Photographier le ciel profond → p. 220
Un « marathon Messier » → p. 222

Le ciel sur Internet

Progressant dans sa découverte du ciel, l'astronome amateur souhaite davantage de précisions sur ce que lui révèle la voûte céleste. Internet lui apportera une réponse rapide et sûre.

VOIR
Éphémérides
➔ p. 29
Transit
➔ p. 60

VOIR
Les astéroïdes
➔ p. 98
Jupiter
➔ p. 100
Les comètes et les étoiles filantes
➔ p. 106

Des éphémérides très à jour

En quelques années, Internet a acquis ses lettres de noblesse dans le monde de l'astronomie, passant du statut de «jouet» à celui d'outil. C'est notamment sur la toile que l'on trouve les éphémérides les mieux actualisées. Alors que les étoiles bougent très lentement, d'où la longue durée de vie des cartes du ciel, les planètes, comètes ou astéroïdes, eux, sillonnent rapidement le ciel. Internet offre en ce domaine une mise à jour permanente des données, intégrant les découvertes les plus récentes.

Le site du Bureau des longitudes compte parmi les meilleurs qui soient en matière d'éphémérides (➔ **Site 1**). Celui de la Société astronomique de France s'avère aussi très performant (➔ **Site 2**).

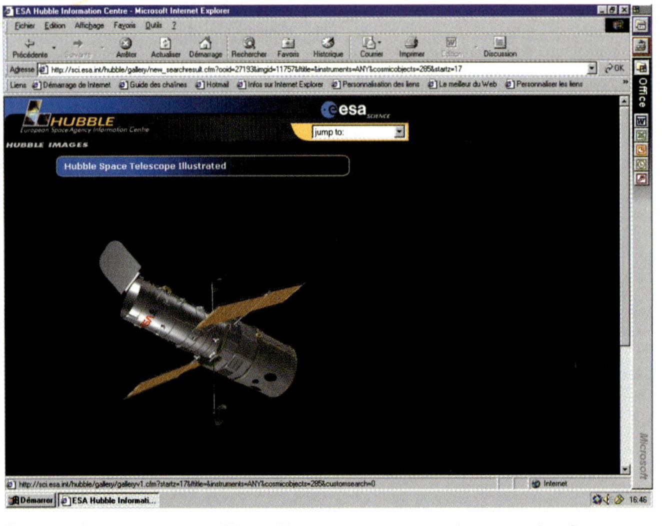

De nombreuses merveilles célestes vous attendent sur le site Internet de Hubble.

En visitant ces sites à l'avance, vous pourrez préparer au mieux vos observations des jours suivants.

Tout sur les satellites de Jupiter. S'il est certes plus intéressant de bâtir soi-même les éphémérides des satellites galiléens de Jupiter (Io, Europe, Ganymède et Callisto), il serait par contre fastidieux et inutile de calculer l'heure des transits de chacun d'entre eux, ainsi que les heures d'immersion ou de réapparition (émersion) derrière Jupiter. Or ces derniers horaires, par exemple, sont primordiaux si l'on veut, grâce à ces satellites, calculer soi-même la vitesse de la lumière comme l'avait fait Olaüs Römer (➔ **p. 238**). Le site du Bureau des longitudes, lui, communique ces horaires exacts en tenant compte de la date et du lieu où vous allez faire vos observations.

(1) http://www.bdl.fr

(2) http://www.iap.fr/saf

Heureux découvreur ?

Au hasard d'une nuit bien noire, vous avez aperçu un objet insolite, que nulle carte n'indique. Et s'il s'agissait d'un nouvel astéroïde ou d'une nouvelle comète, voire d'une supernova ? Mais, avant de vous considérer comme un «découvreur», il convient de s'assurer que l'objet en question est bel et bien inconnu.

Le Bureau des télégrammes astronomiques est là pour cela. Sur son site, vous trouverez toutes les découvertes les

Par Internet, certains sites donnent accès aux plus belles photos prises par les plus grands télescopes.

plus récentes en matière d'astéroïdes, de comètes et supernovae (→ **Site 3**). Si votre objet n'y apparaît pas, vous voilà sacré « découvreur céleste ». Vous n'avez plus qu'à faire valider votre découverte en remplissant le formulaire proposé sur le site.

(3) http://cfa-www.harvard.edu/iau/cbat.html

Tout le ciel sur l'écran

À défaut de les contempler dans le ciel, on peut enfin regarder les étoiles sur l'écran de son ordinateur. Les images gagnent en qualité ce qu'elles perdent en magie. Ainsi, Internet se révèle un excellent outil pédagogique et permet, depuis une salle de cours ou de réunion, de préparer une soirée d'observations avec des lycéens ou les membres d'un club.

Le site de Hubble (→ **Site 4**) notamment propose maintes splendeurs inaccessibles aux petits instruments amateurs. L'Univers dévoile également ses merveilles sur le site de la NASA avec les photos de sondes, telles que Galileo ou Voyager (→ **Site 5**) ; les textes sont en anglais, mais les photos parlent d'elles-mêmes.

Le site du Digitized Sky Survey (→ **Site 6**) présente pour sa part des clichés de tout le ciel réalisés à partir de l'observatoire du mont Palomar, en Californie. Entrez le nom ou les coordonnées de l'objet de votre choix, ainsi que le champ, et vous aurez à l'écran son image... prise par un télescope de 2,5 m ! ■

(4) http://www.stsci.edu/

(5) http://nssdc.gsfc.nasa.gov/photo_gallery

(6) http://stdatu.stsci.edu/dss/dss_form.html

CONSEIL PRATIQUE

Autres sites

Ceux qui n'ont pas eu la chance d'admirer l'éclipse de Soleil du 11 août 1999 pourront se rattraper sur le site de l'Institut d'astrophysique de Paris (7) ou sur celui de l'Université de Reims (8). Ces deux sites, d'ailleurs, continuent au fil des ans la mise à jour des éclipses de Soleil.

Le programme SETI sur la recherche d'intelligences extraterrestres explique sur son site (9) tout ce qui concerne une éventuelle vie extraterrestre. Vous pouvez même contribuer à ses recherches en traitant des données sur votre propre ordinateur.

(7) http:// www.iap.fr/documentations

(8) http://eclipse.univ-reims.fr

(9) http://www.seti-inst.edu

VOIR
Dresser les éphémérides de Jupiter → p. 152
Jupiter et la vitesse de la lumière → p. 238
Carnet d'adresses → p. 276

Éléments d'astrophotographie

L'astrophotographie permet de saisir des détails d'objets célestes quasi inaccessibles à notre œil. Art délicat, pratiqué par les plus grands astronomes, il reste pourtant à la portée des astronomes débutants.

VOIR
Barlow
→ p. 22
Filtres
→ p. 31
Focale
→ p. 32
Mise en station
→ p. 43

Les clichés « grand champ », avec un appareil photo

Pour des photographies grand champ, un appareil photo suffit. Toutefois, il n'y a pas d'astrophotographie possible sans un trépied pour stabiliser parfaitement l'appareil. La première démarche est donc d'en acquérir un.

Un type Reflex. On conseille de choisir un appareil de type Reflex, à objectifs interchangeables (comme il en existait dans les années 1970-1980). Il doit également être muni d'une pose B. Ce procédé laisse ouvert votre appareil tant que vous appuyez sur le déclencheur, aussi longtemps que vous le voulez. Cependant, pour éviter de maintenir votre doigt durant des minutes, voire des heures, il est préférable de se munir d'un déclencheur souple, avec système de blocage (5 à 10 euros).

Pas de zooms. Utilisez une focale fixe, et surtout bannissez les zooms qui déforment trop la périphérie des images. De toute manière, plus la focale sera courte et plus le champ sera large. Enfin, puisque vous photographiez le ciel lorsqu'il est très sombre, choisissez les objectifs le plus ouverts possible (avec de grandes lentilles) pour collecter le maximum de lumière.

Quelques exemples de photos à « grand champ »

Très spectaculaires, les astrophotos à grand champ doivent être réalisées en l'absence de la Lune ou avec une Lune de faible intensité. Le ciel étoilé (avec un beau premier plan), la Voie lactée, les constellations, les conjonctions de planètes avec un croissant de Lune, mais aussi les étoiles filantes ou les comètes constituent de beaux sujets, accessibles avec un appareil photo.

Avec un télescope de 115 mm ou une lunette de 800 mm de focale (munis d'un télé-extender), le temps de pose pour Jupiter est de 1/4 de seconde et de 1 seconde avec un oculaire de 10 mm placé dans le télé-extender.

Pour rehausser les contrastes, Mars se photographie en opposition avec un filtre rouge.

Ce type de photo « à grand champ » se prend avec un simple appareil Reflex. Le temps de pose est de 1 à 3 secondes, et le film de 200 à 400 ISO.

Les constellations. Lorsque vous photographiez les constellations, la Grande Ourse par exemple, vous devez éviter que les étoiles ne fassent des « traînées » sur le film. Le temps de pose sera donc limité. Utilisez un objectif de 50 mm avec un temps de pose égal ou inférieur à 10 secondes et un film de 800 ou 1 600 ISO en ouvrant le diaphragme de l'appareil à son maximum.

Le temps de pose peut être de plusieurs minutes, si vous êtes équipé d'une table équatoriale. Cet appareillage mobile fixé sous l'appareil photographique permet en effet de suivre la course de l'objet dans le ciel, d'où la possibilité de temps de pose plus importants.

Des traînées d'étoiles. Un autre type de photos consiste à utiliser la rotation terrestre pour laisser justement apparaître les traînées dues au déplacement apparent des étoiles. Les résultats peuvent être splendides. Pointez cette fois par exemple votre appareil juste sur l'étoile Polaire et faites un temps de pose de 1 heure, voire plusieurs heures si vous le souhaitez : la photo vous rendra les traînées en couleur des étoiles tournant autour de Polaris. Vous posséderez ainsi un « poster » d'autant plus magnifique que vous aurez bien choisi votre premier plan (arbre, clocher...). Ici, le film ne devra pas être trop sensible : 200 ou 400 ISO.

Le système solaire, avec un télescope

Les planètes peuvent être, bien sûr, photographiées avec un simple appareil photographique, mais elles apparaissent alors comme des étoiles. C'est le cas lorsque l'on photographie une conjonction de planètes. La marche à suivre est alors la même que précédemment. Par contre, pour saisir les surfaces planétaires, il est nécessaire d'utiliser votre lunette ou votre télescope.

Le matériel nécessaire. Un petit télescope de 115 mm peut facilement être utilisé pour la prise de photographies.

CONSEIL PRATIQUE

La multiplication par Barlow

Si vous utilisez une lentille de Barlow, celle-ci double la longueur de votre focale, et il vous faut alors multiplier les temps de pose habituels par 4 (et non par 2 !).

Pour photographier les constellations (ici la Grande Ourse), un objectif de 50 mm, un temps de pose de 10 secondes et un film de 800 à 1 600 ISO procurent de bons résultats.

En fixant, en effet, sur le télescope un appareil photographique sans objectif, on obtient l'équivalent d'un appareil équipé d'un puissant téléobjectif – c'est alors le télescope qui en joue le rôle. Ce système permet de photographier une éclipse solaire ou lunaire, les phases de la Lune, voire même les planètes. L'utilisation de la lunette, plus légère, est moins aisée mais néanmoins possible.

Fixer l'appareil photo. Que votre instrument soit une lunette ou un télescope, vous devez acquérir un tele-extender, appelé également « télé-convertisseur » (100 euros environ). Cet accessoire, qui se place dans le porte-oculaire, permet d'allonger artificiellement la focale. Il faut ensuite une bague T2 (15 euros), qui permettra de fixer l'appareil de photographie (toujours de type Reflex) au tele-extender. Il est là aussi recommandé de se munir d'un déclencheur souple, qui évitera de bouger l'installation au moment du déclenchement. Enfin, pour agrandir encore la planète qui apparaît bien petite dans votre télescope, vous pouvez utiliser une lentille de Barlow ×2, qui doublera le résultat obtenu.

La mise au point. Une fois tout le système en place, il convient de faire la mise au point de la photo en utilisant la molette de réglage visuel de votre instrument. Attention, c'est ici la partie la plus délicate, les verres de visée des appareils Reflex étant rarement de bonne qualité. Pour cette raison, il est conseillé de prendre systématiquement plusieurs photos en effectuant à chaque fois une nouvelle mise au point.

LE COIN CALCUL

Focale et longueur de temps

Plus la focale de l'objectif de votre appareil photographique est courte, plus le temps maximal qui vous est imparti pour photographier sera long : 3,5 s pour un 200 mm ; 14 s pour un 50 mm et 30 s pour un 24 mm.

Les temps de pose pour le système solaire

Les temps d'exposition dépendent d'abord de l'objet photographié : ce ne seront pas les mêmes pour le Soleil, qui doit être pris autour du 1/1 000 de seconde, que pour la Lune en quartier (1/4 de seconde) ou pour Saturne (1 s). La sensibilité du film est également importante. Si, au lieu d'un 200 ISO, par exemple, conseillé pour les planètes, vous utilisez un 400 ISO, il faudra diviser par 2 le temps de pose.

Les temps de pose mentionnés ici valent pour des instruments classiques d'astronome amateur, à savoir des lunettes 60/710 ou 70 mm et des télescopes de 115 mm ou 130 mm. Il est conseillé de prendre les photos en faisant varier les temps de pose et en notant à chaque fois ce temps avec le numéro de la photo correspondante.

Pour le Soleil et la Lune. Les photos du Soleil doivent être toujours réalisées avec un filtre, avec un temps de pose entre 1/1 000 et 1/250. Pour la pleine lune, utilisez plutôt un film noir et blanc avec des temps de pose de 1/40 à 1/10 si vous êtes équipé d'une lentille de Barlow. Quand la Lune est en quartier, les temps de pose vont de 1/15 à 1/4 de seconde.

Pour les planètes. Les planètes doivent être photographiées lorsqu'elles sont au plus proche : près de la conjonction inférieure pour Mercure et Vénus, et en opposition pour Mars, Jupiter et Saturne, quoi que ce soit un peu moins important pour ces deux dernières planètes. Les plateaux des planètes (**→ p. 150**) de cet ouvrage vous indiquent ces positions.

- Mercure se prend avec un temps de pose de 1/4 à 1/2 seconde environ.
- Vénus, superbe en croissant, nécessite entre 1/30 et 1/15 de seconde.
- Mars exige entre 1/10 et 1/4 de seconde. Pour rehausser les contrastes, utilisez un filtre rouge, mais les temps de pose doivent être alors multipliés par 2 ou 3.
- Jupiter réclame entre 1/4 de seconde et 1 seconde. L'utilisation d'un filtre rouge oblige également à multiplier le temps de pose par 2 ou 3.
- Saturne demande de 1 à 3 secondes.
- Pour Uranus et Neptune, le temps de pose va de 2 à 5 secondes.

Le ciel profond, avec une monture motorisée

L'astrophotographie du ciel profond (nébuleuses, galaxies, amas) est une discipline délicate. De même que pour les photographies du système solaire, les photographies seront prises à l'aide d'un Reflex installé sur le télescope. Mais, comme le sujet est moins lumineux, les temps de pose seront nécessairement longs, d'une demi-heure environ. Il faut, dans ce cas-là, que l'appareil puisse «suivre» la rotation apparente du ciel. Votre instrument devra donc être équipé d'une monture motorisée. La première étape consistera alors à le mettre en station, c'est-à-dire à le pointer très précisément vers le pôle céleste. Ce n'est qu'après que vous pourrez viser l'objet à photographier, régler la mise au point, et enclencher une pose B au déclencheur souple... Grâce à la monture motorisée, l'objectif restera alors aligné avec la galaxie ou nébuleuse visée.

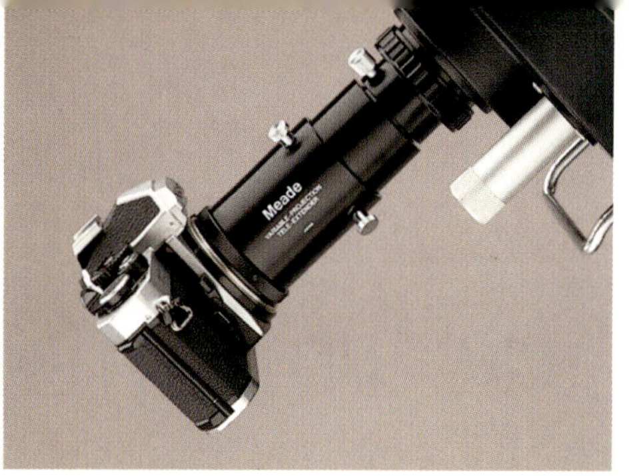

Appareil avec une pose B, déclencheur souple et télé-extender sont incontournables pour la photographie des planètes.

Les temps d'un oculaire. Si, pour agrandir votre image, vous avez placé un oculaire de courte focale dans le tele-extender au lieu d'une lentille de Barlow, les temps de pose sont accrus. Ainsi, pour un oculaire de 12,5 mm, tous les temps de pose habituels doivent être multipliés par 4 ou 5. Dans ce cas, au lieu d'utiliser un classique film (couleur) de 100 ou 200 ISO, choisissez des films plus rapides de 400 ou 800 ISO. Cela vous permettra de diminuer les temps de pose en proportion.

Pour éviter les vibrations. Lors du déclenchement de l'appareil photo, la levée du miroir engendre une vibration de l'appareil. Pour les temps de pose dépassant 1 seconde, la vibration a le temps de se propager le long du télescope, ce qui brouille l'image. Dans ce cas, utilisez l'astuce suivante... Placez un morceau de carton devant l'objectif du télescope. Puis initiez un temps de pose assez long, 10 secondes par exemple. Attendez 5 secondes environ, et levez le carton le temps de la pose choisie, enfin replacez le carton devant l'objectif jusqu'à la fin du temps de pose. ■

VOIR

Les lunettes astronomiques d'amateur → p. 118

Les télescopes d'amateur → p. 122

Construire une table équatoriale → p. 143

Observer la nuit qui tourne → p. 164

Observer les étoiles filantes → p. 165

Observer la Lune → p. 178

Photographier le ciel profond → p. 220

Construire une lunette astronomique

Avant d'acquérir un instrument d'astronomie, il est possible de construire soi-même une lunette à bon marché. Cela ne nécessite que des moyens assez simples.

VOIR
Réfracteur
→ p. 55

Un appareil réfracteur

Construire une lunette est une bonne occasion de comprendre son fonctionnement. Contrairement au télescope, qui, lui, est un réflecteur, la lunette astronomique est un réfracteur. Cela signifie que les rayons lumineux sont réfractés, c'est-à-dire déviés lors de leur passage à travers l'objectif (première lentille), ce dernier jouant ainsi le rôle d'une loupe.

Un tube et des lentilles. Une loupe? Voici justement votre première pièce de construction. Ensuite, de manière à ce que rien ne gêne le trajet des rayons, le mieux est de délimiter leur parcours à l'aide d'un tube. Voici votre seconde pièce. À l'autre extrémité du tube se place une seconde lentille : l'oculaire. Le tout, enfin, sera posé sur une troisième pièce fondamentale : le trépied d'un appareil de photo...

MATÉRIEL

1 loupe (diamètre conseillé : 50 mm)
3 tubes en PVC de 51, 50 et 49 cm de diamètre
1 oculaire (acheté ou récupéré)
1 anneau de bois
1 trépied
2 clous
colle

Se procurer les bonnes optiques

L'objectif. Le plus simple consiste à utiliser une loupe de bureau, à condition qu'elle possède une distance focale relativement longue : plus cette focale est longue, en effet, plus votre lunette sera grossissante. Évi-

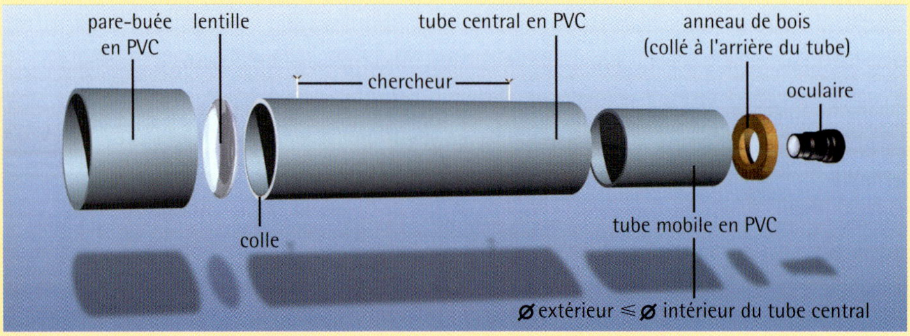

Afin d'éviter que de la buée se dépose sur l'objectif, ajouter un tube en PVC à l'avant de l'appareil : il servira de pare-buée.

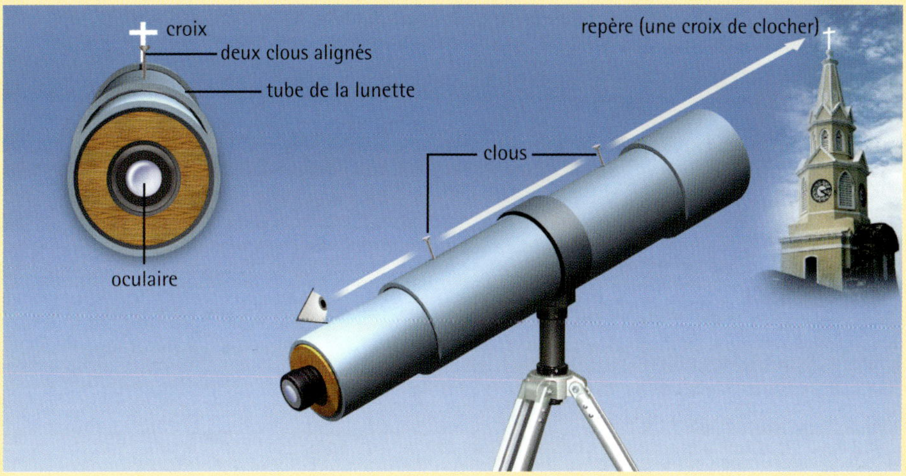

Système de visée au clou.

tez par contre les loupes qui, à l'intérieur, possèdent une petite lentille surgrossissante.

Quelle distance focale ?

Pour indication, les loupes d'un diamètre de 50 mm, fréquentes et peu chères, donnent souvent une longueur focale située entre 35 et 50 cm. La distance focale de votre loupe peut être mesurée ainsi :

- regardez à travers la loupe une feuille de papier quadrillé. La lentille est pour le moment grossissante ;
- éloignez progressivement la loupe de la feuille. L'image grossit jusqu'au moment où le quadrillage disparaît. Au-delà, l'image est inversée ;
- mesurez la distance entre la feuille et l'objectif au moment critique où rien n'apparaît, vous obtiendrez ainsi la distance focale.

L'oculaire. Une focale courte est impérative : entre 5 et 30 mm. Les magasins d'optique en proposent pour environ 15 à 30 euros. Mais il est également possible de récupérer cette pièce dans une paire de jumelles ou un microscope, ou tout simplement de la fabriquer vous-même en trouvant une petite loupe.

Assembler le tube et les optiques

Pour le corps de l'instrument, le plus simple est d'acquérir un tube en PVC prédécoupé. Son diamètre devra être très légèrement inférieur à celui de la lentille et sa longueur présenter 3 cm de moins que la distance focale.

Fixez l'objectif. Collez la lentille servant d'objectif juste à l'avant du tube et perpendiculairement à celui-ci.

Créer un porte-oculaire. L'assemblage à l'arrière du tube est plus délicat, car, afin de pouvoir réaliser une mise au point de l'appareil, il faut que l'oculaire puisse se déplacer par rapport à l'objectif. Pour cela, on va utiliser un autre morceau de PVC de diamètre très légèrement inférieur au premier, de manière à ce qu'il coulisse dans ce dernier.

Dans ce second tube, destiné à coulisser, il faut maintenant construire un porte-oculaire, au moyen d'un anneau de bois par exemple, dont le diamètre extérieur correspond au diamètre intérieur du second tube en PVC et dont le diamètre du trou correspond au diamètre de l'oculaire. Afin de bien faire tenir l'oculaire

VOIR
Les lunettes astronomiques d'amateur
→ p. 118

Obtenir de telles images après avoir passé une journée à construire sa propre lunette astronomique est une grande satisfaction.

dans le trou, vous pouvez recouvrir les bords de ce dernier avec du feutre.

Comment installer le trépied. Enfin, installez la lunette ainsi montée sur un trépied. Le mieux est d'utiliser un trépied dont la rotule possède des vérins, qui permettent de caler le tube en le serrant sans qu'il soit nécessaire de le percer.

Installer un viseur

Une fois que votre lunette est montée, reste à installer un système permettant de viser les objets que vous allez observer. Dans le plus strict souci d'économie, le mieux est encore d'utiliser... des clous. Voici comment procéder...

- visez un objet assez lointain, un clocher d'église par exemple. Fixez l'instrument dans cette position ;
- placez un clou (la tête doit être la plus petite possible) à l'avant du tube principal. Visez une nouvelle fois pour obtenir un alignement entre le clou et le clocher ;
- installez un second clou à l'arrière du tube de manière à ce que les deux têtes de clous et le clocher soient parfaitement alignés. C'est fini. Pour observer le ciel, il suffira ensuite d'aligner les deux clous avec la Lune, Saturne ou Jupiter, etc. ■

LE COIN CALCUL

Le grossissement se calcule de la manière suivante :

$$\text{Grossissement} = \frac{\text{focale objectif}}{\text{focale oculaire}}.$$

Si votre lentille principale a une focale de 500 mm et votre oculaire de 12,5 mm, le grossissement final sera de :

$$\frac{500}{12{,}5} = 40 \text{ fois.}$$

Construire une table équatoriale

La Voie lactée, la galaxie d'Andromède, les amas ouverts, ou certaines nébuleuses, peuvent être photographiés avec un simple téléobjectif à l'aide d'une table équatoriale.

Pourquoi une table équatoriale

Il existe deux manières de prendre des photographies du ciel nocturne : « à grand champ » et par projection, c'est-à-dire en utilisant un instrument d'astronomie, lunette ou télescope. Mais cette dernière pose un problème : au-delà de quelques secondes, l'objet photographié s'est tellement déplacé dans l'objectif que la photo devient floue. Il faut alors concevoir une motorisation de la monture pour suivre l'objet en question.

Voici une troisième solution, intermédiaire : construire une table équatoriale autorisant des poses allant jusqu'au quart d'heure, mais avec un simple appareil photo muni toutefois d'un téléobjectif ou d'objectifs de 100 mm à 200 mm.

La table équatoriale comporte 3 parties : une partie permettant la mise en station, une partie permettant le suivi et une rotule de fixation de l'appareil photographique.

L'assemblage de la table

– Fixez une des planches de contreplaqué (3) sur le trépied photo ;
– installez ensuite une charnière à l'avant de la planche, puis fixez dessus la deuxième planche de contreplaqué (2) ;

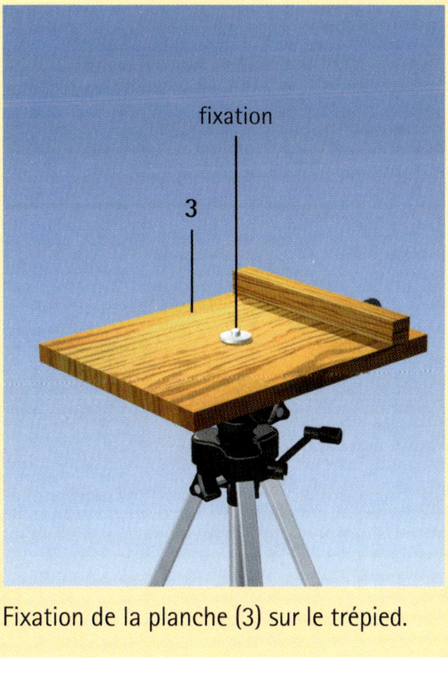

Fixation de la planche (3) sur le trépied.

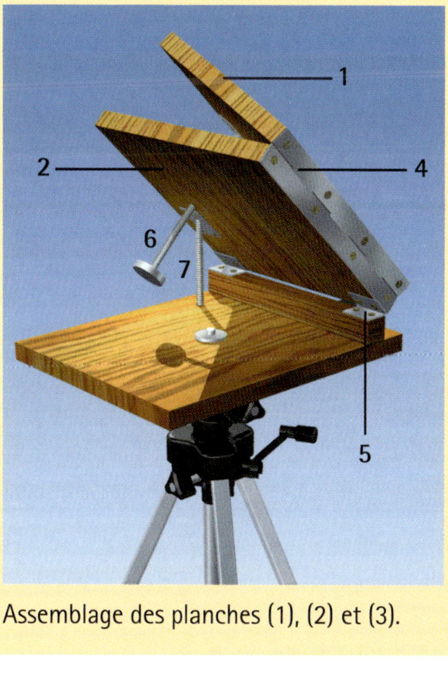

Assemblage des planches (1), (2) et (3).

- installez une charnière sur le côté gauche de cette deuxième planche, puis fixez dessus la troisième et dernière planche de contreplaqué (1) ;
- fixez la rotule sur cette dernière planche de contreplaqué, le plus près possible de la charnière.

Installer la vis de 15 cm sur la planche centrale. La compensation de la rotation de la Terre se fait grâce à une vis qui vient lentement pousser la planche supportant la rotule, laquelle planche tourne donc autour de la charnière. Voici comment installer cette vis (6), positionnée sur la plaque centrale (2)...
- percez un trou dans la planche centrale, à l'opposé de la charnière, mais pas trop près du bord ;
- fixez (en le collant par exemple) un écrou sur la plaque centrale pour que lorsque l'on tourne la vis (6), celle-ci avance par rapport à la planche (2) et pousse la planche (1).

MATÉRIEL

- 3 planches de contreplaqué 20 × 20 cm (1) à (3) de 10 mm d'épaisseur
- 2 charnières de type charnières à piano de 20 cm de long (4) et (5)
- 1 vis en acier d'environ 15 cm que vous équiperez d'une grosse tête facile à tourner (6) et 1 vis d'environ 25 cm (7) de 6 ou 8 cm de diamètre avec les écrous correspondants
- ou bien, moins chère que les vis, 1 tige filetée de 40 cm de long (à découper) avec les écrous correspondants
- 1 trépied photo (acheté dans le commerce ou fait maison)
- 1 rotule photographique (entre 10 et 15 € chez un photographe)

Installer la vis de 25 cm sur la planche supportant le trépied. L'axe de la charnière (4) doit être parallèle à l'axe de rotation de la Terre. Il faut donc l'incliner par rapport à l'horizontale d'un angle correspondant à

Assemblage des planches (1), (2) et (3).

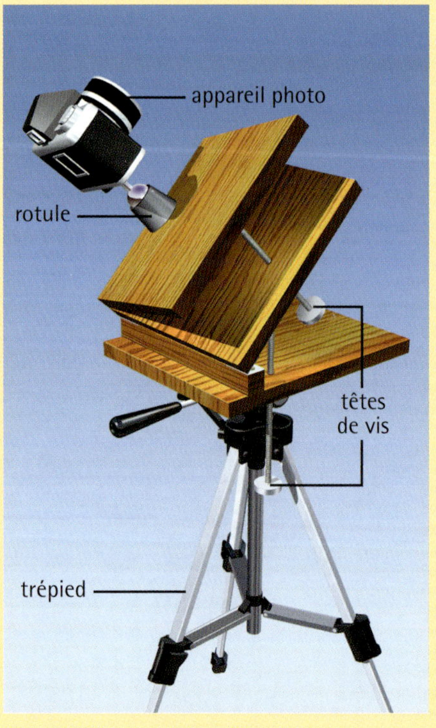

Fixation de l'appareil photo.

Une table équatoriale, des temps de pose de 3 ou 5 minutes et un film 400 ou 800 ISO permettent de belles photos de galaxies, ici M 81.

votre latitude. Il est confortable, si vous vous déplacez, de pouvoir adapter cet angle à votre nouveau lieu d'observation. Pour cela, nous vous proposons d'utiliser la vis (7) et de percer un trou dans la planche (3) légèrement excentré pour ne pas gêner la fixation au trépied. Vous pouvez utiliser la même technique que précédemment en collant un écrou sur la plaque (3) de manière à ce que la vis (7), lorsqu'on la tourne, avance par rapport à la planche (3) et pousse la planche (2).

L'installation et l'utilisation

La fabrication étant terminée, il convient désormais d'installer l'instrument. La charnière placée sur la planche centrale doit être alignée avec l'axe de rotation de la Terre. Son axe doit donc être dirigé vers l'étoile Polaire. Pour cela, faites jouer la vis (7) située sous la première planche et l'orientation du trépied.

Faire tourner la vis centrale. L'instrument étant prêt, il faut maintenant calculer à quelle vitesse on doit tourner la vis (6).

On peut le faire de manière expérimentale en comptant combien de tours sont nécessaires pour que la planche (1) effectue un angle de 5° (mesuré à l'aide d'un rapporteur). La Terre, et donc votre table équatoriale, effectue 5° (x tours) en approximativement 20 minutes ; vous pouvez donc en déduire la durée (t), en minutes, d'un tour de vis ($t = 20 / x$).

Par exemple, durant ces 20 minutes – ou pour effectuer ces 5° d'angle, ce qui revient au même –, vous avez fait 40 tours de vis, cela signifie qu'un tour de vis représente 1/2 minute. Si celui-ci est d'une minute, nous vous conseillons d'effectuer un quart de tour toutes les 15 secondes.

Pour photographier. Une fois votre appareil fixé (film assez sensible, 400 ou 800 ISO), visez, commencez une pose B en bloquant l'appareil photo avec un déclencheur souple et exposez le temps que vous souhaitez (évitez plus de 15 minutes), sans oublier de suivre... L'idéal est d'essayer différents temps de pose pour un même objet. ■

CONSEIL

Pour viser

Pour la visée de l'étoile Polaire, vous pouvez par exemple installer parallèlement à la charnière (4) une petite lunette ou un élément de jumelle.

VOIR
Éléments d'astrophotographie
→ p. 136

Suivre les planètes

Les planètes défilent devant les constellations du zodiaque les unes après les autres. Pour savoir où elles se trouvent par rapport à la Terre et au Soleil au fil des mois et des années, nous vous proposons deux plateaux des planètes.

VOIR
Conjonction → p. 25
Éphémérides → p. 29
Opposition → p. 49
Période → p. 50

L'intérêt des plateaux des planètes

Les planètes, du grec *planetes*, qui signifiait « errantes », méritent bien leur nom : elles se déplacent sans cesse dans le ciel nocturne. De ce fait, aucun ouvrage d'astronomie ne peut donner leur emplacement, comme pour les étoiles, les galaxies et les nébuleuses.

Pour les situer, les astronomes amateurs recourent en général chaque année à l'achat d'éphémérides. Mais cet ouvrage vous propose un autre moyen, aussi simple et moins onéreux : deux plateaux, l'un pour les planètes telluriques, l'autre pour les géantes, grâce auxquels vous pourrez définir la position de toutes les planètes, quelle que soit l'époque d'observation, et ce sans aucune limite de temps.

La date de référence. Ces plateaux ont tous deux pour point de départ la date du 20 mars 2009. Mais ils ne sont pas gradués de la même manière, les périodes de révolution des planètes telluriques et des planètes gazeuses présentant de trop grands écarts : 13 semaines pour Mercure et 164 ans pour Neptune par exemple... Pour les planètes telluriques, on compte ainsi en semaines et, pour les géantes gazeuses, en mois ou en années.

Le principe de base. Pour connaître la position des planètes grâce aux plateaux, il suffira de déplacer les graduations. Tout d'abord, voici un exemple simple, à partir du plateau des planètes telluriques... Vous savez que, le 20 mars 2010, un an, soit 52 semaines, se sera écoulé par rapport à la date de référence : la Terre sera donc revenue au même endroit, mais pas les autres planètes, qui présentent chacune une année sidérale (période de révolution) différente. Pour savoir où se trouveront alors Mars, Mercure ou Vénus, il faudra déplacer chacune de ces planètes de 52 graduations... Le plateau des planètes géantes est fondé sur le même principe.

LE SAVIEZ-VOUS ?

Les périodes sidérales des planètes

Mercure : 88 jours (en moyenne, car l'excentricité de Mercure est très forte), soit environ 13 semaines
Vénus : 224-225 jours, soit 32 semaines
Terre : 365 jours, soit 52 semaines
Mars : 686 jours, soit 98 semaines
Jupiter : 11 ans et 11 mois
Saturne : 29 ans et 6 mois
Uranus : 84 ans
Neptune : 164 ans
Pluton : 247 ans

La position des planètes telluriques

Si l'on se contente dans un premier temps d'observer le plateau des planètes telluriques, qui indique la position de la Terre, Mars, Mercure et Vénus au 20 mars 2009, on peut en extraire les enseignements suivants...

Mars. Fonçant à 30 km/s autour du Soleil, la Terre est en train de rattraper Mars que l'on voit briller juste avant l'aube dans la constellation du Verseau. La prochaine *opposition* (Le Soleil, la Terre et Mars alignés dans cet ordre) aura lieu le 29 janvier 2010, et il en ira ainsi tous les 26 mois environ : mars 2012, etc. Ces 26 mois (en moyenne) représentent la *période synodique*.

Mercure. Après une conjonction inférieure avec la Terre, c'est-à-dire qu'elle se situait entre le Soleil et notre planète (on ne pouvait pas la voir dans le ciel) Mercure est actuellement visible le matin, assez proche de Mars (vue depuis la Terre). Mais, Mercure étant très véloce, la situation évolue vite : la planète sera en conjonction supérieure (de l'autre côté du Soleil) dès la fin du mois de mars. La période synodique entre Mercure et la Terre étant de 114 à 120 jours en moyenne (17 semaines), vous retrouverez régulièrement ces deux configurations en déplaçant la Terre et Mercure de 17 semaines sur le plateau des planètes telluriques.

Vénus. Elle est enfin visible le soir depuis mi-juillet 2008 et se rapproche maintenant de la Terre, brillant de mille feux le soir. Mais elle ne va pas tarder, dans quelques jours, à passer en conjonction inférieure, entre nous et le Soleil. Puis elle réapparaîtra au matin en avril 2009. Vers le 10 avril, surveillez à l'œil nu et à la lunette l'étroit rapprochement entre Vénus et Mars au petit matin ; avec Uranus qui ne sera pas loin ! La *période synodique* de Vénus et de la Terre étant de 84 semaines, la prochaine conjonction inférieure aura lieu fin octobre 2010, etc.

La position des planètes géantes

Ne se déplaçant que lentement dans le ciel, avec des périodes de révolution allant de 12 à 247 ans, les planètes géantes se repèrent essentiellement par leur situation dans le zodiaque. Le plateau des planètes géantes, les situant par rapport au Soleil, nous indique à quelles

Chaque année, Jupiter traverse un signe du zodiaque (ici le Lion). Cela prend en moyenne 2 ans et demi à Saturne, 7 ans pour Uranus et 15 ans pour Neptune.

VOIR
Mercure
→ p. 88
Vénus
→ p. 90
Mars
→ p. 96
Jupiter
→ p. 100
Saturne
→ p. 102
Uranus, Neptune et Pluton
→ p. 104
La ronde du zodiaque
→ p. 108

périodes elles sont visibles depuis la Terre. Comme pour le plateau des planètes telluriques, la date de référence est le 20 mars 2009. Voici ce que l'on peut déjà observer à ce moment-là...

Jupiter et Saturne. Située dans le Capricorne, proche du Verseau, Jupiter est visible depuis la Terre en seconde partie de nuit, et son opposition aura lieu en août. Quant à Saturne, elle se trouve dans le Lion, et on peut la voir une grande partie de la nuit. La situation va toutefois évoluer. Dès le mois de septembre, Saturne sera invisible depuis la Terre, cachée par les feux du couchant, et on ne la verra plus jusqu'à la mi-octobre où elle reviendra, furtivement encore, juste à la pointe du jour.

Uranus et Neptune. Se déplaçant d'un signe zodiacal tous les 7 ans, Uranus a quitté le Capricorne en 2004 pour se placer vers le Verseau. Cachée par le Soleil en mars 2009, elle redevient visible en fin de nuit au mois d'avril et son opposition a lieu mi-septembre. Plus lente, Neptune, qui reste environ quinze ans dans chaque signe, demeurera dans le Capricorne jusqu'en 2010. Uranus peut être observée avec une lunette de 60 mm, grossissement 100 fois, et Neptune avec un télescope de 115 mm.

Comment utiliser les plateaux des planètes

Afin d'utiliser au mieux les plateaux des planètes, il est conseillé soit de les photocopier à une dizaine d'exemplaires, soit de vous munir de calques, et de reproduire dessus les orbites de chaque planète. Vous pourrez ainsi noter au crayon sur chacun des exemplaires ou des calques les évolutions mois après mois pour les planètes telluriques et année après année pour les planètes gazeuses.

Pour les planètes telluriques. Pour savoir quelle est la position des planètes telluriques à une date donnée, voici comment procéder...

– comptez sur un agenda le nombre de semaines qui vous séparent du 20 mars 2009, date de départ des plateaux de l'ouvrage. Imaginons que vous obteniez 17 semaines ;

– comptez sur le plateau 17 semaines, soit 17 graduations, le long de chaque ellipse planétaire. À la dix-septième semaine, marquez sur le calque ou la photocopie une croix sur l'ellipse de Mercure, puis sur celle de Vénus, et enfin sur celles de la Terre et de Mars. Cette nouvelle feuille sera votre propre point de départ ;

– déplacez chaque semaine vos planètes d'une division, pour suivre leurs courses respectives dans le ciel. Basez-vous sur votre feuille de départ.

Une fois les planètes convenablement placées sur le plateau, à la date convenable, tentez de les repérer

CONSEIL PRATIQUE

Quelques conseils d'organisation

Pour que vos plateaux soient à jour, prenez l'habitude de marquer chaque mois ou chaque trimestre la position des planètes sur un papier-calque appliqué sur votre feuille de départ et surtout... n'oubliez pas de noter les dates sur les calques !

Pour matérialiser les diverses planètes, vous pouvez utiliser de petits magnets peints de différentes couleurs (collez alors votre feuille sur un support métallique). À défaut, utilisez des pastilles ou des punaises colorées.

dans le ciel nocturne, selon leur ordre d'apparition.

Pour les planètes gazeuses. Le principe est ici le même, bien que le décompte se fasse en semestres (pour Jupiter) et en années (pour Saturne, Uranus et Neptune). Si vous commencez à une date postérieure de six mois à mars 2009, établissez là aussi une feuille de départ – Jupiter, en ce laps de temps, a en effet changé de position. Pour savoir où se trouvent les planètes à une date donnée, comptez à partir de la feuille de départ 1 graduation tous les 6 mois pour Jupiter, 1 graduation tous les ans pour Saturne, 1 graduation tous les deux ans pour Uranus et Neptune.

Les planètes visibles le soir ou le matin ?

En regardant la situation respective des planètes sur les plateaux, on se rend compte que, par rapport au Soleil, certaines sont situées à droite de la Terre et d'autres à gauche.

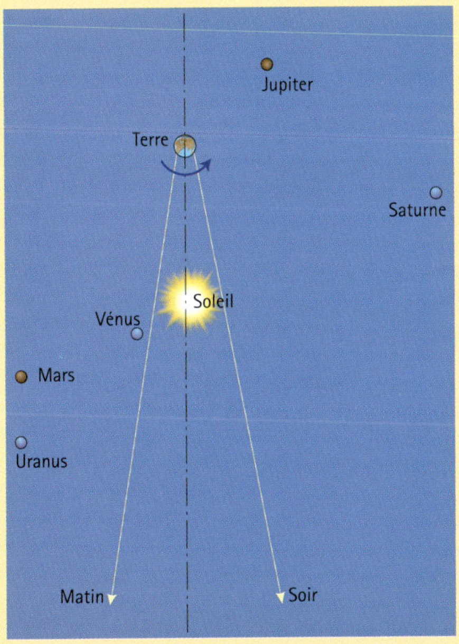

Les premières planètes visibles en début de nuit sont celles situées à gauche du Soleil.

Quand seront-elles visibles ? Pour s'y retrouver, il faut savoir que, vue du dessus (comme sur les plateaux), la Terre tourne sur elle-même dans le sens inverse des aiguilles d'une montre. Ainsi un observateur va d'abord apercevoir, après le coucher du Soleil, les planètes situées à gauche du Soleil vu depuis la Terre. Dans l'exemple illustré ci-dessous, ce sera d'abord Saturne qui apparaîtra en début de soirée, puis Jupiter, environ deux heures après. Plus tard, en fin de nuit, un peu avant l'aube, apparaissent les planètes suivantes, dans l'ordre : Mars, et, assez proche, Uranus et, enfin, Vénus du matin.

Les « absences » des planètes telluriques. En faisant glisser Mars, Mercure et Vénus ou les géantes sur le plateau des planètes, vous les voyez disparaître de l'autre côté du Soleil par rapport à la Terre. Nul n'est besoin en ce cas de les chercher avec votre lunette elles sont alors, bien sûr, invisibles.

Où sera Mars en 2013 ?

Voici un exemple d'utilisation des plateaux à long terme. Imaginons que vous vouliez trouver la position de Mars en mars 2013. La Terre se trouvera à la même place qu'en mars 2009, après avoir bouclé 4 fois son orbite. Le laps de temps écoulé est donc de 4 fois 52 semaines (1 an), soit 208 semaines. Mars, qui effectue sa révolution autour du Soleil en 98 semaines aura donc accompli 2 tours (196 semaines), plus un parcours équivalant à 12 semaines (208 moins 196). Il suffit donc de bouger Mars de 6 graduations depuis sa position le 20 mars 2009 pour définir où elle se trouve le 20 mars 2013.

Plateau des planètes

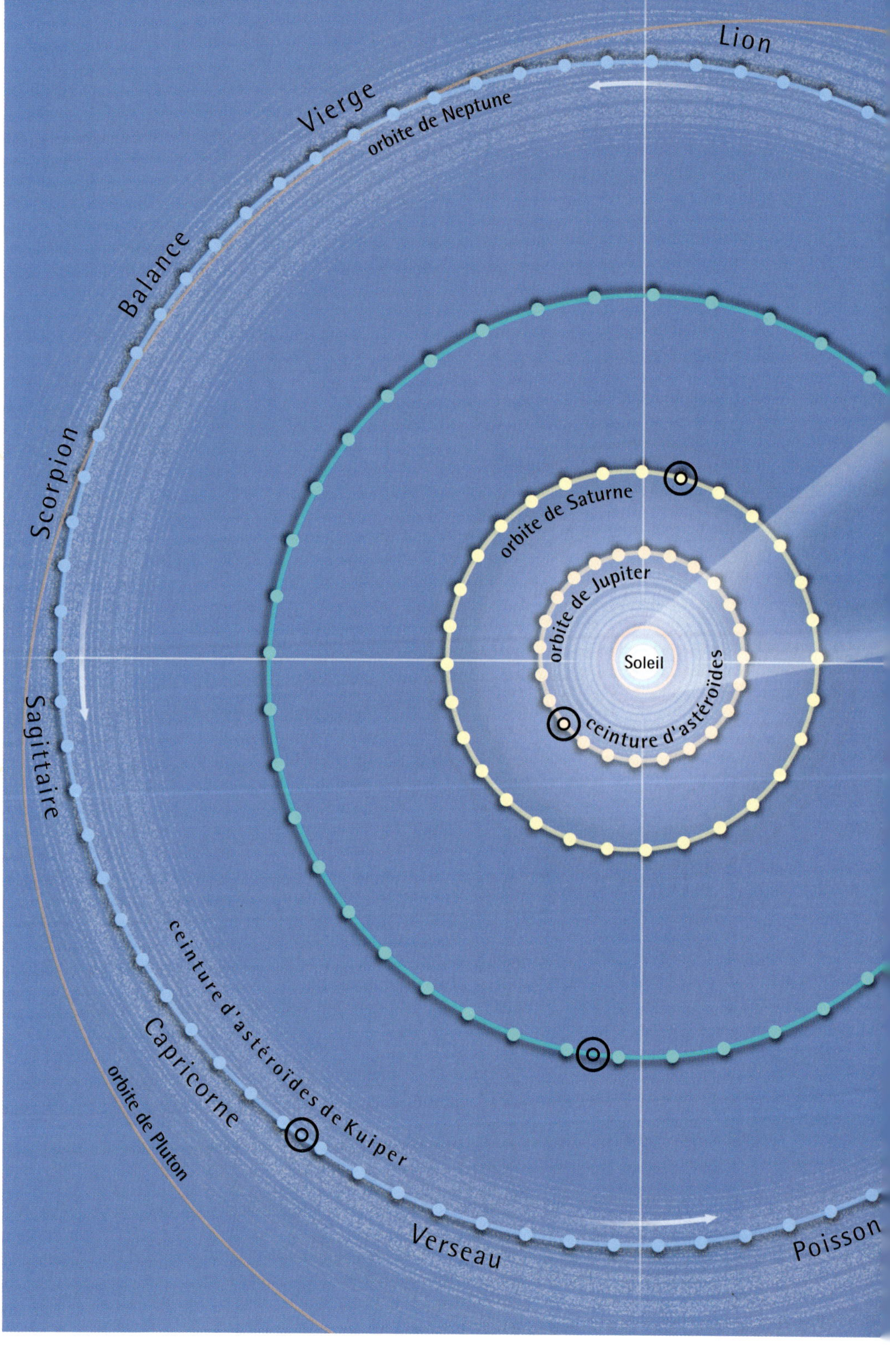

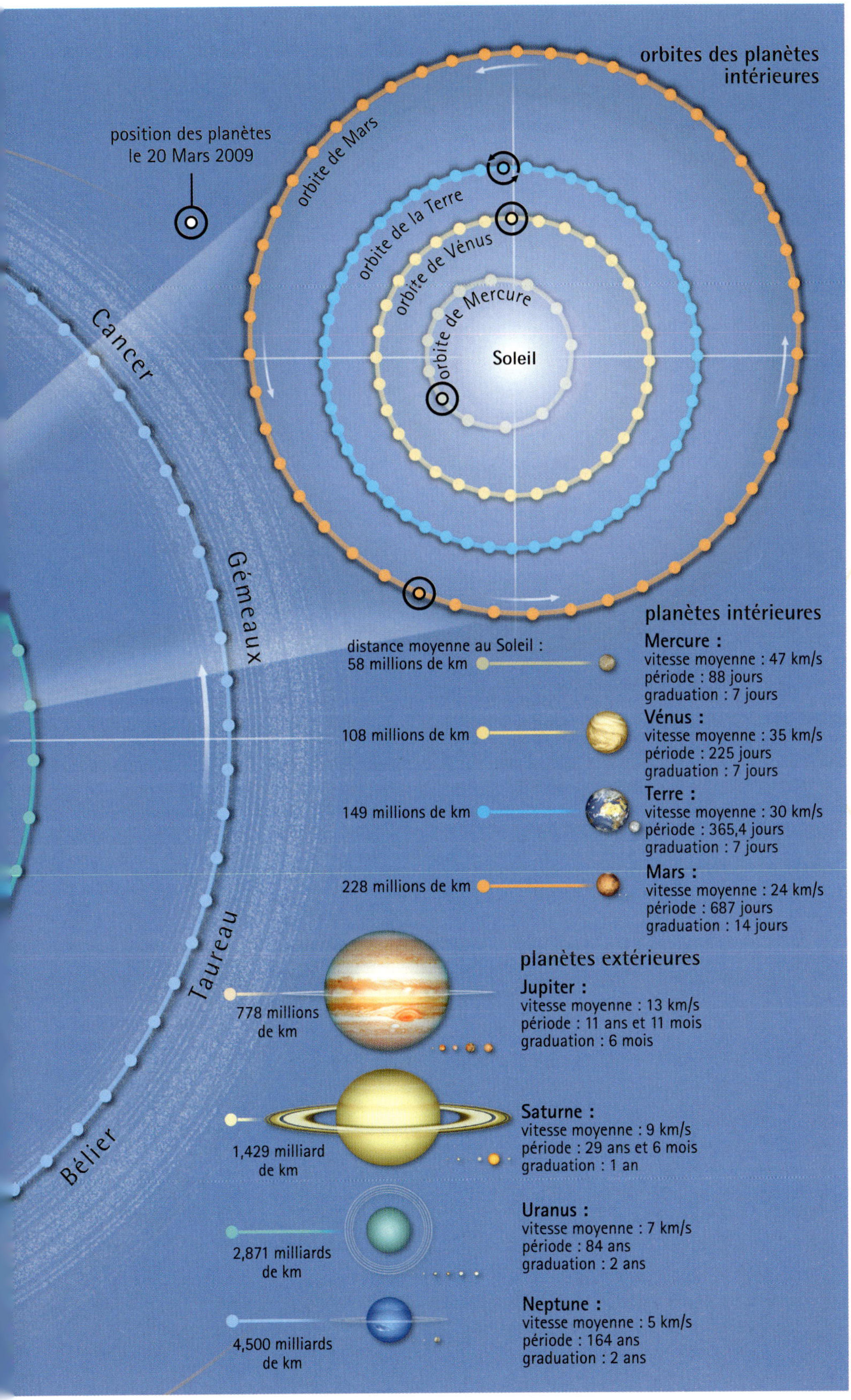
orbites des planètes intérieures
position des planètes le 20 Mars 2009
orbite de Mars
orbite de la Terre
orbite de Vénus
orbite de Mercure
Soleil
Cancer
Gémeaux
Taureau
Bélier
planètes intérieures
distance moyenne au Soleil : 58 millions de km
Mercure :
vitesse moyenne : 47 km/s
période : 88 jours
graduation : 7 jours
108 millions de km
Vénus :
vitesse moyenne : 35 km/s
période : 225 jours
graduation : 7 jours
149 millions de km
Terre :
vitesse moyenne : 30 km/s
période : 365,4 jours
graduation : 7 jours
228 millions de km
Mars :
vitesse moyenne : 24 km/s
période : 687 jours
graduation : 14 jours
planètes extérieures
778 millions de km
Jupiter :
vitesse moyenne : 13 km/s
période : 11 ans et 11 mois
graduation : 6 mois
1,429 milliard de km
Saturne :
vitesse moyenne : 9 km/s
période : 29 ans et 6 mois
graduation : 1 an
2,871 milliards de km
Uranus :
vitesse moyenne : 7 km/s
période : 84 ans
graduation : 2 ans
4,500 milliards de km
Neptune :
vitesse moyenne : 5 km/s
période : 164 ans
graduation : 2 ans

Dresser les éphémérides de Jupiter

2, 4, 8 et 16 jours : les satellites galiléens de Jupiter suivent leur farandole autour de la géante chacun à son rythme. Pour savoir où ils se trouvent, il faut consulter une éphéméride ou, plus intéressant, dresser soi-même ce tableau de leur situation au fil des jours.

VOIR
Angle
→ p. 17
Élongation
→ p. 29
Heure
→ p. 36
Période
→ p. 50

La ronde des satellites joviens

Les quatre satellites joviens, dits également « galiléens », sont Io, Europe, Ganymède et Callisto. Pour lire ou établir une éphéméride de leurs mouvements respectifs, il faut avant tout retenir, pour chacun, deux éléments : la période et l'élongation maximale.

LE SAVIEZ-VOUS ?

Transit ou occultation ?

Il y a occultation lorsqu'un satellite passe derrière Jupiter, ce qui n'offre que peu d'intérêt pour l'observateur. En revanche, les transits, désignant le moment où le satellite passe devant la planète, offrent de beaux spectacles. En effet, lorsque l'alignement Terre-satellite-Jupiter est bon, on peut voir tout à la fois le satellite en question (petit point blanc) et son ombre projetée sur Jupiter, en noir – cette observation est difficile mais toutefois possible avec une lunette de 60 mm et un oculaire de 8 mm. En réalisant une éphéméride, n'oubliez donc pas de marquer cet événement par un T pour chaque courbe : cela vous donnera, en fonction de la période, la date du prochain rendez-vous.

La période est le temps qu'un satellite met à boucler son orbite autour de Jupiter ; l'élongation est la distance maximale qu'il peut atteindre par rapport à la planète géante, c'est-à-dire en fait l'apogée de son orbite dans le plan de l'observateur.

Le calcul de l'élongation. En observation, l'élongation ne se calcule évidemment pas en kilomètres (Io est par exemple à 421 000 km), mais en diamètres de Jupiter. Par rapport à ce que l'on voit, l'élongation (moyenne) de Io correspond à environ 6 diamètres de Jupiter, celle d'Europe à 9,5 diamètres, celle de Ganymède à 15 diamètres, et celle de Callisto à 27 diamètres. Bien sûr, il ne s'agit pas là du diamètre réel de Jupiter (144 800 km), mais du diamètre angulaire, c'est-à-dire de l'angle sous lequel on observe la planète. Ainsi, lorsqu'à la lunette Jupiter apparaît par exemple sous un diamètre angulaire de 1', Io est à 6', Europe à 9,5', etc.

Lire une éphéméride

Dans une éphéméride, l'axe vertical indique la date de l'observation, jour par jour (ou heure par heure), alors que les axes horizontaux indiquent la distance des satellites par rapport à

Jupiter et ses 4 satellites galiléens, tels qu'on peut les observer avec des jumelles.

Jupiter. Les éphémérides publiées dans les revues donnent généralement la position à 00 heure TU pour le jour indiqué. La planète Jupiter est matérialisée par le large trait central, et chacune des sinusoïdes représente l'un des quatre satellites. Sur l'éphéméride, on peut aisément retrouver la période de chaque satellite – c'est le temps au bout duquel il se retrouve dans la même position par rapport à Jupiter.

Dresser l'éphéméride

Rien n'est plus grisant que de réaliser sa propre éphéméride (voir dessin). Il suffit pour cela de disposer de 16 soirées – après ce laps de temps, à quelques heures près, tous les satellites auront accompli au moins une révolution autour de Jupiter. Quant au matériel nécessaire, il est pour le moins réduit : une feuille de papier, éventuellement millimétré, et, bien sûr, une lunette, ou une paire de jumelles.

Choisissez une date de départ. Imaginons que vous choisissiez pour date de départ le 17 août à 00 heure TU. L'heure est importante, car, pour réaliser votre éphéméride, il faudra regarder chaque nuit exactement à la même heure.

Préparez la feuille millimétrée. Avant de commencer vos observations, tracez sur une feuille de papier (millimétré ou non) les repères suivants :
– au centre une bande large d'environ 2 mm, qui symbolisera la planète Jupiter ;
– de part et d'autre de cette bande, légèrement ou en pointillés, quatre lignes qui représenteront l'élongation maximale de chaque satellite. Pour Io, situé au maximum à 6 diamètres de Jupiter, faites le tracé à 12 mm (6 fois 2 mm) du centre de la bande ; pour Europe, situé au plus à 9,5 diamètres, faites-le à 19 mm ; pour Ganymède, situé à 15 diamètres, à 30 mm ; pour Callisto, situé à 27 diamètres, comptez 54 mm ;
– tracez enfin les traits horizontaux représentant chaque jour d'observation, à l'heure choisie. Espacez-les

VOIR
Jupiter
→ p. 100

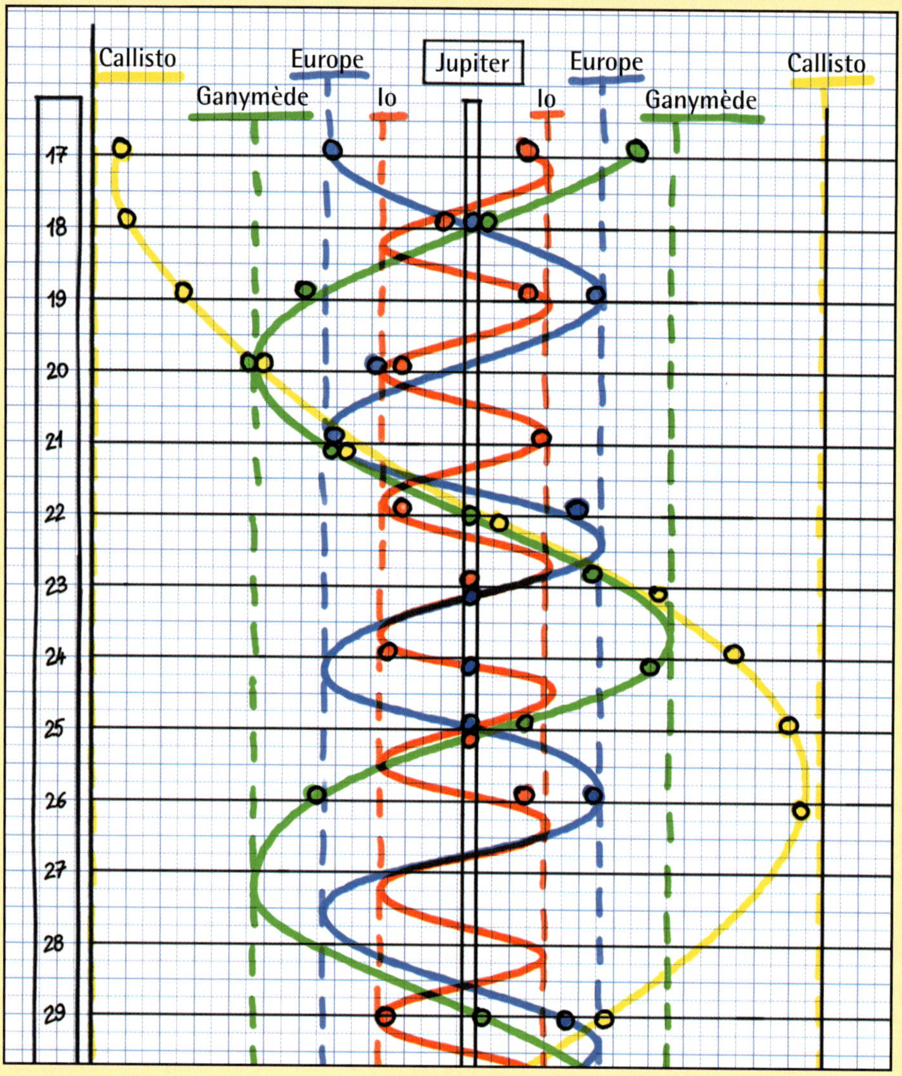

Exemple d'éphéméride réalisée point par point.

d'environ 12 mm (soit 1 mm pour 2 heures).

Reportez vos observations. Vous êtes prêt désormais pour votre première soirée d'observation. Les 4 satellites (ou seulement 2 ou 3) apparaissent dans votre appareil, mais vous ne pouvez pas encore les nommer. En effet, le plus éloigné de la planète, en apparence, n'est pas forcément Callisto, qui, au moment où vous regardez, peut très bien se trouver proche de Jupiter. Après avoir joui du spectacle, notez sur le premier trait horizontal, par des croix ou des points, la position des satellites que vous avez vus. C'est fini pour aujourd'hui ! Vous recommencerez demain à la même heure...

VOIR
Jupiter et la vitesse de la lumière
→ p. 238

CONSEIL

Une image inversée

N'oubliez pas que, dans votre lunette astronomique, l'image est inversée : l'ouest se trouve donc à gauche au lieu d'être à droite, et l'est se trouve à droite au lieu d'être à gauche.

Continuez ainsi plusieurs jours de suite même si, comme sur le dessin, il vous manque par exemple 2 jours d'observation, les 27 et 28.

LE SAVIEZ-VOUS ?

Quatre périodes à retenir

Période d'Io : 1 jour et 18 heures.
Période d'Europe : 3 jours et 13 h.
Période de Ganymède : 7 jours et 4 h.
Période de Callisto : 16 jours et 16 h.

Finaliser l'éphéméride avec le tracé des courbes

Au bout d'une huitaine de jours (demi-période de Callisto), vous pourrez commencer à tracer les courbes en liant certains points entre eux. Lesquels ? C'est assez simple. Il faut procéder par élimination, en tenant compte de la période et de l'élongation maximale de chaque satellite... La courbe la plus éloignée de Jupiter va matérialiser le trajet de Callisto, puis viendront Ganymède, Europe et Io.

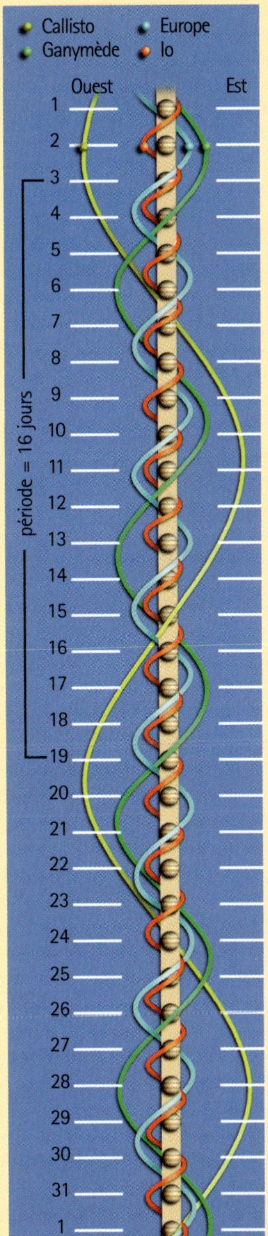

Cherchez Callisto... Tous les points qui dépassent la troisième verticale, à savoir l'élongation maximale de Ganymède, ne peuvent que représenter Callisto. Vous voici donc, dès le départ, avec 4 points (17, 18, 19 et 20) donnant la position de Callisto à l'ouest de Jupiter et 3 points (24, 25 et 26) sa position à l'est (voir dessin). Ces points sont symétriques entre le 17-18 et le 25-26, soit 8 jours plus tard. Il s'agit de la demi-période de Callisto. Il est alors facile de trouver les points intermédiaires.

... puis Ganymède, Europe et Io. Une fois la sinusoïde de Callisto tracée, reliez maintenant les points dépassant la deuxième verticale correspondant à l'élongation maximale d'Europe : il s'agit bien sûr de ceux représentant Ganymède. Vous retrouvez sa période au bout de 7 jours et 4 heures. Suivez enfin la même méthode pour Europe (période à 3 jours et 13 heures apparaissant ici à 4 jours), et pour Io.

Prolongez les sinusoïdes. Après 16 jours (et 16 heures), vous avez donc la période de tous les satellites galiléens, et vous pourrez alors prolonger à l'infini la sinusoïde de chacun pour connaître sa position le ou les mois suivants. Bien sûr, les points ont été placés approximativement, au jugé, et certains petits écarts sont inévitables par rapport à une sinusoïde parfaite dont vous ferez soigneusement le tracé idéal si vous voulez continuer votre courbe. ■

Préparer une soirée d'observation

Une soirée d'observation astronomique se prévoit d'avance : choix d'un ou de plusieurs buts à cette excursion dans le ciel nocturne, préparation de son instrument et repérages à l'œil nu.

Profiter des plus beaux ciels

Une soirée d'observation réussie demande un minimum d'organisation et de prévoyance. Parmi les précautions indispensables, mieux vaut ne pas oublier, avant toute sortie, de consulter les informations météorologiques... Il est à noter que, même si l'on dispose parfois de plus de beau temps en été, l'hiver demeure en réalité la meilleure saison pour pratiquer l'astronomie : en l'absence de nuages, le froid garantit des ciels de qualité, et les images obtenues sont d'autant plus nettes.

CONSEIL

Observer en hiver

Si l'hiver demeure l'une des meilleures saisons d'observation, il n'en reste pas moins qu'il faut bien s'équiper pour résister au froid. Il faut maintenir au chaud les pieds, quitte à enfiler 2 paires fines de chaussettes ou des chaussettes de montagne, ainsi que les mains, de préférence au moyen de gants de laine ne gênant pas les manipulations. Pour le corps, évitez les vêtements actuels, très chauds mais serrés, et optez plutôt pour plusieurs pulls fins mis les uns sur les autres et des habits amples. Un passe-montagne en laine sur la tête viendra couvrir le tout et, tant pis alors si Jupiter se lève à 4 h du matin...

Où en est la Lune ? Avant de fixer une date, il faut aussi se renseigner sur les phases lunaires. Par nuit de pleine lune (PL), la luminosité est telle que de nombreux objets du ciel profond (nébuleuses, amas, galaxies) sont peu visibles dans un petit instrument d'amateur. Cela ne gênera toutefois que bien peu l'observation des planètes.

Préférez une demi-Lune lors de vos débuts en astronomie : elle éclaire assez le paysage pour que vous ne vous perdiez pas dans un noir complet. En outre, débuter sa soirée par l'observation systématique de la Lune constitue toujours un très bon entraînement.

Choisir ses observations

Errer dans le ciel nocturne en le balayant avec un télescope un peu au hasard et sans s'être repéré au départ ne donne généralement que peu de fruits. Après avoir regardé quelques cratères de la Lune aux noms inconnus, ou avoir cherché Mars en vain, parce que l'on ignore qu'elle n'est pas visible à cette époque de l'année, on renouvelle rarement cette expérience décevante. Il est bien plus intéressant de définir à l'avance son programme d'observations, en utilisant les outils à disposition dans cet ouvrage... Prenons

Chaque saison a ses observations particulières et il convient d'y adapter vos choix d'observations, ci-dessus : le Taureau, constellation d'hiver.

par exemple la date du 1er novembre 2003. Que choisir ?

Quelles planètes observer ? Voici les premières questions à se poser : quelles sont les planètes visibles en ce moment et où sont-elles positionnées ? Les tableaux des planètes dans le zodiaque présenté pour chaque planète et surtout les plateaux des planètes telluriques et géantes (**→ p. 150**) répondent à ces interrogations. En novembre 2007, Mars est bien visible, pas très loin dans les Gémeaux (donc au matin). Saturne est proche, dans le Lion (la Terre est alors face au Bélier), et visible une grande partie de la nuit. Mais Jupiter, alors située dans le Scorpion, a disparu dans les feux du couchant et est invisible. Vous pouvez donc programmer d'observer Mars – et même ses calottes glaciaires puisqu'elle est assez proche –, ainsi que les anneaux de Saturne.

Que montre le ciel de saison ? Toujours en novembre 2007, pour le ciel profond, il faut consulter la carte du ciel d'automne – cet ouvrage présente une carte pour chaque saison – et, à la suite, les observations conseillées. Vous verrez alors que vous pouvez observer la galaxie d'Andromède (plutôt en septembre-octobre) et, pas très loin d'elle, les amas d'étoiles Chi et Eta Perséi. Voici déjà une soirée bien remplie, presque trop.

Repérages à domicile

Il s'agit maintenant, après avoir choisi les objets à observer, de repérer leurs positions respectives. Tout comme, en montagne, on repère souvent à l'avance le chemin que l'on va parcourir. En astronomie, ces repérages se font en trois temps : d'abord sur les cartes du ciel, puis à l'œil nu, et enfin aux jumelles.

Situer certaines constellations... Imaginons que votre soirée d'observation se déroule en novembre 2009. Mars se trouve dans le Cancer, Jupiter entre Sagittaire, Capricorne et Saturne est dans le Lion. Vous devrez donc situer Cancer, Sagittaire et Lion sur votre carte mobile du ciel. Ces repérages se déroulent dans un premier temps à domicile.

... au moyen d'une carte mobile. Même si la nuit n'est pas tombée,

VOIR

Choisir un site d'observation
→ page 114

Les lunettes astronomiques d'amateur
→ page 118

Utiliser une carte du ciel
→ page 126

Se repérer dans le ciel
→ page 129

ASTUCE **Une lampe de poche « rouge »**

Pour la consultation des cartes – on ne peut tout retenir –, vous utiliserez sur le site une lampe de poche dont vous aurez recouvert la petite ampoule d'une couche de vernis à ongles rouge : nos yeux sont en effet moins sensibles à la lumière rouge.

mettez la carte au-dessus de vous et tournez-vous en direction du sud, l'est étant alors à votre gauche et l'ouest à droite, et cherchez les constellations en question. C'est dans cette position que, ce soir, vous verrez le ciel. N'oubliez pas que, en étant ainsi dos au nord, planètes et amas stellaires apparaîtront à vos yeux à l'est et disparaîtront à l'ouest. C'est donc les objets situés à l'ouest, à main droite, que vous devrez observer en premier.

Se préparer avant l'observation

Il est préférable de se trouver sur le site environ une heure avant de débuter l'observation proprement dite. Et ce, pour préparer son matériel… mais aussi ses yeux.

Habituer son matériel à l'air ambiant. Une heure avant vos observations, il faut sortir votre lunette ou votre télescope de manière à les mettre à température. C'est impératif pour les télescopes Newton qui sont ouverts : l'intérieur du tube doit être à la même température que l'air ambiant, sous peine de turbulences importantes.

Adapter ses yeux à l'obscurité. Si nos yeux s'adaptent très vite à la lumière – la pupille se referme –, ils mettent plus de temps à s'habituer à la pénombre et à la nuit. L'astronomie étant une observation nocturne, il faut donc préparer vos yeux et laisser la pupille se dilater progressivement.

Pour cela, il convient de rester dans le noir ou la pénombre durant au moins 20 minutes. Si vous vous trouviez ensuite face à une importante source lumineuse, tout serait à refaire. Le mieux est donc de profiter de l'obscurité nocturne, sur le site, une bonne demi-heure avant vos observations.

Aiguiser votre vision sur place

Les premiers repérages sur le site ont pour but à la fois d'habituer vos yeux à l'obscurité et de repérer les différentes constellations dans le ciel, notamment celles qui constituent des repères. Si vous portez des lunettes de vue, il faut dans un premier temps les conserver ; vous ne les enlèverez qu'en utilisant vos instruments d'optique.

À l'œil nu, puis aux jumelles. Vous pouvez commencer, par exemple, par

Sortir les télescopes une heure avant l'observation afin de les mettre à température.

VOIR
L'agenda de l'astronome amateur
→ page 250

rechercher à l'œil nu dans le ciel les alignements de la saison : en novembre par exemple, vous vous dirigerez à partir de la Grande Ourse (voyez-vous Alcor, l'étoile double de Mizar tout au Nord), d'Orion, de Cassiopée, etc. Tentez ensuite de repérer les constellations du zodiaque qui se trouvent plein sud en face de vous, à droite vers l'ouest, puis à gauche vers l'est.

Si vous possédez des jumelles, ce qui paraît indispensable, recommencez ensuite avec cet instrument les mêmes recherches. Votre vue est maintenant bien préparée. Dès lors, vous pouvez observer au télescope ou à la lunette.

Éclairant beaucoup trop la nuit, la pleine lune n'est pas favorable à l'observation du ciel profond.

L'art de faire observer

Lorsque Galilée a montré les satellites de Jupiter dans sa petite lunette aux conseillers de Venise, ceux-ci n'ont rien vu du tout, selon leur aveu. De fait, montrer un objet céleste à autrui nécessite certains gestes sans lesquels la personne en question ne verra pas grand-chose, ce qui, parfois, suffit à faire rater une soirée. Le premier point important est d'exercer la vue de votre compagnon, comme vous l'avez fait pour vous-même. Laissez-lui donc le temps de s'habituer à l'obscurité ; aidez-le ensuite à repérer la Grande Ourse, par exemple, à l'œil nu puis aux jumelles.

Anticiper le mouvement des planètes. Observée dans la lunette, une planète se déplace très vite, sortant de l'objectif en quelques dizaines de secondes. Le temps que votre compagnon s'installe à son tour devant l'instrument, elle risque d'avoir disparu. Vous devez donc régler l'angle de visée de façon à anticiper le mouvement apparent de la planète, quitte à ce que celle-ci soit quasi sortie du champ de vision. Le temps que votre compagnon prenne place et règle la lunette à sa vue, la planète se trouvera devant l'objectif, ou presque, il suffira d'attendre un peu. ■

CONSEIL

Préparer son matériel

N'oubliez pas de ranger toujours de manière méthodique – à des places définies – vos oculaires et filtres afin de pouvoir les retrouver rapidement, par simple tâtonnement, dans le noir.

Attention au viseur

Le viseur, ou chercheur, des lunettes est un appareil très sensible. Avant chaque observation, n'oubliez pas de vérifier qu'il est parallèle au corps de la lunette. Pour ce faire, avant la nuit, réglez-le sur un clocher ou la cime d'un arbre.

Repérer les constellations du zodiaque

En dehors des grandes lignes du ciel nocturne, il est important de connaître le tracé général des signes du zodiaque : c'est devant eux que défilent tour à tour toutes les planètes.

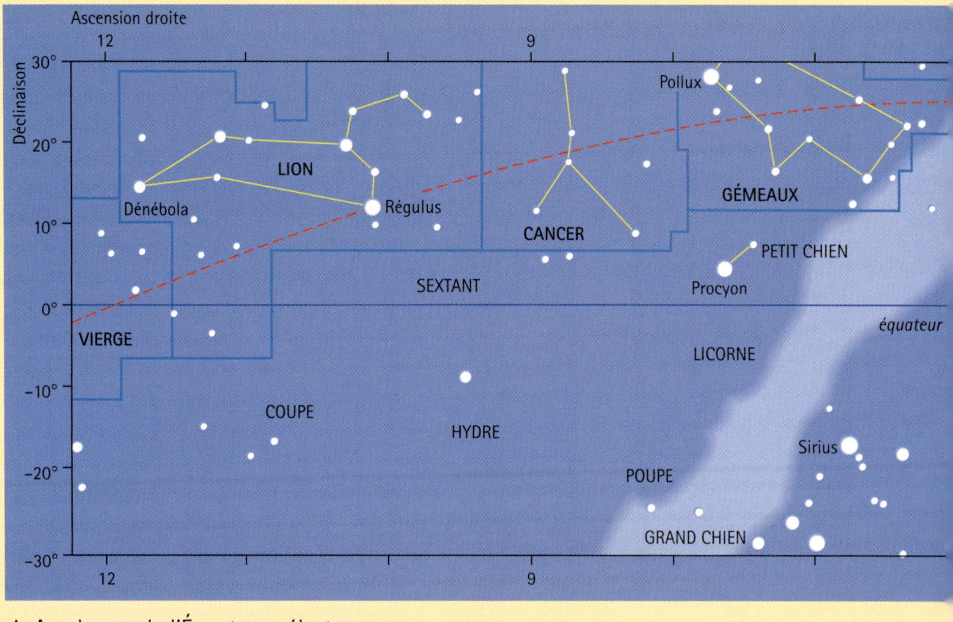

▲ Au-dessus de l'Équateur céleste.

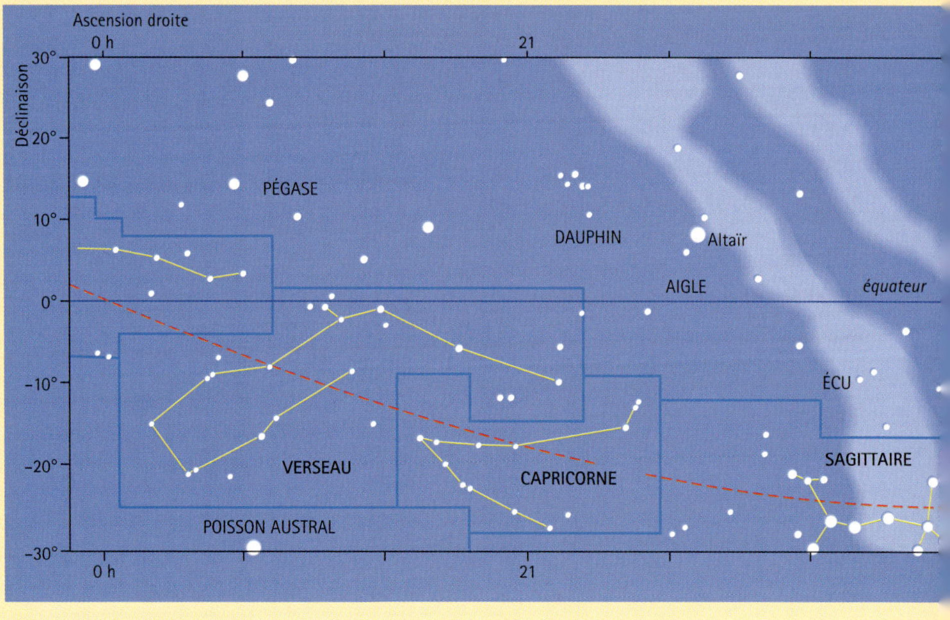

Toutes les constellations du zodiaque sont visibles en une seule nuit. À l'équinoxe de printemps, le 20 ou 21 mars, le champ de vision à 19 h TU s'étend des Poissons (à l'est) jusqu'à la Vierge (à l'ouest) et, à 6 h TU, le matin, le voici situé entre la Vierge (à l'ouest cette fois) et les Poissons.

Les périodes d'observation optimales. Que signifient alors des mentions telles que « la Lyre, constellation d'été » ou « Andromède, galaxie d'automne », puisqu'on peut les voir toute l'année, ou presque ? En fait, ces désignations sont préférentielles : elles indiquent la période où ces objets vont se trouver au méridien, ou proches du méridien, en milieu de nuit, et donc la période où les conditions d'observation seront optimales.

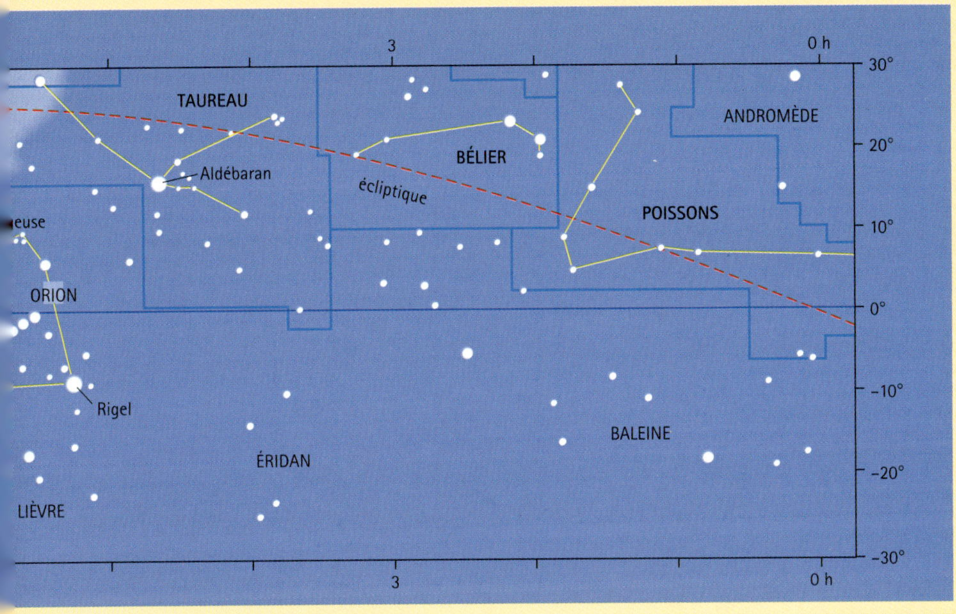

▼ Au-dessous de l'Équateur céleste.

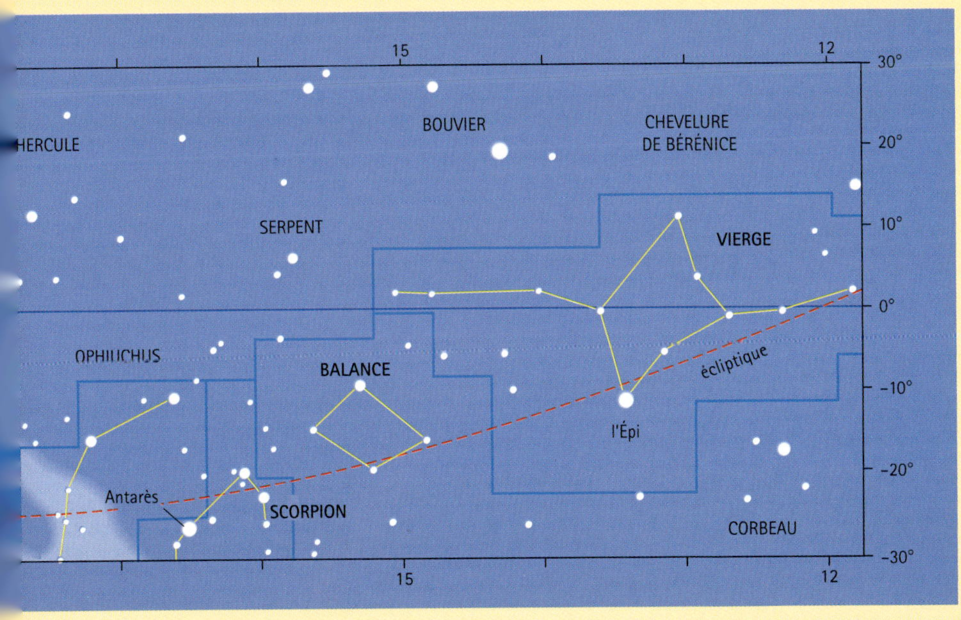

VOIR
Se repérer dans le ciel
→ page 129

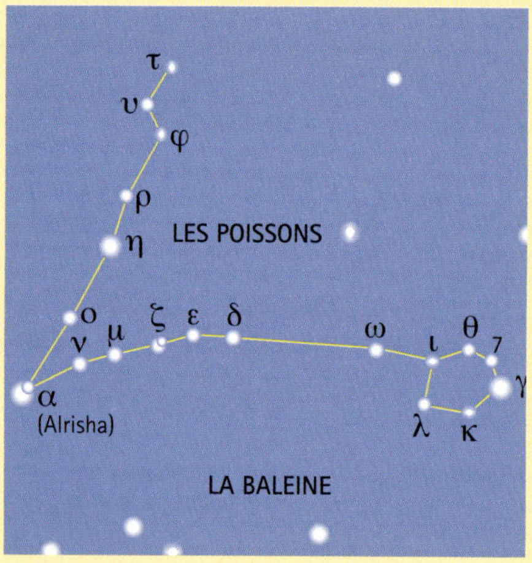

Les Poissons

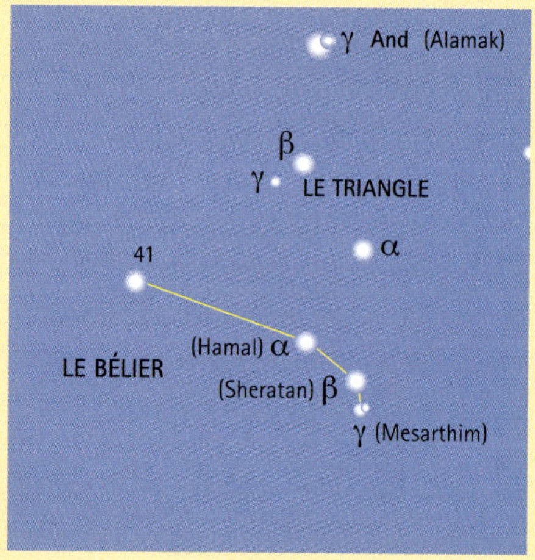

Le Bélier (→ p. 194)

Le Taureau (→ p. 190)

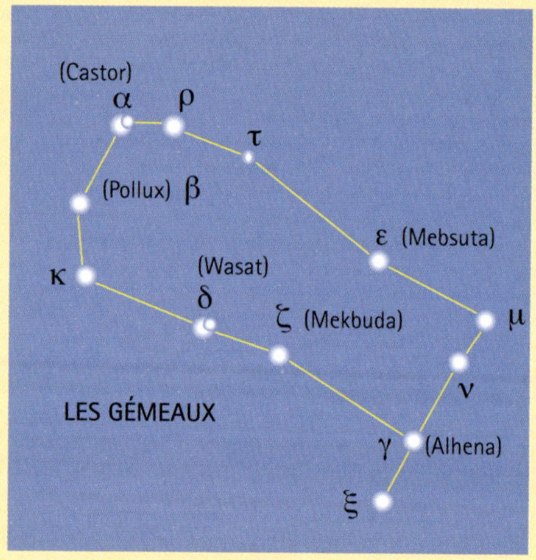

Les Gémeaux (→ p. 193)

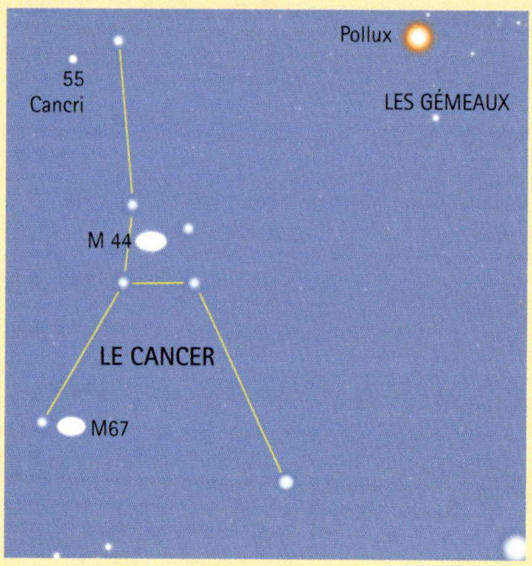

Le Cancer (→ p. 199)

Le Lion (→ p. 200)

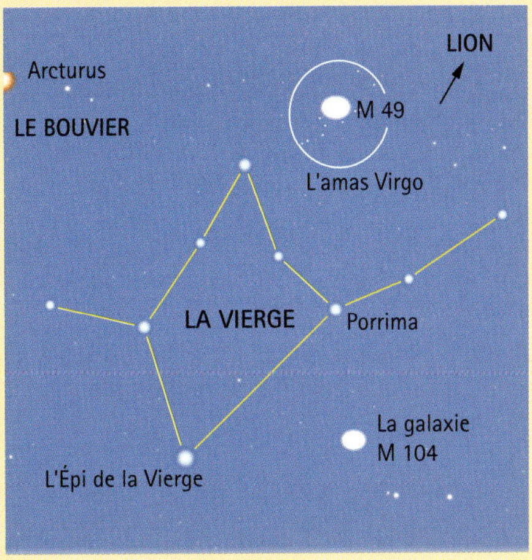

La Vierge (→ p. 201)

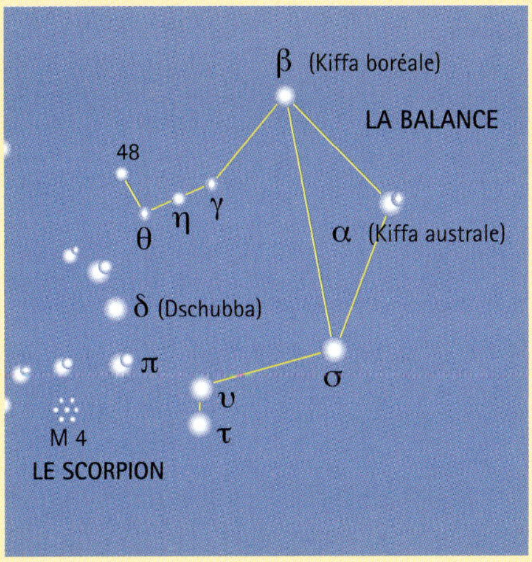

La Balance

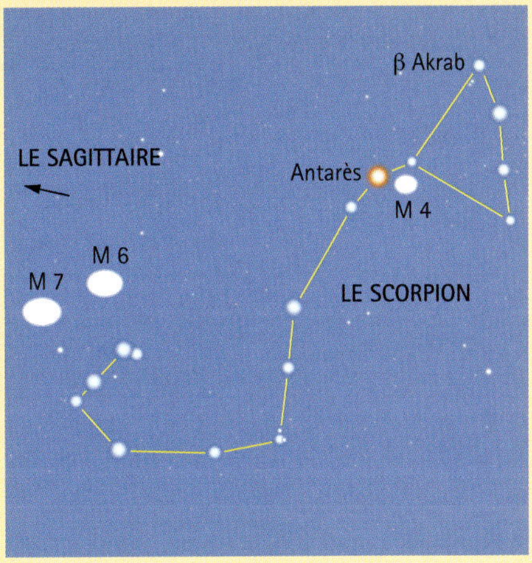

Le Scorpion (→ p. 226)

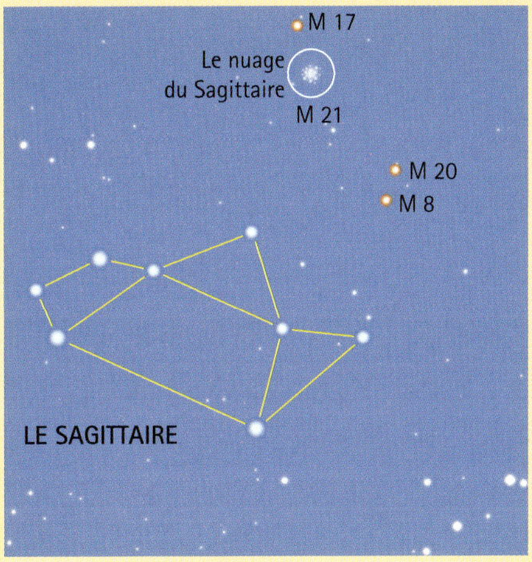

Le Sagittaire (→ p. 208)

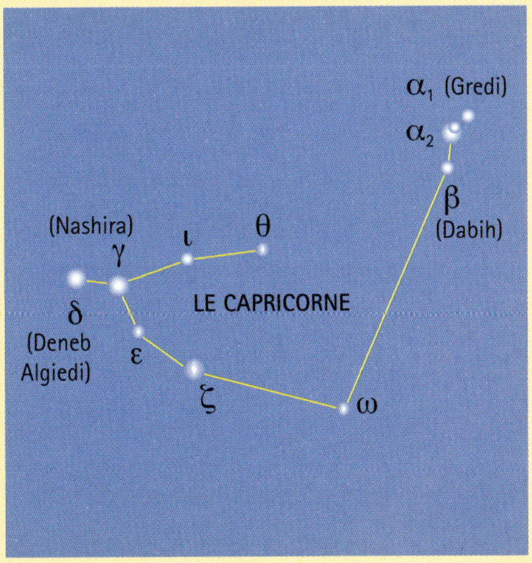

Le Capricorne

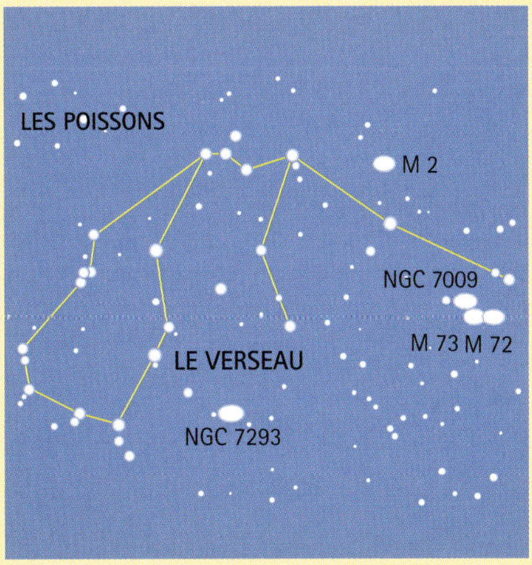

Le Verseau (→ p. 212)

1. Observer la nuit qui tourne

Il suffit de quelques heures pour admirer le mouvement apparent de la voûte céleste : des constellations du zodiaque à celles proches de Polaris, telles la Grande Ourse ou la Lyre.

La ronde des constellations

Les étoiles ne bougent (pratiquement) pas les unes par rapport aux autres, mais il suffit d'observer la nuit plusieurs heures pour constater que le ciel tourne… En fait, c'est la Terre tournant sur elle-même qui nous donne cette impression. Imaginons-nous sur la partie supérieure d'une toupie… En regardant vers le plafond, on voit la suspension avec disons ses cinq ampoules. L'ampoule centrale ne semble pas bouger, mais les quatre autres, si… C'est ainsi que l'on voit « tourner » la nuit.

Tout le zodiaque en une nuit. La nuit, les constellations du zodiaque se lèvent à l'est (à votre gauche si vous êtes tourné vers le sud, dans l'hémisphère Nord) et se couchent à l'ouest. Elles sont toutes visibles en une seule nuit, sauf une, celle devant laquelle va se lever le Soleil, qui l'occultera donc. En mars par exemple, au moment de l'équinoxe de printemps, votre champ de vision à 19 h TU s'étend d'ouest en est des Poissons à la Vierge. À 1 h TU, votre champ s'inscrit entre les Gémeaux et le Scorpion et, à 6 h TU, vous voici de nouveau entre la Vierge (à l'ouest cette fois) et les Poissons. Mais vous ne voyez pas la région faisant la jonction entre les Poissons et le Verseau où se lève le Soleil.

Autour de Polaris, moyeu central

Mais le mieux pour voir tourner la nuit est de se référer à son moyeu central : l'étoile Polaire, ou Polaris. Les constellations situées à proximité sont visibles toute l'année. Elles aussi « bougent » au cours d'une nuit. Si l'on observe par exemple en mars Cassiopée et la Grande Ourse, on se rend compte qu'elles effectuent un demi-tour par rapport à l'étoile Polaire. ■

Photo de la nuit qui tourne autour de Polaris. Ce type de photo est obtenu avec un simple appareil Reflex et un déclencheur souple. Temps de pose : de 2 h à 6 h.

VOIR
La ronde du zodiaque → page 108
Éléments d'astrophotographie → page 136

2. Observer les étoiles filantes

Il est parfois difficile de saisir l'instant où passe une étoile filante. Mais, en regardant aux époques et dans les directions appropriées, il est pourtant possible de les admirer et de les photographier.

Des comètes aux étoiles filantes

Les « étoiles filantes » sont tout d'abord d'infimes cailloux, de minuscules particules laissées par les comètes lors de leurs passages auprès du Soleil. Ces petites météorites, des pierres de quelques grammes tout au plus, pénètrent dans l'atmosphère terrestre à des vitesses allant de 50 000 km/h à 250 000 km/h. Elles s'enflamment au contact de l'air, devenant des météores ou étoiles filantes.

Dans quelle direction regarder ?

Les météorites circulent par essaims, ces derniers portant des noms comme Perséides, Léonides, ou Aquarides, qui correspondent aux constellations d'où elles semblent provenir. En fait, les météorites n'étant visibles qu'à une altitude d'environ 100 à 200 km, ces pierres ne proviennent bien évidemment pas des constellations en question. Mais celles-ci apparaissent comme le point de convergence, ou

TABLEAU PERMANENT DES MÉTÉORITES

Nom	Date du maximum	Provenance (radiant)	Nombre visible en 1 heure
Quadrantides (ou Bootides)	3 janvier	Bouvier (1)	40
Lyrides	21 avril	La Lyre	5 à 10
η Aquarides	4 mai	Verseau (2)	20
β Taurides	30 juin	Taureau (3)	20
δ Aquarides	29 juillet	Verseau	15
ι Aquarides	5 août	Verseau	5
Perséides	12 août	Persée	50
Orionides	22 octobre	Orion	15
Taurides	10 novembre	Taureau	5
Léonides	17 novembre	Lion	10
Géminides	14 décembre	Gémeaux	60

(1) : fin de nuit, à l'est ; (2) : petit matin, à l'est ; (3) : fin de nuit à l'est.

Photo de Léonides, prise en 2002.

radiant, indiquant ainsi une direction générale.

Ainsi, pour avoir des chances d'apercevoir ces fameuses Perséides de La Nuit des étoiles, le 12 août, il suffit de regarder dans la direction de la constellation de Persée. Pour les Léonides, regardez vers le Lion en novembre, pour les Aquarides vers le Verseau, pour les Géminides vers les Gémeaux, etc. Si vous observez le ciel en direction du radiant à l'époque indiquée par le tableau, il se passera rarement plus d'un quart d'heure avant que vous ayez vu une ou plusieurs étoiles filantes.

Interpréter le tableau

Dans le tableau des étoiles filantes apparaissent des dates et des chiffres.

Les dates. Elles indiquent le moment maximal des essaims, mais elles ne sont pas aussi précises que l'on pourrait croire. Il est prudent de regarder également durant les 5 jours précédant ou suivant ces dates. Pour l'exemple, le 17 novembre 1998, les Léonides furent annoncées par tous les médias, et on les attendait alors très nombreuses. Déception ! Il y eut quelques météores, et ce fut tout. Par contre, ceux qui regardèrent le 20 novembre ne furent pas déçus !

Le nombre de météores. Les chiffres indiqués dans le tableau donnent une idée du nombre de météores aperçus en moyenne par heure. Toutefois, peu après le passage d'une comète, ce chiffre peut être multiplié par 10, 100, voire 1 000... lorsque la Terre recoupe l'orbite de ladite comète, seulement un ou deux ans plus tard. Ce fut notamment le cas pour les milliers de Léonides de 1998 et 1999, issues du passage de la comète de Swift-Temple en 1997.

Le tableau permet aussi d'observer que, si l'hiver et le printemps (janvier à mai) sont assez pauvres en météorites, leur nombre ne cesse d'augmenter à partir de juin. Les étoiles filantes culminent non pas avec les Perséides en août mais avec les Géminides en décembre.

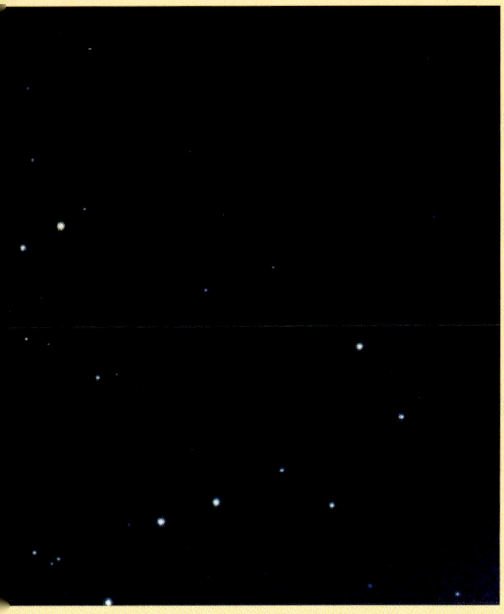

Un Reflex pour photographier

Il est tout à fait possible de photographier les météores. Tirée en grand format, une photo d'étoiles filantes est du plus bel effet. Pour y parvenir, une seule solution : l'astrophotographie à grand champ. Pour réaliser de tels clichés, il convient de se procurer un appareil de type Reflex – que vous pourrez acheter dans les brocantes, les appareils actuels étant souvent entièrement automatisés –, un trépied et un déclencheur souple. Mais attention, certains de ces appareils, plus modernes, utilisent un électro-aimant pour maintenir l'obturateur ouvert et, lors d'une longue pose, de 1 heure par exemple, la pile risque de se trouver à plat.

Réussir la prise de vue

Vous ne pourrez photographier les météores que si le ciel est bien noir : attendez donc que la Lune soit allée se coucher. Si c'est pleine lune, comme ce fut le cas lors du passage des Perséides le 12 août 2000, ou, bien sûr, si le ciel est nuageux, votre projet ne pourra être mené à bien.

Comment caler l'appareil. Pour une bonne prise de vue, il faut au préalable caler le Reflex, avec pose B, soit sur un trépied stable, insensible au vent, soit dans un creux aménagé dans la terre ou dans le sable. Dans ce cas l'appareil doit reposer sur un sac en plastique de manière à ne pas s'abîmer. Il suffit de le pointer vers la constellation servant de radiant aux météorites. Évitez pour ce type de photos tout premier plan tel qu'un arbre ou un bâtiment.

L'objectif et le film. Pour l'objectif, utilisez une focale courte, comprise entre 20 mm et 50 mm, afin d'avoir le champ le plus large possible. Il faut que l'objectif soit très ouvert pour recevoir le plus de lumière possible. Avec un appareil muni d'une focale de 50 mm, le champ couvert par le plus grand côté du film sera en moyenne de 40°. Enfin, utilisez de préférence des films sensibles de 400 ou 800 ASA, en 24 × 36.

De longs temps de pose. Il ne s'agit pas, bien sûr, de déclencher l'appareil lorsque passent les étoiles filantes. Vous n'aurez jamais le temps de voir passer un météore et de le photographier : il faut donc instaurer une pose très longue, de 15 minutes – ou même de une heure si vous voulez. Pointez ensuite votre appareil en direction du radiant, vers la constellation de Persée pour les Perséides, du Lion pour les Léonides, etc. En quinze minutes, parmi le faible déplacement des étoiles, les météores apparaîtront sur votre photo comme des traits lumineux qui, tous, sembleront se diriger vers le radiant. ■

VOIR
Focale
→ page 32
Météore
→ page 42
Météorite
→ page 42
Radiant
→ page 54

VOIR
Les comètes et les étoiles filantes
→ page 106

VOIR
Éléments d'astrophotographie
→ page 136

3. Observer le Soleil

Pour observer le Soleil sans se brûler les yeux, les astronomes ont, depuis longtemps, mis au point non seulement certains outils spécifiques mais également certains « trucs ».

L'observation indirecte sur écran

Puisqu'on ne peut pas regarder le Soleil en face, il faut se montrer rusé. En pratiquant une observation indirecte, sur écran, on peut même lui tourner le dos. L'image de l'astre selon ce système est projetée sur une feuille de papier, et c'est sur cette feuille, et non de manière directe, que vous pourrez l'admirer. Avant la mise en place, vous devez fabriquer (ou acheter) un pare-soleil que vous installerez sur la lunette (voir encadré). Voici ensuite comment procéder...

Positionner la lunette. Il vous faut :
- diriger approximativement votre lunette (ou votre télescope) en direction du Soleil, de préférence en début de matinée ou en fin d'après-midi.

Projection du Soleil sur écran. Attention : si l'image obtenue est trop petite, l'écran risque de s'enflammer.

Attention, n'oubliez pas, ne cherchez jamais le Soleil au viseur !
- placer une simple feuille de papier pliée en quatre à l'autre extrémité du tube (à 30 cm environ) sans avoir mis d'oculaire ;
- tenter alors (en tournant le dos au Soleil et en maintenant la feuille) de diriger le tube de la lunette jusqu'à ce que le rond jaune du Soleil apparaisse sur la feuille de papier ;
- verrouiller immédiatement, dès que le rond apparaît, les positions de votre lunette, et placer un oculaire à son extrémité après avoir retiré la feuille (un 20 mm pour une lunette de diamètre 60 mm et de focale 700 à 800 mm).

Installer l'écran définitif. Quand votre lunette est pointée dans la bonne direction, vous pouvez passer à l'étape suivante... :
- mettez à la place de votre petit bout de papier une grande feuille de papier de teinte légèrement grisée ou mat (un paper-board est préférable car il est bien calé). C'est sur cet écran que vous voyez maintenant apparaître le Soleil ;
- réglez l'image au mieux, vous pourrez alors admirer les taches sombres et les facules (taches plus lumineuses) à la surface du disque solaire.

Sachez que l'on obtient un résultat similaire avec une paire de jumelles, bien calée, et dont on aura masqué l'un des deux tubes.

Peu onéreuse et fiable, la feuille de mylar est la solution la plus employée.

L'observation directe

Pour cette observation dite « directe », il existe dans le commerce plusieurs outils spécifiques. Mais, pour toutes ces solutions, nous vous conseillons de prendre les mêmes précautions que pour l'observation indirecte, en plaçant un carton pare-soleil sur le tube de votre lunette : cela vous évitera d'être ébloui et, surtout, de jeter un œil distrait dans le viseur...

Les filtres à l'oculaire, mais... La plupart des lunettes et télescopes sont vendus avec un filtre solaire. Souvent de bonne qualité, ces filtres se vissent à l'oculaire. Ils présentent pourtant un réel danger. En effet, les rayons du Soleil vont, dans ce cas, se focaliser très près du filtre (puisqu'il est fixé à l'oculaire), ce qui provoque un échauffement rapide. Le filtre peut alors éclater durant l'observation, ou se fendre, et votre vue risque d'être gravement atteinte. Malgré leur prix modique (15 euros), nous déconseillons donc leur usage – sans que vous le sachiez, le filtre peut avoir été fendu à un moment ou un autre (transport, etc.). Si vous utilisez un filtre, ne le faites jamais en tout cas avec des instruments dépassant 60 mm de diamètre, et pensez impérativement à le laisser refroidir toutes les 60 secondes en pointant ailleurs.

Les feuilles de mylar. La solution la plus employée est la feuille de mylar. Il s'agit d'une feuille très fine (vendue environ 30 euros par demi-mètre carré), qui se découpe et se place avec un élastique à l'avant du tube de la lunette, du télescope (ou des tubes des jumelles), de façon à en couvrir complètement la surface. Là également, vous verrez les taches et les facules du disque solaire.

Les filtres pleine ouverture. Ces filtres se placent non sur l'oculaire, mais sur l'objectif. Selon leur degré de qualité, ils laissent passer un millième (filtres 1/10 000) ou seulement un dix millième (1/100 000) de la lumière solaire. Même si leur prix est nettement plus élevé, leur utilisation présente un maximum de sécurité. ■

CONSEIL

Créer un pare-soleil

L'usage d'un pare-soleil est vivement conseillé pour observer notre étoile. Vous pouvez le fabriquer ainsi :

- découpez une grande feuille de carton (pas trop lourde) ;
- taillez au centre un cercle de taille légèrement inférieure au diamètre de votre lunette ;
- donnez quelques coups de ciseaux dans ce cercle pour faire des fentes ;
- glissez la feuille de carton le long du tube. Elle vous servira de pare-soleil.

VOIR
Filtres
→ page 31
Mylar
→ page 46

VOIR
Le Soleil
→ page 86

VOIR
Observer les taches solaires
→ page 174

4. Observer les rayons du Soleil

Les rayons de Bouddha, les rayons verts, les chiens du Soleil, le Soleil rouge… sont autant de phénomènes qui, certains soirs, attirent l'attention par leur beauté.

Arc-en-ciel et météo

La formation d'un arc-en-ciel est liée au phénomène bien connu de réfraction et de réflexion de la lumière solaire dans les gouttes de pluie. Son apparition offre un spectacle toujours apprécié, mais peut aussi servir… à prévoir le temps. Il faut savoir en effet que, lorsqu'on observe un arc-en-ciel, on se situe toujours entre le Soleil (derrière nous) et l'arc-en-ciel, ce dernier indiquant bien sûr l'endroit où il pleut. Retenons maintenant que, dans nos régions, la pluie se dirige généralement de l'ouest vers l'est. Ainsi, lorsque le Soleil se couche, à l'ouest, apercevoir un arc-en-ciel à l'est signifie que la pluie s'éloigne : il fera peut-être beau. Mais si le Soleil se trouve à l'est, en début du jour, et l'arc-en-ciel donc à l'ouest, il y a de fortes chances pour que la pluie soit en train d'arriver.

Chiens du Soleil et couronnes

Le Soleil peut parfois paraître entouré par une espèce d'auréole, de couronne. Ce phénomène intervient chaque fois que des cristaux de glace en suspension dans l'atmosphère réfléchissent les rayons lumineux.

Parfois, au lieu d'un halo, ce sont deux taches lumineuses, nommées

Rare, le rayon vert s'observe sur un horizon très dégagé : bord de la mer ou haute montagne.

Rayons de Bouddha.

Lorsque le Soleil est rouge, on peut le regarder à l'œil nu sans danger.

Chiens du Soleil, qui apparaissent à gauche et à droite de l'astre. Ce sont en fait deux images du Soleil réfléchies là encore par les cristaux de glace.

Soleil rouge et rayon vert

La lumière du Soleil contient en fait toutes les couleurs de l'arc-en-ciel. Chacune de ces couleurs a une longueur d'onde particulière ; elle est, de ce fait, plus ou moins chargée d'énergie. Ainsi, le bleu (et le violet) pénètre à peine dans la couche atmosphérique, qui le répand alors dans toutes les directions : c'est pourquoi, sur la Terre, le ciel paraît bleu.

Le Soleil rouge. Le soir au couchant, ou le matin au levant, les rayons solaires doivent accomplir un trajet plus beaucoup plus important pour parvenir jusqu'à l'observateur – ils traversent l'atmosphère non pas perpendiculairement mais obliquement. Cette fois, en plus des rayons violet et bleu, la couche atmosphérique diffuse les rayons jaunes et orangés, ne laissant plus apparaître que le rouge.

Le rayon vert. L'atmosphère courbe plus ou moins les trajets des rayons lumineux. Or, elle courbe davantage celui des rayons verts que celui des jaunes, des orangés ou des rouges, et c'est pourquoi, rarement, on peut apercevoir cette dernière lumière du Soleil plongeant à l'horizon : le rayon vert.

Les rayons de Bouddha

Les rayons de Bouddha apparaissent dans un ciel pommelé de nuages et au couchant. La lumière du Soleil couchant filtre alors à travers les nuages en un éventail rosé posé sur l'horizon. ■

VOIR
Lumière
→ page 39
Spectre de raies
→ page 59

VOIR
Le Soleil
→ page 86

5. Observer la couronne solaire

Boule en fusion, le Soleil est entouré par une couronne de feu d'où jaillissent protubérances et éruptions qui justifient l'intérêt porté à l'étude de la couronne solaire.

Au moment des éclipses

Lorsque la Lune passe devant notre Soleil, provoquant une éclipse totale, tous les astronomes du monde se donnent rendez-vous : c'est un moment idéal pour observer la couronne solaire sans être ébloui par le disque solaire. Ce dernier est en effet si brillant qu'il faut impérativement utiliser des filtres pour le regarder. Or ceux-ci ne laissent plus passer la lumière, moins forte, des protubérances et des éruptions jaillissant de la couronne. Les éclipses sont rares toutefois et, de toute manière, ne durent que peu de temps. C'est pourquoi les astronomes ont mis au point une autre tactique pour étudier la couronne solaire, utilisant des coronographes de Lyot et des filtres H Alpha, que l'on peut se procurer dans les magasins spécialisés.

Filtres H Alpha.

Les coronographes de Lyot

Un coronographe de Lyot, du nom de son inventeur français, n'est en fait qu'un petit disque sombre que l'on

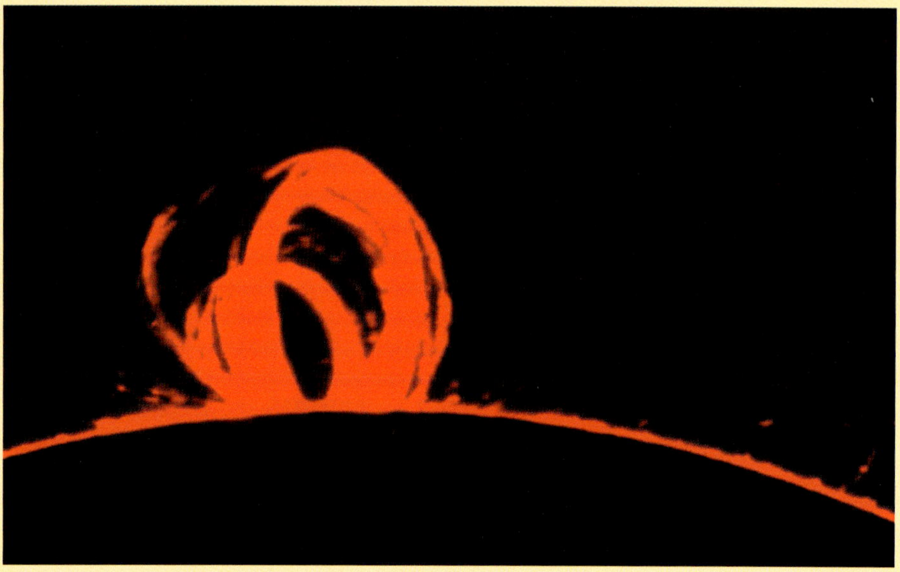
Les éruptions solaires, hautes de dizaines de milliers de kilomètres, ne sont visibles qu'avec un coronographe et un filtre H Alpha.

Le meilleur des coronographes pour étudier la couronne solaire : la Lune lorsqu'elle éclipse notre étoile.

place sur la lunette ou le télescope. Pour s'avérer efficace, il doit être exactement à la taille du disque solaire. Il doit en effet d'une part le masquer complètement sans que la moindre parcelle du disque n'apparaisse, et, d'autre part, ne pas déborder trop du disque, ce qui cacherait la couronne que l'on veut observer.

Différentes tailles. Cela ne serait pas trop difficile à réaliser si la Terre effectuait une orbite circulaire autour du Soleil : elle serait ainsi toujours à la même distance de l'astre, et le disque solaire nous apparaîtrait toujours sous le même angle, et de même taille. Mais il n'en est pas ainsi. Du fait de l'orbite elliptique de notre planète, le disque solaire présente à nos yeux des diamètres différents, la variation étant de l'ordre de 3 % entre l'hiver (disque plus grand) et l'été. Pour regarder la couronne solaire, il faut donc acheter plusieurs coronographes de tailles différentes.

Les filtres H Alpha

Au coronographe il est nécessaire d'ajouter un autre outil : un filtre H Alpha, que l'on place sur l'oculaire. Les éruptions et les protubérances solaires de la couronne sont en effet composées essentiellement d'hydrogène. Suivant le degré où il est porté, ce gaz peut émettre de la lumière de différentes couleurs : rouge, bleue, etc. Le rôle du filtre H Alpha est de ne laisser passer que la couleur rouge, celle des éruptions solaires, à une longueur d'onde de 6 563 angströms, ce qui permet de ne voir que ces éruptions et rien d'autre. ■

VOIR
Angle
→ page 17
Angström
→ page 19
Coronographe
→ page 26
Filtres
→ page 31

VOIR
Le Soleil
→ page 86

VOIR
Les prochaines éclipses
→ page 176

6. Observer les taches solaires

L'activité magnétique du Soleil se traduit par l'apparition de taches solaires à sa surface ; leur nombre et leur suivi permettent de situer le Soleil dans son cycle d'activité.

Un cycle de onze ans

Tous les onze ans, le Soleil connaît une activité intense. Les éruptions et les taches sombres, dues notamment aux perturbations de la photosphère, se multiplient alors à la surface de l'astre. La dernière période de grande activité date des années 2000 et 2001, avec quelques taches seulement en 1998 et 1999, puis encore quelques-unes en 2002 et 2003. Entre deux phases d'activité, le disque solaire présente assez peu de taches, voire aucune certaines années. Les premiers rendez-vous du XXIe siècle sont fixés entre 2011 et 2012, puis entre 2022 et 2023.

Observation et suivi

Observer les taches solaires commence donc par l'observation du disque solaire lui-même. Il ne faut jamais tenter de regarder les taches directement dans des jumelles, une lunette ou un télescope, mais utiliser l'une des méthodes en usage pour l'observation du Soleil : soit l'observation indirecte sur écran, soit l'observation directe, grâce à un filtre « pleine ouverture » ou une feuille de mylar que l'on fixe sur l'objectif de la lunette ou du télescope.

L'intérêt du Polaroid. La première méthode, avec projection sur écran, est toutefois la plus intéressante, notamment si l'on veut effectuer le décompte des taches. Elle permet d'entourer directement les taches et groupes de taches

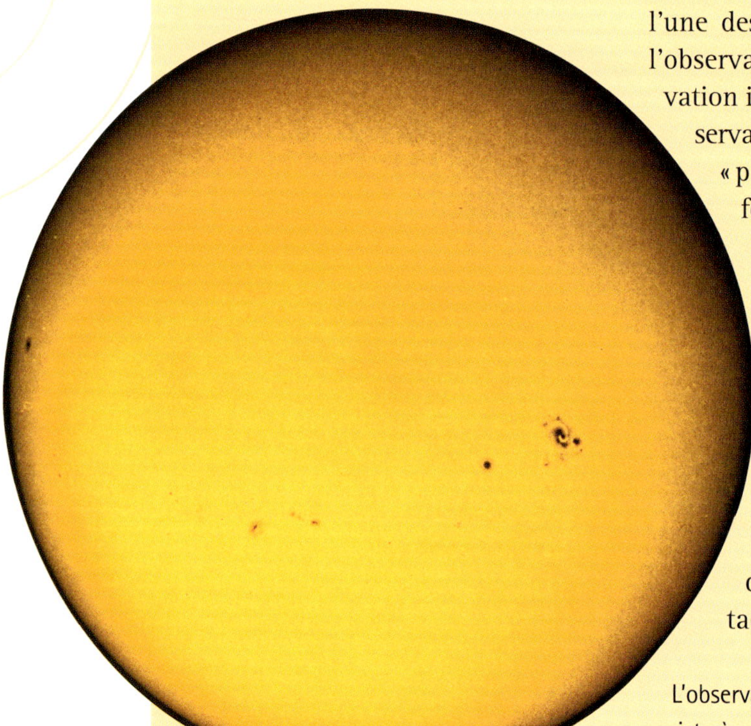

L'observation des taches solaires consiste à calculer le nombre de Wolf comptabilisant taches et groupes de taches.

sur la feuille de papier où apparaît le disque solaire, et de compter ensuite. Jour après jour, vous verrez les taches se transformer et se déplacer du fait de la rotation du Soleil. Vous pouvez également photographier le résultat avec un Polaroid et noter les heures et jours d'observation au bas des photos.

Décompter les taches

Le décompte des taches permet à l'astronome de mesurer le niveau de l'activité solaire. Pour ce faire, on calcule le nombre de Wolf, qui tient compte des deux aspects sous lesquels se présentent les taches : soit isolées, soit en groupes.

Calculer le nombre de Wolf. Noté R, le nombre de Wolf se calcule à partir de la formule : $R = k\ (10\ g + f)$; k est un facteur que l'on ramène à 1 lorsqu'on est le seul observateur ; g désigne le nombre de groupes de taches, et f, le nombre total de taches.

Supposons qu'au premier jour d'observation vous comptiez 3 groupes de taches, dont l'un contient 5 taches et les deux autres 3 taches seulement, ainsi que 2 taches isolées. Dans ce cas, g = 3, puisqu'il y a 3 groupes, et f = 13, puisqu'il totalise toutes les taches (5 dans un groupe, 3 et 3 dans les deux autres, plus 2 taches isolées). Si l'on reprend la formule de R, on obtient ainsi le résultat suivant :
$R = 10\ g + f = 10 \times 3 + 13 = 43$.

Interpréter les résultats. Le but étant de savoir si l'activité solaire augmente (R croissant) ou si elle diminue (R décroissant), il est nécessaire de « moyenner » ses observations. En calculant le nombre de Wolf plusieurs jours de suite, les différences peuvent paraître importantes, mais, sur un mois, les erreurs doivent normalement se compenser pour produire une donnée exploitable. ■

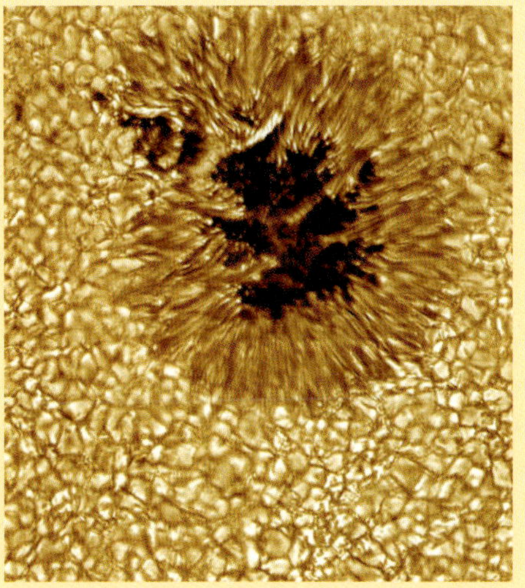

Les climatologues s'intéressent de plus en plus au nombre de taches solaires. Leur absence prolongée sur plusieurs décennies semble en effet s'accompagner de climats très rigoureux.

LE SAVIEZ-VOUS ?

Nombre de taches et climats

Il semblerait que le nombre des taches solaires et le climat terrestre soient en relation. Au début du XVIIIe siècle, durant plusieurs décennies, on a en effet remarqué que le Soleil n'a eu aucune tache, ou très peu, même lors de ses cycles d'éruptions, et que ces périodes ont coïncidé avec un climat très froid, qui a reçu le nom de « petit âge glaciaire ». L'inverse est-il vrai ? Un grand nombre de taches, même en dehors des cycles de onze ans, s'accompagne-t-il d'un climat plus chaud, comme entre 1998 et 2002 ? Tenter d'établir une semblable relation au fils des années peut être un des buts de l'astronome amateur...

VOIR
Filtres
→ page 31

VOIR
Le Soleil
→ page 86

VOIR
Observer
le Soleil
→ page 168

7. Les prochaines éclipses

Pour les « chasseurs d'éclipses », voici un tableau des éclipses de Soleil sur la surface de la Terre de 2006 à 2013 et les dates et heures des éclipses de Lune visibles en Europe.

Le mécanisme des éclipses de Soleil...

La Terre suit autour du Soleil un trajet elliptique, qui porte la distance Soleil-Terre de 147 à 152 millions de km. Avec un diamètre de 1,4 million de km, le Soleil nous apparaît sous un angle compris entre 31' 28" (31 min et 28 s) et 32' 31". La distance de la Lune à la Terre varie, elle, de 356 000 à 406 000 km. Avec un diamètre de 3 500 km, le disque lunaire vu depuis la Terre varie d'autant : entre 29' 22" et 34' 8". Ces chiffres sont très semblables. À chaque fois que la Lune passe entre la Terre et le Soleil avec un diamètre apparent supérieur à celui du Soleil, elle éclipse notre astre.

... et des éclipses de Lune. Le mécanisme est ici plus simple. Lorsque la Lune se trouve de l'autre côté de la Terre par rapport au Soleil, l'ombre de la Terre, qui, du fait de sa distance à la Lune, fait 9 000 km de large, masque entièrement notre satellite.

L'alignement, condition indispensable

Pourquoi n'y a-t-il pas une éclipse de Soleil et de Lune à chaque lunaison ? Pour qu'un objet en éclipse un autre, il faut que notre regard et les deux objets se trouvent sur une même ligne de visée, un même plan. Or, l'orbite de la Lune autour de la Terre ne se situe pas exactement dans le même plan que l'orbite de la Terre autour du Soleil, mais fait avec le plan de l'écliptique, un angle de 5,9°. Les trois objets ne sont donc pas alignés.

Des cycles de plus de 18 ans. Le plan de l'orbite lunaire pivote lentement sur lui-même, selon un axe perpendiculaire au plan de l'orbite terrestre, en un cycle d'une durée de 18,61 ans. Et il arrive donc à plusieurs reprises,

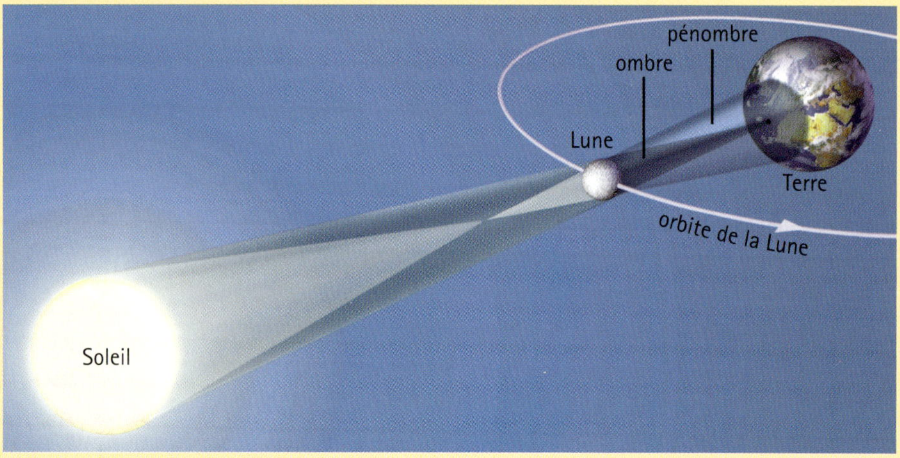

Éclipse de Soleil.

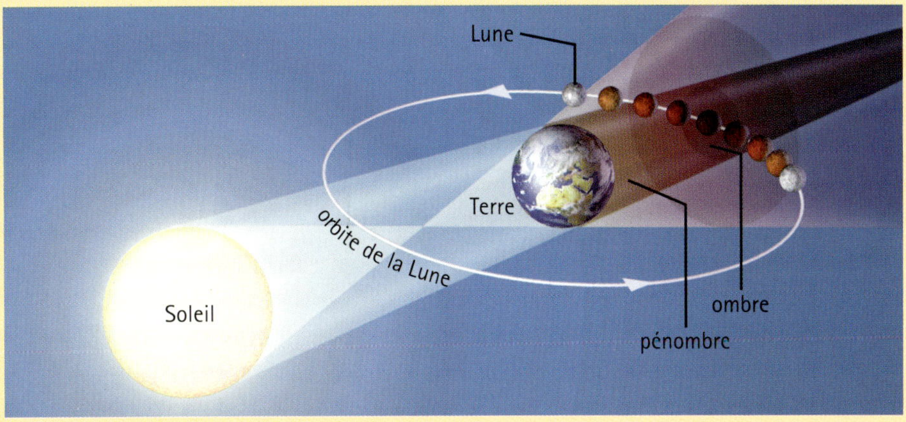

Éclipse de Lune.

au cours de ce cycle, que la Terre, la Lune et le Soleil soient alignés. Si, à ce moment-là, la Lune se trouve à la bonne distance de la Terre, alors et alors seulement, se produit une éclipse totale de Soleil. En fait, ce cycle de 18,61 ans est de 18 ans, 11 jours et 8 heures : appelé saros. En un saros, on compte, à des latitudes diverses, 43 éclipses de Soleil et 28 de Lune.

Plusieurs sortes d'éclipses. Lors des éclipses de Soleil, cet astre disparaît parfois totalement – éclipse totale –, mais cette même éclipse vue d'un endroit différent de la Terre va paraître partielle – éclipse partielle –, la Lune ne cachant alors qu'une partie plus ou moins importante du Soleil. Enfin si, lors d'une éclipse, la Lune se trouve trop loin de la Terre, alors son disque ne couvre pas entièrement le disque solaire et laisse voir un anneau de lumière solaire : ce sont les éclipses annulaires. ■

LES ÉCLIPSES TOTALES OU ANNULAIRES DE SOLEIL

Date	Caractère	Lieu	Heure (TU)	Durée
22/09/2006	annulaire	Brésil, Atlantique	11 h 40	7' 09"
07/02/2008	annulaire	Antarctique	3 h 55	2'12"
01/08/2008	totale	Alaska, Groenland, Russie (partielle en France)	10 h 25	2' 27"
26/01/2009	annulaire	Océanie	7 h 57	7' 54"
22/07/2009	totale	Inde, Népal, Chine	2 h 36	6' 40"
15/01/2010	annulaire	Afrique (centre), Inde, Chine	7 h 10	11' 10"
11/07/2010	totale	Pacifique Sud		
20/05/2012	annulaire	Sud-Est asiatique	19 h 30	5'20"
13/11/2012	totale	Pacifique Sud	23 h 53	5'46"
10/05/2013	annulaire	Australie, Pacifique	22 h 12	4'02"
03/11/2013	totale	Atlantique Nord, Afrique équatoriale	0 h 25 12 h 46	6'03" 1'40"

LES PROCHAINES ÉCLIPSES DE LUNE VISIBLES EN EUROPE

3 mars 2007 (23 h 23 TU) ; 21 février 2008 (3 h 28 TU) ; 31 décembre 2009 (19 h 25 TU) ; 21 décembre 2010 (8 h17 TU) ; 15 juin 2011 (20 h12 TU) ; 25 avril 2013 (20 h 07 TU).

VOIR
Diamètre → page 27
Écliptique (plan de) → page 28
Saros → page 58

VOIR
Observer le Soleil → page 168
Observer la Lune → page 178

8. Observer la Lune

Observer le visage de la Lune se fait à l'œil nu. Et cela semble si facile que, généralement, on oublie d'admirer notre satellite avec des instruments d'astronomie que l'on utilise plutôt pour regarder plus loin, vers les planètes, les étoiles, les galaxies...

Un bon entraînement

L'observation des détails de la surface lunaire reste assurément le meilleur terrain d'entraînement pour la vue, la manipulation des instruments et la compréhension générale de tout ce que l'on peut apercevoir dans une lunette ou un petit télescope.

Quand observer ? Le meilleur moment d'observation se situe lorsque la Lune est croissante (ou décroissante, mais, attention : ce ne sont pas les mêmes horaires). La pleine lune, en revanche, n'offre pas de bonnes conditions à l'astronome, l'incidence des rayons solaires écrasant alors tous les reliefs. Dans les pages suivantes, la Lune est présentée dans sa phase croissante, jusqu'à la pleine lune, durant les périodes allant de 1 à 7 jours, puis de 6 à 12 jours, et enfin de 9 à 15 jours.

La Lune en détail

Pour bien examiner la Lune, le mieux est de suivre soit la ligne séparant la zone d'ombre de la zone éclairée – le

Depuis l'Antiquité, de nombreux auteurs ont imaginé un voyage sur la Lune. Cyrano de Bergerac avait même inventé 7 moyens pour gagner la Lune. Mais personne n'aurait su prédire que, grâce à la télévision, ce voyage serait suivi par toute l'humanité.

Carte de la Lune.

terminateur –, soit le rebord extérieur lunaire.

Quels instruments ? Notre satellite s'observe très bien avec une paire de jumelles, des 7 × 50 ou des 8 × 50. Néanmoins, une lunette de 60 mm et un oculaire de 20 mm (soit, cette fois, un grossissement de 35 fois au lieu de 7 ou 8 avec des jumelles) permettent immédiatement de mieux distinguer, même à la pleine lune, ces grandes surfaces lisses, appelées « mers lunaires ». Il est d'ailleurs conseillé d'apprendre le nom de ces surfaces, toute la topologie lunaire classique se rapportant plus ou moins à elles.

Un aspect changeant. Enfin, il ne faut pas oublier que, observée sur plusieurs jours et à des périodes différentes, la Lune oscille un peu dans toutes les directions par rapport à la Terre du fait de sa vitesse orbitale inégale, de son inclinaison, etc. Cela change d'autant l'aspect des formations observées. Ainsi, la mer des Crises (Mare Crisium), que l'on peut admirer entre J1 et J7, passe de la forme d'une ellipse étroite à celle d'un large ovale, ce qui semble déplacer tous les points alentour et déforme d'autant l'aspect général de la région. ■

VOIR
Grossissement → page 35
Terminateur → page 59

VOIR
La Lune → page 94

VOIR
Observer la Lune de J1 à J7 → page 180
Observer la Lune de J6 à J12 → page 182
Observer la Lune de J9 à J15 → page 184

9. Observer la Lune de J1 à J7

Repérer le tout premier croissant de la nouvelle lune n'est pas un pari facile : mieux vaut donc attendre, pour l'observation, que la nouvelle lune soit âgée de 1 ou 2 jours.

Instruments et grossissements

Même si des jumelles permettent aussi les observations suivantes, nous vous proposons d'utiliser ici soit des jumelles, une lunette de 60 mm avec une focale de 710 mm ou un télescope de 115 mm.

Débutez les observations avec un oculaire de 20 mm (grossissement de 30 fois à 40 fois) pour la phase de repérage, et poursuivez-les avec des oculaires de 12,5 mm ou de 8 mm, qui ne vous présenteront qu'une vue partielle, mais plus détaillée, de la partie observée. Vous obtiendrez des grossissements de 80 à 100 fois, avec une lunette de 710 à 800 mm de focale munie d'un oculaire de 8 mm, ou avec un télescope de 900 mm de focale doté d'un oculaire de 12,5 mm.

La cartographie de J1 à J7

De 1 jour à 7 jours, le terminateur nous montre la partie est de la Lune, entre 80° E et 0° E. Voici ce que l'on peut observer...

Dans la partie nord. Cette portion va de 0° N à 70° N. La première formation importante à apparaître est la mer des Crises (Mare Crisium), généralement assez sombre, entre 60° E et 50° E et 10° N et 20° N.

CONSEIL

Une vue inversée

Attention, n'oubliez pas que, dans votre lunette, le nord et le sud apparaissent inversés, tout comme le sont l'est et l'ouest. Par exemple, la partie nord ici décrite se trouvera en bas de votre lunette, et vice versa.

Réglés sur un calendrier lunaire, les rites musulmans correspondent à des phases bien précises de la Lune.

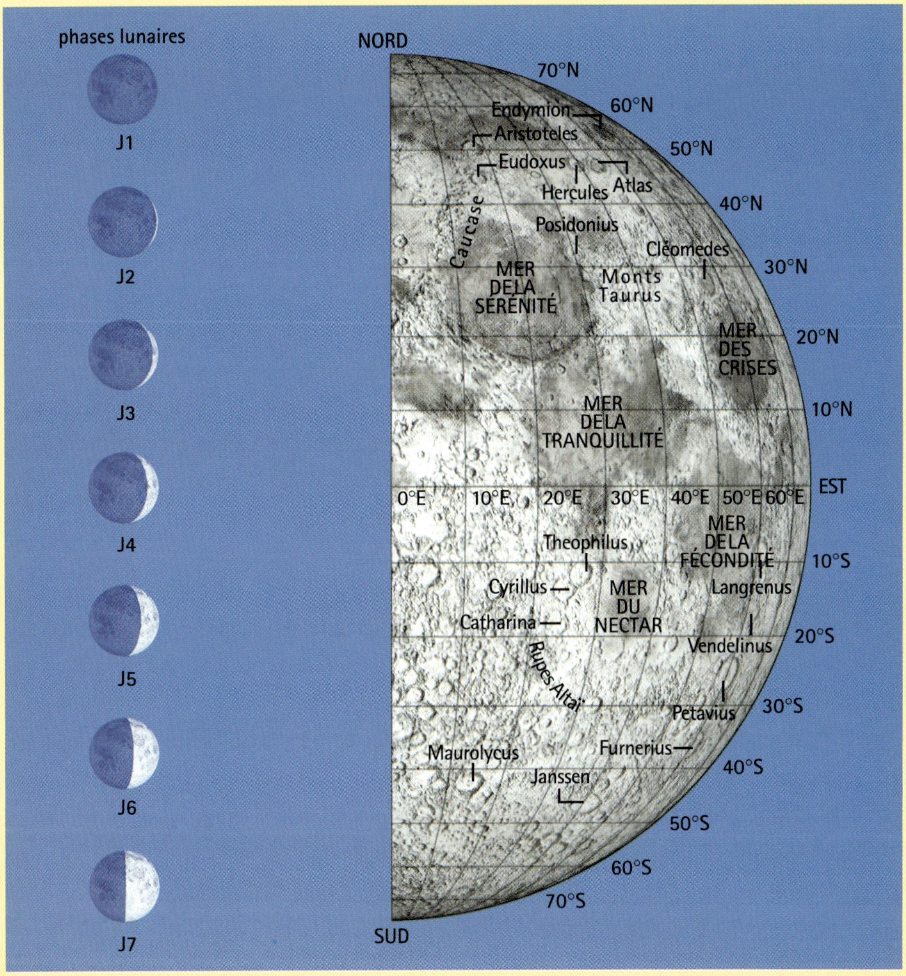

Pour la Lune, des grossissements de 1,5 fois ou 2 fois le diamètre de l'objectif peuvent être utilisés. L'image paraît inversée dans une lunette ou un télescope.

Visibles également dès les premiers jours, les **cratères Hercules** (67 km de diamètre) et **Atlas** (87 km) forment un ensemble frappant (40° E ; 50° N). Enfin, toujours dans cette partie, apparaît la **mer de la Tranquillité** (Mare Tranquillitatis), qui a reçu les missions Apollo 11 et 17 (entre 40° et 20° E ; 0° et 20° N).

Dans la partie sud. Si la grande mer de la Fécondité (Mare Fecunditatis) (50° E ; entre 0° et 20° S) n'est guère passionnante à observer, sa voisine la **mer du Nectar** (Mare Nectaris) est plus intéressante (30°-40° S ; 10°-20° S). Celle-ci est bordée par les **Rupes Altaï** (l'escarpement de l'Altaï), qui constituent comme un mur circulaire.

D'est en ouest. Plusieurs cratères sont à repérer. Tout à l'est, longeant puis dépassant vers le sud la **mer de la Fécondité** (Mare Fecunditatis) : Langrenus (132 km), Vendelinus (147 km), Petavius (177 km) et Furnerius (125 km) que l'on aperçoit dès J2 et J3. Auprès de la mer du Nectar se trouve aussi un surprenant trio de cratères, se touchant ou presque : Theophilus, Cyrillus et Catharina, tous d'une centaine de kilomètres de diamètre (20°-30° E ; 10°-20° S). ■

VOIR
Focale
→ page 32
Grossissement
→ page 35

VOIR
Observer la Lune
→ page 178
Observer la Lune de J6 à J12
→ page 182
Observer la Lune de J9 à J15
→ page 184

10. Observer la Lune de J6 à J12

Entre le sixième et le douzième jour lunaire, on peut regarder la Lune, jusqu'à des latitudes de 90° N et 90° S.

La cartographie de J6 à J12

Les observations se situent ici entre 20° E et 20° O et montrent le « centre » de la surface lunaire. N'oubliez pas cependant, et cela est valable pour toutes les phases de la Lune, que c'est le long du terminateur que s'effectuent les meilleures observations. Ces dernières peuvent être faites avec des jumelles 8 × 50 ou une lunette de 60 mm, avec focale de 710 mm (oculaire de 20 mm pour les repérages, et de 12,5 ou 8 mm pour les détails).

La partie nord. S'étendant de 0° N à 90° N, elle se signale par la plus vaste cuvette lunaire : la **mer des Embruns** ou **des Pluies** (Mare Imbrium). Dans une zone située entre 10°-50° N et 0°-40° O, celle-ci est bordée par plusieurs chaînes de montagne. On rencontre de l'ouest vers l'est, puis du nord au sud : Monte Jura et Monte Alpes, entre lesquelles se trouve le grand cratère Platon (100 km) dont le sol est l'une des zones les plus sombres de la Lune ; puis, se défilant

Envoyée en avril 1972, la mission Apollo 16 a battu le record des échantillons lunaires avec 94,7 kg de roches prélevées jusqu'à 3 m de profondeur, à proximité de l'endroit où Tintin et ses compagnons auraient aluni.

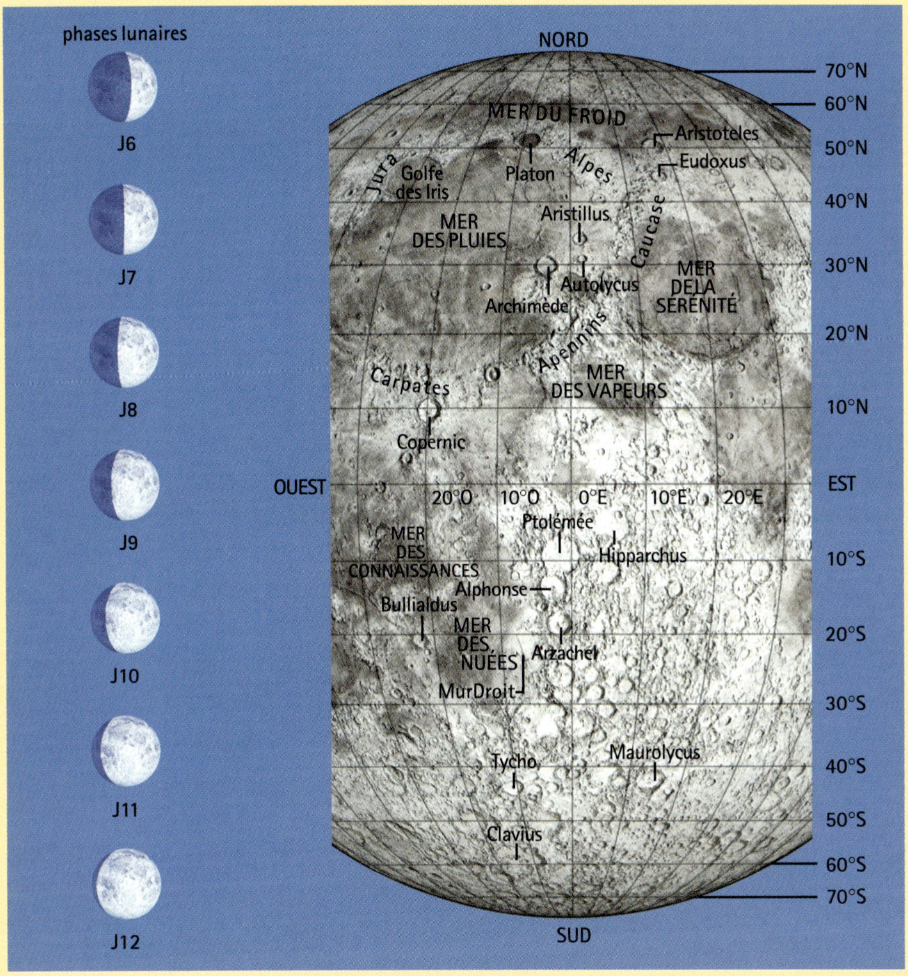

C'est à 15°E et 8°S que s'est posée la mission Apollo 16.

vers le sud-ouest : les monts du Caucase (Monte Caucasus), les monts Apennins (Monte Apenninus) et les Carpates (Monte Carpatus), percés par le cratère Copernic (Copernicus).

C'est dans la région des trois cratères bordant les Monte Caucasus et Apenninus – Aristillus, Autolycus et le grand Archimedes (30°N, 5°O) – que s'est perdue la sonde russe Luna II en 1959, le premier objet humain à toucher le sol lunaire.

La partie sud. Ce continent doté de nombreux cratères ne contient qu'une seule grande mer : **mer des Nuées** (Mare Nubium) [10°-30° S ; 10°-20° O]. N'oubliez pas que cette zone se trouve en haut dans votre lunette puisque l'image est inversée.

À 10° O et environ 40° S, on repère le **cratère Tycho**, en fait une chaîne de montagnes circulaire, qui est le centre des rayons les plus clairs. Sa profondeur atteint 4 800 m.

Le long du méridien zéro. Repérez, en descendant vers le sud, les trois grands cratères : Ptolémée (Ptolemaeus) (10°S, 153 km de diamètre), Alphonsus, qui le borde en dessous, et Arzachel. Légèrement au-dessus et à l'est de Ptolemaeus se trouve le cratère Hipparchus dans lequel Hergé a fait alunir Tintin et ses compagnons dans *Objectif Lune*. ■

VOIR
Focale
→ page 32
Grossissement
→ page 35

VOIR
Observer la Lune
→ page 178
Observer la Lune de J1 à J7
→ page 180
Observer la Lune de J9 à J15
→ page 184

11. Observer la Lune de J9 à J15

Entre le neuvième et le quinzième jour lunaire, la Lune se prépare à être pleine, c'est-à-dire qu'elle devient de plus en plus lumineuse.

Instruments et grossissements

Les observations se déroulent toujours avec une lunette de 60 mm de 710 mm de focale. Pour le repérage, il convient d'utiliser un oculaire de 20 mm, mais, pour un examen plus détaillé, un oculaire de 12,5 mm devrait suffire : la luminosité de la Lune à cette période, devenue assez forte, ne permet pas toujours, en effet, des grossissements très importants. Quant aux filtres lunaires, ils sont souvent trop sombres et font perdre de nombreux détails. Vous comprendrez sans doute mieux la partie étudiée ici en suivant le terminateur lors de la phase décroissante, entre 22 et 28 jours.

La cartographie de J9 à J15

Les observations portent sur la région lunaire située entre 20° O et 80° O.

La partie nord. Elle s'étend de 0° N à 70° N et se distingue par certains lieux remarquables, dont la partie ouest de la **mer des Pluies**, ou des Embruns (Mare Imbrium), qui se termine au sud par les monts des Carpates (20° O ; 10° N) et le **cratère Copernic** dont ont voit nettement émaner les rayons lumineux.

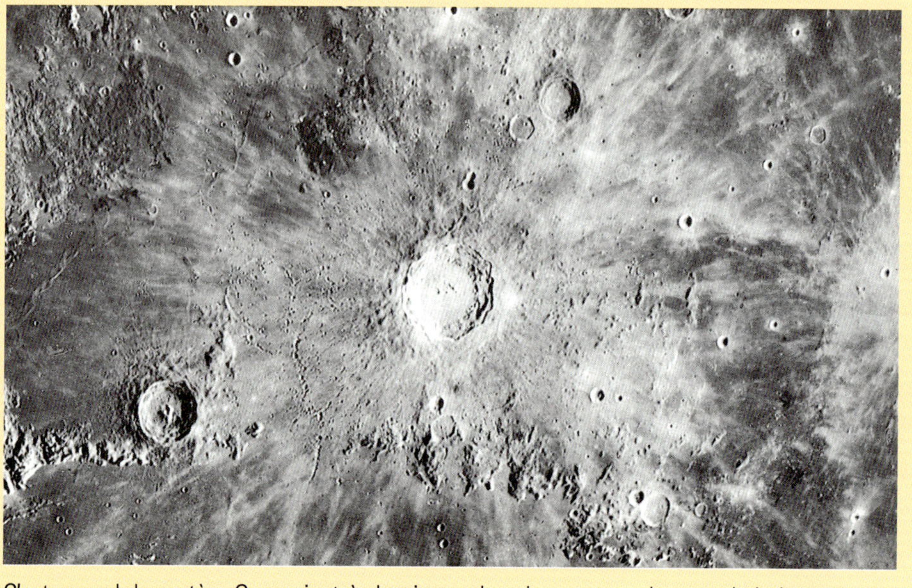

C'est au sud du cratère Copernic, très lumineux dans le quart nord-ouest de la Lune, que s'est posée la mission Apollo 12 en novembre 1969.

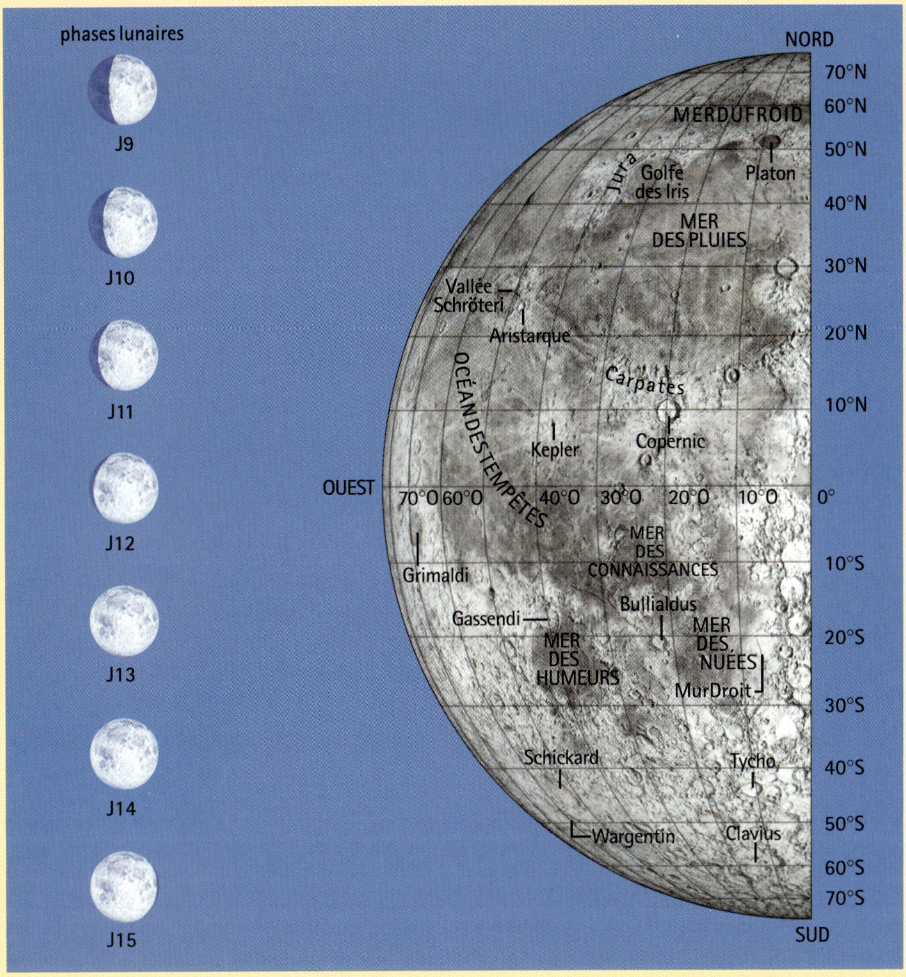

Cette partie de la Lune visible entre le 9e et le 15e jour s'observe aussi bien, ou mieux, lors du dernier quartier, entre J22 et J28.

Un peu plus au nord-ouest (50° O ; 25° N), le **cratère Aristarque** (45 km de diamètre), également très intéressant, est l'une des formations les plus brillantes de la Lune : on peut l'apercevoir à la lueur de la Terre lorsque celle-ci éclaire faiblement la partie obscure de la Lune ! Auprès d'Aristarque, avec une lunette ou un petit télescope présentant un grossissement de plus de 100 fois, on peut admirer une vallée, la Vallis Schröteri, large d'une dizaine de kilomètres.

La partie sud. À la jonction de la partie nord et de la partie sud, s'étend la grande mer, l'**océan des Tempêtes** (Procellarum) entre 60° O-30° O et 20° N-10° S.

Plus au sud-est, à 20° O et 20° S, remarquez le **cirque Bullialdus** (59 km) qui a la forme d'un anneau. Au-dessus de lui, la **mer des Connaissances** (Mare Cognitum) doit son nom à la mission Ranger 7 qui, avant de s'y poser, a transmis à la Terre les premières photos détaillées de la surface lunaire, préparant ainsi les missions Apollo.

Enfin, près de la mer Schickard (50° O ; 40° S-50° S) se trouve le **cratère Wargentin** (84 km), empli presque jusqu'au bord de lave refroidie. ■

VOIR
Focale
→ page 32
Grossissement
→ page 35

VOIR
Observer la Lune
→ page 178
Observer la Lune de J1 à J7
→ page 180
Observer la Lune de J6 à J12
→ page 182

12. Le ciel d'hiver

Bénéficiant souvent en Europe de l'anticyclone de Sibérie, avec un ciel dégagé et un air froid et sec, l'hiver est une saison très prisée des amateurs d'astronomie.

Un programme chargé

Orion, Sirius et le Grand Chien, le Taureau et les Pléiades, puis le Cocher et les Gémeaux sont au programme de l'hiver. Repérez d'abord ces objets en réglant votre carte mobile du ciel, ou cherche-étoiles, sur le 15 janvier à 22 h TU. Au centre, se trouve la constellation d'Orion, avec son Baudrier caractéristique, et, en dessous de ce dernier, la nébuleuse M 42. À l'est d'Orion, c'est-à-dire à gauche en regardant vers le sud, Sirius, dans le Grand Chien, est l'étoile la plus brillante. À l'ouest, Aldébaran, dans le Taureau, paraît orangée : c'est au-dessus de cette étoile que scintillent les Pléiades. En prolongeant maintenant la ligne joignant Rigel et Bételgeuse d'Orion, on parvient à Castor et Pollux des Gémeaux. Rigel, Sirius, Procyon du Petit Chien, Pollux et Castor, et Aldébaran forment l'Hexagone de l'hiver.

Enfin, uniquement pour ceux dont l'œil est suffisamment exercé, la grande – mais néanmoins peu visible – constellation de Monocéros, la Licorne, s'étale entre Procyon, Sirius et Orion. ■

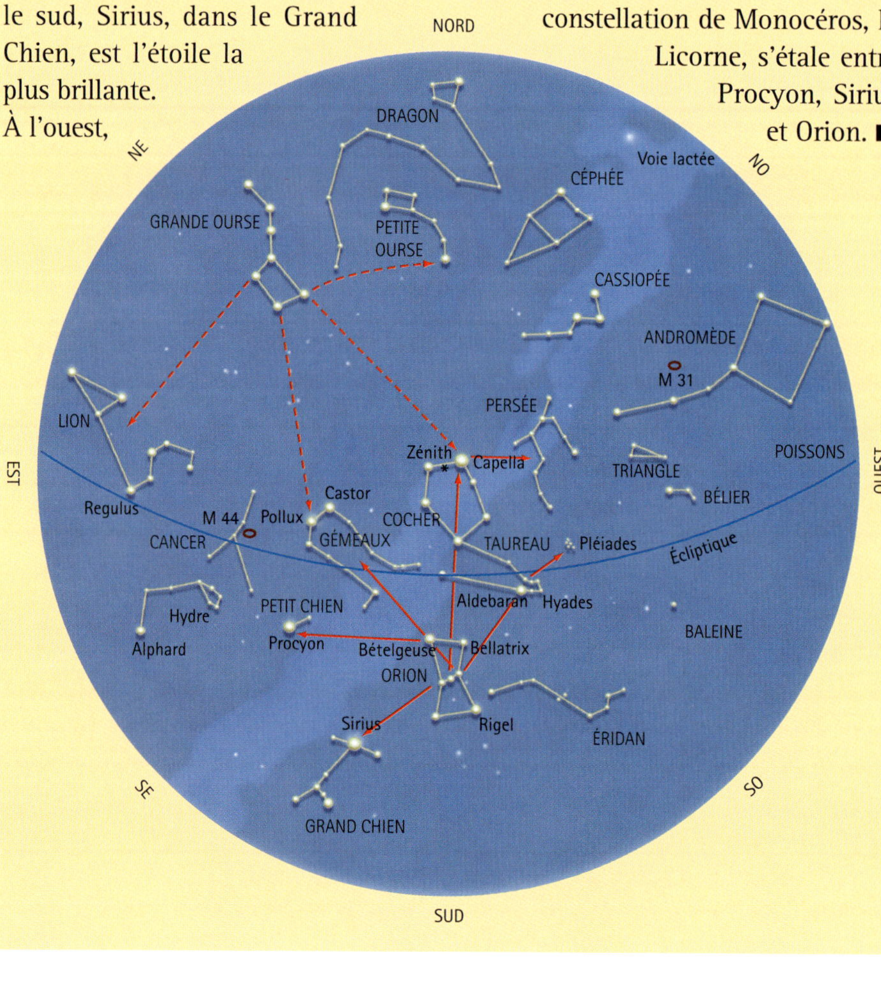

VOIR
Utiliser une carte du ciel → page 126
Se repérer dans le ciel → page 129
La constellation d'Orion → page 187
Les nébuleuses d'Orion → page 188
Sirius et le Grand Chien → page 189
Le Taureau → page 190
Les Messier du Taureau → page 191
Capella et le Cocher → page 192
Les Gémeaux et M35 → page 193
Le Bélier et le Triangle → page 194

13. La constellation d'Orion

Bien visible, avec son double trapèze et son « baudrier » de trois étoiles alignées, Orion trône sur le ciel en décembre, janvier et février.

Observer la constellation

Orion, dans l'hémisphère Nord, est la plus belle des constellations de l'hiver, qu'on l'observe à l'œil nu ou avec des jumelles. Elle est bien visible d'abord à l'est à 23 h TU dès le 15 novembre, puis plein sud à la même heure le 25 décembre (ou encore à 21 h 30 TU le 15 janvier), et enfin à l'ouest, à 23 h TU le 15 février.

Trapèze et Baudrier. Sa forme particulière est facilement repérable : un grand trapèze double, barré au centre par trois étoiles régulièrement espacées dessinant le Baudrier d'Orion. Ces trois astres, d'une luminosité sensiblement égale, sont des étoiles chaudes bleutées situées à environ 1 000 années-lumière. Sous le Baudrier se trouvent deux nébuleuses diffuses : M 42 et IC 434.

Bételgeuse et Rigel. Aux deux extrémités du rectangle, repérez tout d'abord Bételgeuse, une supergéante rouge et, à l'opposé, la brillante Rigel, une supergéante bleue dont la température de surfacc avoisine les 15 000 °C. Distinguer ces couleurs est un des premiers exercices de l'astronome amateur.

Photographier Orion. Pour photographier à grand champ l'ensemble de la constellation, on utilise un objectif de 50 mm, diaphragme

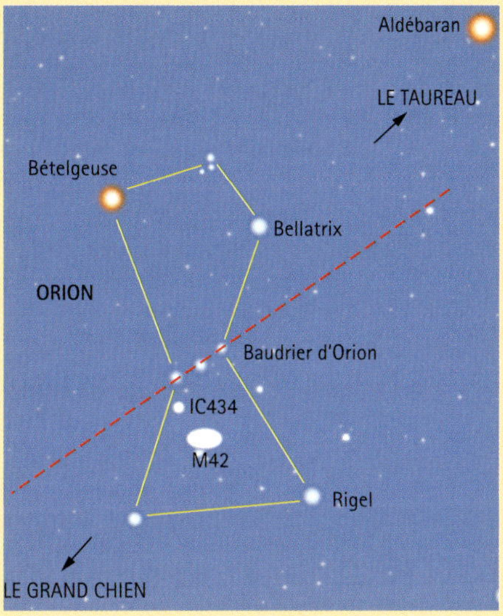

ouvert au maximum, et un film de 1 600 ISO. Le temps de pose ne doit pas excéder 10 secondes.

Se repérer à partir d'Orion

Avec ses étoiles assez brillantes, la constellation d'Orion sert souvent de repère. En partant du Baudrier et en tirant une ligne imaginaire allant vers le sud, on parvient directement à Sirius du Grand Chien, l'étoile la plus brillante du ciel hivernal, sous laquelle on peut voir l'amas ouvert M 41. En revenant à ce même Baudrier, et en traçant cette fois une ligne vers le nord, on arrive sur la pointe du Taureau et, au-dessus, à un autre amas ouvert : le célèbre amas des Pléiades. ■

VOIR

Se repérer dans le ciel
→ page 129

Éléments d'astrophotographie
→ page 136

Les nébuleuses d'Orion
→ page 188

14. Les nébuleuses d'Orion

Sous le Baudrier d'Orion se trouvent deux merveilles : la nébuleuse d'Orion (M 42) et la nébuleuse à Tête de Cheval (IC 434).

Observer la belle M 42

Avec un diamètre de 20 années-lumière et une distance de 1 300 années-lumière, la nébuleuse d'Orion (M 42) présente une magnitude voisine de 4. Pour la repérer, il est conseillé d'utiliser des jumelles, bien que l'on puisse aussi la chercher à l'œil nu ou au viseur d'une lunette ou d'un télescope. Tracez une ligne imaginaire entre l'étoile la plus à gauche du Baudrier (la plus basse si vous êtes tourné vers le sud) et Rigel la bleue, et vous trouverez M 42 à mi-chemin.

Pour en distinguer les détails, utilisez une lunette de 60 mm ou un télescope de 115 mm, sans trop agrandir l'image : un oculaire de 24 mm (pour un télescope) ou de 20 mm (pour une lunette) feront l'affaire. Vous obtiendrez un grossissement de 40 à 50 fois sans toutefois diminuer le champ d'observation.

Présentant un aspect bleuâtre à l'œil nu, M 42 apparaît verdâtre avec un instrument d'astronomie, puis rouge et jaune en photographie.

IC 434, en photo seulement

Les nébuleuses dites « diffuses » ne sont presque pas visibles dans les instruments d'optique employés par les amateurs et, pour les admirer, il faut en règle générale les photographier. C'est le cas de la nébuleuse à Tête de Cheval (IC 434). Elle se trouve sous le Baudrier d'Orion, juste sous la première étoile, la plus basse. Distante de 1 100 années-lumière, elle se détache sur un fond de ciel étoilé...

Pour la photographier, il faut disposer d'une monture motorisée. Le temps de pose est de 30 min environ, avec des films tels que le Super G 800 ou le Kodak Gold 400. Ces conseils valent aussi pour photographier M 42. ■

La très fameuse nébuleuse à Tête de cheval, IC 434 n'est perceptible que sur les photographies.

VOIR
Année-lumière → page 19
Champ → page 24
Grossissement → page 35
Nébuleuse → page 46

VOIR
Les taches floues du ciel → page 78

VOIR
La constellation d'Orion → page 187
Photographier le ciel profond → page 220

15. Sirius et le Grand Chien

Souvent basse sur l'horizon, Sirius, dans le Grand Chien, donne parfois l'impression de clignoter et de lancer des éclats orangés. Mais le Grand Chien et sa compagne la Licorne proposent d'autres spectacles.

L'astre le plus brillant

Au sud-est d'Orion, se trouve la constellation du Grand Chien, facilement repérable grâce à l'une de ses étoiles, Sirius. Celle-ci est en effet l'astre le plus brillant que l'on puisse voir dans le ciel hivernal, sa magnitude atteignant en cette saison - 1,5. Sirius est située à seulement 9 années-lumière de la Terre. Sa température de surface est d'environ 8 000 °C, et sa taille, le double de celle du Soleil. Il s'agit donc d'une étoile orangée dont on aperçoit la couleur à l'œil nu.

C'est aussi une étoile double. Son compagnon, Sirius B, une naine blanche qui tourne autour d'elle en cinquante ans, ne peut être cependant distingué qu'avec un bon télescope (200 mm).

Le Grand Chien et M 41. Le Grand Chien comprend sept étoiles principales, souvent difficiles à voir toutes : Muliphein et Mirzam de part et d'autre de Sirius, puis, formant un semblant de corps et de queue, Wezen, Aludra, Adara et Furud. Juste sous Sirius se trouve l'amas ouvert M 41, que l'on peut regarder avec de simples jumelles, ou, mieux, avec une lunette de 60 mm ou un télescope de 115 mm.

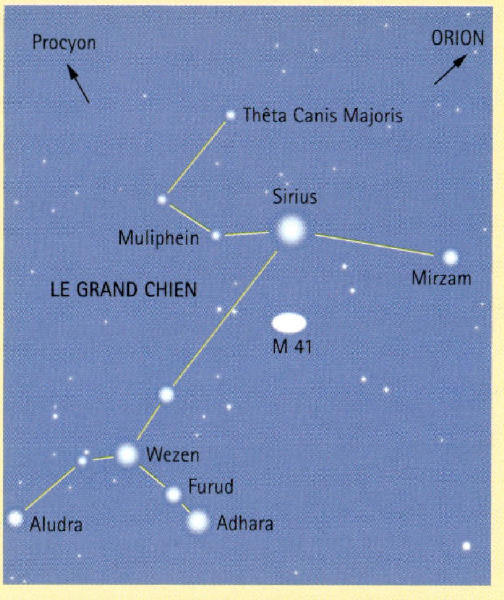

De Sirius à la Licorne

Au-dessus du Grand Chien, Monoceros, ou, en français, la Licorne, est une constellation dont les étoiles sont à peine visibles à l'œil nu.

Tirez tout d'abord un trait imaginaire entre Sirius et Bételgeuse d'Orion. Presque à mi-chemin, vous pourrez voir aux jumelles Bêta Monoceros, une étoile triple.

De Sirius à Procyon. À partir de Sirius, dirigez-vous maintenant vers Procyon, dans le Petit Chien. Quasi à mi-chemin, M 50 est un bel amas ouvert à observer aux jumelles. À proximité, les amas ouverts M 46, M 47 et M 48, eux, nécessitent un télescope. ■

VOIR
Amas
→ page 17
Année-lumière
→ page 19
Magnitude
→ page 40

VOIR
Les étoiles
→ page 68
Les étoiles multiples
→ page 74
Les taches floues du ciel
→ page 78

VOIR
Se repérer dans le ciel
→ page 129

MODES D'OBSERVATION

16. Le Taureau

Comme le Soleil s'y lève en juin, le Taureau est une constellation d'hiver que l'on observe au sud le 1er janvier à 22 heures.

À l'œil nu et aux jumelles

La constellation du Taureau se repère facilement en tirant un trait depuis le Baudrier d'Orion, dans le sens opposé à Sirius. On parvient ainsi à la tête du Taureau et à son œil, qui n'est autre que l'étoile Aldébaran. Le reste de la constellation dessine un grand V dans le ciel à l'est d'Aldébaran (à gauche lorsque vous êtes tourné vers le sud).

Aldébaran. Bien visible à l'œil nu, c'est une étoile géante rouge (environ 30 fois de la taille du Soleil) avec une température de surface très basse de l'ordre de 3 000 °C. Elle est distante de 65 années-lumière.

Les Hyades. Aux côtés d'Aldébaran, formant la pointe du Taureau, se trouve l'amas des Hyades. Au sens strict du terme, il ne s'agit pas d'un amas d'étoiles, mais plutôt d'un rassemblement fortuit de plusieurs étoiles dans la même ligne de visée.

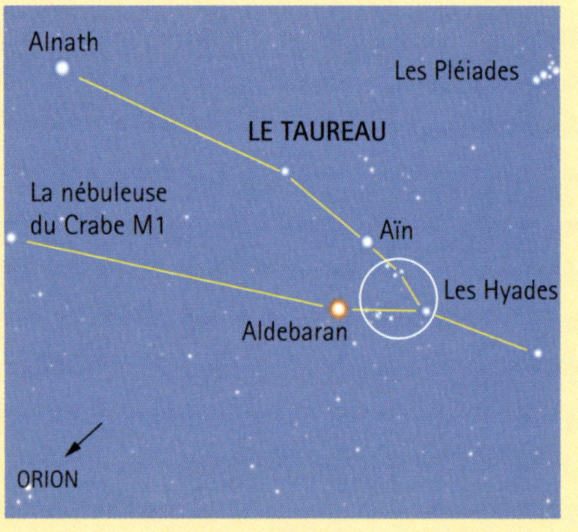

À regarder absolument avec des jumelles. Le spectacle est magnifique.

En partant des Hyades, les quatre objets principaux marquant le V du Taureau sont donc Aldébaran et, au-dessus d'elle, Aïn, près des Hyades, puis, formant les deux pointes, Alnath (appelée également Bêta Nath) ainsi que la nébuleuse du Crabe M 1.

Au-dessus du Taureau se trouve encore l'un des plus beaux et célèbres objets du ciel : les Pléiades.

LE SAVIEZ-VOUS ?

Le Taureau dans l'Histoire

Entre 4 200 et 2 100 avant J.-C., le Soleil se levait à l'équinoxe de printemps juste devant la constellation du Taureau. Les Anciens l'avaient remarqué et, durant cette période, tout le bassin méditerranéen, l'Égypte en tête, a associé ses cultes au Taureau qui était adoré comme un symbole de renaissance, de renouveau.

Le Taureau et les planètes

Constellation du zodiaque, le Taureau reçoit tour à tour les différentes planètes, ce qui donne parfois de fort belles conjonctions avec les Pléiades ou les Hyades. Après avoir été traversé par Jupiter en 2000 et 2001, le Taureau a accueilli Saturne entre fin 2000 et début 2003. Mars, quant à elle, s'y est trouvée en février – mars 2006, puis s'y retrouvera en août – septembre 2007 et enfin en janvier – février 2008. ■

VOIR
Amas → page 17
Année-lumière → page 19
Nébuleuse → page 46

VOIR
Les étoiles → page 68
Les étoiles multiples → page 74
Les taches floues du ciel → page 78
La ronde du zodiaque → page 108

VOIR
Se repérer dans le ciel → page 129
Les Messier du Taureau → page 191

17. Les Messier du Taureau

C'est dans le Taureau que se trouvent deux des plus célèbres objets célestes : l'amas des Pléiades et la nébuleuse du Crabe (M 1) née en 1054.

Admirer les Pléiades...

Visibles durant tout l'hiver, les Pléiades se situent presque juste au-dessus de nos têtes le 31 décembre à 22 h TU. Avant de réveillonner, sortez donc dans la nuit et repérez cet admirable amas ouvert, au-dessus du Taureau...

À l'œil nu et aux jumelles. Lorsque vos yeux seront habitués à l'obscurité, comptez les étoiles que vous apercevez à l'œil nu. Si, par temps clair, vous en voyez 5, voire 6 ou 7, vous montrez des dons pour l'astronomie amateur. Sur les centaines d'étoiles appartenant à l'amas ouvert des Pléiades, situé à 410 années-lumière, neuf ont une magnitude inférieure à 6 et sont donc théoriquement visibles sans appareil...

Maintenant, prenez des jumelles et regardez... C'est absolument splendide : un écrin de bijoux auprès duquel les lumières du réveillon vous paraîtront banales.

... et la nébuleuse du Crabe

En 1054, une étoile éclatant en supernova produisit une explosion d'une telle puissance qu'elle resta visible en plein jour durant des semaines... Aujourd'hui, ces restes forment une nébuleuse encore bien visible à l'extrémité est du Taureau, marquant la pointe la plus basse des cornes (si on est tourné vers le sud).

Télescope obligatoire. Cette nébuleuse, la première du catalogue Messier (M 1), ne se voit plus à l'œil nu, avec une magnitude de seulement 8,4. Elle ne présente qu'une vague tache floue aux jumelles. Il faut au moins un télescope de 90 mm (Maksutov-Cassegrain) pour discerner sa couleur bleu pâle et sa forme allongée (sur 6' × 4' d'arc). Le grossissement doit rester modeste, aux alentours de 40 fois.

Seule une photographie vous permettra d'admirer ses filaments rouges sur fond bleuté. Une monture motorisée est nécessaire. Prévoyez un temps de pose d'au moins une heure, et utilisez un film couleur Super G 800. ■

OBSERVATIONS

MODES D'OBSERVATION

VOIR
Amas
→ page 17
Année-lumière
→ page 19
Grossissement
→ page 35
Nébuleuse
→ page 46
Nova
→ page 47

VOIR
Les étoiles multiples
→ page 74
Les taches floues du ciel
→ page 78

VOIR
Les télescopes d'amateur
→ page 122
Le Taureau
→ page 190
Photographier le ciel profond
→ page 220

OBSERVATIONS

MODES D'OBSERVATION

18. Capella et le Cocher

Visible presque toute l'année, mais très haute au nord en été, la constellation du Cocher s'observe mieux en hiver, à partir de décembre.

Capella du Cocher, la jaune

Au nord du Taureau, juste au-dessus des deux pointes formant les cornes, la nébuleuse du Crabe (M 1) et Alnath, se repère l'étoile la plus lumineuse du ciel d'hiver après Sirius : c'est Capella, appelée aussi « Alpha Aurigae », dans la constellation du Cocher.

Les étoiles formant le Cocher ne sont pas toujours bien visibles. Capella, qui les surmonte, en est d'autant plus remarquable. Située à l'une des extrémités de l'Hexagone d'hiver (formé par Rigel, Sirius, Procyon, Castor et Pollux et Aldébaran), elle présente une magnitude de 0,2. Jaune comme le Soleil, c'est une géante par rapport à la Terre : en effet son diamètre fait 15 fois celui de notre étoile. Sa couleur se distingue normalement à l'œil nu ou, mieux, avec des jumelles. Située à 42 années-lumière, Capella posséderait un compagnon : planète géante ou étoile plus petite en orbite autour d'elle ? On ne le sait pas encore...

À partir de Capella

Sous le Cocher se trouvent de nombreux amas ouverts, jeunes formations d'étoiles. Pour les repérer, il faut descendre visuellement avec des jumelles depuis Capella vers l'étoile formant la corne du Taureau, Alnath.

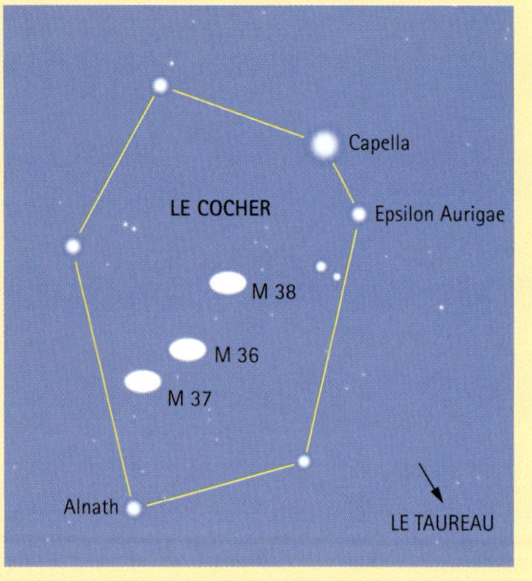

Trois amas et une géante double. Presque exactement à mi-chemin, on rencontre le premier amas, M 38, puis, très proches, de part et d'autre de M 38 deux curiosités. La première, à droite, un peu au-dessus de M 38, est l'étoile Epsilon Aurigae, de magnitude 3,7 à 4,5. Il s'agit d'une étoile variable, binaire à éclipse d'une période d'environ 10 000 jours. Ses deux composants ont 300 fois et... 3 000 fois la taille du Soleil : c'est la plus grande étoile connue.

La seconde curiosité, à gauche, est l'amas M 36, formant une belle tache claire aux jumelles. Enfin, en suivant encore un peu la ligne M 38-M 36, découvrez le dernier amas : M 37. ■

VOIR
Amas
→ page 17
Année-lumière
→ page 19
Magnitude
→ page 40

VOIR
Les étoiles multiples
→ page 74
Les taches floues du ciel
→ page 78

VOIR
Le Taureau
→ page 190

19. Les Gémeaux et M 35

En observant les Gémeaux, on distingue nettement dans le ciel d'hiver deux personnages, Castor et Pollux, se tenant par la main.

OBSERVATIONS

MODES D'OBSERVATION

Les curiosités des Gémeaux

La constellation des Gémeaux est bien visible à partir de la mi-décembre dès 22 h TU. Pour la trouver, tracez à l'œil nu une ligne imaginaire partant de Rigel (bleue) vers Bételgeuse (rouge) d'Orion et poursuivez-la vers le nord-est. Là se trouvent deux étoiles brillantes : Castor (Alpha Geminorum) et Pollux (Bêta Geminorum). Ces deux étoiles forment les têtes des Gémeaux dont les corps se déploient en direction d'Orion. Pour les reconnaître, petite astuce : la tête de Castor se trouve en direction de Capella du Cocher, et celle de Pollux en direction de Procyon du Petit Chien.

Six étoiles pour Castor. Alpha Geminorum (Castor) est un système complexe dans lequel au moins 6 étoiles tournent les unes autour des autres. Trois sont repérables avec une lunette de 60 mm ou un petit télescope. Si le ciel est de bonne qualité, testez des grossissements de plus en plus forts. Pour voir le système en entier, il faut toutefois un télescope de 200 mm.

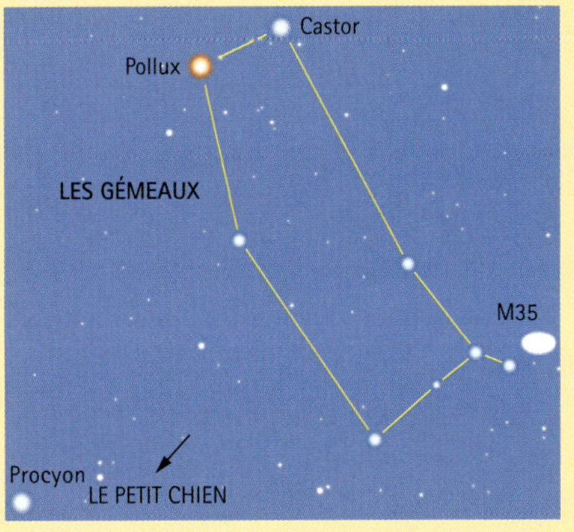

M 35 des Gémeaux. Le seul objet Messier des Gémeaux, l'amas ouvert M 35, se trouve à proximité du pied de Castor. Pour le repérer facilement, mieux vaut partir de Capella, dans le Cocher : vous le verrez en descendant vers M 36 et M 37, dans le prolongement desquels il se situe. M 35 est en théorie visible à l'œil nu sous l'aspect d'une petite tache floue de magnitude 5,1. Aux jumelles, on distingue déjà quelques étoiles (de magnitude entre 8 et 9), et, avec une lunette ou un télescope, on découvre l'étonnante uniformité de cet amas dont 120 étoiles dépassent la magnitude 13.

Les Gémeaux et les planètes. Si Jupiter ne passera dans les Gémeaux qu'en 2013, Saturne y a déployé ses anneaux entre fin 2003 et début 2005. Quant à Mars, après y avoir fait un tour en avril-mai 2006, elle y sera en mars et avril 2008 et en septembre 2009. ■

LE SAVIEZ-VOUS ?

Les Gémeaux jumeaux

Qui sont les Gémeaux Castor et Pollux ? Deux fils de Zeus (dieu du Ciel et maître des dieux) et de Léda. L'un prit le parti des dieux (il en était un) et l'autre celui des hommes. Tous deux sont maintenant unis dans le ciel.

VOIR
Alpha → page 16
Amas → page 17
Année-lumière → page 19
Grossissement → page 35
Magnitude → page 40
Qualité du ciel → page 54

VOIR
Les étoiles multiples → page 74
Les taches floues du ciel → page 78
La ronde du zodiaque → page 108

VOIR
Sirius et le Grand Chien → page 189
Capella et le Cocher → page 192

20. Le Bélier et le Triangle

Le Bélier débute tous les horoscopes. Mais les astronomes regardent assez peu cette constellation, trouvant plus d'intérêt au Triangle, tout proche.

Le Bélier, entre Taureau et Poissons

Les étoiles du Bélier, trois ou quatre au maximum visibles à l'œil nu, ne sont guère brillantes. Trouver la constellation, située légèrement au-dessus du plan de l'écliptique, n'est toutefois pas difficile : on la repère un peu à l'ouest du Taureau lorsqu'on est tourné vers le sud, ou, plus précisément, entre les Poissons et le Taureau.

Son étoile la plus brillante est Alpha Arietis, dite également « Hamal ». Une fois celle-ci bien repérée, descendez en incurvant légèrement le trajet pour parvenir à la seule curiosité de la constellation : Gamma du Bélier qui, avec Mesarthim, forme une étoile double dont les deux composantes, situées à 8 secondes d'angle l'une de l'autre, ont toutes deux une magnitude de 4,8. L'observation s'effectue avec une lunette ou un télescope et un fort grossissement.

Le Bélier et les planètes. Il a été intéressant d'observer la planète Mars dans le Bélier entre août 2005 et janvier 2006. En effet, durant cette période, la planète s'est présentée en opposition dans la constellation en novembre 2005. Jupiter, en revanche, ne passera qu'en 2012, et Saturne en... 2029.

Près du Triangle, la galaxie M 33

Pour le bonheur des astronomes, le Bélier est surmonté par une autre constellation, le Triangle, dont les trois étoiles sont plus brillantes que celles du Bélier.

C'est à la pointe du Triangle que se trouve une belle galaxie située à 2,3 millions d'années-lumière : M 33. Assez pâle, présentant davantage une structure de nébuleuse diffuse que de galaxie, elle peut être observée avec une lunette ou un télescope d'un faible grossissement, de l'ordre de 30 fois à 40 fois (oculaire de 20 mm). ■

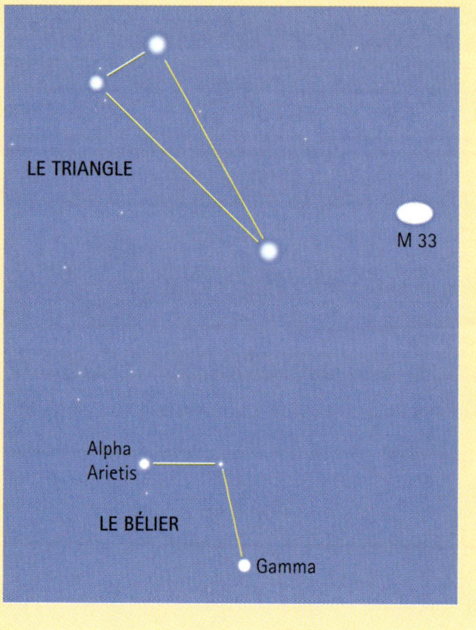

VOIR
Alpha → page 16
Angle → page 17
Écliptique (plan de) → page 28
Grossissement → page 35
Magnitude → page 40
Opposition → page 49

VOIR
La ronde du zodiaque → page 108

VOIR
Observer les étoiles doubles → page 228

21. Le ciel de printemps

Avec le printemps, le ciel devient plus clément, les soirées sont moins fraîches et, surtout, les petits congés se multiplient : ressortent alors de nombreux télescopes et lunettes...

OBSERVATIONS

MODES D'OBSERVATION

Le Lion au centre

Trônant au milieu du ciel nocturne dès le mois d'avril à 22 h, puis à 21 h TU, la constellation du Lion est le symbole du printemps. Le Lion est accompagné à l'ouest du Cancer (à sa droite lorsqu'on est tourné vers le sud) et à l'est de la Vierge. Il est important de repérer surtout le Lion et la Vierge sur la carte, puis dans le ciel, car ces constellations contiennent de nombreux objets Messier, et notamment des galaxies. Sous la Grande Ourse, le Lion se devine bien, éclairé à son extrémité ouest par son étoile la plus brillante, Régulus. Pour la Vierge, partir de la queue de la Grande Ourse puis passer par Arcturus du Bouvier, l'étoile la plus brillante du printemps, pour déboucher sur Spica de la Vierge en une vaste boucle. Arcturus, Régulus et Spica forment ce qu'on appelle le « Triangle du printemps ». Enfin, sur une ligne joignant Spica de la Vierge à Mizar de la Grande Ourse, tâchez de repérer les Chiens de Chasse où se trouve une galaxie double. ■

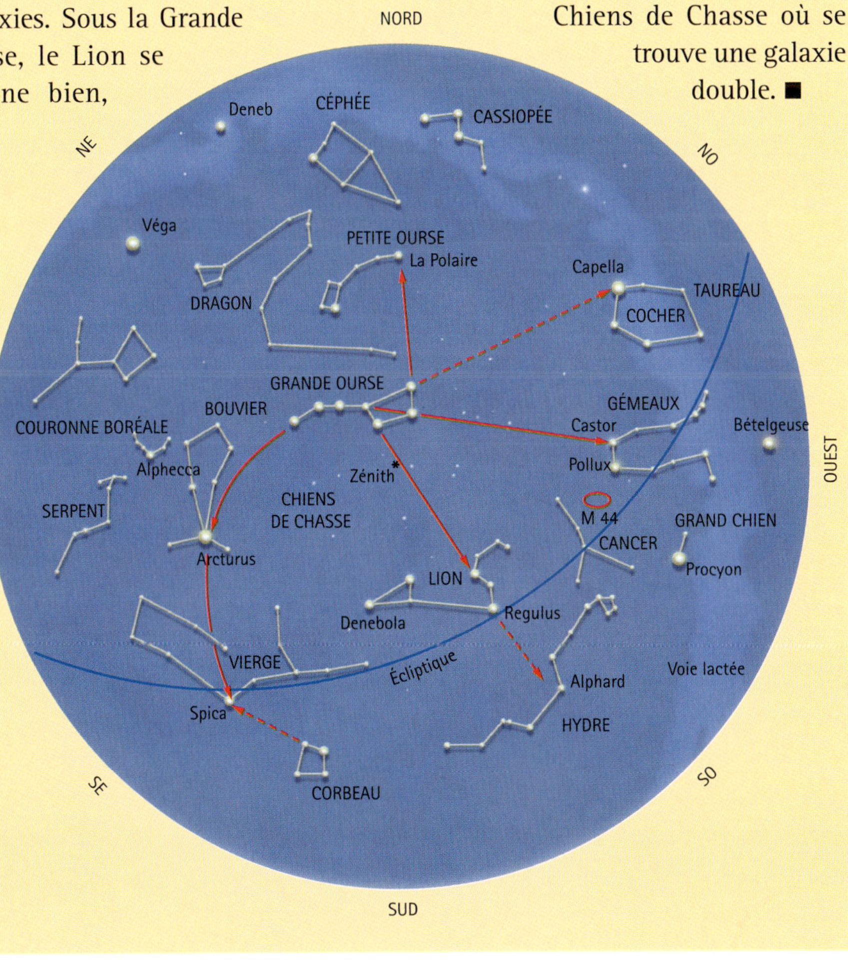

VOIR
Les Chiens de Chasse et la « vision décalée » → page 196
Arcturus et le Bouvier → page 198
Les amas ouverts du Cancer → page 199
Le Lion et ses galaxies → page 200
Spica de la Vierge et le Sombrero → page 201
Le Serpent et sa couronne → page 202

22. Les Chiens de Chasse et la « vision décalée »

Visible au printemps sous la queue de la Grande Ourse, la galaxie double des Chiens de Chasse (M 51) impressionna Van Gogh par sa beauté.

Pour admirer M 51

Sous la dernière étoile de la queue de la Grande Ourse, sur le chemin menant vers Cor Corali, l'étoile double de la constellation des Chiens de Chasse, se trouve une splendide galaxie spirale double : c'est M 51, appelée aussi « la galaxie des Chiens de Chasse ». Normalement, on ne distingue bien sa structure spiralée et ses deux noyaux qu'avec un télescope d'au moins 200 mm. Toutes les galaxies s'observent en effet de préférence avec un télescope et, plus celui-ci est ouvert, mieux l'on voit.

Mais si vous ne possédez pas ce genre d'appareil, vous pouvez tout de même tenter d'utiliser une lunette de 60 mm ou un télescope de 115 mm. De fait, relativement grande et lumineuse (magnitude 8,1), avec des dimensions apparentes de 12' × 6', M 51, bien que située à 37 millions d'années-lumière, reste accessible.

La double galaxie des Chiens de Chasse dont on aperçoit assez nettement les deux noyaux galactiques.

Inspiré par les dessins qu'en fit Camille Flammarion dans son *Astronomie populaire* (1880), Vincent Van Gogh a multiplié la forme de la galaxie double des Chiens de Chasse dans son célèbre tableau *la Nuit étoilée* (1889).

Visible avec une lunette... Avec une lunette ou un petit télescope, M 51 n'apparaît d'abord que sous la forme d'une tache floue. Mais prenez votre temps... Plus vous serez patient, plus les détails apparaîtront et, progressivement, la tache floue se transformera en galaxie. Bientôt, vous en percevrez les deux noyaux. Le grossissement doit rester toutefois modeste, aux alentours de 40 fois pour une lunette de 60 mm ou bien de 50 fois si vous utilisez un télescope de 115 mm.

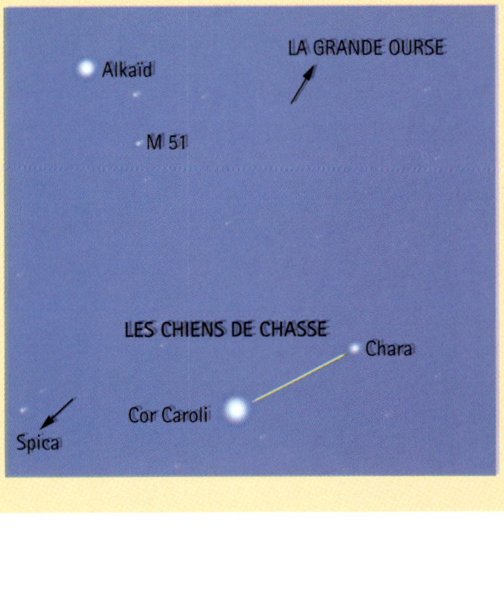

... grâce à la vision décalée. Employez maintenant la «vision décalée»: votre œil droit doit viser non la galaxie, mais un point proche. Ainsi, ce sont les bâtonnets répartis à la périphérie de votre œil qui, fonctionnant mieux dans l'obscurité, vont recevoir l'image de M 51. Avec un peu d'entraînement, vous parviendrez certainement à distinguer les bras spiraux de la galaxie... à condition que le ciel soit d'une qualité suffisante. ■

VOIR
Année-lumière
→ page 19
Diamètre
→ page 27
Magnitude
→ page 40
Qualité du ciel
→ page 54

VOIR
Des milliards de galaxies
→ page 66

VOIR
Se repérer dans le ciel
→ page 129
Photographier le ciel profond
→ page 220

23. Arcturus et le Bouvier

Bien qu'elle ne présente rien de spectaculaire, Arcturus, dans le Bouvier, est l'une des étoiles les plus singulières de la Voie lactée…

La brillante étoile de mai

Au printemps, l'étoile la plus brillante de nos nuits n'est plus Sirius, mais Arcturus du Bouvier qui, avec Régulus du Lion et Spica de la Vierge, forme le Triangle du printemps. On la nomme souvent l'« étoile de mai » parce qu'elle se trouve alors au-dessus de nos têtes.

Une géante rouge-orangé. Dès la nuit tombée, Arcturus est la première étoile que l'on aperçoit, haut dans le ciel, parfois même avant Vénus. Pour la localiser avec certitude, attendez l'apparition du Grand Chariot, ou Grande Ourse, et prolongez le montant du chariot vers le sud tout en décrivant un léger arc de cercle. Arcturus, située actuellement à 36 ou 37 années-lumière, fait environ 25 fois la taille du Soleil. Cette géante rouge-orangé, avec une magnitude de 0, brille 180 fois comme notre étoile.

Étonnante par son orbite. Mais ce qui la singularise, c'est son trajet bien particulier : tandis que toutes les étoiles, Soleil inclus, tournent avec la Voie lactée sur un plan horizontal en environ 220 millions d'années, Arcturus, elle, suit dans le même temps une orbite perpendiculaire au plan de la Galaxie. Il y a 100 millions d'années, on n'aurait pas pu voir Arcturus : elle se trouvait de l'autre côté de la Voie lactée, cachée par le bulbe central. Actuellement, elle se rapproche encore de la Terre, ce qui permet de l'admirer plus aisément. Dans des centaines de milliers d'années, elle disparaîtra de nouveau…

À voir aussi dans le Bouvier

Arcturus mise à part, le Bouvier ne présente que peu d'intérêt. Profitez tout de même de la visite pour observer son étoile double Izar, située à 170 années-lumière. Elle est visible avec une lunette ou un petit télescope, voire avec de bonnes jumelles par temps clair. ■

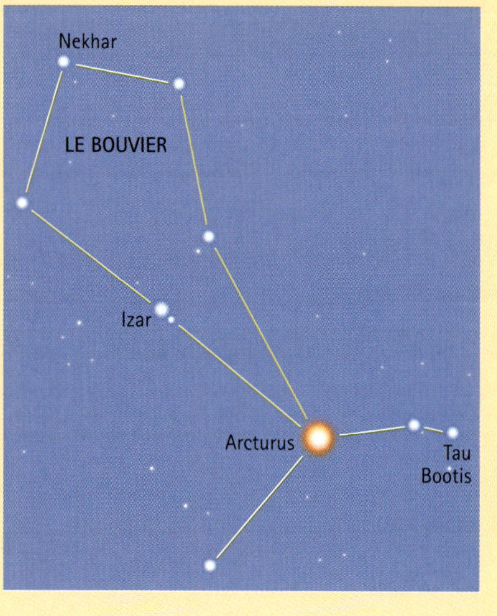

VOIR
Année-lumière → page 19

VOIR
La Voie lactée, notre galaxie → page 64
Les étoiles → page 68

VOIR
Le Lion et ses galaxies → page 200
Spica de la Vierge et le Sombrero → page 201
Observer les étoiles doubles → page 228

24. Les amas ouverts du Cancer

C'est pour ses amas ouverts que l'on observe la constellation du Cancer. L'un d'eux, M 67, est le plus ancien de la Galaxie.

Repérer le Cancer

C'est en mars, avril et mai que l'on peut observer la constellation du Cancer et ses cinq étoiles formant une espèce de Y renversé. Ses étoiles étant peu brillantes, la meilleure solution pour la repérer est de prolonger la ligne virtuelle allant de Spica de la Vierge à la brillante Régulus du Lion (magnitude 1,3). À mi-chemin entre Régulus et les deux étoiles Castor et Pollux des Gémeaux, vous pourrez voir le Cancer. Une fois dans la zone, n'hésitez surtout pas à visiter Castor et Pollux, bien visibles et toutes proches.

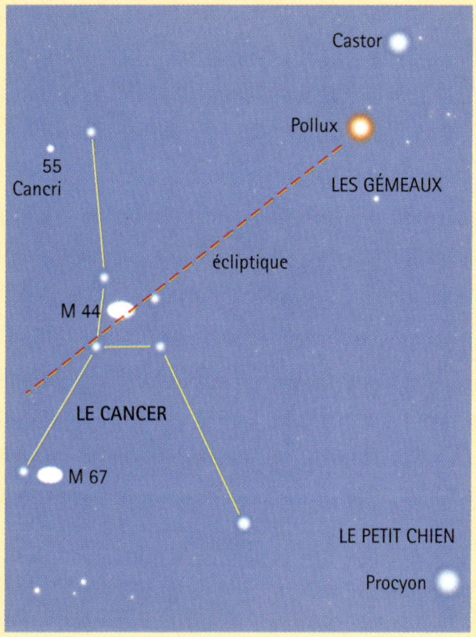

Le Cancer et les planètes. La planète Mars est passée dans le Cancer en juillet 2004, puis en juin 2006 et 2008. Jupiter n'y sera présente qu'en début 2015, et Saturne de la fin 2005 au début 2007.

Observer M 44 et M 67

L'amas ouvert M 44, dit « Praesepe » ou « la Ruche », se situe au milieu du Cancer, juste sur la ligne de l'écliptique. Situé à 525 années-lumière, il contient environ 60 étoiles et peut être observé avec des jumelles. Il apparaît alors tel un nuage flou plus grand que le disque lunaire.

Avec une petite lunette, vous pourrez discerner les astres qui le composent : commencez avec un oculaire de 20 mm, puis tentez un grossissement plus fort avec un oculaire de 12,5 mm ou de 8 mm, selon la qualité de l'image obtenue.

Un peu en dessous de Praesepe, se trouve M 67. Bien que les amas ouverts, contrairement aux amas globulaires, soient les formations les plus récentes de notre galaxie, M 67 est l'amas ouvert le plus âgé du cosmos. Situé à 2 700 années-lumière, il contient environ 500 étoiles de magnitude 9 à 15. C'est avec un télescope de 115 mm ou, mieux, de 150 mm (ou un Maksutov-Cassegrain de 125 mm) qu'on l'observe le mieux, là aussi avec des grossissements de 40 à 80 fois. ■

VOIR
Amas → page 17
Année-lumière → page 19
Grossissement → page 35
Magnitude → page 40

VOIR
Les taches floues du ciel → page 78

VOIR
Se repérer dans le ciel → page 129
Les Gémeaux et M 35 → page 193
Le Lion et ses galaxies → page 200
Le Serpent et sa couronne → page 202

MODES D'OBSERVATION

25. Le Lion et ses galaxies

Le Lion est l'une des rares constellations qui mérite son nom, sa forme ressemblant assez à celle d'un lion couché ou d'un sphinx.

Régulus et autres étoiles

Le Lion, ou Leo Major, est visible à l'œil nu avec le retour du printemps. On le repère grâce à son étoile Régulus (Alpha Leonis), la plus brillante de la constellation, une étoile bleue d'une température de surface de 15000 °C.

Hormis Régulus, on peut admirer aussi Denebola (Bêta Leonis), dont l'éclat blanc est semblable à celui de l'étoile Polaire (magnitude 2,2). Ne pas oublier de regarder les étoiles doubles de Gamma Leonis-Algieba, orange et jaune, séparées de quelques 4,3 secondes d'angle... Celles-ci doivent être toutefois examinées avec une lunette de 60 mm : commencez avec un oculaire de 20 mm, puis augmentez le grossissement.

Les planètes dans le Lion. Mars était dans le Lion en juillet et août 2006 et le sera en 2008, puis en mai et juin 2010. Jupiter y stationnera fin 2015 et début 2016, Saturne de la fin 2016 au début 2018.

Six galaxies sous le Lion

Six galaxies se situent sur une ligne approximative allant de Denebola à Régulus. Leur recherche peut se faire au viseur ou avec un grand oculaire. Décevante avec une lunette, l'observation nécessite un télescope de 115 mm et un grossissement de 30 à 40 fois : en ce cas, des détails apparaissent, notamment la forme des galaxies.

Près de Denebola. À environ un quart de la distance Denebola-Régulus, on rencontre d'abord trois galaxies, d'une magnitude entre 9 et 9,5 : M 65, une galaxie spirale presque visible par la tranche ; M 66, une spirale au noyau très lumineux ; et NGC 3628. Avec un oculaire de 26 mm, vous verrez ces objets dans un même champ.

Vers Régulus. À mi-chemin du trajet Denebola-Régulus, trois autres galaxies, appartenant à un groupe de sept, peuvent être observées : M 95, dont le centre est très brillant et la périphérie quasi circulaire, puis M 96 et M 105 (de magnitudes respectives 9,2 et 9,3). ■

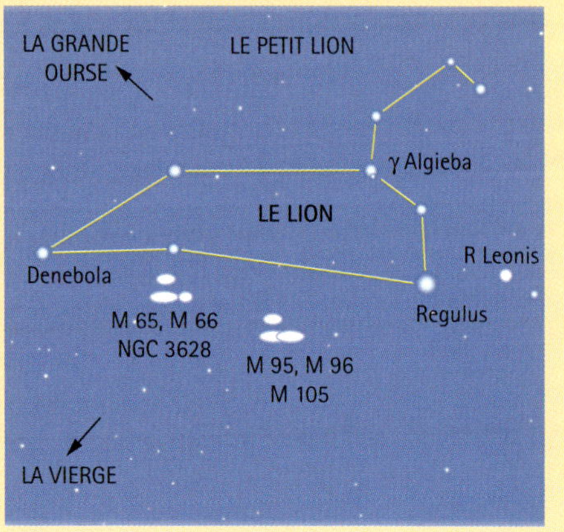

VOIR
Alphabet grec → page 16
Année-lumière → page 19
Grossissement → page 35
Magnitude → page 40

VOIR
Des milliards de galaxies → page 66

VOIR
Se repérer dans le ciel → page 129
Photographier le ciel profond → page 220
Observer les étoiles doubles → page 228

26. Spica de la Vierge et le Sombrero

Regarder vers la Vierge permet de découvrir les autres galaxies de l'Univers. C'est ce qu'on appelle une « fenêtre galactique ».

Observer Spica et Porrima

C'est en partant de la Grande Ourse puis d'Arcturus que l'on repère la principale étoile de la Vierge, Alpha de la Vierge, appelée aussi « Spica ou l'Épi ». Située à 270 années-lumière, elle s'illumine d'un éclat bleu avec une température de surface d'environ 20 000 °C. À proximité, Porrima, à 37 années-lumière, est une étoile double (Gamma Virginis-Porrima) dont les deux composantes (magnitude 3,6) forment un couple d'étoiles jaunes très serré, à 5,2". Son observation nécessite une lunette de 60 mm.

La Vierge et les planètes. La Vierge recevra Jupiter en 2016 ; Saturne en 2009 et 2010 ; Mars en septembre - octobre 2008, puis en juillet - août 2010 et en juillet 2012.

L'amas galactique Virgo

C'est au nord de Spica, sur une ligne joignant l'étoile à Dénébola du Lion, que se trouve l'amas galactique Virgo, ou amas de la Vierge, situé à 41 millions d'années-lumière. Il contiendrait plus de 10 000 galaxies. Certaines, grâce à leur taille, peuvent se repérer avec une lunette ou un petit télescope (grossissement de 40 fois). Mais un examen détaillé exige un télescope de plus de 200 mm. Voici les plus accessibles...

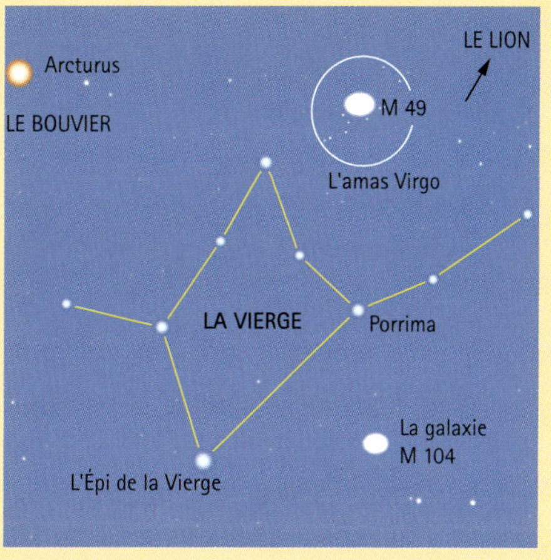

M 49, une gigantesque galaxie elliptique (magnitude 8,6), équivaut à 1 000 milliards de Soleils (la Voie lactée en vaut environ 400 milliards). M 60 (magnitude 8,8), de la taille de M 49, possède une galaxie compagne, NGC 4647. Quant à M 57, la moins accessible du fait de sa faible magnitude (9,8), c'est une spirale barrée.

Le Sombrero

À l'ouest de Spica (à droite si l'on est tourné vers le sud) apparaît enfin l'un des plus beaux objets du ciel : M 104, la galaxie du Sombrero, ainsi nommée pour sa forme lenticulaire. Lorsqu'elle se trouve bien de face, on distingue nettement sa bande centrale sombre. Elle peut être admirée avec une lunette de 60 mm. ■

VOIR

Alphabet grec → page 16

Année-lumière → page 19

Grossissement → page 35

Magnitude → page 40

VOIR

Des milliards de galaxies → page 66

VOIR

Se repérer dans le ciel → page 129

Photographier le ciel profond → page 220

Observer les étoiles doubles → page 228

27. Le Serpent et sa couronne

Souvent méconnue des astronomes amateurs, la constellation du Serpent n'en est pas moins intéressante à plus d'un titre.

En suivant ses méandres...

Le Serpent (*Serpens*) est une constellation de printemps et d'été, visible surtout en juin et juillet. Comptant plus de 20 étoiles, il démarre près du Bouvier pour finir à l'embranchement de la Voie lactée dans lequel il vient nicher sa queue. Son trajet étant sinueux et ses étoiles peu visibles, son suivi constitue un bon test de repérage. Il s'effectue avec des jumelles. Depuis la tête du Serpent, il faut d'abord descendre plein sud, puis filer vers l'est en passant sous la constellation d'Ophiuchus dans laquelle passent tour à tour toutes les planètes et enfin remonter nord-est vers sa queue. Pour admirer ses étoiles doubles et ses amas d'étoiles, il faut toutefois une lunette de 60 mm (oculaire de départ 20 mm) ou un télescope de 115 mm (grossissement maximal de 80 fois). Voici quelques-unes des curiosités du Serpent...

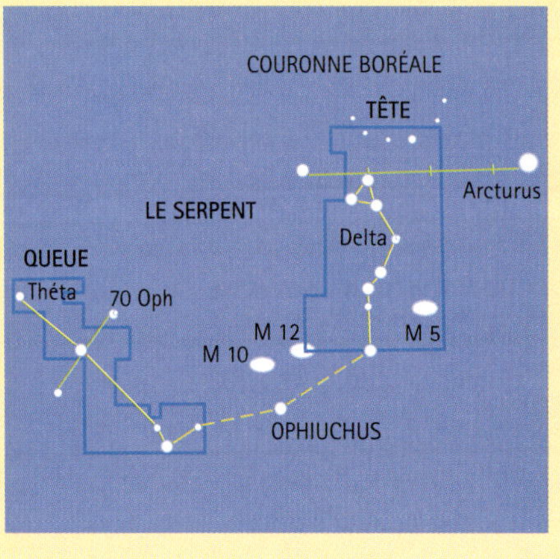

La Couronne boréale. La belle Couronne boréale (Corona Borealis) et ses joyaux, visibles aux jumelles, trônent au-dessus de la tête du Serpent. À partir de là, vous pouvez tenter d'apercevoir, entre la Couronne boréale et le Bouvier, tout un amas de galaxies ; il s'agit d'une fenêtre galactique semblable à celle de la Vierge. Cette observation nécessite toutefois un télescope de 200 mm au moins.

Delta et M 5. Plus bas, en suivant le Serpent vers le sud, vous rencontrerez d'abord une étoile double, Delta du Serpent, puis un peu plus bas l'amas d'étoiles M 5. Distant de 27 000 années-lumière et facilement repérable, M 5 est un amas globulaire, donc constitué d'étoiles très anciennes, d'un diamètre de 130 années-lumière. C'est seulement avec un télescope de 200 mm que vous parviendrez à distinguer les étoiles du rebord.

M 12, M 10 et Théta. Sous la constellation d'Ophiuchus, direction ouest-est cette fois, vous verrez deux autres amas globulaires : M 12 et M 10. Enfin, la dernière étoile du Serpent, Théta, est encore une étoile double située non loin de la constellation de l'Aigle. ■

VOIR
Alphabet grec → page 16
Amas → page 17
Année-lumière → page 19
Grossissement → page 35
Magnitude → page 40

VOIR
Les taches floues du ciel → page 78

VOIR
Arcturus et le Bouvier → page 198
Observer les étoiles doubles → page 228

28. Le ciel d'été

Avec des nuits courtes et des ciels pâles, l'été n'est pas la meilleure saison pour l'astronomie. Seulement, c'est le temps des vacances, et les nuits sont si douces...

Suivez la Voie lactée...

De juillet à septembre, ce n'est plus la Grande Ourse qui sert de repère, mais la Voie lactée qui fait office de guide. Le 14 juillet, par exemple, à 22 h TU, regardez plein sud. La ligne partant de l'étoile Polaire vers le sud vous fait passer entre Véga de la Lyre et la constellation d'Hercule. À votre droite (à l'ouest), Arcturus du Bouvier va se coucher, tandis qu'au-dessus de votre tête, un peu à votre gauche, apparaît de plus en plus nettement la Voie lactée. C'est là que se trouve le Cygne avec ses étoiles doubles et la nébuleuse America ; là aussi que l'on observe Altaïr dans l'Aigle, tout près de la si jolie constellation du Dauphin. Si l'on ajoute à cela les constellations de la Lyre, d'Hercule puis, à l'horizon sud, du Sagittaire et du Scorpion, vos nuits d'été seront le cadre de bien des observations. Pendant la première décennie du XXIe siècle, vous pouvez aussi tenter, le 15 août à 22 h TU, de surveiller le Capricorne pour apercevoir Uranus et Neptune. ■

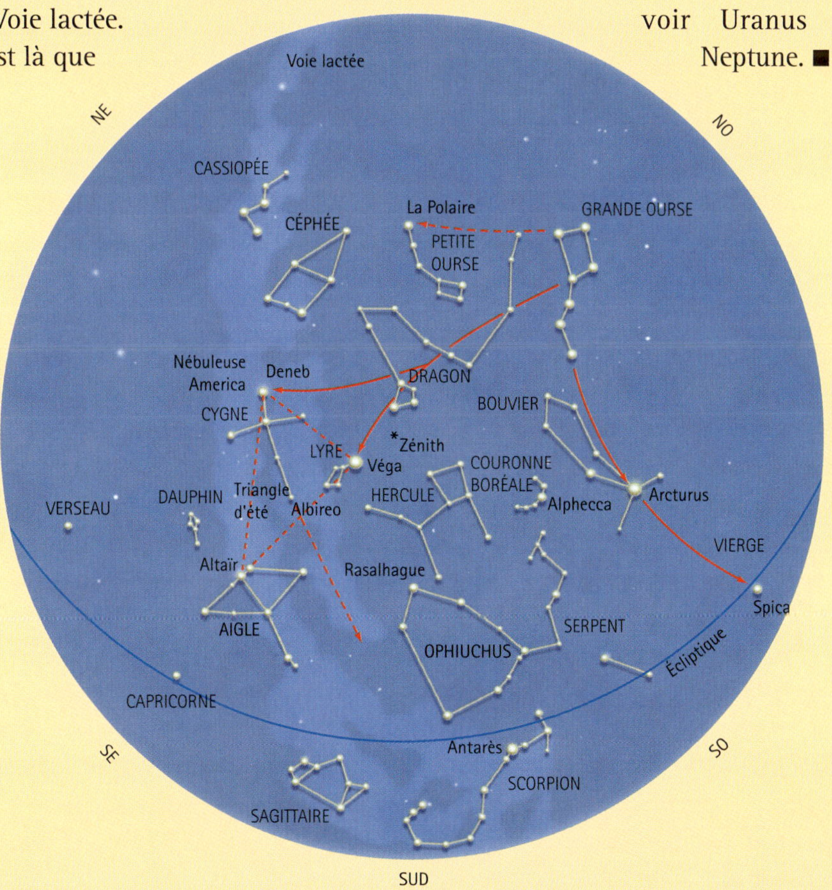

VOIR
M 13 d'Hercule → page 204
Le Cygne de l'été → page 205
L'Aigle et Altaïr → page 206
Les accords de la Lyre → page 207
Le Sagittaire et la Voie lactée → page 208

29. M 13 d'Hercule

Avant même la Lyre, le Cygne et l'Aigle, Hercule, visible dès le mois de juin, est la première constellation de l'été ; elle flanque à l'ouest l'étoile Véga de la Lyre.

Un trapèze qui renferme des trésors

Dès la mi-juin à 23 h TU, la constellation d'Hercule (ou *Hercules* en anglais) se repère à partir de la Lyre : vous la trouverez en tirant un trait d'est en ouest (de gauche à droite) allant de Véga de la Lyre vers la Couronne boréale, puis vers Arcturus du Bouvier.

Hercule est rarement visible dans sa totalité. On distingue plus particulièrement, à droite de Véga, son gigantesque trapèze représentant le large torse du demi-dieu grec. Tous les objets les plus intéressants, ou presque, se trouvent toutefois près de ce trapèze, à commencer par M 13 d'Hercule, l'un des plus beaux amas globulaires de l'hémisphère Nord. C'est en juin et en juillet qu'il faut les observer…

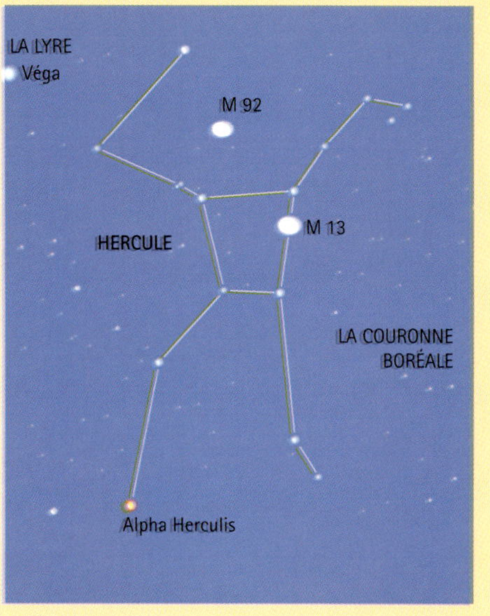

M 13, le plus vieux des amas. Presque visible à l'œil nu (magnitude 5,9), M 13 est un amas globulaire, c'est-à-dire un amas de très anciennes étoiles, nées il y a 14 milliards d'années. Ce qui pose un réel problème à ceux pour qui l'Univers n'est âgé que de 12 milliards d'années… Situé à 23 500 années-lumière, l'amas se présente sous un angle de 23",2 et possède près d'un million d'étoiles réparties sur environ 100 années-lumière.

Aux jumelles, on ne distingue guère qu'une tache floue, qui devient un peu plus spectaculaire avec une lunette de 60 mm ou, mieux, un télescope de 115 mm. Plus le diamètre de l'appareil sera grand, mieux vous distinguerez les myriades d'étoiles composant l'amas et son centre bulbeux très dense. À voir absolument, car M 13 est sans doute l'un des plus beau amas globulaires de l'hémisphère nord.

Alpha Herculis et M 92… Mais votre soirée d'observation ne s'arrête pas là… Tout au pied de la constellation, Hercule présente une très belle étoile double, Alpha Herculis, aux composantes très serrées (4,6" d'arc) dont l'une apparaît rouge et l'autre bleue (magnitudes 3,5 et 5,4). Au-dessus du torse, vous apercevrez un amas globulaire : M 92, de magnitude 6,5. ■

VOIR
Amas → page 17
Angle → page 17
Année-lumière → page 19
Diamètre → page 27
Magnitude → page 40

VOIR
Les taches floues du ciel → page 78

VOIR
Les accords de la Lyre → page 207
Observer les étoiles doubles → page 228

30. Le Cygne de l'été

Au milieu de la tache laiteuse de la Voie lactée, la constellation du Cygne forme une grande croix dans le ciel d'été. Elle recèle de nombreux trésors décelables avec une paire de jumelles.

Les étoiles du Cygne

Si l'on regarde le ciel d'été, on voit cinq ou six étoiles formant une croix et suivant l'axe de la Voie lactée : c'est la constellation du Cygne. La tête se trouve en direction du sud, et la queue vers le nord. Vous admirerez d'abord Deneb, au nord, l'étoile la plus brillante de la constellation, qui forme avec Véga de la Lyre et Altaïr de l'Aigle le Triangle de l'été.

Deneb. Deneb se trouve à... 3 000 années-lumière ! On la voit bien parce que c'est une supergéante bleutée, près de 200 fois plus grande que le Soleil et 300 000 fois plus lumineuse que lui et dont la température de surface dépasse 9 000 °C. Sans cette taille gigantesque, elle passerait inaperçue depuis la Terre alors qu'elle est visible à l'œil nu.

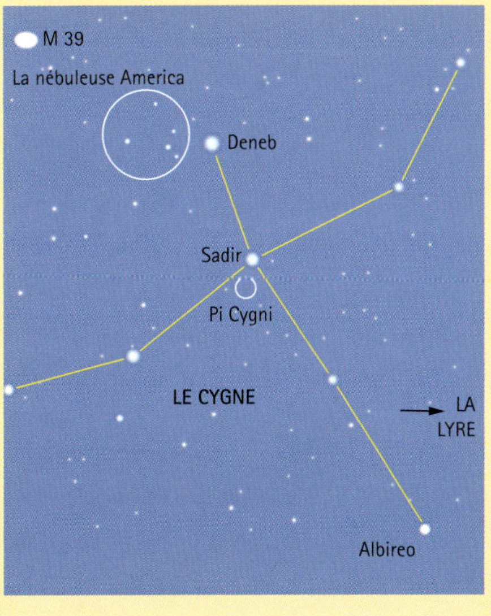

Albireo. Albireo (Bêta Cygni), elle, située à la tête du Cygne, n'est nullement une géante. Bien que située à 390 années-lumière, elle brille bien moins que Deneb. Mais c'est une splendide étoile double dont les composants (de magnitudes 3,2 et 5,4), l'un bleu, l'autre rouge-orangé, sont séparés par 34,6'' d'arc. À observer avec une lunette ou un petit télescope !

Pi Cygni. Enfin, près de la branche latérale de la croix formée par le Cygne, juste sous l'étoile dite « Sadir », se trouve Pi Cygni. C'est une étoile variable, à la limite de visibilité à l'œil nu, dont l'éclat varie entre les magnitudes 6 et 3,6.

À partir de Deneb

Tout près du Cygne, en fait de l'étoile Deneb, vous pourrez observer la nébuleuse gazeuse dite « America », dont la forme générale se rapproche vraiment beaucoup de celle du continent américain.

Pour la distinguer parmi les nombreuses taches qui parsèment la Voie lactée à cet endroit, utilisez des jumelles – l'objectif d'une lunette ne suffisant pas à saisir cette nébuleuse en entier. Un peu d'entraînement suffira. Juste au-dessus, vous verrez un autre objet remarquable : M 39, un amas ouvert, bien visible aussi aux jumelles. ■

OBSERVATIONS

MODES D'OBSERVATION

VOIR
Amas
→ page 17
Angle
→ page 17
Année-lumière
→ page 19
Magnitude
→ page 40
Nébuleuse
→ page 46

VOIR
Les étoiles
→ page 68
Les taches floues du ciel
→ page 78

VOIR
L'Aigle et Altaïr
→ page 206
Observer les étoiles doubles
→ page 228

OBSERVATIONS

MODES D'OBSERVATION

31. L'Aigle et Altaïr

Après Deneb du Cygne, Altaïr de la constellation de l'Aigle est la seconde étoile du Triangle de l'été.

Observer les étoiles et amas

La constellation de l'Aigle dessine une sorte de croix similaire à celle du Cygne, mais inversée, les ailes de l'Aigle étant situées vers l'avant. Tout comme celle du Cygne, la région de l'Aigle présente des objets intéressants qui méritent une soirée d'observation.

Altaïr et Êta Aquilae. Altaïr, dite « Alpha Aquilae » est située seulement à 17 années-lumière. Avec une température de surface de 8 000 °C, elle se repère par son éclat blanc et marque la tête de l'Aigle. Quant à Êta Aquilae, elle se situe au milieu de l'une des ailes de l'Aigle, celle de gauche lorsque vous êtes tourné vers le sud. Cette étoile variable céphéide varie d'éclat (magnitude entre 3,7 et 4,5) sur une période de 7,2 jours seulement : n'hésitez donc pas à lui donner rendez-vous plusieurs soirs de suite.

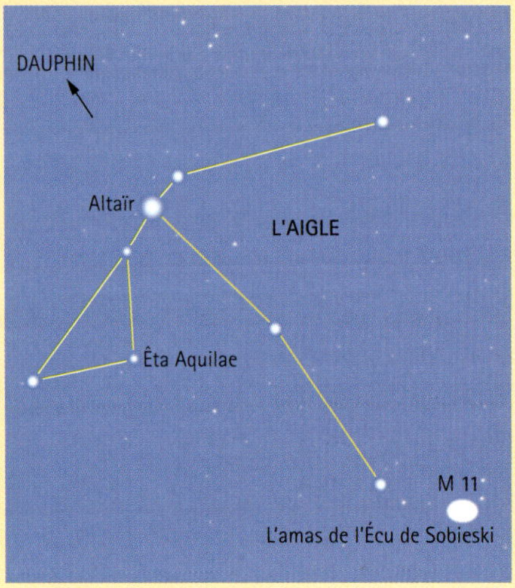

Nébuleuse M 11 du Canard.

L'amas M 11. Enfin, au sud de l'Aigle, M 11 que l'on situe en général dans l'Écu (*Scutum*), est un amas ouvert très compact distant de 5 500 années-lumière et d'une magnitude de 6,3. Il peut être admiré avec des jumelles 7 × 50 ou 8 × 50, même si, comme pour les étoiles doubles, une lunette de 60 mm ou un petit télescope permettent une observation plus détaillée.

À proximité, le Dauphin

Outre la Flèche et le Petit Renard qui feront l'objet d'une observation d'automne, une ravissante constellation est elle aussi proche voisine de l'Aigle : c'est le Dauphin. Cet ensemble se caractérise par quatre étoiles formant un losange et une cinquième dessinant la queue de l'animal qui, ainsi, semble jaillir de l'eau. À la pointe du museau, vous pourrez admirer aux jumelles une très belle étoile double, Gamma Delphini, dont les composantes bleue et jaune sont de magnitude 5,5 et 4,5. ■

VOIR
Alpha → page 16
Amas → page 17
Année-lumière → page 19
Céphéides → page 24
Magnitude → page 40

VOIR
Les étoiles → page 68
Les étoiles variables → page 76

VOIR
Le Renard, l'Haltère et la Flèche → page 210
Observer les étoiles doubles → page 228
Observer les étoiles variables → page 230

32. Les accords de la Lyre

La plus connue des étoiles de l'été, puisque la plus brillante, est sans conteste Véga, qui surmonte la constellation de la Lyre.

OBSERVATIONS

MODES D'OBSERVATION

Véga et les autres étoiles

Juste sur le bord de la Voie lactée, l'étoile Véga ou *Alpha Lyrae* est immanquable : c'est elle qui brille le plus ! Elle surmonte la partie centrale de la constellation de la Lyre, un parfait parallélogramme formé de quatre étoiles. Distante de 25 années-lumière, c'est une étoile bleutée d'une température de surface de 10 000 °C.

Epsilon, une étoile quadruple. Auprès de Véga, repérez à l'œil nu Epsilon Lyrae ; cette étoile forme un petit triangle équilatéral avec Véga et l'étoile la plus proche du parallélogramme. Aux jumelles, Epsilon Lyra apparaît comme une étoile double. Avec une lunette ou un télescope, chacune de ses composantes se dédouble encore en deux étoiles : c'est en fait une étoile quadruple ! Les magnitudes sont comprises entre 5,1 et 5,4 pour le premier couple et 5,1 et 6 pour le second.

Bêta, une binaire à éclipses. À repérer également, Bêta de la Lyre, l'une des étoiles basses du parallélogramme, à l'ouest : c'est une étoile variable double à éclipses d'une période de 13 jours environ (de magnitude 3,4 à 4,3).

La nébuleuse M 57

La Lyre est surtout réputée pour sa nébuleuse planétaire M 57, juste entre les deux étoiles formant le bas du parallélogramme. Sa magnitude de 9,7 permet de l'observer avec une lunette de 60 mm ou un télescope de 115 mm. Un ciel d'une qualité exceptionnelle ou un instrument de plus grand diamètre laissent apercevoir en son centre l'étoile blanche, reste de la nova qui l'a créée.

En mai ou en septembre. La position de la Lyre au zénith en juillet et août peut gêner l'observation, obligeant à des contorsions, même si l'on est muni d'un renvoi coudé.

C'est pourquoi il est recommandé, si l'on n'a qu'un instrument de petit diamètre, de tenter d'admirer la nébuleuse dès fin mai (le 30 mai, 23 h TU) ou en septembre (le 10 septembre, 22 h TU). ■

VOIR
Alphabet grec → page 16
Année-lumière → page 19
Magnitude → page 40
Nébuleuse → page 46

VOIR
Les étoiles → page 68
Les étoiles multiples → page 74
Les taches floues du ciel → page 78

VOIR
Observer les étoiles doubles → page 228
Observer les étoiles variables → page 230

33. Le Sagittaire et la Voie lactée

Prolongeant le bras dit du « Sagittaire » qui plonge vers le centre de la Voie lactée, la constellation du Sagittaire contient une quinzaine d'objets Messier.

Repérer le Sagittaire

On repère le Sagittaire en prolongeant vers l'horizon un trait imaginaire entre l'étoile Polaire et Véga de la Lyre. Bien qu'elle ne ressemble guère au monstre mythique, on s'habitue vite à sa forme particulière qui, à tout prendre, a la vague allure d'une théière (*Tea Pot*, disent les Anglais).

Le Sagittaire et les planètes. La constellation du Sagittaire accueillera Jupiter fin 2007 et début 2008, puis en 2019 et 2020. Saturne n'y arrivera que vers 2015. Quant à Mars, après un passage en février et mars 2005 et en janvier et février 2007, elle sera présente en décembre 2010.

Les Messier du Sagittaire

Notre système solaire étant situé sur un bord d'un des bras de la Voie lactée appelé « Sagittaire-Carène », il est possible de voir ce bras se diriger vers le centre de la Galaxie, son extrémité formant la constellation du Sagittaire. Notre regard rencontre là de nombreuses nébuleuses et amas d'étoiles. Voici les principaux, tous accessibles avec un instrument de petit diamètre.

Les nébuleuses M 8, M 20 et M 17. Trois belles nébuleuses s'offrent d'abord. M 8, juste sur le plan de l'écliptique, dite « nébuleuse de la Lagune », a une magnitude 6, mais est si grande qu'il est difficile de l'observer autrement qu'avec des jumelles. De couleur rouge sang, elle est aisée à photographier avec un simple appareil photo et une table équatoriale (pose de 5 à 10 minutes, film 800 ASA). À proximité se trouvent M 20, la nébuleuse Trifide, en forme de trèfle et de magnitude 9, ainsi que, M 17, la nébuleuse Omega, de magnitude 7. Toutes deux s'observent aux jumelles ou avec une lunette.

Les amas M 21 et M 22. Si le splendide amas ouvert M 21, de magnitude 6,5, forme un diamant visible aux jumelles, M 22, l'un des plus beaux amas globulaires de l'hémisphère Nord, avec une magnitude de 5,1, est théoriquement visible à l'œil nu. ■

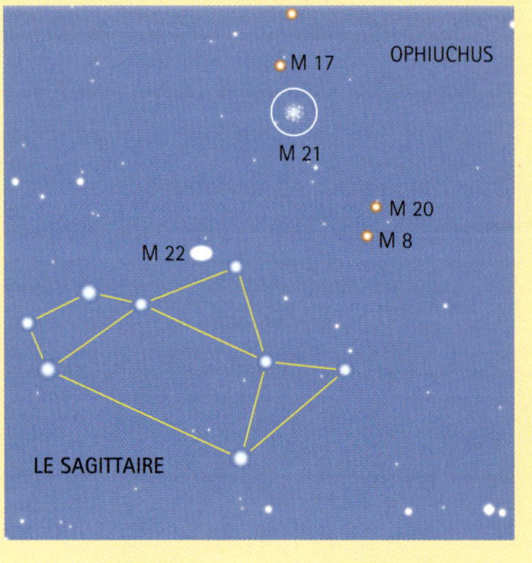

VOIR
Amas → page 17
Magnitude → page 40
Nébuleuse → page 46

VOIR
La Voie lactée, notre galaxie → page 64
Les taches floues du ciel → page 78

VOIR
Éléments d'astrophotographie → page 136
Construire une table équatoriale → page 143

34. Le ciel d'automne

Avec ses nuits plus longues qu'en été et un ciel bien noir, l'automne est une saison très appréciée pour l'astronomie.

Se repérer avec Cassiopée

L'été est fini... mais peu importe. C'est en automne, en effet, que, durant la première décennie du siècle, réapparaîtront dans le ciel Jupiter et Saturne, et que Mars sera en opposition avec la Terre, en septembre 2003 et en novembre 2005... En octobre, le ciel d'été est à votre droite (si vous êtes tourné vers le sud), disparaissant à l'ouest, tandis que surgissent déjà à votre gauche les belles constellations de l'hiver : Andromède d'abord, le Bélier, puis le Taureau et, plus tard dans la nuit, Orion.

La Grande Ourse étant basse sur l'horizon nord, c'est Cassiopée et son W caractéristique (en automne, il s'agit plutôt d'un M) qui sert de repère, juste au-dessus de vos têtes. Entre Cassiopée et Persée, vous pouvez admirer Chi et Êta Perséi. Puis, entre Cassiopée toujours et la constellation d'Andromède, vous découvrez la seule galaxie visible à l'œil nu depuis l'hémisphère Nord : M 31 d'Andromède. Au sud, dans le Verseau bas sur l'horizon, observer la nébuleuse planétaire Hélix est un défi à ne pas rater. ■

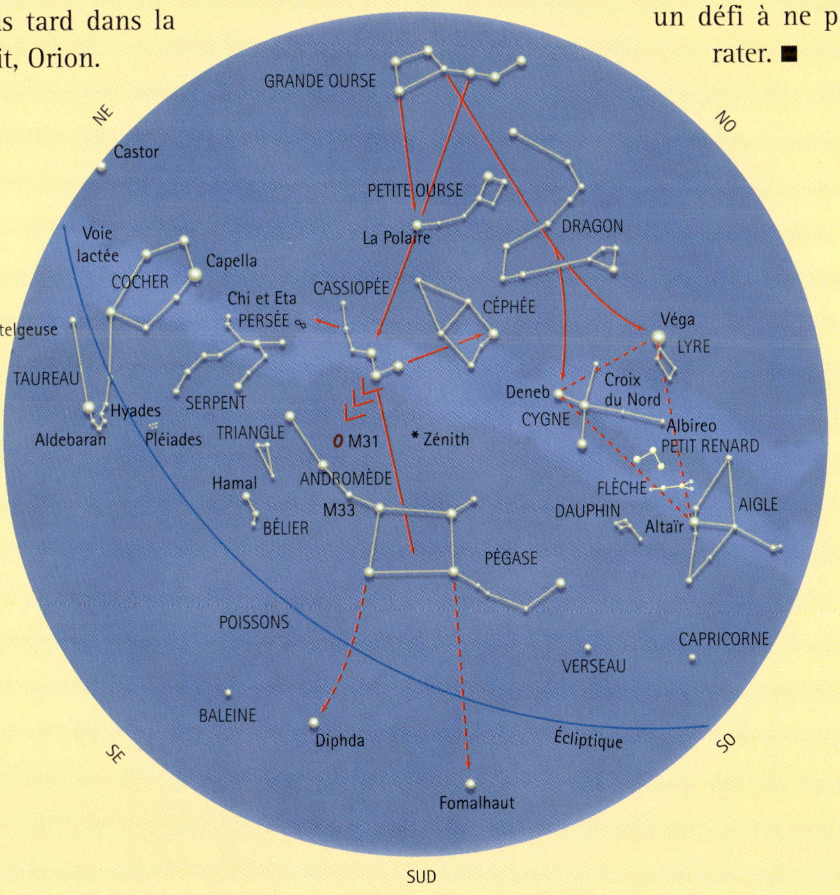

VOIR
Le Renard, l'Haltère et la Flèche → page 210
La galaxie d'Andromède → page 211
Le Verseau et son Hélix → page 212
Cassiopée, Chi et Êta Perséi → page 213
Observer la lumière zodiacale → page 214

35. Le Renard, l'Haltère et la Flèche

Le Renard et la Flèche sont deux petites constellations que l'on peut observer entre l'été et l'automne…

Repérer le Renard et la Flèche

Auprès du Cygne, de l'Aigle et du Dauphin se trouvent deux petites constellations assez bien visibles à l'œil nu : le Renard, ou Petit Renard (*Vulpecula*), et la Flèche (*Sagitta*). En partant de l'étoile Polaire en direction de l'Aigle, on aperçoit le Petit Renard juste sous le Cygne : à première vue, 4 ou 5 étoiles zébrant le ciel au milieu de la fourche séparant la Voie lactée en deux. Sous ledit Petit Renard, apparaissent encore 4 étoiles, qui forment, elles, la constellation de la Flèche.

M 27, la nébuleuse Dumbell.

Deux beaux objets Messier

Les étoiles du Renard et de la Flèche sont certes moins brillantes que celles du Cygne ou de l'Aigle, mais leur région abrite deux splendeurs qui méritent le détour…

La nébuleuse M 27 dans le Renard. M 27, la nébuleuse dite « Dumbell ou Haltère », découverte par Messier en 1764, est l'un des plus beaux objets célestes à observer ou photographier. Pour la repérer, tracez un trait entre Deneb et Altaïr : quand cette ligne traverse la tête du Petit Renard, vous verrez juste en dessous M 27. Cette nébuleuse, distante de 1 000 années-lumière, peut être observée avec des jumelles. Mais ce n'est qu'avec une lunette ou un télescope qu'elle révèle toute sa structure, y compris sa naine blanche centrale quand la qualité du ciel est excellente. Grossissez l'image à volonté (sans exagérer) jusqu'à obtenir la meilleure possible avec l'instrument utilisé.

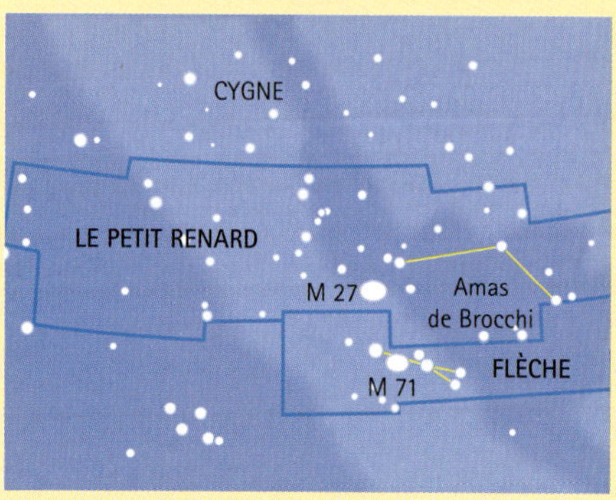

Un curieux amas près de la Flèche. Près de la Flèche, se trouve un amas (optique) d'étoiles de forme étrange, rappelant un cintre : M71. Aux jumelles, car l'objet est relativement grand, tentez de le repérer au nord-ouest de la Flèche (c'est-à-dire un peu au-dessus de la Flèche et à votre droite si vous êtes tourné vers le sud). ■

VOIR
Année-lumière → page 19
Grossissement → page 35
Messier (catalogue) → page 42
Nébuleuse → page 46

VOIR
Les taches floues du ciel → page 78

VOIR
Le Cygne de l'été → page 205
L'Aigle et Altaïr → page 206
Photographier le ciel profond → page 220

36. La galaxie d'Andromède

Bien qu'apparaissant dès l'été, la galaxie d'Andromède est à son maximum de visibilité en automne, où elle se trouve au zénith.

Une galaxie à l'œil nu

M 31, la galaxie spirale d'Andromède, est la plus connue des galaxies spirales et également la plus proche de la nôtre. Elle se trouve dans la constellation du même nom, dont les étoiles peu brillantes ne présentent aucun intérêt particulier. Avec un diamètre de 150 000 années-lumière (100 000 environ pour la Voie lactée), elle se situe à 2,5 millions d'années-lumière – c'est l'objet céleste le plus lointain qu'on peut découvrir à l'œil nu – et contiendrait environ 400 milliards d'étoiles. Andromède et la Voie lactée appartiennent toutes deux au Groupe local et se dirigent l'une vers l'autre à la vitesse de 90 km/s. L'impact est prévu dans 3,5 milliards d'années…

Repérer et observer. Avec une magnitude de 4,8, M 31 est la seule galaxie visible à l'œil nu de l'hémisphère Nord. À la mi octobre, vers 22 h TU, elle se trouve juste au zénith. Pour la trouver, le mieux est de se référer au W de Cassiopée. En partant de l'étoile Polaire, descendez en passant par la pointe centrale du W, et continuez : après quelques groupes d'étoiles, vous la rencontrerez immanquablement.

Même si M 31 apparaît telle une petite tache laiteuse à l'œil nu, par une nuit bien noire, il est préférable d'effectuer ce repérage avec des jumelles. L'observation s'effectue également aux jumelles : cette galaxie est en effet de si grande taille qu'elle n'apparaît pas entière dans de petits instruments d'astronomie dont les grossissements sont trop forts.

Deux galaxies compagnes. Avec une lunette ou un télescope cette fois, tentez ensuite de repérer les galaxies compagnes, ou satellites, d'Andromède : M 32 et NGC 205. Andromède étant inclinée, l'une de ses galaxies satellites se repère juste au-dessus et l'autre en dessous, presque symétriquement. Ne grossissez pas plus de 40 fois. ■

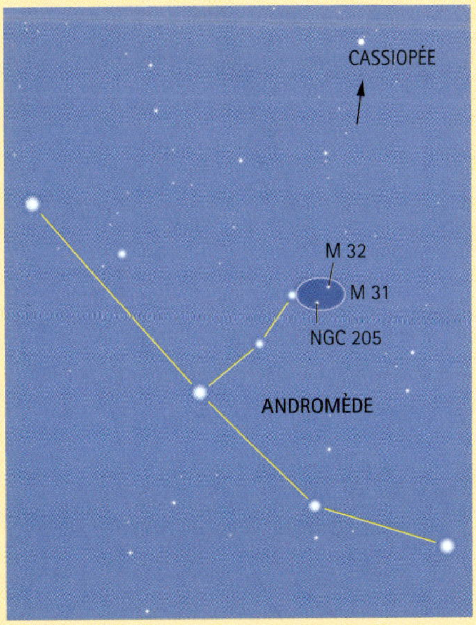

VOIR
Année-lumière → page 19
Grossissement → page 35
Heure → page 36
Nébuleuse → page 46
Zénith → page 61

VOIR
Des milliards de galaxies → page 66

VOIR
Photographier le ciel profond → page 220

37. Le Verseau et son Hélix

Chevauchant de part et d'autre le Capricorne et les Poissons, le Verseau est l'une des grandes constellations de l'automne, même si elle est visible dès la fin de l'été.

Repérer le Verseau

Le Verseau est visible dès la fin de l'été mais apparaît mieux en automne. Bien que la constellation, avec de nombreuses étoiles, s'étende sur une large part du ciel, son repérage constitue un petit défi pour l'astronome amateur.

Sachez que la tête, plongeant à l'est sous la queue des Poissons (à gauche si l'on est tourné vers le sud), se trouve au-dessus d'une étoile brillante, très basse sur l'horizon sud, mais visible en automne : Formahault, du Poisson austral ; la queue, elle, se prolonge au-dessus du Capricorne.

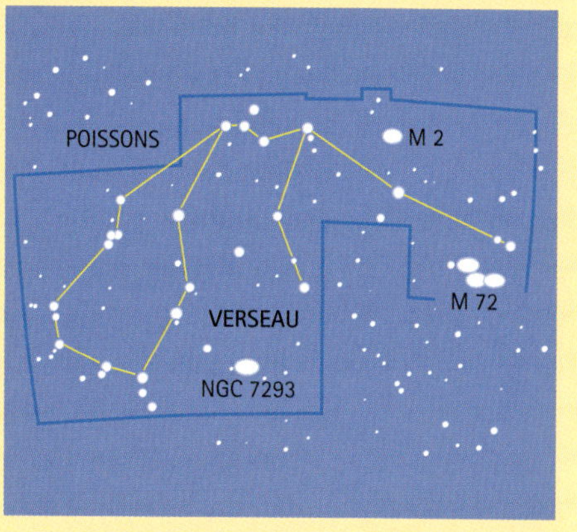

Le Verseau et les planètes. Le Verseau ne recevra Jupiter qu'en 2010, et Saturne en 2019 et 2020. En revanche, en septembre 2003, elle a accueilli l'opposition de Mars, la seconde du siècle, la planète se trouvant dans le Verseau de juin à novembre 2003. Mars passera aussi en avril 2007, en mars 2009 et en mars 2011 mais, à ces périodes de l'année, le Verseau est pratiquement invisible.

Admirer la belle Hélix...

C'est à cause de ses objets Messier que le Verseau mérite une soirée d'observation. Il abrite l'une des plus belles nébuleuses planétaires : Hélix du Verseau, ou NGC 7293. Problème : Hélix est très basse sur l'horizon, à −20°48' de déclinaison. Son diamètre apparent est à peu près celui de la Pleine Lune, mais sa luminosité est très faible. C'est en octobre que l'on a le plus de chance de la voir. Observez-la alors avec un télescope de 150 mm, ou photographiez-la afin de profiter de ses couleurs rouges et vertes.

...et deux amas globulaires. L'amas M 2 se trouve à droite du Verseau, près du Capricorne. De magnitude 6,5 et situé juste sur l'équateur céleste, il montre sa brillante surface aux jumelles. Quant à M 72, juste sur la queue du Verseau, il ne peut être observé, du fait d'une magnitude de 9,4, qu'à la lunette ou au télescope. ■

VOIR
Amas → page 17
Année-lumière → page 19
Équateur céleste → page 30
Magnitude → page 40
Nébuleuse → page 46
Opposition → page 49

VOIR
Les taches floues du ciel → page 78

VOIR
Les accords de la Lyre → page 207
Photographier le ciel profond → page 220

38. Cassiopée, Chi et Êta Perséi

Symétrique à la Grande Ourse par rapport à l'étoile Polaire, formant un W caractéristique, Cassiopée est l'une des constellations visibles toute l'année.

Un point de repère

Située en automne au sud de l'étoile Polaire – au printemps, elle se trouve au nord de ladite étoile –, Cassiopée présente alors une forme en M, et non en W. En fait, comme c'est le cas pour toutes les étoiles des constellations, les 5 étoiles principales de Cassiopée sont très éloignées et c'est leur projection visuelle sur l'infini, qui nous donne l'illusion d'un groupe. Au mois d'octobre et de novembre, elle constitue un bon point de repère. C'est notamment à partir de son étoile centrale, Gamma, que l'on parvient à la galaxie M 31 d'Andromède, en se dirigeant vers l'ouest (à droite quand on est tourné vers le sud).

Alpha et Gamma. L'étoile la plus brillante est Alpha de Cassiopée ou Schedar, au pied du second V du W. Quant à Gamma, l'étoile centrale qui sert de point de repère, c'est une variable intrinsèque, c'est-à-dire que sa variabilité n'est pas due à son éclipse par une autre étoile satellite, mais aux gonflements et dégonflements rythmiques de son enveloppe gazeuse. Sa magnitude varie ainsi de 1,6 à 3.

À photographier. Pour photographier Cassiopée – une image très appréciée des astronomes –, prévoyez un temps de pose d'environ 10 secondes et utilisez un objectif de 50 mm et un film 1 600 ISO.

Chi et Êta de Persée

En partant de Gamma vers la constellation de Persée, c'est-à-dire vers l'est (à gauche), on rencontre à mi-chemin, visibles à l'œil nu, deux taches floues. L'observation avec une paire de jumelles montre qu'il s'agit d'un double amas ouvert, à ne rater sous aucun prétexte : Chi et Êta de Persée. Ces deux amas sont distants de la Terre d'environ 8 000 années-lumière. Ils doivent être observés avec une lunette de 60 mm ou un télescope de 115 mm, de préférence avec un grossissement de 50 fois si l'on veut en admirer certains détails. ■

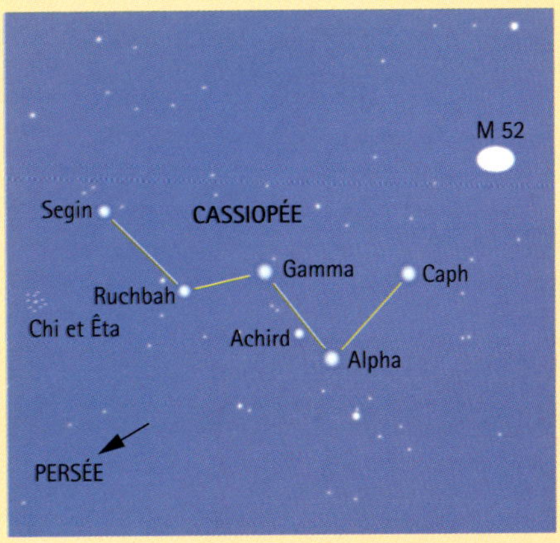

VOIR
Amas → page 17
Année-lumière → page 19
Magnitude → page 40

VOIR
Les étoiles variables → page 76
Les taches floues du ciel → page 78

VOIR
Éléments d'astrophotographie → page 136
La galaxie d'Andromède → page 211

39. Observer la lumière zodiacale

La lumière zodiacale est l'un des plus beaux phénomènes célestes à regarder ou à photographier.

Des milliards de miroirs

Le Soleil est entouré, outre les planètes, par plusieurs ceintures d'astéroïdes, de comètes, de météorites, mais aussi de micrométéorites, dont la taille ne dépasse pas quelques millièmes de millimètre. Entre Mars et Jupiter, ces dernières forment un nuage de plusieurs centaines de millions de kilomètres. Tout comme les planètes, ces corps reflètent la lumière du Soleil, d'autant plus qu'ils sont en général constitués de silicates. Cette ceinture apparaît parfois comme une espèce de traînée blanche depuis la Terre. Comme elle se situe dans le plan de l'écliptique où apparaissent les signes du zodiaque, elle a reçu le nom de « lumière zodiacale ».

En septembre, la lumière zodiacale traverse de haut en bas les Gémeaux, le Cancer et le Lion.

Deux périodes propices

La lumière zodiacale est assez ténue, et donc peu facile à observer. Elle n'est réellement visible depuis la Terre que quand l'écliptique est assez haut sur l'horizon : la lumière parcourt alors un moins grand trajet dans l'atmosphère, et parvient moins atténuée.

C'est donc fin septembre et début octobre, puis entre février et mars, lorsque l'écliptique forme un angle supérieur à 50° avec l'horizon, que l'on peut la voir : avant le lever du Soleil en septembre et octobre ; en début de soirée en février et mars. Elle s'observe alors à l'œil nu, et éventuellement avec des jumelles de petit diamètre. Pour ne pas la confondre avec les lueurs du Soleil ni avec celles d'une ville, souvenez-vous que la lumière zodiacale n'est pas jaune-orangé, mais blanche ou blanchâtre.

Comment photographier. Il s'agit ici de réaliser une photo à grand champ. Un appareil simple sur un trépied suffit. Choisissez un objectif à focale courte (entre 24 mm et 50 mm), un film 400 ASA, et comptez un temps de pose entre 2 et 6 minutes. Cette photo constitue l'un des clichés les plus étranges que puisse posséder un astronome amateur. ■

VOIR
Écliptique (plan de)
➔ page 28

VOIR
Le système solaire
➔ page 82
Les astéroïdes
➔ page 98

VOIR
Éléments d'astrophotographie
➔ page 136

40. En vacances sous le ciel austral

Regarder le ciel depuis l'hémisphère Sud, c'est découvrir l'autre côté de la voûte céleste, avec de nouveaux repères, des étoiles inconnues. Mais c'est aussi voir ce que l'on connaît d'une autre manière...

Comment se repérer dans le ciel austral

La carte du ciel de l'hémisphère Sud suscite quelques réflexions quant aux repères que l'on y peut prendre.

Pas de Polaire, mais une Croix. Il n'existe aucune étoile centrale, comme l'étoile Polaire dans l'hémisphère Nord, qui marque, à peu près, le pôle céleste.

Dans l'hémisphère Sud, l'orientation se fait autrement, il faut partir de la constellation appelée la Croix du Sud dont la branche la plus longue désigne le pôle Sud céleste. Attention, ne la confondez pas avec une autre constellation de même forme, dite la «Fausse Croix» qui se trouve de l'autre côté des Voiles.

L'étoile la plus proche du Soleil. À gauche de la Croix du Sud, un système triple d'étoiles autour d'Alpha Centauri comprend les astres les plus proches de la Terre. L'étoile la plus près s'appelle Proxima Centauri, et elle est à «seulement» 4,22 années-lumière. À l'opposé par rapport au pôle Sud céleste, se trouvent le Grand et le Petit Nuage de Magellan, deux galaxies satellites de la nôtre.

Le Petit Nuage de Magellan, SMC, une des galaxies satellites de la Voie lactée.

VOIR
Année-lumière → page 19
Magellan (Nuages de) → page 39
Zodiaque → page 61

L'hémisphère Sud, miroir du Nord

Dans l'hémisphère austral, on observe des formations et constellations bien différentes de celles de l'hémisphère boréal, comme le Centaure, les nuages de Magellan, la Croix du Sud, la Carène (Carina), le Toucan (Tucana) ou encore les Voiles (Vela). C'est la raison pour laquelle un grand nombre d'observatoires, comme l'ESO (European South Observatory) au Chili, sont installés dans cet hémisphère.

Pourtant, les hémisphères Sud et Nord présentent aussi de nombreuses ressemblances. Depuis cette région, les 12 constellations du zodiaque, la ronde des planètes et la Lune sont évidemment visibles.

Cependant, pour voir les constellations du zodiaque et les planètes, il faut se tourner vers le nord. Cela signifie que, par rapport à l'hémisphère Nord, tout se passe comme dans un miroir. Certes, les objets se déplacent bien dans le ciel d'est en ouest mais, cette fois, l'est se trouve à droite de l'observateur et l'ouest à gauche. Enfin n'oubliez pas que dans l'hémisphère austral, les saisons sont inversées : c'est durant notre été que vous y trouverez le ciel d'hiver. ■

Carte du ciel de l'hémisphère austral.

VOIR
Le système solaire
➔ page 82
La ronde du zodiaque
➔ page 108

LE SAVIEZ-VOUS ?

Des outils et des animaux exotiques pour l'hémisphère sud

Les noms des constellations de l'hémisphère nord ont été attribués au fil des millénaires par les savants babyloniens, puis grecs, latins et arabes dont elles ont conservé certains noms. Les noms définitifs ont été fixés au XVIIe siècle. Le ciel de l'hémisphère sud, lui, a été découvert par ces navigateurs qui, suivant les itinéraires tracés par Vasco de Gamma vers le Cap de Bonne Espérance au XVe siècle, puis par Magellan vers le Cap Horn au XVIe siècle, ont dû se repérer dans ce ciel nouveau. Pour ces marins, foin ! des personnages mythologiques : les noms qu'ils ont donnés aux constellations qu'ils déchiffraient sont ceux de leurs préoccupations quotidiennes : voiles, octant, carène, poupe, compas, boussole, auxquels sont venus s'ajouter les animaux exotiques des régions australes : toucan, oiseau du paradis, caméléon, poisson volant, etc.

Carte du ciel de l'hémisphère boréal.

VOIR
Sac à Charbon, LMC et SMC, → page 218
Croix du Sud et Poisson volant → page 219

41. Sac à Charbon, LMC et SMC

Parmi les curiosités de l'hémisphère Sud, observez deux constellations, une nébuleuse rosée, un système d'étoile triple, et l'étonnant « Sac à Charbon ».

À partir du Sac à Charbon

Situé sous le côté gauche de la Croix du Sud, le Sac à Charbon est un nuage de poussières sombres, absorbant la lumière. Il s'intercale, à 500 années-lumière, entre la Voie lactée et la Terre. Cette zone noire vide d'étoiles est facilement observable à l'œil nu.

Le système triple de Proxima. En regardant sur la gauche du Sac à Charbon, et en prolongeant sur environ deux fois sa longueur, on parvient à une petite étoile, Proxima du Centaure (Proxima Centauri). C'est l'étoile la plus proche de la Terre, à 4,22 années-lumière.

Malheureusement, avec une magnitude de 11,3, elle est invisible à l'œil nu. D'autant qu'elle est située en orbite autour de la très brillante Alpha du Centaure (magnitude de 0,3). Une troisième étoile, Toliman, complète ce système d'étoile triple. Il faut tout d'abord repérer Alpha du Centaure, nettement visible, et regarder Proxima avec des jumelles ou une lunette.

La nébuleuse de la Carène. En partant à droite du Sac à Charbon et à une distance d'environ deux fois sa longueur, on trouve, à l'œil nu, la constellation de la Carène. En son centre, la nébuleuse entourant l'étoile

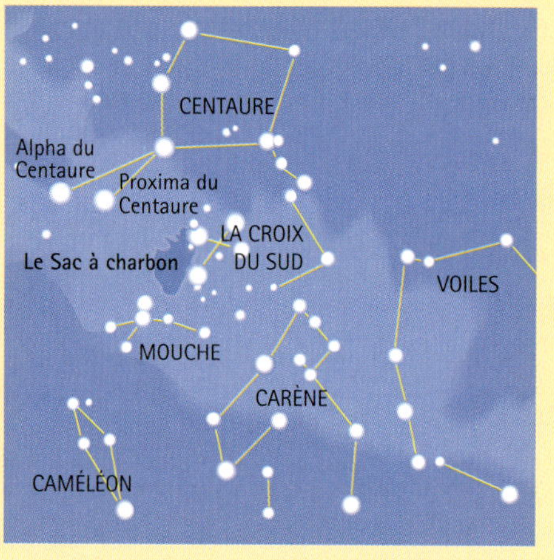

Eta Carinæ apparaît telle une belle tache rosée dans le ciel nocturne.

Les deux nuages de Magellan

Le Grand et le Petit Nuage de Magellan, ou LMC et SMC, sont visibles à l'œil nu. Observés avec un petit télescope, ils ressemblent à des nuages laiteux.

Le Grand Nuage. Situé juste au-dessus de la constellation de la Dorade (Dorado), à 200 000 années-lumière, il contient 10 milliards d'étoiles.

Le Petit Nuage. Il est distant de 220 000 années-lumière et on le repère aux pieds d'une grande constellation, le Toucan (Tucana), symétriquement au pied de la Croix du Sud par rapport au pôle Sud céleste. Il ne contient environ que 2 milliards d'étoiles. ■

VOIR
Alpha
→ page 16
Année-lumière
→ page 19
Magellan (Nuages de)
→ page 39
Magnitude
→ page 40

VOIR
La Voie lactée, notre galaxie
→ page 64
Les taches floues du ciel
→ page 78

42. Croix du Sud et Poisson volant

MODES D'OBSERVATION

Avec un petit télescope, ou des jumelles, ne manquez surtout pas de contempler les joyaux de l'hémisphère Sud : l'Écrin de pierres précieuses de la Croix du Sud et l'étoile triple du Poisson volant.

La Croix du Sud

La première chose que l'on remarque dans l'hémisphère Sud, c'est la constellation de la Croix du Sud dont l'axe central pointe en direction du pôle Sud céleste. Ses étoiles principales sont bien plus visibles que celles de la Petite Ourse dans l'hémisphère Nord.

L'Écrin de pierres précieuses. À côté de l'étoile Bêta de la Croix du Sud, et juste au-dessus du Sac à Charbon, un splendide amas ouvert d'étoiles très jeunes brille d'un éclat bleuté. C'est l'Écrin de pierres précieuses, ou NGC 4755.

Pour l'apprécier dans son ensemble, utilisez une paire de jumelles ou bien une petite lunette astronomique. Cependant, si vous possédez un télescope de 115 mm, pointez-le vers le centre de l'amas. Vous apercevrez une superbe étoile orangée qui irradie au milieu de toutes ces pierres bleues.

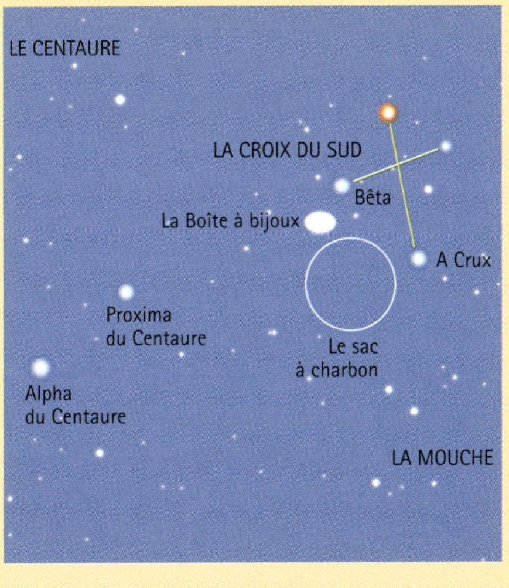

Les étoiles multiples du Poisson volant

Le Poisson Volant (Volans) est une constellation isolée aux étoiles brillantes à mi-chemin entre la Croix du Sud et le Grand Nuage de Magellan. Sa forme ressemble à celle d'un pentagone assorti d'un manche.

Alpha. L'étoile Alpha, la plus brillante, est une étoile double. L'une des composantes est de couleur jaune, l'autre bleue, avec des magnitudes respectives de 3,9 et 5,8. Elles peuvent s'observer aux jumelles ou avec une lunette.

Bêta. La seconde étoile la plus brillante de Volans est un système d'étoile triple, de magnitudes 5,4, 5,7, et 8,6, qui doit donc être observé avec au moins une lunette ou, mieux, avec un télescope de 115 mm. Ainsi, vous découvrirez sur un très beau fond d'étoiles deux étoiles de couleur or et une troisième de couleur mauve. Surtout pour obtenir cet effet, n'utilisez pas de filtres de couleur. ■

VOIR
Alpha → page 16
Année-lumière → page 19
Magnitude → page 40

VOIR
Les étoiles multiples → page 74
Les taches floues du ciel → page 78

43. Photographier le ciel profond

La photographie des nébuleuses, amas et galaxies, est un art difficile, qui nécessite certains appareils et une technique particulière.

Puisque la Terre tourne

Lorsqu'on observe une planète à la lunette, celle-ci disparaît rapidement de l'objectif, du fait de la rotation terrestre. Pour cette raison, la photographie en astronomie ne peut pas être effectuée avec des temps de pose dépassant quelques secondes, sous peine de voir l'astre photographié laisser des traînées sur la pellicule.

Or, les amas stellaires, nébuleuses et galaxies, sont des objets très peu brillants, et il faut donc, pour les photographier, initier des temps de pose assez longs, qui approchent vite la demie-heure. Vous devez donc posséder une lunette ou, mieux un télescope pourvus d'une monture motorisée qui permet de garder l'objectif aligné avec les objets photographiés.

M 4, un amas globulaire située dans la constellation du Scorpion.

Le matériel nécessaire

Une monture motorisée. Vous trouverez dans le commerce de nombreux télescopes (ou de petites lunettes) déjà motorisés et, souvent même, pourvus d'une raquette de commande. Mais vous pouvez aussi, plus simplement, acquérir un moteur et le faire installer de préférence par un professionnel (ou le vendeur).

Un appareil Reflex. Pour la photographie proprement dite, vous aurez besoin d'un Reflex manuel avec une pose B et un déclencheur souple. Mais certains accessoires doivent être au préalable installés sur le télescope...

Un diviseur optique. Cette pièce cylindrique (entre 150 et 300 euros) contient un petit miroir renvoyant un certain pourcentage de la lumière sur le côté du tube, tandis que le reste de la lumière entre dans l'appareil photo. Elle s'intercale entre le télescope et le Reflex, fixée par une bague T2.

Un oculaire réticulé. Cet accessoire (entre 150 et 300 euros) permettant d'assurer le guidage, doit être fixé sur le diviseur optique, au-dessus du petit miroir.

Mise en station

Une fois le matériel installé, il faut mettre sa monture en station, c'est-à-dire caler l'instrument pour qu'il suive les axes de déclinaison et d'ascension droite, comme l'objet photographié et pour cela, il faut trouver le pôle céleste.

Repérez Polaris. Pointez le télescope vers l'étoile Polaire, du mieux possible. Mais ce premier réglage est insuffisant, car Polaris se situe en fait à 1° du pôle céleste réel. D'où la nécessité de réglages plus précis, effectués selon la méthode de Bigourdan.

Le réglage est-ouest. Pour ce premier réglage, voici comment procéder :

– pointez l'instrument vers une étoile proche de l'intersection entre le méridien et l'équateur céleste. Elle doit apparaître au centre de l'oculaire réticulé ;

– enclenchez le moteur d'ascension droite et attendez 2 ou 3 minutes ;

– regardez après ce délai si l'étoile s'est décalée vers le haut ou vers le bas de la croix, dans l'oculaire réticulé. Si elle s'est élevée, c'est que l'ascension droite pointe trop à l'ouest : corrigez alors les mouvements azimutaux de votre monture ;

– recommencez jusqu'à ce que l'étoile reste centrée plusieurs minutes.

Le réglage nord-sud. Pointez cette fois une étoile vers l'est toujours au niveau de l'équateur céleste, et procédez comme précédemment. Si, dans l'oculaire réticulé, votre étoile monte, c'est que l'axe d'ascension pointe trop bas, et vice versa. Orientez alors de nouveau la monture, selon le même principe que précédemment.

Les prises de vue

Vous ne pourrez commencer la prise de vues qu'après la mise en station. Choisir un objet facile, comme la nébuleuse d'Orion ou la nébuleuse Dumbell dans le Renard, et utiliser des films Fuji super G 800 ou le Kodak Gold 400. Voici comment procéder :

– commencez par pointer une étoile brillante sur laquelle vous ferez la meilleure mise au point possible, jusqu'à ce que l'image soit très nette ;

– refaites la mise au point, avec l'appareil photo sur l'objet visé, et enclenchez une pose B au déclencheur souple. Les temps de pose pour M 27 ou M 41 sont d'une demi-heure ;

– suivez l'objet dans l'oculaire réticulé, et corrigez si nécessaire.

Les amas ouverts (M 11, M 37, etc.), les amas globulaires (M 13) et les galaxies demandent les mêmes techniques et les mêmes temps de pose. ■

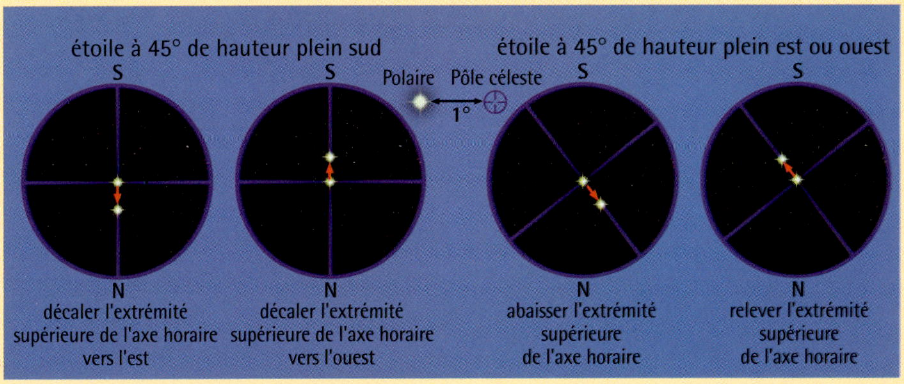

Mise en station selon la méthode de Bigourdan.

VOIR
Mise en station → page 43
Monture → page 44

VOIR
Les taches floues du ciel → page 78

VOIR
Éléments d'astrophotographie → page 136
Observer la nuit qui tourne → page 164
Les nébuleuses d'Orion → page 188
Le Renard, l'Haltère et la Flèche → page 210

44. Un « marathon Messier »

Le catalogue établi par Charles Messier contient aujourd'hui 110 objets du ciel profond. Tenter de voir tous ces objets en une seule nuit, tel est le but du marathon Messier, lancé dans les années 1970 aux États-Unis...

Les nuits les plus propices

On pourrait penser que toutes les nuits conviennent pour effectuer le marathon Messier – observer en une nuit toutes les nébuleuses, amas et galaxies dudit catalogue, mais ce n'est pas exact. En réalité, il faut tenir compte de la course de la Terre le long de l'écliptique et choisir les moments où le plan de l'écliptique est assez haut dans le ciel, de manière à ce que les objets étudiés ne soient pas trop bas sur l'horizon.

Ainsi, la période la plus propice se situe en mars, aux alentours de l'équinoxe de printemps. Il faut commencer les observations dès la tombée de la nuit, de préférence quand la Lune est en croissant et... par beau temps.

Procéder avec méthode

Pour effectuer le marathon, une lunette de 60 mm ou un télescope de 115 mm suffisent quand le ciel est de très bonne qualité. Il ne s'agit pas de réellement observer ces objets mais simplement de les localiser pour, immédiatement, passer à un autre.

Afin de ne pas être surpris, commencez par les objets le plus à l'ouest (qui vont disparaître) et les plus bas sur l'horizon. Le tableau ci-dessous propose un ordre à suivre, en observant de gauche à droite : de M 74 à M 34 (1re ligne), puis de M 45 à M 38, etc.

Vous perdrez moins de temps si vous possédez une carte ou un atlas du ciel, le grand tableau présentant les Messier et leurs coordonnées n'étant pas suffisant pour repérer rapidement tous ces objets.

Enfin, entraînez-vous à repérer déjà un grand nombre d'objets avant d'effectuer le marathon. Et n'oubliez pas qu'il s'agit d'un jeu, et non d'établir un record : observer 40 ou 50 Messier en une nuit est déjà un score très respectable. ■

VOIR
Écliptique (plan de) → page 28
Heure → page 36
Messier (catalogue) → page 42
Printemps → page 53

VOIR
Les taches floues du ciel → page 78

VOIR
Observer la nuit qui tourne → page 164

Sens de lecture pour le marathon Messier (de gauche à droite et de haut en bas)

74	77	33	31	32	110	52	103	76	34
45	79	42	43	78	1	35	37	36	38
41	50	47	46	93	48	44	67	81	82
108	97	109	106	40	95	96	105	65	66
101	51	63	94	3	53	64	60	59	58
89	90	88	91	87	86	84	100	85	98
99	49	61	104	68	83	102	5	13	92
12	10	14	107	80	4	19	62	6	7
8	20	21	23	9	24	25	18	17	16
11	26	22	28	69	70	57	56	29	39
71	27	54	55	15	75	72	73	2	30

TABLEAU DES 110 OBJETS MESSIER

N° Messier	Type d'objet / nom	Constellation	Visibilité	Ascension droite	Déclinaison	Magnitude	Dimensions apparentes en secondes
1	Nébuleuse du Crabe	Taureau	Hiver	5 h 34,5 min	22°01'	8,2	6 x 4
2	Amas globulaire	Verseau	Automne	21 h 33,5 min	- 00°49'	6,5	13
3	Amas globulaire	Chiens de chasse	Printemps	13 h 42,2 min	28°23'	6,4	16
4	Amas globulaire	Scorpion	Été	16 h 23,6 min	- 26°32'	5,9	26
5	Amas globulaire	Serpent	Printemps	15 h 18,6 min	02°05'	5,8	17
6	Amas ouvert du Papillon	Scorpion	Été	17 h 40,1 min	- 32°13'	4,2	15
7	Amas ouvert	Scorpion	Été	17 h 53,9 min	- 34°49'	3,3	80
8	Nébuleuse de la Lagune	Sagittaire	Été	18 h 3,8 min	- 24°23'	6,8	80 x 40
9	Amas globulaire	Ophiuchus	Été	17 h 19,2 min	- 18°31'	7,9	2,4
10	Amas globulaire	Ophiuchus	Été	16 h 57,1 min	- 04°06'	6,6	8,2
11	Amas ouvert des Canards sauvages	Écu	Été	18 h 51,1 min	- 06°16'	5,8	14
12	Amas globulaire	Ophiuchus	Été	16 h 47,2 min	- 01°57'	6,6	9,3
13	Amas globulaire d'Hercule	Hercule	Été	16 h 41,7 min	36°28'	5,9	10
14	Amas globulaire	Ophiuchus	Été	17 h 37,6 min	- 03°15'	7,6	3
15	Amas globulaire	Pégase	Automne	21 h 30 min	12°10'	6,4	7,4
16	Nébuleuse de l'aigle	Serpent	Été	18 h 18,8 min	- 13°47'	6,4	25
17	Nébuleuse oméga	Sagittaire	Été	18 h 20,8 min	- 16°11'	7,5	46 x 37
18	Amas ouvert	Sagittaire	Été	18 h 19,9 min	- 17°08'	6,9	9
19	Amas globulaire	Ophiuchus	Été	17 h 02,6 min	- 26°16'	7,2	4,3
20	Nébuleuse de la Trifide	Sagittaire	Été	18 h 02,6 min	- 23°02'	9	29 x 27
21	Amas ouvert	Sagittaire	Été	18 h 04,6 min	- 22°30'	5,9	13
22	Amas globulaire	Sagittaire	Été	18 h 36,4 min	- 23°54'	5,1	17,3
23	Amas ouvert	Sagittaire	Été	17 h 56,8 min	- 19°01'	5,5	27
24	Amas ouvert	Sagittaire	Été	18 h 16,9 min	- 18°29'	4,6	4
25	Amas ouvert	Sagittaire	Été	18 h 31,6 min	- 19°15'	4,6	32
26	Amas ouvert	Écu	Été	18 h 45,2 min	- 09°24'	8	15
27	Nébuleuse planétaire Dumbell	Petit Renard	Été	19 h 59,6 min	22°43'	7,6	8 x 4
28	Amas globulaire	Sagittaire	Été	18 h 24,5 min	- 24°52'	6,9	6
29	Amas ouvert	Cygne	Été	20 h 23,9 min	38°32'	6,6	7
30	Amas globulaire	Capricorne	Automne	21 h 40,4 min	- 23°11'	7,5	5,7
31	Galaxie d'Andromède	Andromède	Automne	42,7 min	41°16'	4,8	160 x 40
32	Galaxie elliptique	Andromède	Automne	42,7 min	40°52'	8,7	3,6 x 3,1
33	Galaxie du Triangle	Triangle	Automne	1 h 33,9 min	30°39'	6,3	60 x 35
34	Amas ouvert	Persée	Automne	2 h 42,0 min	42°47'	5,5	35
35	Amas ouvert	Gémeaux	Hiver	6 h 08,9 min	24°20'	5,3	28
36	Amas ouvert	Cocher	Hiver	5 h 36,1 min	34°08'	6	12
37	Amas ouvert	Cocher	Hiver	5 h 52,4 min	32°33'	5,6	24
38	Amas ouvert	Cocher	Hiver	5 h 28,7 min	35°50'	6,4	21

N° Messier	Type d'objet / nom	Constellation	Visibilité	Ascension droite	Déclinaison	Magnitude	Dimensions apparentes en secondes
39	Amas ouvert	Cygne	Été	21 h 32,3 min	48°26'	4,6	32
40	Étoile double	Grande Ourse	Printemps	12 h 22,4 min	58°05'	9,1	50
41	Amas ouvert	Grand Chien	Hiver	6 h 47,0 min	– 20°44'	4,6	38
42	Grande nébuleuse d'Orion	Orion	Hiver	5 h 35,4 min	– 05°27'	2,9	66 x 60
43	Nébuleuse	Orion	Hiver	5 h 35,6 min	– 05°16'	6,9	20 x 15
44	Amas ouvert de la Crèche	Cancer	Printemps	8 h 40,1 min	19°59'	3,1	95
45	Amas ouvert des Pléiades	Taureau	Hiver	3 h 47 min	24°07'	1,2	110
46	Amas ouvert	Poupe	Hiver	7 h 35,4 min	– 14°49'	6,1	27
47	Amas ouvert	Poupe	Hiver	7 h 36,6 min	– 14°30'	4,5	30
48	Amas ouvert	Hydre	Hiver	8 h 13,8 min	– 05°48'	5,8	54
49	Galaxie elliptique	Vierge	Printemps	12 h 29,8 min	08°00'	8,4	4 x 3,4
50	Amas ouvert	Licorne	Hiver	7 h 03,2 min	– 08°20'	5,9	16 x 5,5
51	Galaxie des Chiens de Chasse	Chiens de Chasse	Printemps	13 h 29,9 min	47°12'	8,4	10 x 5,5
52	Amas ouvert	Cassiopée	Automne	23 h 24,2 min	61°35'	6,9	13
53	Amas globulaire	Chevelure de Bérénice	Printemps	13 h 12,9 min	18°10'	7,7	3,3
54	Amas globulaire	Sagittaire	Été	18 h 55,1 min	– 30°29'	7,7	6
55	Amas globulaire	Sagittaire	Été	19 h 40,0 min	– 30°58'	7	15
56	Amas globulaire	Lyre	Été	19 h 16,6 min	30°11'	8,3	1,8
57	Nébuleuse planétaire de la Lyre	Lyre	Été	18 h 53,6 min	33°02'	9,3	1 x 1,3
58	Galaxie spirale	Vierge	Printemps	12 h 37,7 min	11°49'	9,8	4 x 3,5
59	Galaxie elliptique	Vierge	Printemps	12 h 42,0 min	11°39'	9,8	2 x 1,8
60	Galaxie elliptique	Vierge	Printemps	12 h 43,7 min	11°33'	8,8	3 x 2,5
61	Galaxie spirale	Vierge	Printemps	12 h 21,9 min	04°28'	9,7	5,7 x 5,5
62	Amas globulaire	Ophiuchus	Été	17 h 01,2 min	– 30°07'	6,6	4,3
63	Galaxie spirale	Chiens de Chasse	Printemps	13 h 15,8 min	42°02'	8,6	10 x 5
64	Galaxie spirale	Chevelure de Bérénice	Printemps	12 h 56,7 min	21°41'	8,5	7,8 x 1,5
65	Galaxie spirale	Lion	Printemps	11 h 18,9 min	13°05'	9,3	8 x 2,5
66	Galaxie spirale	Lion	Printemps	11 h 20,2 min	12°59'	9	8 x 2,5
67	Amas ouvert	Cancer	Printemps	8 h 50,4 min	11°49'	6,9	30
68	Amas globulaire	Hydre	Printemps	12 h 39,5 min	– 26°45'	8,2	2,8
69	Amas globulaire	Sagittaire	Été	18 h 31,4 min	– 32°21'	7,7	2,5
70	Amas globulaire	Sagittaire	Été	18 h 43,2 min	– 32°18'	8,1	4
71	Amas globulaire	Flèche	Été	19 h 53,8 min	18°47'	8,3	6,1
72	Amas globulaire	Verseau	Automne	20 h 53,5 min	– 12°32'	9,4	2
73	Amas ouvert	Verseau	Automne	20 h 58,9 min	– 12°38'	9	2,8
74	Galaxie spirale	Poissons	Automne	1 h 36,7 min	15°47'	9,2	9
75	Amas globulaire	Sagittaire	Été	20 h 6,1 min	– 21°55'	8,6	1,9

N° Messier	Type d'objet / nom	Constellation	Visibilité	Ascension droite	Déclinaison	Magnitude	Dimensions apparentes en secondes
76	Nébuleuse planétaire petite Dumbell	Persée	Automne	1 h 42,4 min	51°34'	12,2	2 x 1
77	Galaxie spirale	Baleine	Automne	2 h 42,7 min	- 00°01'	8,9	6 x 5
78	Nébuleuse	Orion	Hiver	5 h 46,7 min	00°03'	10,5	8 x 6
79	Amas globulaire	Lièvre	Hiver	5 h 24,5 min	- 24°33'	8,4	3,2
80	Amas globulaire	Scorpion	Été	16 h 17,0 min	- 22°59'	7,2	3,3
81	Galaxie spirale	Grande Ourse	Printemps	9 h 55,6 min	69°04'	6,9	18 x 10
82	Galaxie irrégulière	Grande Ourse	Printemps	9 h 55,8 min	69°41'	8,4	8 x 3
83	Galaxie spirale	Hydre	Printemps	13 h 37,0 min	- 29°52'	8,2	10 x 8
84	Galaxie elliptique	Vierge	Printemps	12 h 25,1 min	12°53'	9,3	2 x 1,8
85	Galaxie elliptique	Chevelure de Bérénice	Printemps	12 h 25,4 min	18°11'	9,3	2,1 x 1,7
86	Galaxie elliptique	Vierge	Printemps	12 h 26,2 min	12°57'	9,2	3 x 2
87	Galaxie elliptique	Vierge	Printemps	12 h 30,8 min	12°24'	8,6	3 x 3
88	Galaxie spirale	Chevelure de Bérénice	Printemps	12 h 32,0 min	14°25'	9,5	5,5 x 2,4
89	Galaxie elliptique	Vierge	Printemps	12 h 35,7 min	12°33'	9,8	2 x 2
90	Galaxie spirale	Vierge	Printemps	12 h 36,8 min	13°10'	9,5	7 x 2,5
91	Galaxie spirale	Chevelure de Bérénice	Printemps	12 h 35,4 min	14°30'	10,2	3,7 x 3,2
92	Amas globulaire	Hercule	Été	17 h 17,1 min	43°08'	6,5	8,3
93	Amas ouvert	Poupe	Hiver	7 h 44,6 min	- 23°52'	6,2	22
94	Galaxie spirale	Chiens de Chasse	Printemps	12 h 50,9 min	41°07'	8,2	5 x 3,5
95	Galaxie spirale	Lion	Printemps	10 h 44 min	11°42'	9,7	6,1 x3,9
96	Galaxie spirale	Lion	Printemps	10 h 46,8 min	11°49'	9,1	5 x 4
97	Nébuleuse planétaire du Hibou	Grande Ourse	Printemps	11 h 14,8 min	55°01'	12	3,4 x 3,0
98	Galaxie spirale	Chevelure de Bérénice	Printemps	12 h 13,8 min	14°54'	10,1	8,4 x 1,9
99	Galaxie spirale	Chevelure de Bérénice	Printemps	12 h 18,8 min	14°25'	9,8	4,6 x 3,9
100	Galaxie spirale	Chevelure de Bérénice	Printemps	12 h 22,9 min	15°49'	9,4	5,3 x 4,5
101	Galaxie spirale	Grande Ourse	Printemps	14 h 03,2 min	54°21'	7,7	22 x 20
102	Galaxie elliptique	Dragon	Printemps	15 h 06,5 min	55°49'	10	5,2 x 2,3
103	Amas ouvert	Cassiopée	Automne	1 h 33,2 min	60°42'	7,4	5
104	Galaxie du Sombrero	Vierge	Printemps	12 h 40 min	- 11°37'	8,3	7 x 1,5
105	Galaxie elliptique	Lion	Printemps	10 h 47,8 min	12°35'	9,2	2,2 x 2
106	Galaxie spirale	Chiens de Chasse	Printemps	12 h 19,0 min	47°18'	8,3	18,2 x 7
107	Amas globulaire	Ophiuchus	Été	16 h 32,5 min	- 13°03'	8,1	2,2
108	Galaxie spirale	Grande Ourse	Printemps	11 h 11,5 min	55°40'	10,1	7,7 x 1,3
109	Galaxie spirale	Grande Ourse	Printemps	11 h 57,6 min	53°23'	9,8	6,2 x 3,5
110	Galaxie elliptique	Andromède	Automne	40,4 min	41°41'	9,4	8 x 3

OBSERVATIONS

MODES D'OBSERVATION

45. Pleins feux sur le Scorpion

Pour admirer toutes les curiosités de cette constellation de la fin du printemps et de l'été, prévoyez plusieurs soirées...

Repérer le Scorpion

S'il est une région du ciel extrêmement riche pour l'observateur, c'est bien celle du Scorpion. Admirer ses étoiles, amas et nébuleuses nécessite plusieurs soirées d'observation et constitue un bon entraînement au marathon Messier et à l'astrophotographie des objets du ciel profond.

Repérer la constellation du Scorpion n'est guère difficile. Dès le début de l'été, par exemple le 22 juin à 22 h TU, suivez à l'œil nu la trajectoire de la Voie lactée en descendant vers le sud : vous verrez alors plein sud 3 étoiles formant un arc de cercle vertical, et 3 étoiles dessinant un arc de cercle horizontal ; les premières représentent les pinces du Scorpion, et les secondes, sa tête. Le corps disparaît ensuite sous la ligne d'horizon tandis que le dard (la queue) ressurgit à l'est, près du Sagittaire. Plus simplement, si vous savez repérer le Sagittaire au bout de la Voie lactée, vous apercevrez à droite de cette constellation une étoile très brillante et rouge : Antarès, du Scorpion.

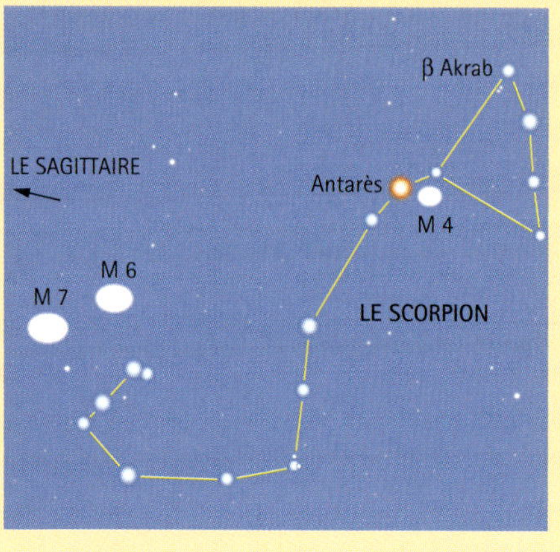

Antarès et Bêta-Akrab

Antarès (Alpha du Scorpion), l'étoile la plus brillante de la constellation (magnitude 1), est une supergéante rouge située à 400 années-lumière de la Terre. Son diamètre est 380 fois supérieur à celui du Soleil et sa température de surface est de 3 500 °C. Son nom vient du nom grec de la planète Mars : Arès. De fait, lorsque la planète rouge passe dans le Scorpion et se trouve près d'Antarès, ces astres ressemblent à deux sœurs jumelles.

Bêta-Akrab est une étoile double (magnitudes : 2,9 et 5,1), située au sommet de l'arc vertical formant les 3 étoiles des antennes. Elle est visible aux jumelles ou, mieux, avec une lunette de 60 mm. Ses deux composantes sont respectivement blanche et jaune-vert.

Les amas M 4, M 6 et M 7

À l'ouest (à droite) et légèrement au sud d'Antarès – en fait si près que la recherche peut se faire avec le viseur – apparaît un premier amas très spectaculaire : M 4. Distant d'environ 10 000 années-lumière, il s'agirait de l'amas globulaire le plus proche de la Terre. De magnitude 6, il est presque visible à l'œil nu et, bien sûr, avec des jumelles, des lunettes ou un télescope. Son diamètre est de 22,8'' d'arc.

À l'est (à gauche), au-dessus du bout de la queue du Scorpion (juste sous le Sagittaire), se trouvent M 6 et M 7, deux amas ouverts. Si M 6 est visible seulement avec des jumelles, M 7, l'un des amas ouverts les plus brillants du ciel (magnitude : 3,4), est accessible à l'œil nu ; il se trouve à seulement 780 années-lumière et présente un diamètre de 30'' d'arc. Il est facile de le photographier et le résultat est très beau. Comme il faut un temps de pose de 10' au moins, vous devrez être équipé d'une monture motorisée ou d'une table équatoriale.

De nombreuses nébuleuses

La principale est NGC 6357, dont le diamètre fait 1' d'arc. Ce corps assez diffus est situé entre M 7 et Antarès. Sur les photos, il apparaît tel un grand nuage rouge de toute beauté.

Plusieurs nébuleuses diffuses non visibles à l'œil nu stationnent en outre dans la région d'Antarès. Prises en photo, elles vous donneront de très beaux clichés. Utilisez un appareil photo équipé d'un objectif de 135 mm, voire de 200 mm.

Enfin, toujours près d'Antarès, admirez NGC 6302, la nébuleuse Bug Nebula, dont le diamètre est de 0,8' d'arc. Il vous faut toutefois disposer d'un télescope et d'un ciel bien dégagé.

Le passage des planètes

Sachez d'abord que l'on indique souvent le passage des planètes dans cette région du ciel en notant indifféremment qu'elles se trouvent dans Ophiuchus ou dans le Scorpion. Cela vient du fait que le Scorpion et Ophiucus sont juste l'une en dessous de l'autre et quasi symétriques par rapport au plan de l'écliptique.

Mars était de passage dans la région en janvier 2005 (Oph), décembre 2006 (Sco) et le sera à nouveau en décembre 2008 (Oph) et octobre 2010 (Sco). Jupiter, elle, se trouvait dans le Scorpion fin 2006 et début 2007. Il y a donc eu rapprochement de Mars et de Jupiter fin 2006. Malheureusement, le Scorpion est la seule constellation que l'on ne voit pas en décembre parce que le Soleil s'y lève ! Saturne ne sera présente qu'en 2013. ■

Située près d'Antarès du Scorpion, la nébuleuse NGC 6302, dite « Bug Nebula » est un spectacle de toute beauté accessible à un télescope de 115 mm.

VOIR
Alpha → page 16
Amas → page 17
Diamètre → page 27
Heure → page 36
Magnitude → page 40
Seconde → page 59
Viseur → page 60

VOIR
La ronde du zodiaque → page 108

VOIR
Se repérer dans le ciel → page 129
Éléments d'astrophotographie → page 136
Construire une table équatoriale → page 143
Repérer les constellations du zodiaque → page 160
Photographier le ciel profond → page 220
Observer les étoiles doubles → page 228

46. Observer les étoiles doubles

Le plaisir esthétique mis à part, l'observation des étoiles doubles constitue un bon entraînement pour apprendre à distinguer les couleurs des astres.

Le pouvoir de séparation

Rares sont les étoiles doubles visibles à l'œil nu, comme par exemple Mizar et Alcor dans la Grande Ourse. Ce ne sont d'ailleurs généralement pas de véritables étoiles doubles, dans la mesure où elles ne tournent pas l'une autour de l'autre mais apparaissent seulement à l'observateur sur la même ligne de visée.

Il n'en faut pas moins une bonne vue pour distinguer le compagnon apparent de Mizar, Alcor. Il est fait appel ici à votre acuité visuelle et à sa résolution, ou pouvoir de séparation, qui permet de distinguer deux objets proches l'un de l'autre. Alcor et Mizar sont relativement distants, mais pour des couples d'étoiles plus serrés, tels que Albireo du Cygne, Gamma Delphini, jusqu'à Epsilon Bootis, il faudra une paire de jumelles, puis une lunette et un bon télescope pour séparer chaque étoile, éloignée de son compagnon de 50 à 2 ou 3 secondes d'arc.

Disque des couleurs complémentaires.

Distinguer les couleurs

De nuit, nos yeux sont davantage sensibles à la luminosité et perçoivent mal les couleurs des astres, sauf si l'on est habitué ou si l'on utilise la vision décalée, qui consiste à fixer son regard légèrement à côté de l'objet observé. Les couleurs des étoiles doubles, elles, apparaissent nettement dans les instruments d'astronomie, et leur observation constitue un bon entraînement. Une fois que l'on a observé plusieurs couples d'étoiles, il devient par la suite plus facile de distinguer le rouge-orangé d'Antarès, le bleu de Rigel, la couleur jaunâtre de Saturne...

Un phénomène physiologique. Les composants des étoiles doubles sont de classes différentes, et donc de couleurs différentes. Lorsque l'on observe de telles étoiles, la rétine est envahie par la lumière du composant le plus brillant, dont la couleur prédomine. Le composant le moins brillant apparaît alors dans la couleur complémentaire : bleu (complémentaire de l'orange), par exemple, si l'étoile la plus brillante est orange.

Étoiles doubles du printemps

Les étoiles doubles sont parmi les plus beaux objets que l'on puisse voir avec un instrument d'astrono-

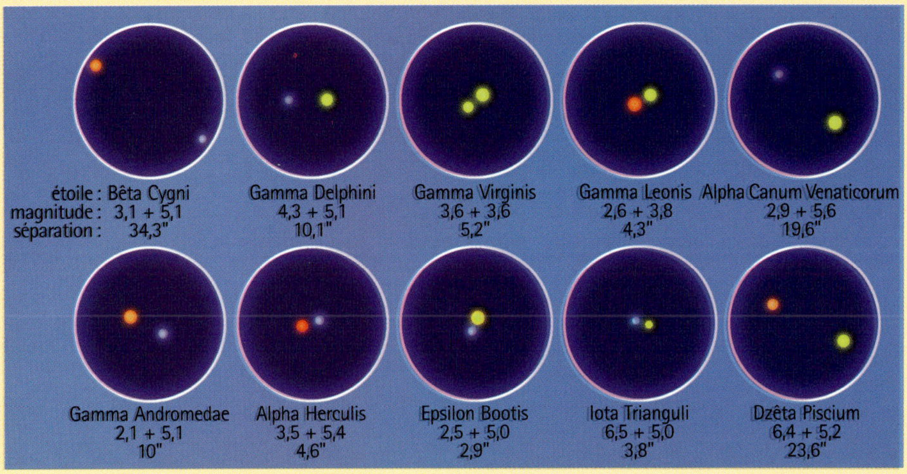

Les principales étoiles doubles que vous pouvez observer.

mie, et valent bien une soirée d'observation.

Avec des jumelles. Dans les Chiens de Chasse, Alpha Canum Venaticorum, l'étoile la plus brillante de la constellation, est une double dont les composants sont séparés de 19,7" ; l'un d'eux est jaune, l'autre bleu (magnitudes : 2,9 et 5,4) visibles avec des jumelles de 7 × 50 ou une lunette de 60 mm.

Avec une lunette ou un télescope. Plus serrés sont les couples suivants... Gamma Virginis-Porrima, dans la Vierge, présente des composants à 5,2", l'un jaune et l'autre verdâtre (magnitudes : 3,3 et 3,6). Dans le Lion, Gamma Leonis-Algieba, un couple orange et jaune, est séparé par 4,3" (magnitudes : 2,6 et 3,8) et nécessitent une lunette de 60 mm ou un télescope de 115 mm. Enfin, à tester dans le Bouvier, l'étoile double Bêta Bootis, couple bleu et jaune, est séparé par seulement 2,9" d'arc (magnitudes : 2,7 et 5,1).

Étoiles doubles de l'été

Avec des jumelles. Le couple le plus célèbre de tous, séparable avec de bonnes jumelles (7 × 50), est Albireo-Bêta Cygni, à la pointe du Cygne. Séparées par 34,6" d'arc, les étoiles sont bleue et orange (magnitudes : 3,2 et 5,4).

Avec une lunette ou un télescope. À proximité du Cygne et de l'Aigle, la constellation du Dauphin présente aussi au niveau du museau une étoile double : Gamma Delphini, dont les composants jaune et bleu sont séparés de 10,4" (magnitudes : 4,5 et 5,5).

À environ 10" également l'une de l'autre, les étoiles de Gamma Andromedae sont souvent mieux visibles en septembre ; l'une est rouge-orangée et l'autre bleue (magnitudes : 2,3 et 5,1). Enfin, à 4,6" d'arc, les composants d'Alpha Herculis, l'étoile la plus brillante de la constellation d'Hercule, sont également orange et bleu (3,5 et 5,4 m). Toutes ces étoiles peuvent être observées avec une lunette de 60 mm ou un télescope de 115 mm.

Pour tester la résolution de votre instrument d'astronomie, tentez d'apercevoir les deux systèmes d'étoiles double de la Lyre avec des séparations de 2,8" et 2,3" d'arc. ■

VOIR
Alphabet grec → page 16
Magnitude → page 40
Minute → page 42
Résolution → page 56
Seconde → page 59

VOIR
Les étoiles → page 68
Les étoiles multiples → page 74

VOIR
Le ciel de printemps → page 195
Les Chiens de Chasse et la « vision décalée » → page 196
Le ciel d'été → page 203
L'Aigle et Altaïr → page 206
Les accords de la Lyre → page 207

47. Observer les étoiles variables

Étudier les variations de luminosité des étoiles variables est une activité passionnante, mais qui exige une certaine rigueur scientifique.

Devenir un « variabiliste » ?

La première étoile variable a été « découverte » en 1596 par Fabricius, un pasteur allemand, dans la constellation de la Baleine (Cetus). Celui-ci lui a donné pour nom Mira Ceti (l'Admirable de la Baleine). Depuis, plus de 80 000 étoiles de ce type ont été répertoriées, mais leurs périodes ne sont pas encore toutes définies.

Pour l'astronome amateur débutant, devenir un « variabiliste » équivaut à franchir une nouvelle étape, prouvant qu'il maîtrise mieux sa pratique. Plus qu'une simple curiosité, l'observation de ces étoiles réclame en effet une certaine rigueur, notamment quand elle s'accompagne de calculs portant sur la magnitude.

Quelques étoiles variables

L'observation des étoiles variables s'effectue avec une paire de jumelles, une lunette de 60 mm ou un télescope de 115 mm. Pour débuter, voici quelques étoiles variables très célèbres, de types différents, et relativement faciles à observer.

Mira. Située dans la constellation de la Baleine, elle est bien visible de début août (à l'est, en fin de nuit) jusqu'à Noël (en début de soirée). Pour la trouver, tracez dans le ciel une ligne allant de l'étoile Polaire à la première étoile du W de Cassiopée (celle de gauche), puis descendez jusqu'à l'horizon : Mira se situe assez bas, juste sous l'équateur céleste. Sa magnitude varie de 2 à 10,1 sur une période de 331 jours. Il convient de l'observer 2 ou 3 fois par mois, d'août à décembre.

Algol. Si Mira est une variable intrinsèque et varie donc parce qu'elle change de taille, Algol, elle, dans la constellation de Persée, est une binaire : son éclat varie selon que son étoile compagne passe devant ou derrière elle. Vous la repérez aisément en hiver, au-dessus du Taureau. Algol passe de la magnitude 2,2 à 3,5 sur une période de 2 jours et 21 heures. À surveiller donc 3 nuits de suite.

Et bien d'autres... Vous pourrez également observer, entre autres, Bêta

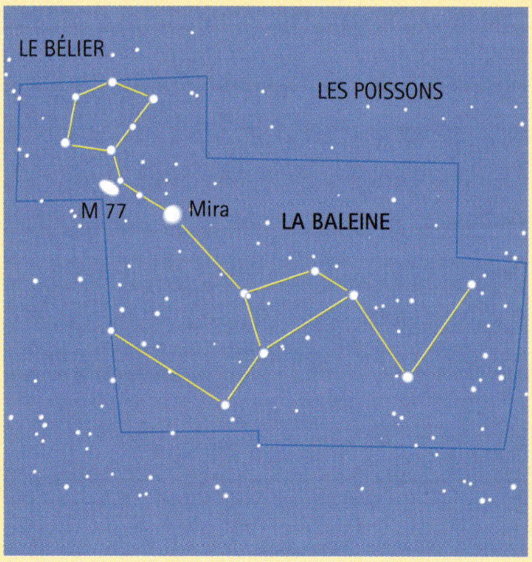

Lyrae (période de 13 jours ; magnitude 3,4 à 4,3) et Êta de l'Aigle (7,2 jours ; magnitude 3,7 à 4,4) en été ; Bêta de Pegase, une variable irrégulière (magnitude 2,4 à 2,8), en automne ; Bételgeuse d'Orion (magnitude irrégulière, de 0,4 à 1,3) en hiver ; R Leonis du Lion (313 jours ; magnitude 5,4 à 10,5), située juste à droite de Regulus, au printemps.

Observer, comparer, noter

Après avoir défini l'étoile que vous voulez observer, choisissez près de l'élue – appelons-la « V » – deux autres étoiles qui serviront de points de comparaison : l'une sera un peu plus brillante (étoile A) et l'autre un peu moins (étoile B). Vous devrez les observer toujours avec le même instrument, sinon vos résultats seront faussés.

La méthode d'Argelander. Il faut commencer par observer A et V, puis B et V, et noter chaque fois ce que vous avez constaté. Pour ce faire, vous devez inscrire le résultat suivant une échelle de 1 à 5, comme précisé ci-dessous :

- les deux étoiles sont identiques au premier coup d'œil, mais après un moment l'une semble plus lumineuse que l'autre : notez 1 ;
- les 2 étoiles brillent d'un éclat identique, mais aussitôt l'une paraît plus brillante que l'autre : notez 2 ;
- une différence d'éclat est visible au premier coup d'œil : notez 3 ;
- une différence d'éclat est encore plus évidente au premier coup d'œil : notez 4 ;
- une disproportion d'éclat est manifeste entre les deux étoiles : notez 5.

Ces chiffres correspondent au degré de différence de luminosité entre A et V, puis entre B et V. Ils vous seront utiles pour calculer la magnitude de l'étoile variable V.

Calculer la magnitude. Sur une feuille de calculs, vous avez noté vos comparaisons, sans oublier la date ni l'heure, de la manière suivante : A x V y B. La lettre x représente ici le degré de différence entre l'étoile A et la variable V, et la lettre y, entre V et l'étoile B.

Avant d'effectuer les calculs suivants, vous devrez chercher, sur les atlas d'étoiles par exemple, la magnitude de l'étoile A, et celle de l'étoile B. La magnitude de la variable V ce jour-là va se calculer ainsi :

$$M_v = M_a + \frac{(M_b - M_a)\,x}{x + y}$$

Soit, par exemple, A de magnitude 7 et B de magnitude 8, et une observation notée A 4 V 2 B, où x = 4 et y = 2 ; cela donne :

$$M_v = 7 + \frac{(8-7)\,4}{4+2} = 7 + \frac{4}{6}\,;$$

donc : M_v = 7,66, arrondi à 7,7. ■

Mira peut être photographiée sans monture motorisée avec un objectif de 50 mm, film 800 ou 1 600 ISO, pose de 30 secondes au maximum.

VOIR
Alphabet grec → page 16
Heure → page 36
Magnitude → page 40
Mira → page 43

VOIR
Les étoiles → page 68
Les étoiles variables → page 76

OBSERVATIONS

MODES D'OBSERVATION

48. Les planètes en couleurs

Avec des filtres colorés, vous pourrez aisément rehausser les contrastes et découvrir les planètes plus en détail.

Un jeu de filtres

Avec des instruments d'astronomie de faible diamètre (inférieur à 80 mm pour une lunette ou à 150 mm pour un télescope), de nombreux détails planétaires échappent à l'observation. Dans ce cas, il est inutile d'augmenter inconsidérément les grossissements ou d'utiliser une lentille de Barlow, ce qui détériore plutôt la finesse de l'image obtenue. Mieux vaut utiliser des filtres colorés, que l'on fixe à l'avant de l'oculaire ; ceux-ci pourront rehausser judicieusement certains contrastes choisis.

Filtres de couleur.

L'acquisition de tous ces filtres étant un peu onéreuse (de 25 à 30 euros par pièce), vous pouvez vous contenter sans problème d'en posséder un rouge, un bleu foncé et, éventuellement, un jaune ou un jaune-vert.

À chaque planète son filtre

Mercure. Un filtre orange ou rouge permet d'admirer la planète sur un fond plus noir, ce qui n'est pas négligeable puisque Mercure est toujours proche du Soleil.

Vénus. Lorsqu'on observe les phases de Vénus, un filtre orange ou rouge rend la zone du terminateur plus nette. Pour distinguer les nuages, il faut un filtre bleu foncé ou violet.

Mars. La calotte glaciaire s'observe avec un filtre bleu foncé ou violet, tandis que le contraste général (pour dessiner) est amélioré par un filtre orange ou rouge. Avec un bon instrument et surtout un ciel de bonne qualité, un filtre jaune ou jaune-vert fait apparaître les nuages de poussière.

Jupiter. Un filtre bleu foncé améliore le contraste des bandes nuageuses ; un bleu ou un vert permet d'admirer la Grande Tache rouge.

Saturne. Pour contempler les anneaux, utilisez de préférence un filtre orange ou rouge. Mais la beauté de la planète dans son entier vous apparaîtra mieux avec un bleu foncé. L'observation des bandes nuageuses nécessite, elle, un filtre vert ou jaune-vert.

La Lune. Son observation ne nécessite pas de filtre en général, mais un filtre jaune peut en améliorer légèrement le contraste. ■

VOIR
Barlow → page 22
Filtres → page 31
Terminateur → page 59

VOIR
Les lunettes astronomiques d'amateur → page 118
Les télescopes d'amateur → page 122
Chercher Mercure → page 233
Les croissants de Vénus → page 234
Observer les détails martiens → page 236
Jupiter et la vitesse de la lumière → page 238
Saturne, ses anneaux et ses satellites → page 240

49. Chercher Mercure

Très proche du Soleil, Mercure est difficile à voir. Pour y parvenir, il faut connaître ses « tours » et prendre rendez-vous…

Les rendez-vous de Mercure

Mercure est visible lorsqu'elle s'approche de la Terre, puis lorsqu'elle s'en éloigne, après son passage entre le Soleil et la Terre (conjonction inférieure). Lorsqu'elle se rapproche, elle est visible le soir, et lorsqu'elle s'éloigne, le matin. Ces rendez-vous se renouvellent tous les 4 mois, la période synodique de Mercure avec la Terre oscillant entre 112 et 120 jours.

Prenons le cas de figure suivant : Mercure est visible le soir début février puis, après la conjonction inférieure début mars, visible le matin jusqu'à mi-avril. Si vous ajoutez 4 mois, vous saurez que la planète sera visible le soir en début juin, en conjonction en juillet, puis visible le matin jusqu'à la mi-août, etc. En outre, avec une orbite de 13 semaines en moyenne, Mercure fait presque exactement (pas tout à fait) 4 tours du Soleil tandis que la Terre en effectue un. Ce qui revient à dire que la même situation, avec un léger décalage, se répète chaque année.

Repérer la planète

Quand Mercure est visible le soir, vous pouvez la repérer dès que le Soleil s'est couché et même avant qu'il fasse nuit noire : c'est le point le plus brillant proche de l'horizon ouest. Quand elle est visible le matin, regardez en revanche vers l'est, au sud du point d'émersion du Soleil, environ 20 minutes avant que l'astre se lève. Dans les deux cas, vous ne disposerez que de quelques dizaines de minutes tout au plus.

Quand Mercure est proche de sa conjonction, que ce soit avant ou après, il est possible de l'apercevoir en croissant. Mais prévoyez un grossissement d'au moins 120 fois (oculaire de 6 mm ou moins pour une focale de 710 mm).

Les transits. Il arrive que lors de sa conjonction inférieure, nous puissions voir Mercure passer devant le disque solaire. C'est un transit, événement qui ne survient qu'une douzaine de fois par siècle. Premiers transits du siècle : le 7 mai 2003 puis le 6 novembre 2006. ■

Lorsque Mercure (point brillant à l'horizon) est visible le soir, c'est sa partie ouest qui est éclairée, et lorsqu'elle est visible le matin, c'est sa partie est.

VOIR
Conjonction → page 25
Focale → page 32
Grossissement → page 35
Mylar → page 46
Période synodique → page 51
Transit → page 60

VOIR
Mercure → page 88

VOIR
Observer le Soleil → page 168

50. Les croissants de Vénus

Troisième astre le plus brillant du ciel après le Soleil et la Lune, Vénus présente des phases que l'on peut suivre avec une petite lunette d'amateur.

Une planète très brillante

Selon sa distance à la Terre et l'éclairage qu'elle reçoit du Soleil, Vénus passe d'une magnitude de – 3,5 minimum à une magnitude de – 4,5 maximum. C'est dire combien elle est toujours facile à repérer, même à l'œil nu. Située à environ 108 millions de km du Soleil, elle boucle son orbite solaire en 225 jours et sa période synodique avec la Terre est de 584 jours. C'est durant ce cycle de 84 semaines qu'elle nous apparaît successivement en phase décroissante , puis croissante.

Plus ou moins proche. Pour l'observation amateur, les moments les plus importants sont ceux durant lesquels Vénus est la plus proche de la Terre. L'angle sous lequel elle nous apparaît peut varier de 9'' (9 secondes d'arc), lorsqu'elle est éloignée de 260 millions de km, à presque 1' (1 minute) d'arc lorsqu'elle se trouve à moins de 45 millions de km, c'est-à-dire proche de la conjonction inférieure. De fait, les trois mois précédant et suivant cet alignement sont les plus propices à l'observation même si, lors de la conjonction inférieure elle-même, la planète, placée alors entre le Soleil et la Terre, devient invisible. Les prochaines périodes clés se situent autour d'août 2007, de mars 2009, octobre 2010 et décembre 2011 (environ toutes les 84 semaines).

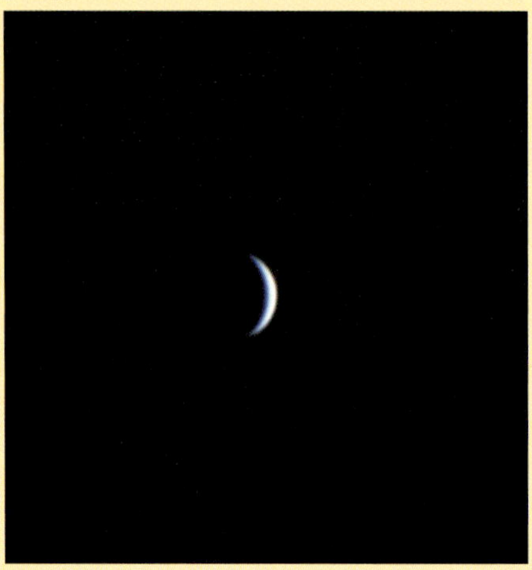

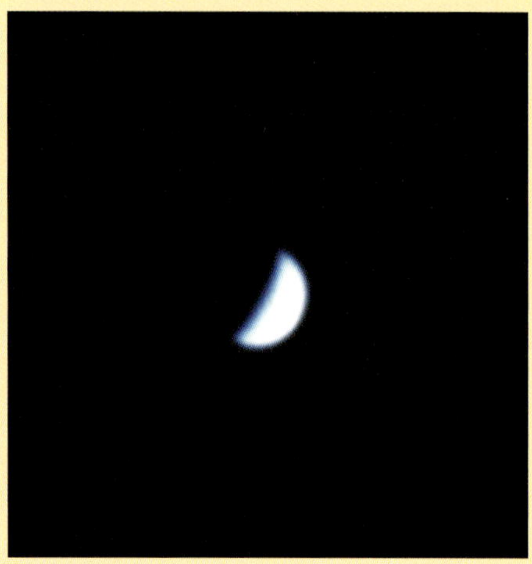

Pour photographier les croissants de Vénus, les films en couleurs ne sont pas à recommander, ou alors de haute sensibilité (800 ASA). Le film noir et blanc peut être un Kodak 100 ou 200 ASA.

Visible le soir ou le matin. N'oubliez pas que, après chaque conjonction inférieure, la planète devient visible le matin, et non plus le soir… et vice versa après les conjonctions supérieures. Ainsi, on pourra observer Vénus le soir en janvier 2007, mais le matin à partir de septembre 2007 et de nouveau le soir à partir de juillet 2008 (**→ tableau page 91**).

Suivre les phases de Vénus

Lorsque Vénus est passée en conjonction supérieure derrière le Soleil, elle réapparaît le soir. Durant environ 5 mois et demi (165 jours), on n'en distinguera que le disque blanc avec des jumelles ou une lunette.

La phase croissante. Ces 165 jours passés, Vénus apparaît en phase gibbeuse. Il lui faut encore 57 jours pour présenter son dernier quartier, puis elle descend en croissant durant encore 35 jours. Il faut à nouveau 35 jours pour une nouvelle Vénus en conjonction inférieure. Pendant toute cette phase décroissante, on peut l'admirer avec une lunette de 60 mm ou un télescope de 115 mm. Comme la planète se rapproche, son diamètre angulaire ne cesse de croître : elle est visible avec des grossissements inférieurs à 60 fois, même si elle perd un peu de sa luminosité (– 3,5). Comme pour Mercure du soir, c'est la façade ouest de Vénus qui est alors éclairée.

En conjonction inférieure. Vénus passe ensuite entre le Soleil et la Terre. Elle est alors invisible, sauf si elle passe en transit devant le Soleil. Ce phénomène très rare intervient quand son orbite fait un angle de 3°25' sur l'écliptique. Premiers transits du siècle : 8 juin 2004, 6 juin 2012.

Vue le soir ou le matin, Vénus est toujours l'astre le plus brillant du ciel nocturne, après la Lune.

La phase décroissante. Après environ 2 semaines de disparition, Vénus redevient visible, cette fois le matin, juste avant le lever du Soleil, à l'est. C'est une nouvelle Vénus, avec un premier croissant, puis un premier quartier, etc., jusqu'à ce que, passé 3 mois, elle redevienne gibbeuse. Elle continue de s'éloigner pendant une durée de 165 jours, jusqu'à une nouvelle conjonction supérieure.

Photographier les croissants

Cela n'est pas très facile. Les principes et le matériel sont les mêmes que pour toute astrophotographie planétaire. Il est conseillé d'utiliser une lunette de 80 ou 100 mm ou un télescope 115 mm sur lesquels vous fixerez un télé-extender puis un appareil Reflex. Le mieux est de glisser soit un oculaire, soit – c'est plus facile – une lentille de Barlow dans le télé-extender, sans oublier que cela change d'autant le temps de pose (de l'ordre de 1/25 à 1/10 de seconde). ■

VOIR
Conjonction
→ page 25
Grossissement
→ page 35
Magnitude
→ page 40
Période synodique
→ page 51
Transit
→ page 60

VOIR
Le système solaire
→ page 82
Vénus
→ page 90

VOIR
Éléments d'astrophotographie
→ page 136
Observer le Soleil
→ page 168
Observer les conjonctions, les oppositions et les transits
→ page 247

51. Observer les détails martiens

Observer Mars avec un instrument de petit diamètre ne pose pas de problèmes, mais seules les périodes d'opposition sont propices à l'étude des détails de surface.

Mars plus ou moins proche

Avec une orbite de forte excentricité, qui la situe de 207 millions à 249 millions de km du Soleil, Mars se trouve à des distances très diverses de la Terre.

En conjonction, lorsqu'elle passe presque derrière le Soleil, Mars se situe à 400 millions de km environ, et seule sa magnitude assez forte fait qu'on la distingue à l'œil nu tel un point rouge-orangé dans le ciel.

En opposition, en revanche, sa distance à la Terre varie de 57 millions de km seulement à… presque 100 millions, selon les années. La planète apparaît alors tel un disque de 15" à 25" de diamètre (15 à 25 secondes). C'est alors, et surtout à partir de 18" d'angle, qu'il est possible de distinguer quelques détails de surface.

Observer Mars en opposition

Même si l'on ne dispose que d'une lunette de 60 mm, on peut observer certains détails de Mars environ 3 mois avant et 3 mois après l'opposition. En ce début de siècle, vous pourrez ainsi admirer la planète entre juin et novembre 2003, août 2005 et janvier 2006, entre octobre 2007 et mars 2008, puis décembre 2009 et mai 2010 – une opposition survient tous les 26 mois. Avec un instru-

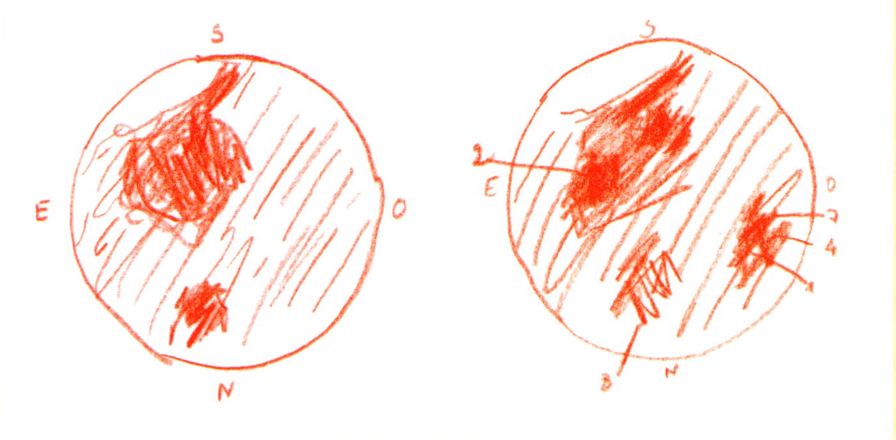

Ces 2 dessins ont été réalisés par Jean Heidmann lors de l'opposition de juillet 1984. Le second (17 juillet), bénéficiant de meilleures conditions climatiques que celui du 16 réalisé à la même heure, permet d'individualiser trois zones au lieu de deux. (Lunette de 93 mm, grossissements de 60 et 150 fois.)

ment plus puissant, ce temps d'observation sera plus long. Avec un télescope de 115 mm, comptez 4 mois avant et après l'opposition et, avec une lunette de 80 mm ou un télescope de 150 mm, 6 mois avant et après.

La calotte glaciaire. Lors de l'opposition – mais en l'absence de la Lune ! –, il est possible de bien voir avec une lunette de 60 mm la calotte polaire glaciaire qui, parfois, descend de 60° de latitude vers l'équateur. Pour renforcer le contraste, utilisez un filtre coloré bleu ou vert. Le grossissement ne doit pas excéder 100 fois.

Le sol, les orages, et les satellites. Avec une lunette de 60 mm, mais si vous êtes très patient, vous pourrez aussi distinguer différentes zones martiennes : les rouges, qui indiquent des régions très riches en oxyde de fer, et les verdâtres, qui correspondent aux orages saisonniers. Ces dernières nécessitent toutefois en général un instrument plus puissant. Pour renforcer les contrastes, munissez-vous de filtres rouges ou rouge-orange.

Les satellites de Mars, Phobos et Deimos, de magnitude de l'ordre de 11 ou 12, nécessitent, eux, un télescope de 200 mm.

Alterner les horaires. Mars tourne sur elle-même à peu près à la même vitesse que le Terre : en 24 h 37''. Si vous observez toujours à la même heure, vous verrez donc toujours la même surface, décalée de seulement 9°. Mieux vaut donc observer une fois en début de nuit, le lendemain en milieu de nuit et le surlendemain en fin de nuit : vous multiplierez ainsi vos chances d'apercevoir des détails martiens avec un instrument de petit diamètre.

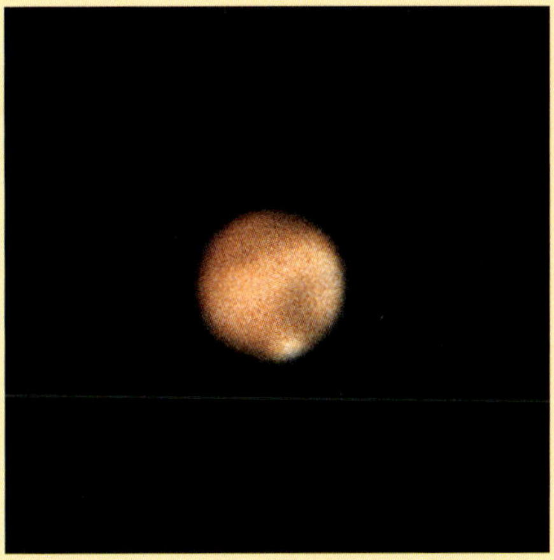

Lorsque Mars est à l'opposition, il est possible d'apercevoir certains détails de sa surface avec une lunette de 60 mm ou un télescope de 115 mm.

Dessins ou photos ?

Photographier les surfaces de Mars nécessite une monture motorisée. Avec un oculaire placé dans le télé-extender et les filtres nécessaires, il faut en effet prévoir des temps de pose de plusieurs secondes.

Si vous possédez une monture motorisée et une lunette de 80 mm ou un télescope (mais il est possible de dessiner les grandes structures martiennes avec une lunette de 60 mm), une autre solution, passionnante, se présente à vous : le dessin.

Un crayon dur, un fusain, un crayon gras et des gabarits (disques blancs) de 60 ou 70 mm que vous aurez établis à l'avance suffisent. Sous l'éclairage d'une lampe rouge, dessinez d'abord ce que vous voyez, comme vous le voyez. Pour renforcer les contrastes, utilisez les filtres colorés orange, rouge, vert. Sur vos dessins, placez l'orientation (nord, sud, ouest, est) et indiquez la date et l'heure. Le lendemain, mettez vos dessins au propre et comparez avec des cartes martiennes. Le résultat est souvent surprenant. ■

VOIR
Angle
→ page 17
Conjonction
→ page 25
Grossissement
→ page 35
Opposition
→ page 49

VOIR
Le système solaire
→ page 82
Mars
→ page 96

VOIR
Éléments d'astrophotographie
→ page 136
Suivre les planètes
→ page 146
Les planètes en couleurs
→ page 232

52. Jupiter et la vitesse de la lumière

Outre le plaisir d'admirer les bandes orageuses, la Grande Tache rouge ou les satellites, l'observation de Jupiter peut aussi donner lieu à une expérience intéressante : mesurer la vitesse de la lumière.

Observer Jupiter

Jupiter est toujours facilement repérable et son observation ne pose guère de problèmes, sauf lorsque, en conjonction, la planète géante se lève en même temps que le Soleil. De fait, sa distance à la Terre ne varie pas comme celle de Mars, mais demeure comprise entre 630 et environ 900 millions de kilomètres : ainsi sa taille, l'angle sous lequel on la voit depuis la Terre, ne change que dans un rapport de 3/5, ce qui fait que l'on peut toujours observer ses détails. Il n'y a donc pas à proprement parler de « bonne période », même si, bien sûr, l'observation est toujours favorisée par l'opposition. Celle-ci a lieu tous les 399 jours (période synodique de Jupiter avec la Terre), soit : le 5 juin 2007, le 8 juillet 2008, le 11 août 2009...

La disparition, facilement observable, d'un des 4 grands satellites de Jupiter permet de calculer la vitesse de la lumière.

La Grande Tache rouge. Vous pourrez aisément repérer Jupiter dans les constellations du zodiaque, la planète passant successivement dans chaque signe en 12 ans. Des jumelles suffisent pour une simple observation de la planète et de ses quatre principaux satellites (Io, Europe, Ganymède et Callisto). Mais le spectacle présentera davantage d'intérêt si vous utilisez une lunette de 60 mm. Vous pourrez alors distinguer à la surface 2 bandes centrales ceinturant Jupiter et, lors de l'opposition, la Grande Tache rouge, un cyclone trois fois plus grand que la Terre. Avec une lunette de 70 mm, ou un télescope de 200 mm en l'absence de turbulences, plusieurs bandes apparaîtront et la couleur orangée de la Grande Tache rouge deviendra visible.

Calculer la vitesse de la lumière

En observant les satellites de Jupiter, vous pouvez calculer la vitesse de la lumière. Vous devez toutefois effectuer cette observation quand Jupiter se trouve en opposition avec la Terre, ou un jour proche.

Le principe de base. C'est un astronome du XVIIe siècle, Olaus Romer qui a eu l'idée de calculer la vitesse

C'est en calculant la vitesse de la lumière avec les satellites de Jupiter que Olaüs Römer a pu établir que cette vitesse n'était pas infinie.

de la lumière à partir des mouvements des satellites joviens. Il s'était tenu le raisonnement suivant : lorsqu'un satellite, Io par exemple, passe derrière Jupiter, sa lumière, bien sûr, disparaît, mais pas immédiatement. Il faut encore que le dernier rayon provenant de Io arrive jusqu'à la Terre. Et ce rayon lumineux voyage... à la vitesse de la lumière. Si l'on sait quelle est la distance de Jupiter à la Terre à un moment précis et à quelle heure exacte Io a disparu derrière Jupiter, il ne reste donc plus qu'à chronométrer le temps que ce dernier rayon a mis pour parvenir à la Terre. De là, la simple équation v = d/t, avec d la distance de Jupiter à la Terre, et t le temps mis par la lumière pour nous parvenir, nous donne la vitesse v.

Comment procéder. Avant tout, renseignez-vous au Bureau des longitudes pour obtenir d'une part la distance exacte de Jupiter à la Terre tel ou tel jour, et, d'autre part, l'heure précise ce jour-là de l'occultation de Io – qui tourne autour de Jupiter en 42 h. Imaginons que vous obteniez les informations suivantes : Jupiter se trouve à 630 millions de km et Io passe derrière Jupiter à 20 h. Procédez alors ainsi :

– déclenchez votre chronomètre à 20 h précises, tout en continuant à observer Io ; elle est occultée, mais sa lumière continue à nous parvenir ;
– arrêtez le chronomètre dès que Io s'éteint, à savoir dans ce cas à 20 h 35 min 7 s. Vous savez dès lors que la lumière a mis 35' et 7" pour parvenir à la Terre, c'est-à-dire pour parcourir 630 millions de km ;
– utilisez maintenant l'équation v = d/t avec t = 35 min 7 s, soit 2 100 s (une min = 60 s, 35 min = 35 × 60 = 2 100 s) et d = 630 millions de km. Vous obtiendrez donc la vitesse de 299 003 km/s (630 000 000 divisé par 2 100). Ce résultat proche de l'excellence est tout à fait à la portée d'un astronome amateur, la vitesse exacte de la lumière dans le vide étant de 299 793 km/s. ■

VOIR
Angle → page 17
C → page 23
Conjonction → page 25
Opposition → page 49
Période synodique → page 51

VOIR
Le système solaire → page 82
Jupiter → page 100

VOIR
Suivre les planètes → page 146
Dresser les éphémérides de Jupiter → page 152

VOIR
Carnet d'adresses → page 276

53. Saturne, ses anneaux et ses satellites

Tout ce qui est intéressant dans l'observation de Saturne – anneaux, satellites, bandes nuageuses – ne peut être apprécié qu'avec une lunette d'un diamètre de 60 mm au moins.

Repérer Saturne

D'une magnitude avoisinant zéro (entre –0,2 et 0,3), Saturne, moins brillante que Jupiter, se repère tout de même bien dans le ciel grâce à son éclat jaune. Pour la trouver, il suffit de savoir dans quelle constellation du zodiaque elle se situe : par exemple entre 2003 et 2006, elle passera successivement dans le Taureau, les Gémeaux et le Cancer, où on la repérera comme une étoile invitée de ces constellations.

Tout comme pour Jupiter, l'éloignement de Saturne est tel que la période d'observation n'a guère d'importance (sauf si elle est en conjonction) : Saturne ne « s'éloigne » pas beaucoup par rapport à nous. Le meilleur moment pour l'observer est toutefois l'opposition qui a lieu tous les 378 jours : 9 février 2007, 21 février 2008, 3 mars 2009...

Observer la planète

Distante d'environ 1,3 milliard de km, la planète Saturne n'est visible qu'avec une lunette de 60 mm au moins. En augmentant le diamètre de l'instrument, on augmente bien sûr le nombre d'observations possibles. N'oubliez pas que, en ville, sous des nuages, avec un ciel plus ou moins pollué, la lunette astronomique est souvent plus performante qu'un télescope, même de diamètre supérieur.

Les satellites. Une lunette de 60 mm permet de voir le principal satellite de Saturne : Titan, qui tourne autour de la planète en 16 jours environ. Pour admirer Rhéa, Japet, il faut au moins une lunette de 80 mm, ou un télescope de 115 mm si le ciel est de bonne qualité. Pour Dioné et Téthys, l'instrument devra être de plus gros diamètre.

Les bandes nuageuses. Avec une lunette de 60 mm ou un télescope de 115 mm, et sans exagérer le grossissement, un filtre jaune peut aug-

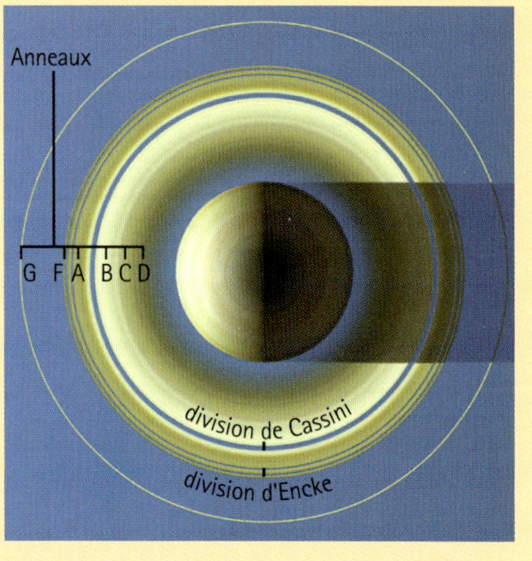

En hiver 2002, 2003, 2004, voire 2005, tentez d'apercevoir la division de Cassini avec une lunette de 60 mm et un grossissement de 100 fois au moins.

Observer Saturne requiert patience et attention : de bons oculaires, un trou de turbulence, une nuit propice révèlent de nombreux détails à des instruments de petit diamètre.

menter les contrastes de la planète et permettre alors de distinguer les bandes nuageuses qui entourent Saturne.

Observer les anneaux

Le plus beau spectacle qu'offre Saturne, du moins avec un instrument de diamètre inférieur à 200 mm, réside toutefois dans ses anneaux, qui s'ouvrent et se ferment en des cycles de 7 ans et demi. Reste à savoir quand ils sont visibles... Lorsqu'ils se présentent de profil, on ne peut pas les observer, comme en 1995 ou en 2009. Quand ils apparaissent de face, en revanche, comme en 2002 ou en 2016, les conditions sont optimales. Depuis 2003, les anneaux se referment lentement, mais ils ne deviendront difficiles à discerner qu'à partir de 2008, puis leur observation retrouvera tout son intérêt à partir de 2011, avec un pic en 2016-2017.

Quel grossissement ? Voir les anneaux de Saturne demande un grossissement d'au moins 40 fois. Cela signifie que, avec une lunette de 60 mm et de 710 mm de focale, vous utiliserez un oculaire de 12,5 mm au moins. Mais n'hésitez pas à utiliser des grossissements de 80 à 100 fois...

La division de Cassini. Les anneaux de Saturne sont séparés par des bandes vides, sombres, que l'on appelle les divisions. La première, la division de Cassini, large de 3 500 km, n'est théoriquement visible qu'avec une lunette de 80 mm de diamètre, un télescope Newton de 115 mm ou un Maksutov-Cassegrain de 90 mm. Mais lors de l'ouverture pleine des anneaux, comme entre 2001 et 2004, puis entre 2014 et 2018, une lunette de 60 mm avec un grossissement d'au moins 100 fois ou 120 fois peut suffire.

Pour distinguer d'autres divisions dans les anneaux – celles d'Encke ou de Lyot –, un télescope de plus de 150 mm est toutefois nécessaire.

Photographier Saturne

Photographier Saturne avec un instrument d'astronomie n'est, hélas, guère facile. Sa faible luminosité exige en effet des temps de pose allant de 2 à 4 s, temps qui sont généralement multipliés du fait de l'usage quasi obligatoire d'un oculaire placé dans le télé-extender. Ici, la monture motorisée et une mise en station parfaite sont de rigueur, comme pour l'astrophotographie du ciel profond. ■

VOIR
Diamètre → page 27
Focale → page 32
Grossissement → page 35
Magnitude → page 40
Oculaire → page 47
Opposition → page 49
Période synodique → page 51
Qualité (du ciel) → page 54

VOIR
Le système solaire → page 82
Saturne → page 102

VOIR
Éléments d'astrophotographie → page 136
Suivre les planètes → page 146
Photographier le ciel profond → page 220

54. Observer et chercher les comètes

Bien moins célèbres que Halley ou Hale-Bopp, des milliers de comètes, inconnues du grand public mais observées par l'astronome amateur, sillonnent le ciel.

De Halley à S4 Linear

La comète de Halley est passée en 1986 : elle reviendra 76 ans plus tard. Celle de Hale-Bopp, si majestueuse en 1997, va se faire attendre... encore 4300 ans. C'est long. Finalement, on pourrait croire que le passage des comètes est bien rare. Erreur ! La plupart d'entre elles sont seulement ignorées du grand public. Mais si les profanes ne connaissent pas par exemple la comète S4 Linear, des millions d'astronomes amateurs l'ont, eux, guettée durant tout l'été 2000. Pour cela, il leur fallait une paire de bonnes jumelles ou une lunette astronomique, mais rien de plus. On peut même dire que les comètes sont si fréquentes que chacun peut encore en découvrir de nouvelles et ce, avec un petit télescope de 115 mm.

Savoir repérer les comètes

Un certain nombre de comètes ont des périodes assez courtes, de l'ordre de 3 ou 4 ans. Venant de ce que l'on nomme la ceinture de Kuiper, zone située au-delà de Neptune, elles sont moins lumineuses que les grandes comètes classiques qui peuvent être vues à l'œil nu, d'où la nécessité d'utiliser une paire de jumelles.

Passant près du Soleil durant l'été 2000, cette comète a été repérée par des amateurs dès 1999 et a reçu le nom de : C/1999 S4 Linear.

Les reconnaître. C'est tout d'abord près du plan de l'écliptique qu'il faut chercher les comètes, et donc sur les trajectoires des planètes et auprès des constellations du zodiaque. Aux jumelles, on n'observe généralement qu'une tache floue, ces comètes ne développant que rarement une queue. Mais cette tache se déplace sur le ciel étoilé et, en quelques heures d'observation, leur dérive par rapport aux autres étoiles permet d'affirmer qu'il ne s'agit pas d'un objet du ciel profond.

Observer les détails. Pour le repérage, des jumelles de 7 × 50 ou 8 × 50 suffisent. Pour une observation plus détaillée, mieux vaut se munir d'une lunette ou d'un télescope, d'abord avec un grossissement de 35 à 40 fois (soit un oculaire de 20 mm pour une lunette de 60 mm), puis, selon la qualité de l'image obtenue, avec de plus forts grossissements. On peut alors distinguer certains détails, comme l'aspect strié du noyau, dû aux jets de gaz s'échappant de la comète.

Trouver de nouvelles comètes

Outre leur observation, c'est aussi une activité passionnante de découvrir des comètes. Les grands observatoires, en effet, ne sont pas équipés pour cela et, surtout, ont trop de missions à remplir pour se consacrer à cette recherche qui prend du temps. Aussi a-t-on convenu depuis quelques décennies que la découverte de nouvelles comètes est laissée aux soins des observateurs amateurs.

Balayer le ciel. Tout d'abord, mais c'est l'une des constantes de l'astronomie, il faut s'armer de patience. Pour le reste, il suffit de balayer régulièrement le ciel avec une paire de

Photo de la Comète de Hyakatake.

jumelles ou un télescope de 115 mm (les champs sont plus grands qu'avec une lunette) jusqu'à ce que l'on tombe sur une tache floue.

Vérifier sur les cartes. Il faut alors s'assurer qu'il s'agit bien d'une comète et non d'une nébuleuse ou d'un amas. Le déplacement de l'objet, certes, fournit une indication, mais ce mouvement peut être quasi imperceptible si, à ce moment-là, la comète se dirige dans votre direction. La meilleure solution consiste donc à consulter des cartes du ciel pour chercher quels sont les objets du ciel profond de la région étudiée, et comparer. Cela présente en outre l'intérêt de vous familiariser avec ces objets, au point que vous parviendrez rapidement ainsi à les reconnaître de mémoire.

Se renseigner. Si, une fois la vérification faite, il s'agit bien d'une comète, notez sa position, puis renseignez-vous pour savoir si elle est déjà répertoriée ou non sur le site Internet du Bureau des télégrammes astronomiques (→ Site 1). Si la comète n'est pas encore répertoriée, ce site vous indiquera la démarche à suivre pour enregistrer votre découverte. ■

(1) cfa-www.harvard.edu/cfa/ps/cbat.html

VOIR
Ceinture de Kuiper → page 23
Champ → page 24
Écliptique (plan de) → page 28
Grossissement → page 35
Zodiaque → page 61

VOIR
Les comètes et les étoiles filantes → page 106

55. Comment voir Uranus et Neptune ?

Théoriquement, il est possible d'observer Uranus et même Neptune avec une lunette de 60 mm. Mais en pratique, ces observations restent difficiles.

Géantes… mais lointaines

Distantes respectivement de 3 milliards et de 4,5 milliards de km, Uranus et Neptune, même géantes, ne se présentent que sous des angles de 3'' et 2'', ce qui est peu. Que l'astronome possède une lunette de 60 mm ou un télescope de 200 mm ne changera pas grand-chose : il devra se limiter à les repérer.

Une carte et une lunette. Depuis le début du siècle, Uranus et Neptune stationnent dans le Capricorne ; la première l'a quitté en 2005, et la seconde le quittera en 2010, toutes deux pour rejoindre le Verseau. C'est donc là qu'il faut les chercher. Pour cela, étudiez la constellation en question (sur une carte) et imprégnez bien son image sur votre rétine, puis cherchez à la lunette, avec un grossissement de 100 fois, d'abord Uranus – elle ressemble à une étoile un peu grosse mais verdâtre –, et ensuite, mais cela devient vraiment difficile, Neptune qui apparaît telle une étoile bleue. Pour mieux distinguer ces couleurs, aidez-vous de la « vision décalée », et fixez un point à la périphérie de l'objet observé.

Participer aux sessions organisées par les observatoires amateurs permet de voir de nombreux objets… et de progresser rapidement.

Profiter des observatoires

L'observation de ces planètes avec un télescope de 600 mm est bien plus satisfaisante, et ce plaisir est accessible à tous. Nombre d'observatoires professionnels ouvrent en effet leurs portes au public et mettent à sa disposition des appareils plus puissants, tel l'Observatoire des Côtes-de-Meuse qui permet d'accéder à un télescope Newton de 832 mm.

Côté amateurs, l'Association française d'astronomie inclut aussi de nombreux clubs qui possèdent des appareils de bon diamètre. Il en va de même en Suisse où, pour exemple, l'Observatoire amateur F.-X. Bagnoud à Saint-Luc, dans le Valais, met toute l'année à disposition du public son T-60 Newton-Cassegrain. ■

VOIR
Angle → page 17
Seconde → page 59
Zodiaque → page 61

VOIR
Le système solaire → page 82
Uranus, Neptune et Pluton → page 104

VOIR
Suivre les planètes → page 146
Repérer les constellations du zodiaque → page 160
Les Chiens de Chasse et la « vision décalée » → page 196

56. Observer les satellites artificiels

Si l'on souhaite bien observer les satellites, voire les photographier, connaître leurs heures de passage est indispensable.

Observer aux jumelles

Les satellites artificiels que l'on voit à l'œil nu sont généralement des satellites dits « 90 minutes », qui bouclent leur orbite en une heure et demie à une altitude de 200 à 400 km. D'abord apparaît un point lumineux... de plus en plus lumineux, et qui se déplace assez vite, mais moins cependant qu'une étoile filante. Et puis, rapidement, ce point disparaît : il vient de passer dans le cône d'ombre de la Terre. De fait, les satellites ne sont pas lumineux par eux-mêmes, mais reflètent simplement la lumière du Soleil : ils disparaissent donc dans l'ombre. Il n'est pas facile de les suivre. On peut les observer cependant durant quelques secondes avec de bonnes jumelles... mais sans voir de détails. À moins de savoir quand et où l'objet va apparaître, un télescope ne vous sera d'aucune utilité en la matière.

Il est assez facile de photographier le passage d'un satellite artificiel... À une condition : savoir quand il va passer.

Photographier un satellite

Pour connaître les heures et lieux de passage des satellites, il suffit de vous connecter sur Internet (→ **Site 1**). En communiquant votre latitude et votre longitude, vous obtiendrez ces renseignements, à la seconde près, ainsi que la magnitude et le nom des satellites. Muni de ces renseignements, vous pourrez alors tenter une photo à grand champ.

Pour ce faire, cadrez la région à surveiller en utilisant le plus grand champ possible de vos objectifs et prenez un film très sensible. Prévoyez un temps de pose de 30 à 50 secondes, la pose étant si possible déclenchée quelques secondes avant le passage de l'objet. En 1999, certains amateurs sont ainsi parvenus à photographier les derniers rendez-vous de Mir avec une navette. À refaire aujourd'hui avec l'ISS. ■

(1) www.2.satellite.eu.org/sat/ushop/iridium.html

VOIR
Iridiums → page 37
Magnitude → page 40
Satellite artificiel → page 58

VOIR
Éléments d'astrophotographie → page 136

57. Observer les occultations

Un astre est occulté lorsqu'un autre objet le dérobe à la vue. La plus célèbre des occultations est l'éclipse de Soleil, mais, il en existe d'autres, tout aussi passionnantes...

Les occultations par la Lune

Immense, la Lune occulte chaque nuit bien des étoiles devant lesquelles elle passe et, parfois même, des planètes. Souvent méconnus des amateurs, de tels événements présentent pourtant un incontestable intérêt esthétique. Pour observer ces phénomènes, des jumelles suffisent souvent, mais l'intérêt grandit avec une lunette de 60 mm.

Du côté sombre... Parfois, c'est le côté non éclairé de la Lune qui passe d'abord devant une étoile ou une planète sur sa trajectoire. Celle-ci semble soudain s'éteindre. Lors de sa réapparition sur l'autre bord de la Lune, elle se distingue d'abord difficilement parmi les reliefs lunaires, puis apparaît de plus en plus nettement. Selon la latitude lunaire à laquelle le phénomène se produit, le temps entre le début et la fin de l'occultation varie de quelques minutes à 1 heure.

... ou du côté éclairé. Si c'est le côté éclairé de la Lune qui commence par occulter l'étoile, la lumière de celle-ci se noie progressivement dans celle du satellite. Inversement, à la fin de l'occultation, l'étoile paraît se rallumer d'un coup. Lorsque la Lune passe devant l'une des planètes, le spectacle vaut vraiment une observation. Hélas, ces moments sont rares. À guetter absolument lors des rapprochements Lune-planètes.

Les autres occultations

Il arrive également que deux planètes s'occultent mutuellement. Un tel événement aura lieu au XXIe siècle lorsque Vénus passera devant Jupiter et l'occultera complètement après avoir, durant quelques instants, mêlé ses feux à ceux de Jupiter... Ce rendez-vous est fixé au 22 novembre 2065 !

Enfin, en guettant les étoiles avec un télescope, vous pouvez les voir occultées par le passage de l'un des astéroïdes provenant de la ceinture située entre Mars et Jupiter. C'est assez fréquent pour tenter l'expérience. ■

Voir la Lune occulter une planète ou une étoile (lunette de 60 mm) est un spectacle très esthétique.

VOIR
Observer les conjonctions, les oppositions et les transits
→ page 247

58. Observer les conjonctions, les oppositions et les transits

Si les oppositions sont le meilleur moment pour regarder les planètes, certaines conjonctions sont ce qu'il a de plus spectaculaire. Quant aux transits, ils font l'objet des observations les plus attentives...

Les conjonctions

On désigne par ce terme l'alignement d'une planète externe avec le Soleil et la Terre ; la Terre se trouvant de l'autre côté de l'astre, situé au centre. Lorsque, juste un peu avant ou un peu après une conjonction, le Soleil et la planète, vus depuis la Terre, sont presque sur la même ligne de visée, l'enjeu consiste pour l'astronome amateur à repérer la planète dans les feux du levant ou du couchant.

Par extension, on appelle aussi conjonction le rapprochement angulaire de deux planètes, ce qui ne signifie pas qu'elles sont proches l'une de l'autre : Jupiter peut être en conjonction avec Mercure, bien qu'elles soient séparées par plus de 700 millions de km.

Dans les cas de Mercure et Vénus, on a deux types de conjonction. Lorsqu'on a, dans l'ordre : la Terre, la planète et le Soleil, on parle de conjonction inférieure, et lorsque : la Terre, le Soleil et la planète sont alignés dans cet ordre (la planète est alors de l'autre côté du Soleil), c'est une conjonction supérieure.

Les oppositions

Lorsque, comme au 25 décembre 2007 pour Mars (puis tous les 26 mois), le Soleil et la planète sont situés de part et d'autre de la Terre et forment une ligne avec elle, on parle d'opposition. C'est la période d'observation idéale de la planète, puisqu'elle est alors au plus proche de nous et que, en outre, elle passe au méridien à minuit.

Pour connaître les moments des oppositions des diverses planètes, il suffit de tenir à jour les plateaux des planètes contenus dans cet ouvrage (→ **page 150**).

Les transits

Il arrive parfois, lors des conjonctions inférieures, que Mercure ou Vénus ne se trouvent pas exactement sur le même plan que la Terre ou le Soleil. L'astronome peut alors voir passer ces planètes sous la forme d'une petite boule noire à la surface de notre étoile. C'est un transit planétaire. Le dernier du XXe siècle fut celui de Mercure, qui a eu lieu le 15 novembre 1999. Les premiers transits du XXIe siècle ont eu lieu pour Mercure, le 7 mai 2003 et le 6 novembre 2006 ; pour Vénus, le 8 juin 2004, le prochain aura lieu le 6 juin 2012.

L'observation de ces transits se fait avec les mêmes précautions que pour celle du disque solaire lui-même. ■

VOIR
Conjonction
→ page 25
Méridiens
→ page 41
Opposition
→ page 49
Transit
→ page 60

VOIR
Suivre les planètes
→ page 146

Le guide de l'astronome débutant

Agenda permanent de

JANVIER

Le 15 janvier à 22 h TU, la ligne descendant depuis l'étoile Polaire vers le sud passe à mi-chemin entre les constellations du Taureau et des Gémeaux.

Les étoiles remarquables. Repérez juste au-dessus de votre tête une étoile très brillante au nord : Capella du Cocher, et cherchez à discerner sa couleur jaune à l'œil nu. En descendant, voici la rouge Bételgeuse de la constellation d'Orion dont la couleur est plus évidente, surtout si on la compare avec la bleue Rigel qui lui fait symétrie dans le trapèze d'Orion. Bas vers le sud, apparaît enfin la plus brillante de toutes les étoiles de l'hémisphère Nord : Sirius du Grand Chien, à l'éclat si blanc.

Les planètes. En janvier, la Terre se trouve face à la constellation des Gémeaux. Mars doit y faire son opposition en janvier 2008. Jupiter ne sera dans les Gémeaux qu'en 2013, et Saturne en 2033.

VOIR
Les étoiles
→ p. 68
Se repérer dans le ciel
→ p. 129
Le ciel d'hiver
→ p. 186

FÉVRIER

Le 15 février à 22 h TU, la ligne descendant depuis l'étoile Polaire vers le sud passe à mi-chemin entre les constellations des Gémeaux et du Cancer.

Les étoiles remarquables. Premier exercice : cherchez à distinguer Castor de Pollux, toutes deux bien visibles au sommet des Gémeaux. Petite astuce mnémotechnique : Castor se trouve du même côté que Capella du Cocher (à sa droite lorsque l'on est tourné vers le sud), et Pollux est proche de Procyon du Petit Chien (un peu en dessous de Pollux).

Les planètes. Mars se trouve dans le Cancer en 2010, Saturne dans les Gémeaux en 2006 et en 2007. Jupiter etait dans le Cancer en février 2003 et s'y retrouvera en février 2015.

L'événement. À partir de la mi-février, cherchez en début de soirée à apercevoir la lumière zodiacale : il s'agit du reflet des myriades de micrométéorites circulant entre la Terre et Mars sur le plan de l'écliptique et qu'éclaire alors le Soleil en lumière rasante.

VOIR
Les Gémeaux et M 35
→ p. 193
Observer la lumière zodiacale
→ p. 214

MARS

Le 15 mars à 22 h TU, la ligne nord-sud passe cette fois entre le Cancer et le Lion.

Les objets remarquables. Ne manquez pas l'amas ouvert Praesepe (ou la Ruche) du Cancer ni l'étoile double Algieba du Lion, que frôle la ligne descendant de l'étoile Polaire vers le sud – ses couleurs orange et jaune sont visibles avec une lunette de 60 mm. S'ajoutent six galaxies qui défilent sous le Lion. À part Régulus du Lion, l'étoile (bleue) la plus brillante de la constellation, repérez la couleur blanche de Denebola du Lion à l'œil nu.

Les planètes. Sortant de son opposition avec la Terre, Mars est toujours dans le Cancer en mars 2010. Jupiter se trouve entre le Cancer et le Lion en 2003 et ne reviendra dans la région en mars que douze ans plus tard ; Saturne traverse le Cancer en 2006, puis passe entre le Cancer et le Lion en mars 2007.

L'événement. Le jour du printemps (20 ou 21 mars), le Soleil se lève et se couche exactement à l'est et à l'ouest.

VOIR
Les amas ouverts du Cancer
→ p. 199
Le Lion et ses galaxies
→ p. 200

l'astronome amateur

AVRIL

Le Lion étant une galaxie largement étalée dans le ciel, la ligne nord-sud du 15 avril à 22 h TU, qui traverse la Grande Ourse, passe encore par sa dernière étoile, Denebola, qui surplombe les premières étoiles de la Vierge.

Les objets remarquables. Il faut absolument tenter d'observer la double galaxie des Chiens de Chasse. Cette magnifique spirale double se trouve sous la Grande Ourse, au zénith en avril, ce qui facilite son observation. N'oubliez pas pour autant de repérer à l'œil nu dans la Grande Ourse le couple Mizar et Alcor puis, avec une lunette, l'étoile double que forme Mizar.

Les planètes. Mars se perçoit mal en avril, durant la première décennie de ce siècle, se couchant tôt à l'ouest dans les Gémeaux en 2006 et dans le Cancer en 2010. Jupiter brille dans le Scorpion en avril 2007. Quant à Saturne, elle est visible dans le Lion en 2008 et en 2009.

VOIR
Les étoiles multiples
→ p. 74
Les Chiens de Chasse et la « vision décalée »
→ p. 196
Observer les étoiles doubles
→ p. 228

MAI

Au 15 mai, les nuits ne sont pas encore trop courtes ni trop claires, et les soirées douces nous incitent à l'observation du ciel.
À 22 h TU, passant par l'étoile Mizar de la Grande Ourse, la ligne nord-sud descend vers Spica de la Vierge en frôlant Arcturus, également surnommée l'Étoile de mai, qui trône au bout de la constellation du Bouvier.

Les étoiles remarquables. En partant depuis la queue de la Grande Ourse et en suivant dans le ciel un chemin un peu incurvé, on parvient d'abord à Arcturus (cherchez à distinguer sa couleur rouge-orangé), puis, en poursuivant le même trajet vers le sud, à la brillante étoile bleue Spica de la Vierge. Tout près de Spica se trouve la galaxie M104 du Sombrero, visible avec une petite lunette ou un petit télescope.

Les planètes. Mars se couchera dans le Cancer en 2008, puis dans le Lion en 2010. Jupiter se lève dans le Scorpion en 2007 et entre Scorpion et Sagittaire en 2008, Saturne est visible dans la Vierge en 2010 et 2011.

VOIR
Arcturus et le Bouvier
→ p. 198
Spica de la Vierge et le Sombrero
→ p. 201

JUIN

Et voici l'été. Se levant au nord-est et se couchant au nord-ouest, le Soleil ne disparaît pas bien longtemps et, dans l'hémisphère Nord, les nuits sont courtes et claires. Qu'importe : les vacances approchant, voici la saison des observations amateur. D'autant qu'il y a beaucoup de choses à voir.

Les objets remarquables. La ligne nord-sud passe cette fois à hauteur de M13 d'Hercule, le plus ancien des amas globulaires, pour traverser la Couronne boréale (comme un anneau d'étoiles magnifique à l'œil nu et aux jumelles), puis filer vers la tête du Serpent et aboutir entre la Balance et le splendide Scorpion. Dans le Scorpion, facilement repérable assez bas sur l'horizon, on distingue la couleur rouge de l'étoile géante Antarès.

Les planètes. On ne reverra plus la planète Mars en juin durant la première décennie du siècle sauf en 2008 et 2010 dans le Lion. Jupiter sera dans la Balance en 2006 et dans le Scorpion en juin 2007 ; Saturne ne regagne la Balance qu'en 2013.

VOIR
Le Serpent et sa couronne
→ p. 202
M 13 d'Hercule
→ p. 204
Pleins feux sur le Scorpion
→ p. 226

JUILLET

Si vous êtes en vacances au bord de la mer, éloignez-vous de quelques kilomètres à l'intérieur des terres pour fuir la pollution lumineuse et l'air marin, puis admirez... La ligne nord-sud conduit droit depuis l'étoile Polaire jusqu'au Sagittaire, basse sur l'horizon. Avec Hercule d'un côté et la Lyre de l'autre côté de cette ligne, juste au-dessus de votre tête, les spectacles sont magnifiques.

Les constellations du mois. C'est dans la Lyre que se trouve la nébuleuse annulaire M 57, et dans Hercule que l'on voit l'amas M 13.

Les étoiles remarquables. Vous voici en face de Véga de la Lyre, sans doute l'une des étoiles les plus connues puisqu'elle fait partie des trois étoiles de l'été avec Deneb et Altaïr, que nous retrouverons au mois d'août.

Les planètes. Jupiter traverse le Sagittaire en juillet 2008 : à ne pas rater car elle sera à ce moment-là à l'opposition, donc plus proche de nous.

VOIR
Les accords de la Lyre
→ p. 207
Le Sagittaire et la Voie lactée
→ p. 208

AOÛT

Et voici les splendides nuits d'août. La Voie lactée est maintenant bien visible, si l'on attend toutefois les environs de minuit (22 h TU) : telle la tache que fait une goutte de lait dans la tasse de thé, elle s'étale juste au-dessus de nos têtes, du nord au sud.

Les constellations du mois. Une multitude de constellations toutes plus belles les unes que les autres s'offrent à nous, à l'œil nu ou avec des jumelles. D'un côté de la Voie lactée, la Lyre, vue en juillet, et, de l'autre, l'Aigle avec Altaïr et le Dauphin. Au centre, la grande croix du Cygne se détache sur la partie sombre faisant fourche dans la Voie lactée. Il faut en suivre le tracé aux jumelles, depuis Deneb jusqu'à Albireo, une belle étoile double visible à la lunette.

Les planètes. Jupiter n'est visible en août qu'à partir de 2006, dans la Balance et surtout en 2007 et en 2019, dans le Scorpion.

L'événement. Le mois d'août offre de nombreux passages d'étoiles filantes avec les Perséides.

VOIR
Observer les étoiles filantes
→ p. 165
Le Cygne de l'été
→ p. 205
L'Aigle et Altaïr
→ p. 206

SEPTEMBRE

Rien n'est plus surprenant que de regarder le ciel le 15 septembre à 22 h TU : tandis que la Voie lactée s'enfuit sur votre droite (lorsque vous êtes tourné vers le sud), la ligne partant de l'étoile Polaire vers le sud ne traverse que la constellation de Céphée pour aboutir, bas sur l'horizon, au Verseau.

Les objets remarquables. Finies les splendeurs d'août ? Non, car les objets à observer demeurent nombreux à droite ou à gauche de la ligne nord-sud : la constellation du Petit Renard et sa nébuleuse Dumbell d'abord puis, plein sud, la nébuleuse Hélix du Verseau et, à l'ouest, les amas Chi et Êta de Persée.

Les planètes. C'est dans le Verseau qu'a eu lieu l'opposition de Mars la plus rapprochée de la décennie, en 2003. Jupiter sera dans le Verseau en septembre 2010, et Saturne pas avant 2025.

L'événement. N'oubliez pas d'admirer la lumière zodiacale, que l'on aperçoit cette fois non plus en début de soirée comme en février, mais en fin de nuit.

VOIR
Le Renard, l'Haltère et la Flèche
→ p. 210
Le Verseau et son Hélix
→ p. 212
Cassiopée, Chi et Êta Perséi
→ p. 213
Observer la lumière zodiacale
→ p. 214

OCTOBRE

Nuits longues, ciel bien sombre, températures pas encore trop fraîches, le ciel d'octobre est l'un des plus appréciés par les astronomes amateurs. La ligne nord-sud qui, le 15 octobre à 22 heures TU, conduit droit vers la constellation zodiacale des Poissons, passe d'abord par Cassiopée.

Les objets remarquables. Cassiopée, avec ses étoiles doubles et ses amas, propose une belle soirée d'observation. À l'est se lève la galaxie d'Andromède, M 31, la seule galaxie visible à l'œil nu depuis l'hémisphère Nord. On l'aperçoit beaucoup mieux avec des jumelles 7 × 50 ou 8 × 50. Un petit télescope permet de voir que, comme la Voie lactée, M 31 possède deux petites galaxies satellites.

Les planètes. Si la planète Mars a traversé la région Verseau-Poissons durant tout l'automne 2003, on ne la reverra plus en octobre dans ces constellations avant 2018. Jupiter sera dans les Poissons en octobre 2010.

VOIR **La galaxie d'Andromède**
➔ p. 211
Cassiopée, Chi et Êta Perséi
➔ p. 213

NOVEMBRE

À la mi-novembre, à 22 h TU, la ligne nord-sud descend jusqu'à la Baleine tout en passant à proximité de Persée en traversant le Bélier.

Les étoiles remarquables. À droite de la ligne nord-sud, trouvez d'abord l'étoile Algol de Persée : elle varie d'intensité lumineuse en quelques jours, régulièrement éclipsée par une autre étoile qui tourne autour d'elle. Puis, dans la Baleine, repérez Mira, une étoile variable dite intrinsèque puisque ses différences d'éclat sont dues aux gonflement ou dégonflement réguliers de son enveloppe gazeuse.

Les objets remarquables. À côté et au-dessus du Bélier, près du Triangle, repérez la galaxie M 33.

Les planètes. C'est en novembre 2005 que Mars était à l'opposition dans la constellation du Bélier. Jupiter se trouve dans le ciel de novembre, près du Bélier, en 2011 et 2012.

L'événement. Ne manquez pas les étoiles filantes des Léonides à la mi-novembre.

VOIR **Observer les étoiles doubles**
➔ p. 228

DÉCEMBRE

La ligne nord-sud traverse juste les Pléiades le 15 décembre à 22 h TU, laissant à sa gauche défiler la belle constellation zodiacale du Taureau, qui forme une espèce de grand V couché dans le ciel.

Les objets remarquables. Situé au-dessus de la pointe du V, l'amas des Pléiades, déjà beau à l'œil nu, devient un bijou vu aux jumelles. Ne manquez pas non plus, à la pointe même du V, l'amas des Hyades, et, à l'extrémité du V, M1, la nébuleuse du Crabe. L'étoile la plus brillante du Taureau est Aldébaran, une géante rouge bien visible.

Les planètes. Mars ne reviendra plus dans les constellations d'hiver en décembre avant la seconde décennie du XXIe siècle. Même chose pour Saturne, qui a quitté le Taureau en 2003 pour n'y revenir que 30 ans plus tard. Jupiter sera entre Bélier et Taureau en décembre 2012.

L'événement. Un spectacle très prisé des astronomes amateurs est le passage de la Lune dans le Taureau, lorsque celle-ci occulte tout ou partie des Pléiades ou des Hyades.

VOIR **Sirius et le Grand chien**
➔ p. 189
Le Taureau
➔ p. 190
Observer et chercher les comètes
➔ p. 242

Les questions les plus souvent posées

Dès que l'on aborde l'astronomie, certaines questions reviennent très régulièrement. Nous tâchons ici d'en regrouper quelques-unes. En repérant celles qui correspondent à ses propres questions, puis en se référant aux divers renvois faits dans les réponses, le lecteur pourra acquérir assez vite une bonne maîtrise de l'astronomie amateur ; une manière originale, en somme, de lire cet ouvrage.

Où est Véga ?

Cette (apparemment) surprenante question est en réalité l'une des premières que posent les personnes venant d'acquérir une lunette ou un petit télescope.

Ce qui s'est passé est généralement ceci : la personne en question a été initiée durant l'été à un peu d'astronomie et on lui a alors montré la très brillante étoile Véga de la Lyre. Puis, l'automne ou l'hiver venu, elle a fait, enthousiaste, l'achat d'un appareil... qu'elle ne sait plus vers où pointer. Durant l'été, en effet, Véga se trouvait, vers minuit, juste au-dessus de sa tête. Mais, en automne, la voici loin vers le nord-ouest puis au nord-nord-ouest, et brillant si faiblement qu'on ne saurait la trouver. Oh, Véga ne s'est certes pas éloignée vraiment de la Terre, mais celle-ci a continué son périple autour du Soleil et Véga n'est plus maintenant à l'aplomb, au méridien (→ page 41) de l'observateur.

De ce fait, sa lumière ne traverse pas verticalement les couches atmosphériques qui nous entourent mais en biais, perdant ainsi beaucoup de son éclat.

À cette époque, Véga n'est donc plus une étoile brillante, et si vous avez acquis un télescope pour Noël, c'est maintenant vers les étoiles du Taureau ou d'Orion qu'il faut le pointer.

VOIR
- **Le ciel d'hiver** → p. 186
- **M 13 d'Hercule** → p. 204
- **Le Sagittaire et la Voie lactée** → p. 208

Où trouver Jupiter, Mars, Saturne ?

La question en fait devrait presque se poser ainsi : avec une lunette, on voudrait observer les planètes, bien sûr, puisque, à part certaines étoiles particulières (doubles, triples, amas), nous ne verrons rien d'autre qu'un petit point brillant en observant les étoiles. Mais... comment distinguer les planètes des étoiles ?

La réponse classique à cette question est que les étoiles scintillent dans le ciel et les planètes. C'est, en réalité, rarement vrai et, selon la qualité du ciel, vous ne verrez rien scintiller, ou bien c'est tout ce qui se trouve dans le ciel, y compris, parfois, les nuages qui le fera ! Il faut donc savoir repérer les planètes autrement, ce qui vous est enseigné dans cet ouvrage.

Que ce soit Jupiter, Vénus, Mars ou Saturne que vous cherchez, vous trouverez dans ce livre à

Jupiter, Vénus, Mars ou Saturne dans quelle constellation ou à quel endroit situer ces planètes à une date de votre choix.

Reportez-vous donc à ces pages du catalogue qui vous diront par exemple que, à telle époque, Jupiter est dans le Lion. Ensuite, consultez les pages traitant des constellations et regardez la carte représentant le Lion. Le soir, tourné vers le sud, comparez cette carte du Lion avec ce que vous voyez : vous observerez immédiatement que s'y trouve un astre de trop, souvent bien plus brillant que les autres.

C'est la planète que vous cherchez. Vous n'avez plus qu'à pointer vos jumelles ou votre lunette dans sa direction : au lieu d'un point brillant vous apparaîtra nettement une petite bille, bien ronde, caractéristique d'une planète.

VOIR
- **Le catalogue des objets du ciel** → p. 64 à 111
- **Repérer les constellations du zodiaque** → p. 160

Faut-il acheter un livre d'astronomie tous les ans ?

La question ne se pose en réalité que pour suivre les diverses planètes une fois qu'on les a repérées. Celles-ci ont en effet la « bougeotte » et l'on ne les retrouve donc jamais à l'endroit où on les avait observées lors des précédentes vacances.

C'est la raison pour laquelle, chaque année, sont publiés de nombreux ouvrages donnant l'emplacement général des diverses planètes au cours de l'année suivante : des éphémérides (→ page 29).

Afin d'éviter ces achats répétés, cet ouvrage propose une autre approche, en première approximation : deux plateaux des planètes.

Sur ces plateaux, le trajet de chaque planète, la Terre comprise, est matérialisé par une série de points, et il suffit d'avancer chaque planète d'une division au fil des semaines et des mois pour savoir exactement où elle se trouvera dans 6 mois, dans 10 ans.

Ainsi, en mettant régulièrement à jour ses plateaux des planètes (un plateau pour les planètes telluriques : Mercure, Vénus, la Terre et Mars, et un plateau des planètes géantes Jupiter, Saturne, Uranus et Neptune), le lecteur peut, d'un simple coup d'œil, situer chaque planète par rapport à la Terre et évaluer les périodes où elle sera plus ou moins visible.

VOIR
- **Suivre les planètes** → p. 146

Vous avez acheté une lunette grossissant 200 fois, mais… vous êtes un peu déçu par la qualité des images ?

C'est normal. Usuellement, on considère qu'un grossissement (→ page 35) de 1,5 fois le diamètre (→ page 27) de l'instrument est un maximum pour obtenir une bonne image. Soit, avec une lunette de 60 mm, un grossissement maximal de 90 fois ; disons 100 fois.

Mais, pour vendre leurs appareils, beaucoup de marques proposent de nombreux accessoires secondaires, comme une lentille de Barlow (→ page 22) qui multiplie le grossissement par 2 ou par 4 ou encore des oculaires (→ page 47) de 6 mm. Muni de ces deux éléments, qui coûtent très cher, vous parvenez effectivement à un grossissement annoncé par le vendeur : 200, voire 250 ou 300 fois.

En fait, avec une petite lunette de 60 mm ou un télescope de 115 mm, il vaut mieux avoir des oculaires de bonne qualité, l'un de 20 mm, l'autre de 12,5 voire 8 mm, et vous ne serez pas déçus. Les lunettes astronomiques d'amateur

VOIR
- **Les lunettes astronomiques d'amateur** → p. 118

Pour un astronome débutant : lunette, ou télescope ?

La tendance générale est d'acheter en premier lieu un télescope de type Newton dont le prix reste abordable et dont le diamètre semble significativement plus grand que celui d'une lunette astronomique (115 mm au lieu de 60 mm).
Malheureusement cet instrument, très sensible aux turbulences (→ page 60) puisqu'il n'est formé que d'un tube ouvert, n'est guère performant pour regarder les planètes, et il faut atteindre des diamètres de 150 mm, voire 200 mm pour obtenir les mêmes performances « planétaires » qu'une bonne lunette de 60 mm de diamètre, particulièrement en ville ou en zone polluée.
En fait, le télescope Newton est un excellent outil pour l'observation des étoiles multiples, des amas stellaires et des galaxies. Mais l'observation, satisfaisante, de ces objets célestes requiert tout de même un certain savoir-faire et, puisqu'il vaut mieux commencer par l'observation de la Lune et des planètes, alors nous conseillerions plutôt une bonne petite lunette de 60 mm. D'autant que celle-ci, plus maniable et moins onéreuse, vous permettra en outre de poursuivre certaines de vos observations même en ville.

VOIR
- **Les lunettes astronomiques d'amateur** → p. 118
- **Mesurer l'acuité visuelle** → p. 121
- **Les télescopes d'amateur** → p. 122

Vers où pointer sa lunette la première fois ?

C'est, en fait, la plus importante de toutes les questions que se pose un astronome amateur débutant. On peut le faire, certes, en direction de la Lune (que nous conseillons d'ailleurs d'aller « visiter » quasi systématiquement en début d'une soirée d'observation), mais, si l'on a fait l'acquisition d'une lunette ou d'un télescope, c'est bien pour regarder autre chose.

Le premier jour, ne choisissez surtout pas un coin désert du ciel, mais un endroit où se trouvent plusieurs étoiles. En vous aidant du chercheur ou viseur (→ page 24), pointez l'une d'elles au hasard, jusqu'à ce qu'un point lumineux plus ou moins flou apparaisse dans le champ de l'instrument. Réglez alors l'instrument comme indiqué dans le chapitre consacré aux techniques et conditions d'observation.
S'il s'agit d'une étoile, vous devez voir seulement un petit point lumineux, bien précis.
En fonction de l'époque à laquelle vous faites cette observation, reportez-vous à la rubrique : « Observer saison par saison », et consultez les cartes du ciel que nous donnons pour cette saison-là : vous devriez parvenir à identifier votre étoile ou, tout au moins, à savoir à quelle constellation elle appartient.
Si vous avez pointé en direction d'une planète, vous ne pouvez pas vous tromper : votre mise au point va faire apparaître, non pas un point lumineux, mais une petite boule, une bille bien ronde qui est le disque de la planète. Pour Vénus ou Mercure, vous apercevrez même parfois un croissant ou un quartier comme pour la Lune. Jupiter montre 1, 2, 3 ou 4 points brillants tout proches : ses satellites galiléens, et Saturne se reconnaît bien avec ses anneaux. Si vous avez un doute, reportez-vous au chapitre « Le catalogue des objets du ciel ». Comparez ce que vous avez vu aux photos de planètes contenues dans ce chapitre. Ensuite, à l'aide des tableaux de situation des planètes qui vous sont systématiquement proposés, situez la planète dans le ciel et dans sa constellation du zodiaque. Voilà, c'est fait : vous avez vu votre première planète que, à l'aide de cet ouvrage, vous allez dorénavant pouvoir suivre de soir en soir mais aussi de mois en mois, d'année en année.

VOIR
- **Le catalogue des objets du ciel** → p. 64
- **Le ciel d'hiver** → p. 186
- **Le ciel de printemps** → p. 195
- **Le ciel d'été** → p. 203
- **Le ciel d'automne** → p. 209

Je n'ai jamais vu d'étoiles filantes, pourquoi ?

De nombreuses personnes sont dans ce cas. Il y a plusieurs cas à envisager.

Tout d'abord, ne pas faire comme l'apprenti pêcheur qui, changeant de coin toutes les deux minutes, ne prendra rien. Avec un peu de patience, vous y parviendrez toujours. Seulement, pour ne pas y passer tout de même plus de dix minutes, consultez le tableau des étoiles filantes (➔ page 165) et choisissez les dates de fortes densités.

Le soir de l'observation, ne regardez pas dans tous les sens. Étendu sur l'herbe, sur une chaise longue ou assis sur une chaise la nuque renversée, regardez seulement dans la direction de la constellation faisant le radiant (➔ page 54) : Persée pour les Perséides (août), le Lion pour les Léonides (novembre), etc. Au bout de dix minutes, le succès est garanti. Il existe pourtant un second cas. Certaines personnes ont, en effet, un champ de vue très étroit, parfois de 120 degrés au lieu de 220 degrés, et il leur est alors bien difficile d'apercevoir les météores (➔ page 42).

VOIR ■ **Observer les étoiles filantes** ➔ p. 165

Si je suis myope, puis-je faire de l'astronomie ?

Oui, sans aucun doute. Lors de vos repérages à l'œil nu avant une soirée d'observation, vos lunettes doivent normalement corriger votre myopie. Si ce n'est pas tout à fait le cas, vous risquez d'être un peu gêné. Ensuite, avec des jumelles, une lunette ou un télescope, vous devez enlever vos lunettes de vue (sauf si vous êtes astigmate) : ces appareils vont entièrement corriger votre myopie ; il vous suffit de les régler à votre convenance.

VOIR ■ **Choisir et utiliser des jumelles** ➔ p. 116

Comment repérer l'est et l'ouest ?

Le Soleil se lève à l'est et se couche à l'ouest, dit-on. C'est tout à fait faux et, si vous avez repéré l'est et l'ouest par rapport au levant et au couchant à n'importe quelle saison, vous serez surpris de voir les levers et couchers du Soleil se déplacer nettement par rapport à un point de repère (arbre, colline, clocher) que vous auriez pris pour ces directions.

En été (➔ page 30), le Soleil se lève au nord-est et se couche au nord-ouest et, en hiver (➔ page 37), c'est au sud-est puis au sud-ouest. L'est et l'ouest ne correspondent réellement que lors des levers et couchers du Soleil aux équinoxes : soit aux alentours du 20 mars et du 22 septembre. C'est donc à ces moments-là que vous devez prendre vos points de repère...

J'ai une lunette astronomique mais, en ville, je ne puis rien voir ?

La pollution, atmosphérique et lumineuse, des villes est telle que, bien souvent, on ne perçoit que quelques dizaines d'étoiles depuis une grande ville. Restent tout de même les planètes, que l'on peut observer avec une lunette (et moins bien avec un télescope) à condition de bien choisir son endroit d'observation : loin des murets et toits de tôle rayonnant la chaleur. Enfin, sachez qu'il existe en vente dans le commerce certains filtres (➔ page 31) qui diminuent notablement la pollution lumineuse.

VOIR ■ **Choisir un site d'observation** ➔ p. 114

Que sont ces flashs très brillants qu'on aperçoit parfois en début de soirée ?

Vous venez de voir le reflet d'un satellite ou d'une navette. Ce phénomène survient souvent en début de nuit, alors que la Terre est déjà

plongée dans la pénombre, mais que, à 200 km d'altitude, les satellites captent encore la lumière du Soleil dont ils réfléchissent les rayons.
Les satellites de télécommunication «Iridium» lancés depuis 1998 par la firme Motorola provoquent des flashs particulièrement forts avec leurs ailes déployées recouvertes d'argent.

VOIR ■ **Observer les satellites artificiels** → p. 245

Existe-t-il des séjours d'apprentissage à l'astronomie ?

Ils sont en réalité très nombreux et il en existe presque autant qu'il y a de clubs d'astronomie amateur. Vous obtiendrez des renseignements les concernant auprès de vos instances départementales et régionales (offices du tourisme, mairies, chambres de commerce, etc.)
Au niveau national, le mieux est encore de vous adresser directement à la SAF (Société astronomique de France) - qui vous guidera en fonction du département choisi.
Le plus célèbre de ces séjours d'apprentissage est sans doute celui qui est organisé chaque année, généralement au mois d'août (durée d'une semaine), par l'association ADAGIO qui ouvre ses portes à tous les amateurs désireux de s'initier et de se perfectionner à l'astronomie et à l'observation du ciel. Elle reçoit ses stagiaires dans les locaux de l'École nationale supérieure de l'aéronautique et de l'espace, à Toulouse, et dans son observatoire de Bélesta en Lauragais.
L'avantage de ce stage est que tous les niveaux y sont acceptés, depuis les débutants jusqu'aux amateurs soucieux de se perfectionner en astrophotographie voire en spectrographie. Vous pouvez demander un dossier complet d'informations à :
ADAGIO, BP 8, 31450 LABASTIDE - BEAUVOIR
ou à adagio@astrosurf.com
site web : http://www.astroclub.net/adagio

VOIR ■ **Carnet d'adresses** → p. 276

Peut-on faire de l'astronomie aux sports d'hiver ?

C'est sans doute à la fois l'endroit et la saison rêvés.
La saison d'abord : en hiver (→ page 37), les nuits sont longues et sombres et, par beau temps, le froid donne un ciel sans turbulences. Il ne fait certes pas chaud, mais il suffit de bien se couvrir, et le tour est joué.
Quant à l'endroit, on ne peut mieux trouver : l'altitude enlève déjà autant de centaines de mètres d'atmosphère, ce qui améliore proportionnellement les qualités du ciel (→ page 54), et la neige est un tapis idéal sur lequel installer votre appareil d'astronomie. Son fort albédo (→ page 15), en effet, fait que, la lumière solaire ayant été en majeure partie réfractée durant la journée, la neige ne rayonne pratiquement aucun infrarouge dans la nuit et propose un site d'observation sans turbulences.
D'ailleurs, les plus grands observatoires, d'amateurs ou non, sont pour ces raisons toujours placés en altitude sur des pics entourés de neiges éternelles.

VOIR ■ **Préparer une soirée d'observation** → p. 156

Combien de temps dure une soirée d'observation ?

De une demi-heure à... 12 heures ! Si le dernier temps paraît excessif (mais il faut presque cela pour effectuer un «marathon Messier»), le premier est un peu court. En effet, la seule préparation à une soirée d'observation : adaptation des yeux, repérages, réglages prend déjà à peu près ce temps. Reste ensuite à observer. Combien de temps ? Apercevoir les satellites de Jupiter peut se faire en quelques minutes seulement. Et puis après ? Après, tentez de regarder la planète elle-même : quels détails distinguez-vous ? devinez-vous certaines couleurs ? On se rend compte que, en prolongeant une même observation, l'on voit

de mieux en mieux au fil du temps qui passe et que ce qui a échappé au premier coup d'œil apparaît nettement un quart d'heure plus tard.
Changez d'objet, allez vous promener ailleurs dans le ciel, vers une étoile double ou un amas, et puis revenez sur Jupiter (pour continuer notre exemple) : les satellites se sont déplacés, vous devez vous en rendre compte maintenant. Quant au disque planétaire, ses bandes sont plus nettes et les couleurs se laissent deviner, même avec un petit télescope...
En résumé, une bonne soirée d'observation s'étend sur deux à trois heures en moyenne, temps nécessaire pour permettre d'apercevoir de nouveaux détails sur une planète, de distinguer les étoiles périphériques d'un amas globulaire, de voir l'ombre changer sur la Lune, etc. Même si, pendant ce temps, vous ne restez pas l'œil rivé à l'oculaire et que vous laissiez parfois votre regard flâner dans le cosmos.

Une nuit j'ai vu, en formation, 3 objets... non identifiés !

Cette anecdote fait partie des belles histoires de l'astronomie amateur, et nous la racontons parce qu'elle nous est arrivée personnellement. C'était une nuit d'août 2000, nous regardions avec des jumelles dans la direction générale de la Lyre, vers 1 h du matin, lorsque nous avons vu apparaître 3 objets brillants qui formaient un triangle rectangle, et se déplaçaient à la même vitesse, direction ouest-est. Cet étrange cortège n'a été visible que 3 ou 4 minutes puis, après avoir dépassé la Lyre, s'est évanoui. Les jumelles ne nous ont pas permis de voir autre chose que des points brillants, comme pour des satellites ordinaires.
Qu'étaient ces objets volants non identifiables ? Très sceptiques quant à l'existence des ovnis, et pensant que, jusqu'à plus ample informé, les satellites ne voyagent pas en formation comme des avions, nous avons relaté l'aventure sur le mail de la SAF (Société astronomique de France), qui l'a fait circuler. Un dialogue s'est alors engagé, progressant vers le résultat final. Une première réponse nous a signalé que, cette nuit-là, avait eu lieu un rendez-vous spatial entre la station spatiale et une navette : était-ce cela que nous avions vu ? Non, car il y avait bien 3 et non 2 objets. Un autre astronome nous a dit qu'il avait, quant à lui, repéré deux comètes voyageant parallèlement, mais pas dans cette région du ciel. Tout de même, deux comètes, plus un satellite passant par là, nous avions le bon compte ? Enfin, d'un observatoire national, nous est parvenue la bonne réponse : il s'agissait bien de 3 satellites volant en formation (celle que nous avions vue) : 3 satellites d'une mission plus ou moins secrète de la Navy américaine... Quant à leur disparition soudaine, elle correspondait exactement au moment où ils sont entrés dans le cône d'ombre projeté par la Terre.
Si pareille aventure vous arrive, n'hésitez donc pas à prendre contact avec des organismes comme la SAF, avant de conclure, trop vite, à l'existence des Martiens.

VOIR ■ Carnet d'adresses → p. 276

Pourquoi dit-on que Bételgeuse est rouge, Rigel bleue, etc : je les vois toutes blanches ou jaunes ?

La couleur des étoiles est fonction de leur température externe et elle indique à quel type l'étoile appartient : les bleues (très chaudes) sont des géantes, de même que les rouges visibles à l'œil nu (les naines rouges sont quasi invisibles à l'œil). Jaunes, ce ne sont pas de grandes étoiles et, blanches, il s'agit de naines. Reconnaître leur couleur est donc important puisque cela nous donne immédiatement de nombreux renseignements, notamment sur la température et la taille de l'astre observé.
Malheureusement, la nuit, notre œil constitué de cônes et de bâtonnets utilise essentiellement les bâtonnets, peu sensibles aux couleurs. Mais

peu sensibles ne signifie pas insensibles ou aveugles à la couleur : il faut donc les forcer à voir les couleurs recherchées. Pour cela, il n'est qu'un seul moyen, la patience. En regardant longtemps (en fait à plusieurs reprises durant quelques dizaines de secondes) une même étoile, l'on parvient souvent à distinguer sa couleur. Le mieux est de s'entraîner sur des étoiles à la couleur déjà connue théoriquement, jusqu'à percevoir nettement la couleur en question. En été, Antarès du Scorpion vous propose un beau rouge et, en hiver, Bételgeuse et Rigel d'Orion sont visiblement rouge et bleue.

VOIR ■ **Les étoiles** → p. 58

Mon enfant de 10 ans s'intéresse à l'astronomie...

Devez-vous lui acheter la lunette ou le télescope qu'il réclame pour Noël ?
Oui et non. Il s'agit avant tout de ne pas décevoir ni décourager cet enfant. Mais il faut savoir aussi que l'achat d'un tel appareil risque de le décevoir et de le décourager. Si la lunette est de mauvaise qualité, il ne verra rien, et, si vous avez fait l'effort d'aller jusqu'à 200 euros, voire au-dessus, il est tout de même possible qu'il ne voie rien non plus, à moins que vous ne l'aidiez.
Nous le disons tout au long de cet ouvrage, l'astronomie est une passion mais c'est aussi une affaire de patience, difficile à obtenir d'un jeune enfant laissé à lui-même. Une petite lunette bouge de plusieurs degrés au moindre faux mouvement et, sous les actions plus ou moins maladroites d'un jeune enfant, il est rare qu'elle reste pointée vers la planète choisie. Pour ne pas le décourager, reste tout de même, en première approche, l'achat de jumelles moyennes (des 7×50 par exemple) munies d'un trépied. Le prix est moindre, le résultat, plus accessible (et vous risquez de vous y mettre aussi !), et, si la vocation se confirme, vous verrez pour les Noëls suivants ce que vous devez faire.

En vacances dans l'hémisphère Sud, comment voir les planètes ?

Le ciel de l'hémisphère Sud est très différent de celui de l'hémisphère Nord, et nous vous conseillons dans ce cas d'acheter une carte du ciel de l'hémisphère Sud ou bien, en première approximation et de manière à vous repérer immédiatement, de consulter dans cet ouvrage les observations concernant le ciel austral.
Quant aux planètes, elles sont aussi visibles que depuis chez vous et se trouvent dans les mêmes constellations, seulement il faut cette fois braquer votre lunette non vers le sud mais vers le nord. Une chose, toutefois : bien que se levant toujours à l'est pour se coucher à l'ouest, vous les verrez tourner dans le ciel non plus de gauche à droite, mais cette fois de droite à gauche.

VOIR ■ **En vacances sous le ciel austral** → p. 215

Et l'astrologie ?

La réponse immédiate de tous les astronomes est : cela n'a rien à voir ! Dosons pourtant un peu la réponse. Certes, de nos jours, l'astrologie fait encore partir son système du Bélier, le 20 ou 21 mars, comme il y a 4000 ans. Or, depuis, la précession des équinoxes a fait que le Soleil ne se lève plus aujourd'hui devant le Bélier le 20 mars mais entre les Poissons et le Verseau. Tous les fameux « calculs » effectués par les astrologues sont donc irrémédiablement faux.
Il est toutefois vrai que l'astronomie et l'astrologie sont les jumeaux d'un même lit. Il y a 4000 ans, les grands prêtres de Babylone et d'Égypte qui contemplaient le ciel ont fait naître ces deux arts simultanément. À force de scruter les cieux, ils ont vite compris que le retour du Soleil levant devant la constellation du Taureau, par exemple, signifiait le retour du printemps (à cette époque ; le printemps se situe aujourd'hui entre les Poissons et le Verseau). Et ainsi de

suite : la Vierge (alors au mois d'août) signait les moissons, d'autres donnaient le moment des semences, etc. Il y avait donc bien un lien entre certains phénomènes célestes et l'activité humaine que l'on réglait dessus.

En ajoutant le mouvement des planètes, la tentation est ensuite devenue grande de lier plus étroitement les cieux et les hommes en disant par exemple que, tel prince étant né avec Mars dans la Vierge, cela signifiait qu'il serait un grand conquérant, mais que ses combats ruineraient les moissons de son peuple (ou des autres nations ?), etc. Des princes, on est passé à tout le monde, et l'astrologie a peu à peu pris sa place pour répondre à l'angoisse de tous les hommes devant l'avenir.

L'astronomie a suivi un chemin tout différent dont, vous, astronomes amateurs du XXIe siècle, bénéficiez grandement. Tandis que l'astrologie, au fond, fait ployer nos destins sous la ronde des planètes et des étoiles, l'astronomie, elle, nous élève vers elles.

Regarder le ciel avec des jumelles, c'est se rendre compte que nous n'appartenons pas aux cieux, mais que ce sont eux qui nous appartiennent. L'homme s'y déplace, les possède, nommant chaque endroit, capable d'en comprendre la naissance, le destin, l'histoire. Alors que, selon l'astrologie, ce sont les étoiles qui nous content notre destinée, l'astronomie, elle, nous rappelle que ce sont les hommes qui connaissent la destinée du ciel, et non l'inverse.

Quant aux planètes, l'astronome qui les contemple ne tremble pas devant l'influence qu'elles pourraient avoir sur lui, mais s'interroge sur celle que nous, nous allons avoir sur elles : débarquerons-nous sur Mars d'ici à 2030 ? trouverons-nous de l'eau et de la vie sous les glaces d'Europe, voire une vie congelée sur Titan dès 2005 ? Pointer une lunette astronomique vers ces objets célestes, c'est se poser ces questions-là, et elles seulement.

VOIR ■ **La ronde du zodiaque** → p. 108

Quelques astronomes

Cette revue, chronologique, des grands astronomes qui ont marqué l'histoire depuis 4000 ans rappelle l'importance de l'observation du ciel à l'œil nu, alors que les premiers instruments sont nés il y a seulement quatre siècles.

Ziggourat : édifice religieux d'origine mésopotamienne.

Les Chaldéens

Au IVe millénaire avant notre ère, en Mésopotamie, les Chaldéens, une caste de savants et de religieux, avaient remarqué la constance dans la position de quelque 4000 étoiles visibles à l'œil nu, ainsi que la variabilité de sept « errantes » – appelées plus tard « planètes », en incluant d'ailleurs la Lune.

Les Mésopotamiens avaient décelé les 12 constellations du zodiaque qui se succédaient dans le ciel, semblables à une roue. Mais ce furent les Babyloniens, leurs successeurs directs, qui divisèrent le cercle céleste en 12 bandes de 30 degrés.

Isis sous l'apparence

Les Égyptiens

Ils furent très proches des Chaldéens dans leur manière de concevoir l'astronomie, et restent de très grands observateurs du ciel à l'œil nu. Les Égyptiens définirent, entre les IIIe et Ier millénaires av. J.-C., le mois qui correspond au mois lunaire de 29,5 jours puis le fixèrent à 30 jours. Ils déterminèrent, à la même période, le passage des saisons, qui reflétaient l'immuable va-et-vient du Soleil au fil du temps. Ils avaient également remarqué le mouvement rétrograde de Mars, Jupiter et Saturne (→ **page 45**).

Deux faits les caractérisent encore. Le premier est l'habitude qu'ils avaient eue, comme les Chaldéens, de noter un grand nombre de leurs observations. Cette pratique a permis, en dépit de nombreuses invasions et destructions de temples, d'en retrouver des traces, qui furent par la suite utilisées aussi bien par les Grecs d'Alexandre le Grand que par les Arabes, puis par les astronomes de la Renaissance en Europe. Le second fait est une découverte grandiose, mais dont la leçon allait être pour longtemps perdue. Dès le Ier millénaire av. J.-C., les Égyptiens avaient conçu un système dit « pseudo-héliocentrique » dans lequel les planètes tournaient autour de la Terre, le Soleil également (ce que l'on croyait à l'époque), mais où Mercure et Vénus, elles, tournaient autour du Soleil.

Les Grecs

Par le terme général et vague de « Grecs », on désigne l'ensemble du monde grec durant la période antique. Ces hommes abordèrent, dès l'aube du VIe siècle av. J.-C., l'astronomie et l'univers dans une démarche scientifique. Leurs dieux, à la différence de ceux de leurs prédécesseurs, n'expliquaient pas les cieux, car l'Univers était considéré comme un système intelligible pour l'homme. Cela ne signifie évidemment pas que les Grecs n'étaient pas religieux. Leur théologie était importante et peu de Grecs étaient non pratiquants. Seulement, et c'est là qu'apparaît en grande partie leur apport, ils avaient compris que l'Univers qui nous entoure semble être régi par des constantes, des lois et des causes qui provoquent des effets immuables.

Quelles lois et quelles causes ? C'était cela qu'il fallait découvrir. Par exemple, en médecine, Hippocrate ne s'attache pas qu'aux effets d'une maladie mais en recherche les causes. En astronomie, le même genre de démarche change tout, bien sûr, et a jeté les premières bases d'une compréhension de l'Univers. Il faut noter cependant que, dans le cadre de l'observation pure, les Grecs se sont surtout contentés de reprendre les observations des Égyptiens.

Mais c'est aux Grecs que l'on doit le terme de zodiaque, de *zôa*, « animaux » (les 12 constellations portant des noms d'animaux), et de *diakon*, « roue ».

Pythagore (v. 570-v. 480 av. J.-C.)

On doit à ce Grec du VIe siècle av. J.-C. le terme « cosmos », qui signifie l'ordre par rapport au chaos dans lequel l'Univers serait né. Selon Pythagore et ses successeurs, « tout est nombre » et le « monde est ordre ». C'est un monde, ou un cosmos, empli de « sphères » célestes qui soutiendraient étoiles et planètes.

Gravure du XVIe siècle, représentant Pythagore.

Aristarque de Samos (v. 310-v. 230 av. J.-C.)

Au IIIe siècle av. J.-C., soit dix-huit siècles avant Copernic, Aristarque améliore le système de l'Univers pseudo-héliocentrique pensé par les Égyptiens. Il conçoit un système héliocentrique, où c'est la Terre qui tourne autour du Soleil, ainsi que toutes les planètes. Cependant, l'idée sera oubliée, pour être « redécouverte » seulement au... XVIe siècle. Dans la première édition de son ouvrage (1543), le *De revolutionibus*, Copernic fera d'ailleurs allusion à cette découverte d'Aristarque de Samos, disant qu'il s'en est inspiré pour ses propres travaux.

Ératosthène (v. 270-v. 194 av. J.-C.)

Près de cinquante ans après Aristarque, c'est en étudiant l'incidence des rayons du Soleil qu'Érastosthène, Alexandrin originaire de Grèce, a calculé la circonférence de la Terre. La précision de ce calcul est remarquable pour l'époque : 39 600 km au lieu des 40 040 km calculés aujourd'hui !

Astrolabe arabe du IXe siècle.

Hipparque de Nicée (v. 190-v. 125 av. J.-C.)

Au IIe siècle av. J.-C., cette grande figure de l'école d'Alexandrie observa en détail la surface de la Lune, dont l'un des cirques porte son nom (→ **page 178**). Mais il est surtout connu pour avoir établi le premier catalogue général des étoiles. C'est pour cela qu'on le considère comme le fondateur de l'astronomie de position.

Reprenant les archives des Égyptiens sur plusieurs siècles, Hipparque parvint également, en 128 av. J.-C., à mettre en évidence la précession des équinoxes (→ **page 108**). Ainsi, nous savons que, en moyenne, tous les 2 160 ans, le Soleil retarde d'une constellation : il s'est levé dans le Taureau entre – 4 400 et – 2 200, dans le Bélier ensuite, puis les Poissons, etc.

Ptolémée (v. 100-v. 170)

On lui doit son fameux *Almageste*, vers 140 apr. J.-C., avec ses épicycles représentant les mouvements des planètes et du Soleil et, surtout, leur mouvement général autour de la Terre. Car, selon lui, la Terre est fixe, et ce sont les planètes et le Soleil qui tournent autour d'elle. Aberrant logiquement et scientifiquement de nos jours, puisqu'il faisait tourner le ciel tout entier autour de la Terre, et en net recul par rapport aux découvertes des Égyptiens et d'Aristarque de Samos, ce système allait pourtant être tenu pour le seul valable jusqu'au début du XVIIe siècle.

Système de Ptolémée : la Terre, les planètes et le zodiaque.

Les Arabes et les Mongols

S'appuyant essentiellement sur les travaux des Grecs qu'ils avaient traduits, puis sur ceux de Ptolémée, les savants arabes ont poursuivi, presque seuls, l'observation du ciel durant 5 siècles, de l'an 700 à l'an 1200. Ils ont notamment perfectionné et rendu pleinement opérationnel l'astrolabe imaginé par les Grecs. Les deux observatoires que fit construire le calife al-Ma'mum, à Bagdad et à Damas, au début du IXe siècle, sont restés sans concurrent pendant deux cents ans.

Les Mongols se sont quant à eux illustrés au XIIIe siècle : règles de parallaxe, sphères armillaires... leurs instruments étaient parmi les meilleurs qui soient, et l'observatoire du Grand Khan était à l'image de la suprématie de son initiateur, Gengis Khan.

Copernic (1473-1543)

En 1543, Copernic fait publier l'œuvre maîtresse grâce à laquelle l'astronomie entrait dans une nouvelle ère : le *De revolutionibus*.

La théorie de Copernic bouleversait la conception que l'on se faisait alors de l'Univers, détrônant la Terre du piédestal sur lequel les hommes l'avaient sise depuis Ptolémée. Non seulement elle n'était plus qu'une planète parmi les autres qui peuplaient le système solaire, mais, de surcroît, ce n'étaient plus le Soleil et les planètes qui tournaient autour de la Terre, mais la Terre et les planètes qui gravitaient autour du Soleil : c'est le système dit « héliocentrique ».

Tycho Brahe (1546-1601)

Sans les observations de ce Danois contemporain de Copernic, Kepler n'aurait peut-être pas réalisé ses découvertes. Protégé du roi Frédéric II de Danemark, Tycho Brahe fit construire son observatoire, Uraniborg, l'équipant de ses propres instruments d'une précision jamais égalée jusqu'alors. Horloges, cadrans et cartes d'Uraniborg représentaient alors le sommet de ce que l'on a pu atteindre dans l'observation du ciel à l'œil nu, sans instruments d'optique.

Galilée (1564-1642)

Au début du XVIIe siècle, Galilée franchit un pas nouveau dans l'astronomie, en « généralisant » l'usage des instruments optiques d'observation, pointant pour la première fois une lunette en direction des cieux. En décembre 1609, armé d'une lunette grossissant 9 fois, il observa la surface de la Lune, y découvrant non pas des « mers » (taches sombres aperçues par les Anciens à l'œil nu), mais des montagnes, des cratères et des vallées que l'on découvre de nos jours avec une simple paire de jumelles (➔ **page 178**).

En janvier de l'année suivante, passant à un grossissement de 30 fois, ce sont les quatre principaux satellites de Jupiter, baptisés depuis satellites galiléens (➔ **page 100**), qu'il découvre et montre au doge de Venise. Pour Galilée, le fait que ces quatre petits satellites tournent autour de la géante Jupiter prouve que, partout, ce sont les plus petits corps qui tournent autour des plus grands, et non l'inverse. Donc c'est bien la Terre qui tourne autour du Soleil, comme l'a dit Copernic, et non le Soleil autour de la Terre.

Kepler (1571-1630)

Contemporain de Galilée, avec lequel il eut une importante correspondance, Kepler fut sans aucun doute le dernier observateur à l'œil nu, et peut-être l'un des plus grands. Après avoir travaillé durant un an et demi dans l'observatoire d'Uraniborg de Tycho Brahe, il s'était spécialisé dans l'observation de l'orbite des planètes, et particulièrement de celle de la planète Mars. Celle-ci, en effet, ne correspondait ni au système inventé par Ptolémée, ni non plus au système héliocentrique de Copernic, qui faisait bien tourner les planètes autour du Soleil mais selon un cercle, une orbite circulaire. Kepler a démontré que cette orbite est en fait elliptique, comme celles de toutes les

Galilée présentant la lunette télescopique au Doge et au sénat vénitien.

planètes et des comètes, et en a tiré les trois fameuses « lois de Kepler » sur les trajets elliptiques des corps célestes.

Isaac Newton (1642-1727)

On doit d'abord à Newton sa célèbre théorie de la gravitation, qui a permis, enfin, d'expliquer pourquoi et comment les planètes suivaient l'orbite elliptique observée par Kepler.

Télescope de Newton.

Savant éclectique travaillant sur de nombreux domaines comme l'astronomie, les mathématiques, la physique, voire la chimie, Newton est également parvenu à décomposer la lumière en sept principales couleurs, qui sont celles de l'arc-en-ciel. Ses études sur le trajet suivi par un rayon lumineux lui ont permis, en outre, d'expliquer le fonctionnement des lunettes que l'on utilisait depuis bientôt 70 ans, mais sans comprendre jusqu'alors les phénomènes de réfraction qui s'y déroulaient.

Fort de ces travaux sur la lumière, Newton a conçu et réalisé le premier télescope à miroir. Le télescope de type Newton est encore utilisé de nos jours par la majorité des astronomes amateurs (➔ **page 118**).

Christiaan Huygens (1629-1695)

Contemporain, et souvent rival de Newton, Huygens, astronome néerlandais, a observé, grâce à un télescope de son invention, les anneaux de Saturne. Il a expliqué pourquoi ils disparaissent périodiquement à nos yeux, et découvert Titan, le plus gros satellite de la planète (➔ **page 240**). On lui doit également la découverte de la nébuleuse d'Orion.

Christiaan Huygens fut aussi le premier à affirmer que les étoiles étaient d'autres soleils, semblables au nôtre, mais beaucoup plus éloignés.

La dynastie Cassini

En 1669 commence la dynastie des Cassini, qui allait perdurer quatre générations durant à la direction de l'Observatoire de Paris. Gian Domenico découvrit deux satellites de Saturne et s'aperçut que les anneaux de la planète n'étaient pas d'un bloc, mais comportaient des « vides », dont la division dénommée Cassini. Ses fils, petit-fils et arrière petit-fils se sont surtout illustrés par leurs travaux de cartographie de la Terre.

William Herschel (1738-1822)

Herschel est surtout connu pour avoir découvert la planète Uranus en 1781, avec deux de ses satellites. Grâce aux nombreux télescopes qu'il a lui-même mis au point, il a aussi découvert deux nouveaux satellites autour de Saturne.

Mais le gigantesque travail de Herschel, assisté de sa sœur Caroline, ne s'arrête pas là. Il fut en effet le premier astronome à étudier les étoiles doubles et à réaliser une première ébauche, un premier dessin, de la forme de notre galaxie, la Voie lactée. Enfin, l'étude systématique des comètes poursuivie par le frère et la sœur a permis à celle-ci de découvrir 8 comètes.

Charles Messier (1730-1817)

En 1771 paraît le *Catalogue des nébuleuses et des amas d'étoiles* de Messier, celui que Louis XV surnomma le « furet des comètes ». C'est le catalogue Messier des objets flous, ou nébulosités du ciel, avec M 1, la nébuleuse du Crabe, au début de cette longue liste (➔ **page 222**).

Spécialisé dans l'astronomie des comètes, Messier en observa une quarantaine dont il détermina la période et en découvrit personnellement seize.

Johann Galle (1812-1910)

Cet astronome allemand a observé pour la première fois, en 1846, la planète Neptune, dont le mathématicien Le Verrier (1811-1877) avait auparavant prédit l'existence par un calcul mathématique s'appuyant sur les lois de Kepler et de Newton.

Camille Flammarion (1842-1925)

C'est grâce à Camille Flammarion que l'astronomie devient vraiment populaire à la fin des années 1870, avec son ouvrage judicieusement titré l'*Astronomie populaire*. Flammarion lance plus tard la revue *Astronomie* que tout astronome, en herbe ou confirmé, possède sur sa table de nuit et, surtout, il crée en 1877 la SAF, ou Société astronomique de France (➔ **page 276**).

Edwin Hubble (1889-1953)

À la fin des années 1920, Hubble, assisté de son fidèle serviteur Humasson, scrute le ciel avec le télescope géant de 2,51 m de diamètre du mont Wilson. Il observe ainsi que les galaxies s'éloignent d'autant plus vite de nous qu'elles sont éloignées : la découverte de la fuite des galaxies donnera lieu à la théorie du big bang (➔ **page 22**).

Georges Lemaître (1894-1966), Albert Einstein (1879-1955), Georges Gamow (1904-1968)

Après Hubble et ses travaux vinrent des astronomes plus théoriciens qu'observateurs, pères de diverses théories tentant d'expliquer le fonctionnement de l'Univers, dont le fameux big bang. Georges Lemaître émet l'hypothèse de l'expansion de l'Univers. Albert Einstein met au point sa théorie de la relativité générale, d'où l'on déduit que la lumière se « courbe » au voisinage de fortes masses dans l'Univers. Quant à George Gamow, il apporte les dernières touches à la théorie du big bang.

LE SAVIEZ-VOUS ?

Les femmes et l'astronomie

En fait, comme dans nombre d'autres domaines, les femmes ont de tout temps apporté leur contribution, mais toujours dans l'ombre. Sœurs et épouses ont considérablement épaulé certains astronomes : Sophia, sœur de Tycho Brahe, ou encore Caroline Herschel, la sœur de William, qui découvrit elle-même pas moins de huit comètes ainsi que l'une des galaxies les plus intéressantes de l'hémisphère Sud, la NGC 253, dans la constellation du Sculpteur.
Le rôle des femmes « s'officialise » au XIXe siècle. Maria Mitchell est la première femme professeur d'astronomie aux États-Unis. La comète qu'elle découvre en 1847 porte son nom. Henrietta Leavitt s'illustre en 1912, en montrant que la période des Céphéides (➔ **p. 24**) permet d'évaluer la distance aux amas stellaires et aux galaxies proches. L'Académie des sciences américaine élit sa première femme, Margaret Burbidge. Son nom reste associé, aux côtés de celui de son mari, de Fred Hoyle et William Fowler, au processus de nucléosynthèse dans les étoiles. En 1967, puis en 1987, deux découvertes importantes sont faites par des femmes : les pulsars par Jocelyn Bell, et le Grand Attracteur par Renée Kraan-Korteweg. Côté astéroïdes, Eleanor Helin a élaboré un programme de recherche qui est toujours utilisé de nos jours.

Les grands observatoires

Depuis 1610 et la première lunette astronomique de Galilée, les instruments d'astronomie n'ont cessé de progresser, et ce progrès s'accélère chaque jour. Il existe aujourd'hui de par le monde de nombreux observatoires qui, pour mieux nous faire comprendre l'Univers, scrutent celui-ci jusqu'à ses confins.

Des grandes lunettes aux télescopes géants

Un télescope, ou une lunette, n'est en fait rien d'autre qu'un grand « entonnoir à photons » ; plus il est grand, plus il récolte de lumière, donc de photons (➔ p. 51), et mieux c'est pour l'observation.

LES LUNETTES GÉANTES ET LEURS DÉFAUTS

Les lunettes ont connu leur heure de gloire durant trois siècles. Mais, toujours plus grandes et plus performantes, elles avaient les défauts de leurs qualités. En effet, elles devenaient si lourdes que l'instrument se déformait sous son propre poids.

Observatoire de Yerkes.

La plus grosse lentille fut construite en 1897 par l'astronome américain Hale. D'un mètre de diamètre, elle ne pesait pas moins de 250 kg. Il fallut la refaire 19 fois avant d'obtenir une optique convenable. Les défauts prenant le pas sur les qualités, on leur préféra bientôt les télescopes.

LES TÉLESCOPES : DE 2,5 M À 6 M DE DIAMÈTRE

Le même Hale qui avait construit une lunette de 1 m de diamètre se mit à la tâche pour réaliser un télescope géant et, en 1917, on inaugurait son optique sur le nouveau télescope de l'observatoire du mont Wilson.

Ce nouveau télescope géant, baptisé Hooker (du nom de son commanditaire), est par la suite devenu un télescope célèbre : c'est en effet à son objectif qu'Edwin Hubble a observé la fuite des galaxies, fuite qui a donné naissance à la théorie du big bang (→ p. 22). Avec ses 2,5 m de diamètre, l'instrument demeura le maître des cieux jusqu'en 1948. Il fut détrôné par son cousin du mont Palomar : 5 m de diamètre.

Les Soviétiques ne furent pas en reste ; en 1976, le Bolchoï marquait le pas avec ses 6 m de diamètre. Mais, même pour un télescope, 6 m c'est déjà beaucoup, et l'on retrouvait le même problème de poids que pour les grandes lunettes.

Télescope Bolchoï de 6 m de diamètre.

DES MULTIMIROIRS AUX MIROIRS DÉFORMABLES

On délaissa donc les immenses miroirs d'un seul tenant pour un nouveau concept : le « multimiroir », ou « miroirs mosaïques », un assemblage de plusieurs miroirs de taille modeste. Les Américains ouvrirent la marche au mont Hopkins en Arizona : le premier multimiroir consistait en 6 miroirs de 1,8 m de diamètre qui, lorsque l'on assemblait leur lumière, équivalaient à un seul télescope de 4,5 m de diamètre. Les deux télescopes Keck lui succédèrent en 1991, à Hawaï cette fois.

Mais les miroirs d'un seul tenant n'avaient pas dit leur dernier mot. Leur poids et les difficultés de polissage et d'homogénéité du verre posaient problème ? Qu'à cela ne tienne, ils allaient s'adapter, et devenir... déformables. C'est l'arrivée de l'optique dite « adaptative », qui corrige les défauts en temps réel. Le VLT *(Very Large Telescope)* ouvre la marche à Hawaï, suivi par tous les grands instruments construits dès lors.

Les principaux observatoires actuels

Si la taille d'un instrument d'astronomie est importante, il faut tout autant que le site d'observation soit bon, qu'il offre le temps le plus clair, le plus stable possible, avec un maximum de nuits sans nuages et un minimum de pollution lumineuse ou atmosphérique.

Pour ces raisons, croissance démographique, transports, lumières nocturnes et autres pollutions qui sont inhérentes aux grandes villes ont contraint les grands observatoires à s'en éloigner et à s'installer ailleurs, souvent au sommet des montagnes. Si le site parfait n'existe pas, il en est deux qui s'en rapprochent : Hawaï et La Silla, au Chili. Le premier a été principalement investi par les Américains, le second par les Européens (ce qui n'empêche pas, fort heureusement, les uns d'aller chez les autres !).

LES TRÈS GRANDS...

• HAWAÏ

Commençons par Hawaï. Sur le Mauna Kea, à 4 200 m d'altitude, s'élève toute une panoplie de télescopes divers, parmi lesquels on trouve les **KECK** : deux monstres d'un diamètre de 10 m (➔ p. 27).

À l'origine de cette prouesse, un assemblage de 36 miroirs de 90 cm chacun, avec un alignement optique des 36 sources de lumière assuré par des lasers, sur ordinateur. Comparés à un télescope amateur de 200 mm, les Keck ont un diamètre 50 fois plus grand et récoltent 2 500 fois plus de lumière...

L'île d'Hawaï abrite également l'institut **Caltech** et son télescope submillimétrique, l'un des premiers du monde et des plus faciles à manipuler : 10,4 m de diamètre pour scruter les cieux dans les grandes longueurs d'onde (➔ p. 48).

Un autre instrument s'illustre au Mauna Kea : le **CFH**, le télescope franco-canadien-hawaïen de 3,6 m de diamètre monté sur un fer à cheval. Un instrument a priori modeste mais d'une performance remarquable.

• L'ESO

Voilà pour l'île hawaïenne. Passons dans l'hémisphère Sud, au Chili. C'est là, à La Silla, à près de 3 000 m d'altitude, sur les Andes, que les Européens ont implanté leurs instruments.

Télescope Hawaï.

Le VLT : 4 télescopes de 8,2 m de diamètre mis en interférométrie.

L'ESO, ou « Observatoire européen du Sud », regroupe ainsi plus de 15 instruments scrutant le ciel austral. Mais le télescope de l'ESO, le « maître » des cieux, c'est depuis quelques années le VLT. En fait, le VLT *(Very Large Telescope)*, ce n'est pas aujourd'hui un, mais quatre télescopes : Melipal, Antu (« Soleil » en langue mapuche), Kueyen (« la Lune ») et enfin Yepun.
Chaque miroir affiche 8,2 m de diamètre pour une épaisseur de seulement 17 cm ! Ils sont dotés d'une optique adaptative, et 150 vérins soutenant l'optique assurent la courbure correcte. Couplés pour former un gigantesque interféromètre (processus qui collecte, assemble et superpose les images recueillies par plusieurs télescopes), ces quatre instruments représentent une véritable révolution astronomique : ils offrent une image qui équivaut, au niveau quantité de lumière, à celle d'un télescope de 16 m de diamètre et, au niveau résolution, à celle d'un télescope de 200 m de diamètre ! Des images largement supérieures à celles du télescope spatial Hubble.

... ET LES MOINS GRANDS

Voilà pour les deux plus grands sites astronomiques du monde. Si grands et si prestigieux que l'on en oublie qu'ils ne sont pas les seuls, loin de là. D'autres instruments ont été implantés ici et là tout autour du globe. Certes plus modestes, ils remplissent cependant fort loyalement leur tâche.

Restons sur le continent américain, en particulier aux États-Unis. En Arizona, près de Tucson, l'observatoire national du **Kitt Peak** possède entre autres un télescope de 0,9 m de diamètre utilisé en imagerie CCD, en photométrie ainsi qu'en polarimétrie. Au sommet du mont Hamilton, en Californie, à près de 1 300 m d'altitude, se dressent les coupoles de l'observatoire de **Lick**. La lunette de 90 cm, actuellement deuxième de son type dans le monde, était la plus grande au moment de sa construction, en 1888.

Au Texas, l'observatoire de **McDonald** dispose de plusieurs instruments, dont, là aussi, un télescope de 0,9 m de diamètre que certains puristes affectionnent : loin de l'ère de l'informatisation, il faut rester dans la coupole pour le pointer. Par des nuits où la température descend largement au-dessous de zéro, la bouteille thermos est un élément essentiel du matériel de l'astronome ! Pourtant, même dans les observatoires professionnels, ces conditions d'observation ne sont pas chose rare.

QUELQUES GÉANTS EN EUROPE

Quittons les Amériques pour revenir en Europe. Commençons par la France, qui jouit d'un « parc astronomique » conséquent.

L'observatoire de **Haute-Provence** à Saint-Michel dispose de plusieurs télescopes de 1,93 m à 1,20 m de diamètre et, surtout, du spectrographe joliment baptisé Elodie : c'est grâce à cet instrument que Michel Mayor et Didier Queloz ont découvert la première exoplanète (➔ p. 31) gravitant autour de l'étoile Peg 51, en 1995. Plus au sud, sur le plateau de Caussols près de Calern, l'observatoire de la **Côte d'Azur** possède un interféromètre ainsi qu'un **laser-Lune**, qui mesure la distance de la Terre à la Lune à moins de 1 cm près.

Le pic du Midi abrite plusieurs instruments, dont un télescope de 2 m de diamètre, le T2M, un coronographe (➔ p. 26), un autre télescope de 61 cm réservé aux amateurs. Ce site s'est surtout illustré dans les années 1960 : c'est de là qu'ont été prises les photos de la Lune dans le cadre de la préparation des missions Apollo.

Au Royaume-Uni se trouve le plus grand télescope entièrement voué aux observations infrarouges, dans les longueurs d'onde comprises entre 1 et 30 µm (micromètres) : l'UKIRT *(United Kingdom InfraRed Telescope)*.

Au large des côtes de l'Afrique de l'Ouest, les îles Canaries sont aussi un lieu privilégié d'observations : le pic de Teide, sur l'île de Tenerife, et surtout l'île de La Palma avec le NOT *(Nordic Optical Telescope)*, un télescope de 2,6 m de diamètre principalement utilisé par les pays nordiques.

Le laser-Lune nous a permis de calculer la distance de la Terre à la Lune à 2 cm près.

Les radiotélescopes

Nous nous sommes pour l'instant essentiellement intéressés aux télescopes qui scrutaient le ciel «tel quel», dans le visible. Or, le spectre électromagnétique (→ p. 19) est beaucoup plus vaste, et les astres nous «parlent» dans toutes les longueurs d'onde (→ p. 48).

Un domaine bien particulier est celui des longueurs d'onde radio, et les radiotélescopes n'ont pas grand-chose à voir avec les télescopes ordinaires. Leur taille d'abord : gigantesque. La parabole du plus grand radiotélescope fait 305 m de diamètre ! Mais, à l'inverse, elle n'a pas besoin d'être aussi lisse que le miroir d'un télescope optique, dans la mesure où les longueurs d'onde à capter sont plus longues. C'est là un avantage indéniable en termes de coût de fabrication, mais un gros inconvénient pour ce qui est de la résolution, bien médiocre : un radiotélescope de 100 m de diamètre donne une résolution d'environ 2000 secondes d'arc, soit presque la taille du Soleil !

En revanche, l'observation radio présente l'avantage de pouvoir se faire de jour comme de nuit.

Le plus grand radiotélescope du monde est celui d'Arecibo, à Porto Rico.

LES GRANDS RADIOTÉLESCOPES

Le plus grand radiotélescope se trouve à Porto Rico : **Arecibo**, construit en 1963. Cependant, malgré ses 305 m de diamètre, ce n'est pas le plus performant. Celui de **Nançay**, en Sologne (France), le suit de près : 300 m de diamètre. Les autres sont plus modestes : **Green Bank**, en Virginie occidentale, ne fait «que» 100 m, tout comme le **Max Planck** en Allemagne.

Le **Jodrell Bank**, en Grande-Bretagne, se contente de 76 m.

On compense la bien piètre résolution des radiotélescopes en ayant recours à la même technique que dans le domaine optique : l'interférométrie.

En 1980, 27 antennes de 25 m de diamètre chacune étaient implantées au Nouveau-Mexique. Baptisé VLA *(Very Large Array)*, l'ensemble équivaut à un instrument de 36 km. Mais pourquoi se contenter d'un espace aussi restreint ? Pourquoi ne pas utiliser la Terre tout entière pour y disséminer les différentes parties d'un interféromètre ? C'est le pari tenté avec le **VLBA** *(Very Large Baseline Array)* : 10 radiotélescopes sont répartis dans le monde entier. La résolution est à l'image de l'entreprise : un millionième de seconde d'arc ! En fait, l'instrument a pratiquement la taille de la Terre. Prochaine étape : l'espace, avec, pourquoi pas, des instruments sur la Lune.

Les observatoires solaires

Autre domaine particulier de l'astronomie : l'observation solaire. Taches, protubérances magnétiques, les astronomes du Soleil (qui travaillent eux aussi de jour) ont de quoi faire.

Construit à 2 000 m d'altitude en 1969 au beau milieu du lac Big Bear, en Californie, le *Big Bear Solar Observatory* (BBSO) étudie aussi le Soleil dans le domaine radio. Sa situation « les pieds dans l'eau » l'affranchit des distorsions d'images dues au réchauffement du sol environnant.

Au mont Wilson se dresse une tour solaire de quelque 90 m de haut.

Le *National Solar Observatory* (NSO) dispose quant à lui de deux sites : l'un au sud du Nouveau-Mexique, à Sacramento, l'autre au Kitt Peak à Tucson en Arizona, doté d'un des plus grands télescopes solaires du monde.

Le coronographe de Lyot au pic du Midi.

Pour étudier les protubérances du Soleil et ses divers panaches, le coronographe de Lyot est l'appareil par excellence. En occultant la surface solaire grâce à un petit disque (ce qui provoque ainsi une éclipse artificielle), il permet alors d'observer les protubérances de l'astre. L'observatoire du pic du Midi en possède un.

LE CAS DE L'HÉLIOSISMOLOGIE

L'astronomie solaire connaît un grand bond en avant depuis les années 1970 avec l'héliosismologie. Cette technique consiste à observer les « battements » du Soleil, sortes d'oscillations semblables à une respiration, des oscillations qui reflètent très fidèlement la structure interne de l'étoile.

Plusieurs réseaux, qui consistent en une dissémination d'observatoires sur tout le globe terrestre, y sont dédiés. Parmi les plus importants, on trouve BiSON *(Birmingham Solar Oscillations Network)*, situé à Birmingham en Angleterre, suivi par les sites gérés par le groupe IRIS, de l'observatoire de la Côte d'Azur, et l'observatoire du mont Wilson. Couplée aux observations plus classiques, l'héliosismologie a permis d'immenses avancées dans notre connaissance du fonctionnement du Soleil.

Les télescopes du futur

Dans leur course à la lumière, les hommes n'ont de cesse de construire des instruments toujours plus performants, parfois proches de la mégalomanie. Mais, en science, il est fréquent que l'utopie soit créatrice et, quand bien même les quelques projets que nous citons ci-après ne seraient pas réalisés tels quels, l'étude des moyens technologiques qu'ils présupposent n'en aura pas moins fait considérablement progresser l'astronomie.

SUR TERRE

Le projet OWL («chouette» en anglais) est de construire un gigantesque télescope composé de 2058 miroirs hexagonaux de 2,3 m, équivalant à un télescope «unique» de 100 m de diamètre. Il devrait atteindre la magnitude 38, avec une résolution de 0,0012 seconde d'arc! Divers autres projets sont à l'étude. Citons le LBT, *Large Binocular Telescope* ou «grand télescope binaire», qui consiste à placer deux miroirs de 8,4 m de diamètre sur une monture commune, comme une paire de jumelles. La vision binoculaire ainsi obtenue risque de faire faire un bond prodigieux à notre compréhension de certaines structures comme les galaxies et les amas d'étoiles.

Un projet ambitieux : OWL.

Le projet Gemini, lui, est de placer deux télescopes de 8,1 m de diamètre en interférométrie, l'un dans l'hémisphère Nord au Mauna Kea de Hawaï, l'autre dans l'hémisphère Sud au Chili. C'est alors le ciel tout entier qui sera observé, à la fois dans le visible et dans l'infrarouge.

DANS L'ESPACE

Puisque l'atmosphère terrestre diffracte ou réfracte de nombreuses longueurs d'onde aussi bien dans le domaine de la lumière visible que dans celui des ondes radio, le mieux est de s'en échapper. C'est la raison pour laquelle, en 1990, a été envoyé dans l'espace, au-dessus de l'atmosphère, le fameux télescope spatial Hubble, ou HST.
Pour l'avenir, la NASA envisage de remplacer Hubble par un télescope spatial de nouvelle génération, le NGST *(New Generation Space Telescope)*, d'un diamètre non plus de 2,4 m comme Hubble, mais de 8 m. Départ, entre 2005 et 2010. L'ESA (Agence spatiale européenne) envisage, de son côté, quelque chose d'encore plus ambitieux : placer en interférométrie (les images obtenues par les divers appareils s'additionnant) 5 ou 6 télescopes de 1,5 m de diamètre qui seraient satellisés autour du Soleil près de l'orbite de Jupiter. Observant dans le domaine de l'infrarouge, ces télescopes du projet Darwin seraient à même de déceler l'existence de planètes extrasolaires (exoplanètes) et de dire si celles-ci possèdent de l'oxygène, condition nécessaire pour que la vie y existe. Le projet Darwin pourrait voir le jour avant 2020.

Carnet d'adresses

La liste des associations, planétariums, observatoires proposant des visites et sites Internet que nous proposons ci-après est loin d'être exhaustive, et se limite aux principaux.

ASSOCIATIONS ET SOCIÉTÉS D'ASTRONOMIE

Les associations d'astronomes amateurs sont si nombreuses que l'on ne pourrait les nommer toutes ici. Pour des informations plus exhaustives, se reporter au « Répertoire international d'associations et de sociétés astronomiques » (Publication spéciale du CDS n° 8), par A. Heck et J. Manfroid et édité par l'Observatoire de Strasbourg (11, rue de l'Université, 67000 Strasbourg).

Société astronomique de France (SAF)
3, rue Beethoven
75016 Paris
☎ 01 42 24 13 74
http ://www.iap.fr/saf
Créée par Camille Flammarion et reconnue d'utilité publique en 1897, la SAF rassemble depuis plus d'un siècle les passionnés d'astronomie, tant professionnels qu'amateurs. Outre ses efforts de vulgarisation, elle met en rapport les astronomes professionnels avec les amateurs. Ces derniers jouent en effet un rôle de premier ordre dans le suivi des étoiles variables, aidant à en déterminer la période, ainsi que dans l'observation des astéroïdes et des étoiles doubles, permettant d'en calculer l'orbite.
La SAF organise des cours d'initiation ou de perfectionnement, ainsi que des conférences de spécialistes. Si vous souhaitez faire part de vos observations (découverte d'une nova par exemple !), n'hésitez pas à la contacter. Nul besoin d'en être membre pour ce faire. C'est la SAF qui publie la revue mensuelle *l'Astronomie* (sur abonnement uniquement).

Association française d'astronomie (AFA)
17, rue Émile-Deutsch-de-la-Meurthe
75014 Paris
☎ 01 45 89 81 44
http ://www.cieletespace.fr
e-mail : revue@cieletespace.fr
Minitel : 3615 Big Bang
L'AFA publie la revue mensuelle *Ciel et Espace* (en kiosque).

Société d'astronomie populaire
1, avenue Camille-Flammarion
31500 Toulouse
☎ 05 61 58 42 01

Astro-Club de France
Observatoire
61560 Saint-Aubin-de-Courteraie
☎ 02 33 34 51 24

Association nationale sciences-techniques-jeunesse (ANSTJ)
16, place Jacques-Brel
91130 Ris-Orangis
☎ 01 69 02 76 10
http://www.anstj.org/

Voici un échantillon de quelques associations locales. Consulter l'AFA et la SAF pour plus de renseignements.

AIN (01)
Association astronomique de l'Ain
Maison des sociétés
Boulevard Joliot-Curie
01000 Bourg-en-Bresse
☎ 04 74 23 29 43
http://astro.ain.free.fr/

AISNE (02)
Astro-Club 02
Mairie
02700 Tergnier
☎ 03 23 57 11 27

ALLIER (03)
Montluçon-Commentry Astronomie
Ferme des Réaux
03100 Montluçon
☎ 04 70 05 78 04

ALPES DE HAUTE-PROVENCE (04)
Association dignoise d'astronomie
8, boulevard Gassendi
04000 Digne
☎ 04 92 31 14 17

HAUTES-ALPES (05)
Gap Astronomie Association Copernic
Mairie, Rue du Colonel-Roux
05000 Gap
☎ 04 92 51 14 31

ALPES-MARITIMES (06)
Parsec
18, avenue du Maréchal-Foch
06000 Nice
☎ 04 93 85 85 58

ARDÈCHE (07)
Astroteil, École du centre
Place Jean Mace
74000 Le Teil
☎ 04 75 49 08 09
http://astroteil.free.fr

ARDENNES (08)
Oméga-Ardennes-Astronomie
Ferme des Broises Basses
Route de Champlin
08290 Rumigny
☎ 03 24 59 86 70
http://www.omega-sciences.fr

ARIÈGE (09)
Observatoire d'astronomie de Sabarat
Route de l'Observatoire
09350 Sabarat
☎ 05 61 69 52 14
http://www.observatoire-sabarat.com

AUBE (10)
Association astronomique auboise
28, avenue Gallieni
10300 Sainte-Savine
☎ 03 25 74 60 63

AUDE (11)
Club Alpha Centauri
MJC - 91, rue Aimé-Ramond
11000 Carcassonne
☎ 04 68 25 86 68

AVEYRON (12)
Association Andromède 4A
1, rue des Pâquerettes
12850 Onet-le-Château
☎ 05 65 71 64 86
http://astrosurf.com/andromede

BOUCHES-DU-RHÔNE (13)
Association ANDROMEDE
Observatoire de Marseille
2, place Le Verrier
13248 Marseille Cedex 04
☎ 04 95 04 41 26
http://andromede13.free.fr

CALVADOS (14)
Association normande d'astronomie
52, rue de la Folie
14000 Caen
☎ 02 31 73 85 54
http://perso.orange.fr/asnora/astro_index.htm

CANTAL (15)
Équinoxe-Astronomie
Ferme de Canteloube
7, rue du Languedoc
15000 Aurillac
☎ 04 71 63 41 59

CHARENTE (16)
Club d'astronomie A. et P. Bourge
MJC Serge Gainsbourg
6, place de l'Église
16730 Fléac
☎ 05 45 69 38 24
http://astrosurf.com/clubapbourge/

CHARENTE-MARITIME (17)
Club Astrolabe
Parc Kennedy-Mireuil
Avenue de Dublin Mireuil
17000 La Rochelle
☎ 05 46 67 47 67

CHER (18)
À Ciel Ouvert
Observatoire radioastronomique
18330 Nançay
☎ 02 48 51 18 18
http://www.obs-nancay.fr/

CORRÈZE (19)
Association astronomique du Limousin
Pierre Bardot
Le Bourg
19310 Perpezac-le-Blanc
☎ 05 55 85 17 99

CORSE (20)
Astro-club de Porto-Vecchio
Villa l'Alba La Matonara
20137 Porto-Vecchio
☎ 04 95 70 44 83
http://astrosurf.com/astroclubpv/

CÔTE D'OR (21)
Société astronomique de Bourgogne
4, rue Chancelier-de-l'Hospital
21000 Dijon
☎ 03 80 36 44 13
http://astrosurf.com/sab/

CÔTES D'ARMOR (22)
Astronomie Amateur de Dinan
1, rue de la Chaux
22100 Dinan
☎ 02 96 39 16 68

CREUSE (23)
Observatoire des Monts de Guéret
Parc animalier - BP6
23000 Sainte Feyre
☎ 05 55 81 23 23

DORDOGNE (24)
Club d'astronomie Régulus
Observatoire du Haut-Périgord
44, rue du Général Lamy
24800 Thiviers
☎ 05 53 55 12 50
http://clubregulus.free.fr/

DOUBS (25)
Association astronomique de Franche-Comté
34, avenue de l'Observatoire
25000 Besançon
☎ 03 81 88 87 88
http://astrosurf.com/aafc/

DRÔME (26)
Club d'astronomie Alpha du Centaure
Résidence le Parc
1, avenue du Docteur Bonnet
26100 Romans sur Isère
☎ 04 75 43 02 90
http://www.alpha-centaure.com/

EURE (27)
Club astronomie Louviers
Mairie
27400 Louviers
http://astrosurf.com/pulsar27/

EURE-ET-LOIR (28)
Club d'astronomie Parallèle
7, rue des Mésanges
28130 Villiers-le-Morhier
☎ 02 37 82 72 91

FINISTÈRE (29)
Loar Gann
21, rue de Pen Ar Steir
29000 QUIMPER
☎ 02 98 64 08 52
http://astrosurf.com/aacloargann/

GARD (30)
Astro-Gard
Chemin de la Fontaine
30570 L'Esperou
☎ 04 67 82 66 73

HAUTE-GARONNE (31)
Société d'astronomie de Toulouse
4, rue Saint-Ephrem
31500 TOULOUSE
http://astronomie.fr/sat/

GERS (32)
À Ciel Ouvert
La Ferme des étoiles « Moulin du Roy »
32500 Fleurance
☎ 05 62 06 09 79
http://www.fermedesetoiles.com

GIRONDE (33)
Société astronomique de Bordeaux
Hôtel des Sociétés savantes
1, place Bardineau
33000 Bordeaux
☎ 05 56 51 69 32
http://astrosurf.com/sab33/

HÉRAULT (34)
Géospace
Institut de Botanique
163, rue Auguste Broussonnet
34090 Montpellier
☎ 04 67 04 02 22
http://www.geospace-online.com/

ILLE-ET-VILAINE (35)
Société d'astronomie de Rennes
6, cours des Alliés

Maison du Champs de mars
35043 Rennes
☎ 02 99 53 05 59
http://www.astro-rennes.com/

INDRE (36)
Association astronomique de l'Indre
Maisons des Associations
34, espace Mendès France
36000 Chauteauroux
☎ 02 54 27 30 22

INDRE-ET-LOIRE (37)
Association astronomique saint-avertinoise
11, rue du Puits-Coëllier
37550 Saint-Avertin
☎ 02 47 28 67 05

ISÈRE (38)
Groupe astronomique du Dauphiné
Clos des Capucins - Chemin des Villauds
38240 Meylan
☎ 04 76 90 39 48

JURA (39)
Club d'astronomie de Saint-Claude
8, rue Carnot
39200 Saint Claude
☎ 03 84 45 54 25
http://perso.orange.fr/astro.saint claude/accueil/index.html

LANDES (40)
Observatoire de Dax
Rue Pascal Lafitte
40100 Dax
☎ 05 58 56 14 47
http://astrosurf.com/obsdax/

LOIR-ET-CHER (41)
Association astronomique
18, rue des Girards
41350 Vineuil
☎ 02 54 42 02 95
http://membres.lycos.fr/aalc/

LOIRE (42)
Association stéphanoise d'astronomie
28, Rue Pierre et Dominique Ponchardier
☎ 04 77 33 63 63
http://astrosurf.com/asam42/

HAUTE-LOIRE (43)
Groupe d'astronomie du Velay - Orion
Centre Pierre Cardinal
43000 Le Puy-en-Velay
☎ 04 71 05 52 40

LOIRE-ATLANTIQUE (44)
Société d'astronomie de Nantes
35, boulevard Louis-Millet
44300 Nantes
☎ 02 40 68 91 20
http://www.san-fr.com/

LOIRET (45)
Association éducative des amateurs d'astronomie du Centre
2, cloître Saint-Pierre-le-Puellier
BP 2341
45023 Orléans Cedex 1
☎ 02 38 54 05 71
http://www.astrosurf.com/aeaac/

LOT (46)
Club d'Astronomie de Gigouzac
La Borde Rouge
46150 Labastide du Vert
☎ 05 65 30 79 46

LOT-ET-GARONNE (47)
Gap Est 47
Observatoire du Fumélois - Lagrolère
47500 Montayral
☎ 05 53 70 82 81
http://astrosurf.com/gap47/

LOZÈRE (48)
Astrolab
route du Goulet
48190 Le Bleymard
☎ 04 66 48 63 44
http://astrosurf.com/astrolab48/

MAINE-ET-LOIRE (49)
Association astronomique d'Anjou
La Roseraie
15, rue Marc-Sangnier
49000 Angers
☎ 02 41 57 17 74
http://perso.orange.fr/aaanjou/

MANCHE (50)
Groupement astronomique Hague-Querqueville
61, rue Georges-Glinel
50460 Querqueville
☎ 02 33 03 37 09

MARNE (51)
Association d'Astronomie Eratosthène
Mairie de Pierry
51530 Pierry
☎ 03 26 54 21
http://astrosurf.com/eratosthene/73

HAUTE-MARNE (52)
Société astronomique de Hte-Marne
Observatoire de Valcourt
52100 Valcourt
☎ 03 25 06 22 18

MAYENNE (53)
Observatoire populaire de Laval
33, allée du Vieux-Saint-Louis
53000 Laval
☎ 02 43 67 05 06

MEURTHE-ET-MOSELLE (54)
Société lorraine d'astronomie
Observatoire de Nancy - BP 239
54500 Vandoeuvres Les Nancy
☎ 06 03 03 04 89
http://astronomie54.fr.st/

MEUSE (55)
Association sammielloise d'astronomie
28, route de Saint-Michel
55300 Dompcevrin
☎ 03 29 90 11 83
http://perso.orange.fr/sylvain.jannot/

MORBIHAN (56)
Association Sterenn - Kerzec Ihuel
Place Louise Michel
56530 Queven
☎ 02 97 05 30 04
http://www.asso-sterenn.com/

MOSELLE (57)
Club d'astronomie
Rue Clémenceau - Espace St Exupéry
57360 Amnéville
☎ 03 87 71 08 03
http://csamneville.online.fr/astro/index.html

NIÈVRE (58)
Groupe d'astronomie nivernais
Rue des Thureaux
58640 Varennes Vauzelles
☎ 03 86 57 27 34

NORD (59)
Club astronomique de la région lilloise
23, rue Gosselet
59000 Lille
☎ 03 20 85 99 19

OISE (60)
ORION
Université de Technologie
Centre Benjamin Franklin
60200 Compiègne
http://wwwassos.utc.fr/orion/accueil/

ORNE (61)
Astro-club d'Alençon
2, avenue de Basingtoke
61000 Alençon
☎ 02 33 29 00 03

PAS-DE-CALAIS (62)
Les zinzins de l'espace
1 bis, rue du moulin
62150 La Comte
☎ 03 21 41 21 47
http://astrosurf.com/zinzins/

PUY-DE-DÔME (63)
Astro-club de Limagne Sud
3, rue des Sources
63730 Les Martres-de-Veyre
☎ 04 73 39 23 37
http://membres.lycos.fr/astrolimagne/

PYRÉNÉES-ATLANTIQUES (64)
GERMEA - Domaine du Pignada
1, allée de l'Empereur
64600 Anglet
☎ 05 59 52 22 54
http://www.germea.org/

HAUTES-PYRÉNÉES (65)
Club astronomique tarbais
2 bis, rue Bernard-Palissy
65000 Tarbes
☎ 05 62 93 94 96

PYRÉNÉES-ORIENTALES (66)
Groupe Halley- BP 17
66420 Le Barcarès
☎ 05 68 86 13 44

BAS-RHIN (67)
Association française des Observateurs d'étoiles variables
Observatoire de Strasbourg
11, rue de l'Université
67000 Strasbourg
☎ 03 88 84 37 11
http://cdsweb.u-strasbg.fr/afoev/

HAUT-RHIN (68)
Société Astronomique du Haut-Rhin
6, rue des Champs
68190 Ungersheim
☎ 03 89 48 20 16
http://astrosurf.com/sahr/

RHÔNE (69)
Société astronomique de Lyon
Observatoire de Lyon
Avenue Charles-André
69230 Saint-Genis-Laval
☎ 04 78 59 58 39
http://www.soaslyon.org/

HAUTE-SAÔNE (70)
Club luxovien d'astronomie populaire
Centre Social et Culturel
Place du 8 mai
70300 Luxeuil les Bains
☎ 03 84 94 84 46

SAÔNE-ET-LOIRE (71)
Société d'astronomie
25, rue Pierre-Bridet
71100 Chalon-sur-Saône
☎ 03 85 46 14 07

SARTHE (72)
Club d'astronomie de l'université du Maine
Université du Maine, ENSIM
Rue Aristote
72085 Le Mans Cedex 9
☎ 02 43 83 39 71
http://www.astromaine.com/

SAVOIE (73)
Club d'Astronomie Savoie Lactée
45, place Montmain
73400 Ugine

HAUTE-SAVOIE (74)
Association Astronomie TYCHO BRAHE
13, rue des Pommaries
74000 Annecy le Vieux
☎ 06 17 80 03 40
http://www.tychobrahe.org/

PARIS (75)
Club Jean Perrin
Palais de la Découverte
Avenue Franklin-Roosevelt
75008 Paris
☎ 01 40 74 81 08

SEINE-MARITIME (76)
Observatoire populaire de Rouen
3, impasse Adrien-Auzout
76000 Rouen
☎ 02 35 88 01 96
http://www.chez.com/observatoire derouen/

SEINE-ET-MARNE (77)
Société d'astronomie populaire
7, avenue Carnot
77220 Gretz-Armainvilliers
☎ 01 64 07 25 00

YVELINES (78)
Le Parc aux étoiles
Observatoire de l'Hautil
2, rue de la Chapelle
78150 Triel-sur-Seine
☎ 01 39 74 75 10

DEUX-SÈVRES (79)
Groupement des astronomes amateurs de la Gâtine
18, avenue de la Maladrerie
79200 Parthenay
☎ 05 49 64 23 01

SOMME (80)
Association M 80
6, allée de l'Ecce Homo
80160 Plachy-Buyon
☎ 03 22 52 85 62

TARN (81)
Albireo - Astronomie amateurs tarnais
Observatoire de Saint Caprais
81800 Rabastens
☎ 05 63 60 44 06

TARN-ET-GARONNE (82)
Société d'astronomie du Tarn-et-Garonne
Saint Maurice
82130 Lafrançaise

VAR (83)
Observatoire d'astrophysique Antarès
193, chemin des Eaux
83500 La Seyne-sur-Mer
☎ 04 94 28 99 32
http://astrosurf.com/obs_anta/

VAUCLUSE (84)
SIlo REhabilite pour Nuits Etoilées
La Loge
84390 SAULT
http://www.astrosurf.com/404.html.
1156190106712

VENDÉE (85)
Club d'astronomie Uranie
13, rue de la République
85000 La Roche-sur-Yon
☎ 02 51 07 62 93

VIENNE (86)
Société d'astronomie populaire poitevine
1, rue Saint-Exupéry
86000 Poitiers

HAUTE-VIENNE (87)
Société d'astronomie populaire de Limoges
26, rue de Nexon
87000 Limoges
☎ 05 55 06 38 67

VOSGES (88)
MJC Belle Étoile
Rue Dom-Pothier
88000 Épinal
☎ 03 29 35 08 02

YONNE (89)
APEX
32, rue des Ponts
89120 Charny
☎ 03 86 91 85 07

TERRITOIRE DE BELFORT (90)
CERAP
Cité des Associations
Rue J.-P.-Melville
90000 Belfort
☎ 03 84 28 67 21
http://www.astrosurf.com/cerap/

ESSONNE (91)
Association yerroise d'astronomie
46, rue Paul Doumer
91330 Yerres
Tél. 01 69 48 47 27

HAUTS-DE-SEINE (92)
Club Éclipse
26, boulevard Jean-Jaurès
92100 Boulogne
☎ 01 46 04 07 91

VAL-DE-MARNE (94)
Club « Le télescope »
OMJ
5-7, rue Raspail
94200 Ivry
☎ 01 49 60 25 15

VAL-D'OISE (95)
Groupement astronomique du Val-d'Oise (GAVO)
Maison de quartier
Allée des Petits-Pains
95800 Cergy
☎ 01 30 38 74 22

GUADELOUPE (97)
Association guadeloupéenne d'astronomie amateur
Les Pléiades Barbotteau
Vernou
97170 Petit-Bourg
☎ 05 90 94 05 52

NOUVELLE-CALÉDONIE
Association calédonienne d'astronomie
BP 3827
Nouméa

EN BELGIQUE

Le site Internet http ://www.urania.be/francais/index.php propose une liste d'adresses et d'informations en tout genre très complète.

Société royale belge d'astronomie, de météorologie et de physique du globe
Avenue Circulaire, 3
B-1180 Bruxelles
☎ (32) 2 3730 253
Revue trimestrielle *Ciel et Terre* (sur abonnement)

Société astronomique de Liège
Institut d'astrophysique
Avenue de Cointe, 5
B-4000 Liège
☎ (32) 4 1533 590

Cercle astronomique de Bruxelles
c/o J. Schwaenen
Allée D5
B-6001 Marcinelle
☎ (32) 7 1434 040

Groupe astronomie de Spa
c/o E. Jehin
Rue J.-P.-de-Limbourg, 60
B-4900 Spa
☎ (32) 8 777 56 99

AU CANADA

Royal Astronomical Society of Canada (RASC)
136 Dupont Street
Toronto, Ontario M5R 1V2
☎ 416 924 7973

QUÉBEC
Société d'astronomie de Montréal
CP 206
Station Saint-Michel
Montréal H2A 3L9

Fédération des astronomes amateurs du Québec (FAAQ)
4545 avenue Pierre-de-Coubertin
Casier postal 1000
Montréal HIV 3R2
☎ 1514 252 30 38

EN SUISSE

Société astronomique de Suisse
Sue Kernen , Gristenbühl 13
CH-9315 Neukirch
http://www.astroinfo.ch/sag/index_sag_f.html
Revue bimestrielle *Orion*

Société astronomique de Genève
6, rue des Terreaux du Temple
CH-1201 Genève
☎ (41) 22 738 33 22
http://astrosurf.com/sag/

Le Minitel, ainsi qu'Internet, répertorient également les adresses de clubs et associations, par exemple :
3615 BIGBANG
http ://www.astrosurf.com/clubs
(le site tient un who's who avec les coordonnées d'astronomes amateurs)

PLANÉTARIUMS

Ci-dessous les principaux planétariums de France, Belgique, Québec et Suisse. Pour ceux de France, nous indiquons entre parenthèses le diamètre de la coupole utilisée pour les projections ainsi que le nombre de sièges. On pourra trouver de plus amples renseignements auprès de l'Association des planétariums de langue française, à Strasbourg (même adresse que son planétarium), qui tient une liste mise à jour de tous les planétariums de France, ou sur le site Internet de l'université de Strasbourg : http ://www.aplf-planetariums.org/

EN FRANCE

ALSACE

Planétarium de Strasbourg
(8 m, 65 places)
Rue de l'Observatoire
67000 Strasbourg
☎ 03 90 24 24 50
http ://astro.u-strasbg.fr/Obs/PLANETARIUM/planetarium.html

BRETAGNE

Planétarium du Trégor
(20 m, 315 places)
22560 Pleumeur-Bodou
☎ 02 96 15 80 30
http://www.planetarium-bretagne.fr

CENTRE

Planétarium de Nançay
(7 m, 45 places)
Observatoire radioastronomique
18300 Nançay
☎ 02 48 51 18 18 et 02 48 51 18 16
http://www.cielouvert.obs-nancay.fr/

CHAMPAGNE-ARDENNE

Planétarium de Reims
(8 m, 40 places)
1, place Museux
51100 Reims
☎ 03 26 85 51 50
http://assoc.orange.fr/planetica/

ÎLE-DE-FRANCE

Planétarium de la Villette
(21 m, 320 places)
Cité des sciences et de l'industrie
30, avenue Corentin-Cariou
75019 Paris
☎ 01 40 05 70 00
http://www.cite-sciences.fr/ francais/ala_cite/spectacles/planetarium/visite/visite-virtuelle.php

Planétarium du Palais de la Découverte
(15 m, 200 places)
Avenue Franklin-Roosevelt
75008 Paris
http://www.palais-decouverte.fr/discip/astro/plane.htm
☎ 01 40 74 81 74

Planétarium du musée de l'Air et de l'Espace
(8 m, 49 places)
Aéroport du Bourget
93359 Le Bourget
☎ 01 49 92 70 22
http://www.mae.org/v_planetarium.htm

LANGUEDOC-ROUSSILLON

Planétarium de Nîmes
(8 m, 65 places)
Avenue Péladan
Square Youri Gagarine
☎ 04 66 67 60 94
http://www.nemausus.com/gard/planetarium.htm

MIDI-PYRÉNÉES

Planétarium de la Cité de l'espace
(15 m, 133 places)
BP 5855
31506 Toulouse Cedex
☎ 05 62 71 64 80
http://www.cite-espace.com/index.php

NORD-PAS-DE-CALAIS

Planétarium ALIAS
(17 m, 140 places)
75, chaussée de l'Hôtel-de-Ville
59650 Villeneuve-d'Ascq
☎ 03 20 91 06 60
http://www.forum-des-sciences.fr/ lieu/planet/planetarium.htm

PAYS DE LA LOIRE

Planétarium de Nantes
(8 m, 62 places)
8, rue des Acadiens
44100 Nantes
☎ 02 40 73 99 23
http://www.nantes.fr/mairie/services/responsabilites/dgc/planetarium/

POITOU-CHARENTES

Planétarium de Poitiers
(12 m, 110 places)
1, place de la Cathédrale
86000 Poitiers
☎ 05 49 50 33 08
http://www.maison-des-sciences. org/planetarium/

RHÔNE-ALPES

Planétarium de Vaulx-en-Velin
(15 m, 150 places)
Place de la Nation
69120 Vaulx-en-Velin
☎ 04 78 79 50 13
http://www.planetariumvv.com/index

EN BELGIQUE

Planétarium Heysel
Avenue de Bouchout, 10
B-1020 Bruxelles
☎ (32) 2 474 70 50
http://www.planetarium.be/bienvenue.html

Planétarium Aquila
Luikersteenweg, 283
B-3920 Lommel
☎ (32) 1 1647 369

Europlanétarium
Planetariumweg, 19
B-3600 Genk
☎ (32) 8 9307 990

Planétarium Zoo
Koningin Astridplein, 26
B-2000 Antwerpen (Anvers)
☎ (32) 3 2024 540
http://www.urania.be/francais/planetarium.php

EN SUISSE

Planétarium Longines
Lidostrasse, 5
CH-6006 Lucerne
☎ (41) 41 31 44 44

Planétarium de Zurich
Feldblumenweg, 41
CH-8048 Zurich
☎ (41) 14 32 53 35

Planétarium de Genève
4 rue Saint-Victor
CH-1206 Genève
☎ (41) 23 46 17 41

AU CANADA

QUÉBEC

The Dow Planétarium
1000 rue Saint-Jacques-Ouest
Montréal H3C 1G7
☎ 514 872 4530

OBSERVATOIRES PROFESSIONNELS PROPOSANT DES VISITES

La plupart des observatoires professionnels en France proposent des visites guidées. Elles ont, la plupart du temps, lieu de jour et n'offrent pas la possibilité d'observer le ciel avec les instruments.

EN FRANCE

Observatoire de Bordeaux
2, avenue de l'Observatoire
33270 Floirac
☎ 05 57 77 61 00
http://www.obs.u-bordeaux1.fr/
d'octobre à juin. Pour les groupes (scolaires et étudiants, associations, amicales, comités), visites du lundi au vendredi, le matin (arrivée entre 9 h et 10 h 30) ou l'après-midi (arrivée entre 14 h et 15 h 30), hors congés scolaires et universitaires. Prendre contact un mois avant la date souhaitée. Pour les visiteurs individuels, les familles et les groupes en petit nombre, les visites sont gratuites et ont lieu un samedi par mois, à 10 h. Inscription préalable nécessaire.

Observatoire de la Côte d'Azur, qui comporte 3 sites : Nice, Grasse, plateau de Calern

Site de Nice
Boulevard de l'Observatoire
BP 4229
06304 Nice Cedex 4
☎ 04 92 00 30 11
Les visites sont assurées par l'association Parsec (☎ 04 93 85 85 58).
Elles ont lieu les samedis à 15 h, ou les autres jours de la semaine sur réservation.

Site du CERGA (Centre de recherche en géodynamique et astrométrie)
Avenue Copernic
06130 Grasse
☎ 04 93 40 53 53

Site du Calern, où se font les observations (laser-Lune, interféromètre…)
2130, route de l'Observatoire
06460 Caussols
☎ 04 93 85 85 58
http ://www.obs-nice.fr
Visite tous les jours d'été à 15 h.

Observatoire de Grenoble
38402 Saint-Martin-d'Hères
☎ 04 76 51 49 81
http ://www-laog.obs.ujf-grenoble.fr/
Observations publiques tous les lundis de janvier à mars, à 19 h 00 (entrée gratuite
☎ 04 76 63 59 85).

Observatoire de Haute-Provence, près de Saint-Michel-l'Observatoire
04870 Forcalquier
☎ 04 92 70 64 00
http ://www.obs-hp.fr/
Visites : les mercredis à 15 h (l'été à 14 h) et le premier dimanche du mois à 9 h 30.
En période estivale (3 juillet - 28 août 2002), la visite se fait par l'intermédiaire du Centre d'astronomie de Saint-Michel-l'Observatoire ((04 92 76 69 69), dans le cadre de « l'Été Astro ».

Observatoire de Lyon
Avenue Charles-André
69230 Saint-Genis-Laval
☎ 04 78 86 83 83
http://www-obs.univ-lyon1. fr/ accueil_cral_fr.php
Pour les groupes visites en journée sur réservation, en fonction des disponibilités d'encadrement, les mardis et jeudis. Pour tout public, visite à 14 heures, les premiers mercredis du mois en période scolaire.

Observatoire astronomique des Makes
Île de la Réunion
18, rue Georges-Bizet – Les Makes
97421 La Rivière
☎ 0262 37 86 83
http ://perso.wanadoo.fr/observatoire.makes/
Des visites sont proposées tous les jours à 9 h 30, 10 h 30, 14 h 30 et 15 h 30.
Réservation obligatoire pour les groupes qui peuvent bénéficier de programmes spéciaux.
Organisation de soirées publiques certains soirs.
☎ 0262 37 86 83

Observatoire de Marseille
2, place Le Verrier
13248 Marseille Cedex 4
☎ 04 95 04 41 00
http://www.oamp.fr/
Visites les mercredis et samedis de 14 h à 17 h.

Observatoire de Meudon
5, place Janssen
92195 Meudon Cedex principal
☎ 01 45 07 74 86
http ://www.obspm.fr/
Visites individuelles le deuxième samedi du mois à partir de 14 h, sur réservation écrite préalable.
Visites de groupe le mercredi et le jeudi après-midi pour les scolaires ; les autres après-midi de la semaine pour les non-scolaires, sur réservation.

Observatoire radioastronomie de Nançay
18330 Neuvy-sur-Barangeon
☎ 02 48 51 82 41
thttp://www.cielouvert.obs-nancay.fr/

Observatoire de Paris
61, avenue de l'Observatoire
75014 Paris
☎ 01 40 51 22 21
http ://www.obspm.fr/
Visites le premier samedi du mois à 14 h 30, sur inscription préalable.
☎ 01 40 51 21 74

Observatoire du pic du Midi
9, rue du Pont-de-la-Moulette
65200 Bagnères-de-Bigorre
☎ 05 62 91 90 33
http://www.omp.obs-mip.fr/
Visites tous les jours durant les vacances d'été, de 8 h à 18 h (accès par route à péage).

EN SUISSE

Observatoire F.-X. Bagnoud
3961 Saint-Luc
☎ 41 27 475 58 08 ou 027 475 14 12
http ://www.ofxb.ch/
Cet observatoire amateur propose des soirées d'initiation et d'observations. Pour les amateurs plus avertis, possibilité de louer l'observatoire pour une nuit, et de repartir avec le CD-Rom de ses observations.

On trouvera les informations concernant nombre d'observatoires nationaux sur le site Internet professionnel de la

Société française d'astronomie et d'astrophysique (SF2A) : http ://www.iap.fr/sf2a. Notons que la SF2A édite le *Journal des astronomes français*.

QUELQUES SUJETS PLUS PARTICULIERS

Stages, initiation, observatoires amateurs...

L'été voit fleurir les stages d'observations astronomiques. Citons par l'exemple l'AFA et son réseau d'ateliers d'initiation pour les jeunes (12 à 17 ans environ). Elle met en outre à disposition des animateurs tous les outils pédagogiques nécessaires. On trouvera toutes les informations auprès de A. Marsollier, par mail : a.marsollier@cieletespace.fr.

Le gîte est également proposé aux visiteurs de l'observatoire amateur des Côtes de Meuse, à Viéville-sous-les-Côtes (55), dans le parc régional de la Lorraine ☎ 03 29 89 58 64).

Le club Astroqueyras offre également un stage sur son télescope de 62 cm (mail : jboussug@aol.com).

Dans les Alpes-de-Haute-Provence, on peut réserver le télescope T1M de Puimichel auprès de Henri Pignon (☎ 04 90 72 29 26).

Un stage est également proposé chaque été en Suisse romande ; on trouvera toutes les informations sur http ://www.iayc.org (site en anglais).

Éphémérides

Une adresse s'impose ici, celle de l'Institut de mécanique céleste et de calcul des éphémérides (IMCCE) et du Bureau des longitudes (BDL) :
77, avenue Denfert-Rochereau
75014 Paris
☎ 01 40 51 22 70
http://www.bdl.fr

Étoiles variables

Les observateurs amateurs d'étoiles variables apportent un soutien non négligeable aux professionnels. Ils peuvent communiquer leurs observations, ou simplement donner leurs remarques, aux organisations suivantes :

Association française des observateurs d'étoiles variables (AFOEV)
c/o. E. Schweitzer
16, rue de Plobsheim
67100 Strasbourg
http ://cdsweb.u-strasbg.fr/afoev/french.htx

Groupe européen d'observation stellaire (GEOS)
Michel Dumont
3, promenade Venezia
78000 Versailles
http ://www.upv.es/geos

American Association of Variable Star Observers (AAVSO)
25 Birch Street
Cambridge, MA 02 138
États-Unis
http ://www.aavso.org

Météorites

Les amateurs de météorites se régaleront sur le site Internet du chercheur américain Bill Bottke, http ://astrosun.tn.cornell.edu/staff/bottke/ (en anglais), où ils pourront soit se contenter d'admirer quelques spécimens, soit comprendre ce que sont ces petits corps rocheux. Le Muséum d'histoire naturelle de Paris en expose aussi une belle collection :
57, rue Cuvier
75005 Paris
☎ 01 40 79 30 00
http ://www.mnhn.fr

De la vie ailleurs dans l'Univers ?

Ceux que la possibilité d'une vie ailleurs que dans le système solaire galvanise pourront aller voir où en sont les recherches sur les exoplanètes sur le site de Jean Schneider, astronome à l'observatoire de Paris-Meudon (http ://www.obspm.fr/encycl/catalog.html, site en anglais), ou encore sur celui de SETI (Recherche sur l'intelligence extraterrestre) : http ://www.setiathome.ssl.berkeley.edu. L'on peut même contribuer à la découverte de ces nouveaux mondes en mettant son ordinateur au service de l'analyse des observations du radio-télescope d'Arecibo.

Télescopes du futur

D'aucuns ont dit que les télescopes du XXIe siècle seront géants ou ne seront pas... Hypertélescopes d'Antoine Labeyrie (astronome et membre du Collège de France), projets OVLA et Carina, sont exposés (en anglais) sur le site http ://www.college-de-france.fr/chaires/chaire11/lise.html (Laboratoire d'interférométrie stellaire et exo-planétaire, CNRS).

Pollution lumineuse

Quel astronome n'a jamais pesté contre la pollution lumineuse ? Les astronomes de l'observatoire de Haute-Provence ont créé une page Internet (http :// www.obs-hp.fr/www/pollution/pollum.html) sur laquelle ils expliquent le phénomène, afin de sensibiliser le plus grand nombre de personnes à ce problème qui prend chaque jour plus d'ampleur, et proposent quelques recommandations pour lutter contre.

L'espace, un métier ?

Les métiers de l'espace vont du CAP d'électronicien à la thèse en mécanique, en passant par les BTS d'informatique, les IUT de télécommunications ou les écoles d'ingénieurs. Le site du Groupement des industries françaises aéronautiques et spatiales (GIFAS) http ://www.gifas.asso.fr présente les formations, contrats d'apprentissage et cursus pour ceux qui veulent faire de l'espace leur métier. L'Office national d'études et de recherches aérospatiales (ONERA) propose quant à lui des offres de stage http ://www.onera.fr/index.html.

Logiciels

Ceux qui désirent visualiser des photos sur leur écran d'ordinateur pourront télécharger gratuitement des logiciels proposés par le National Radio Astronomy Observatory (NRAO) http :// www.cv.nrao.edu/~bcotton/fitsview.html. Les images sont accessibles au format Fits (Flexible Image Transport System), pour les systèmes d'exploitation Mac, PC et Unix.

QUELQUES AUTRES ADRESSES INTERNET

http ://www.cieletespace.fr
http ://www.skylink.astro.net

La Société française de physique (SFP) propose également sur son site Internet (baptisé Pop physics) un mini-annuaire où l'on trouve une multitude de sujets relatifs à l'astronomie (http ://sfp.in2p3. fr/popphysics/).

Index

A

Acuité visuelle : 14, 121
Aigle : 204, 206, 229
Albireo : 205, 228, 229
Aldebaran : 70, 186, 190
Alcor : 74, 75
Algieba : 200, 229
Algol : 230
Alpha de Cassiopée : 213
Alpha du Centaure : 218
Alpha Herculis : 204, 229
Altaïr : 60, 206
Altazimutale : 17, 119, 124
Amas (d'étoiles) : 16, 79
Amas (galaxies) : 67
Amas globulaires : 65, 79
Amas ouverts : 65, 199
Amas Virgo : 201
America (nébuleuse) : 205
Andromède : 66, 67, 74, 110, 129, 211
Angle : 17
Angström : 19
Années-lumière : 18, 64
Antarès : 70, 130, 226
Aquarides : 165, 166
Arc-en-ciel : 170
Arcturus : 70, 129, 195, 198
Argelander (méthode d') : 231
Ariel : 104
Aristarque (cratère lunaire) : 185
Aristarque (de Samos) : 263
Ascension droite : 20, 132
Astéroïdes : 82, 98, 246
Astrophotographie : 20, 136, 220
Atmosphère : 90, 92, 96
Auriga : 192
Automne : 21, 209

B

Bague T2 : 136
Balance : 161, 163
Barlow (lentille de) : 22, 120, 124, 161, 162
Baudrier d'Orion : 130, 187, 188
Bélier : 162, 194
Bêta-Akrab : 226
Béta de la Lyre : 77, 230
Bételgeuse : 69, 129, 186, 187
Big bang : 22
Bigourdan (méthode de) : 221
Binaires : 75, 228, 229
Bouvier (Bootes) : 198
Bulbe galactique : 64
Bug Nebula : 227

C

C (vitesse de la lumière) : 22, 238
Callisto : 100, 152, 238
Cancer : 160, 161, 162, 199
Capella : 192
Capricorne : 104, 129, 160, 163, 244
Carène : 218
Cartes (du ciel) : 23, 126
Cassini (division de) : 103, 241
Cassiopée : 129, 209, 213
Castor : 75, 193
Célérité : 22
Centre galactique : 65
Céphéides : 24, 76, 230
Champ : 24
Charon : 105
Cherche-étoile : 23, 128
Chercheur (ou viseur) : 24, 120, 142
Chi : 213
Chiens de Chasse : 66, 195, 196, 229
Chiens du Soleil : 170
Ciel austral : 215
Cocher : 192
Comètes : 106, 165, 242
Conjonctions : 25, 147, 247
Constellations : 25, 160, 164
Copernic : 183, 184, 264
Cor Corali : 196
Coronographe : 26, 172
Couronne boréale : 202, 204
Couronne solaire : 86, 170
Crabe (nébuleuse du) : 81, 191
Cratères lunaires : 95, 178 à 186
Croix du Sud : 215, 219
Cygne : 129, 204, 205, 229

D

Dauphin : 203, 206, 229
Déclinaison : 26, 133
Degrés : 27, 94, 180 à 185
Delta du Serpent : 202
Deneb : 26, 60, 205, 206
Denebola : 200, 251
Diamètre : 26, 116, 124
Dioné : 102, 240
Distance focale : Voir Focale
Diviseur optique : 220
Doppler : 27, 110
Dumbell : 210, 221

E

Éclipses : 28, 94, 176, 177
Écliptique : 18, 126, 214
Écrin de pierres précieuses : 219
Eddington : 21
Élongation : 29, 88, 233
Encke (division de) : 240
Éphémérides : 29, 152 à 155
Epsilon (Lyrae) : 207, 229
Équateur : 30, 126
Équatoriale (table) : 136, 143
Équatoriale (monture) : 44
Espace-temps : 30
Équinoxe : 30
Êta Perséi : 213
Été : 30, 92, 203
Étoiles : 68
Étoiles à neutrons : 72
Étoiles blanches : 69
Étoiles doubles : 74, 228 (voir binaires)
Étoiles filantes : 106, 165, (voir météores)
Étoiles jaunes : 69
Étoiles orangées et rouges : 70
Étoiles variables : 76, 230, 231
Europe : 100, 152, 238
Excentricité : 31
Exoplanètes : 30, 110

F-G

Filtres : 31, 115, 169
Filtres colorés : 136, 232
Flèche : 210
Focale : 32, 118
Fond cosmique : 32
Fusion : 32, 86
G.T.R. (Grande Tache rouge) : 100, 238
Galaxies : 64, 66
Galaxies elliptiques : 67
Galaxies (fuite des) : 22
Galaxies irrégulières : 67
Galaxies lenticulaires : 67
Galaxies spirales : 65, 67
Galaxies spirales barrées : 67
Galilée : 66, 159, 265
Gamma du Bélier : 194
Gamma Leonis : 200
Ganymède : 100, 152, 238
Géantes (bleues, rouges) : 68, 70, 71
Gémeaux : 129, 160, 162, 193
GMT : 36
Grand Chien : 131, 186, 189
Grande Ourse : 75, 129, 164
Grand Nuage de Magellan : 218
Gravitation : 32
Grossissement : 35, 116, 118, 119, 123, 124, 140

H

Halley : 242
H Alpha (filtres) : 173
Hamal : 194
Hale-Bopp : 106, 242
Halo galactique : 34, 64
Haltère : 210
Héliocentrique : 36, 263, 264
Hélix : 212
Hercule : 80, 129, 204
Herschel : 65, 266
Heure (TU, locale) : 36, 126
Hiver : 36, 186
Hubble (Edwin) : 66, 267
Hyades : 190
Hyakatake : 243

I-K

Io : 100, 152, 238
Iridiums : 37
Izar : 198
Japet : 102, 240
Jumelles : 116, 124
Jupiter : 84, 100, 152, 232, 238
Kepler (loi de) : 265
Kuiper (ceinture de) : 23, 83, 85, 106, 107, 242

L

La Nuit Étoilée (Vincent Van Gogh) : 197
Latitude : 18
Lentilles : 37
Léonides : 38, 165, 166
Licorne : 189
Lion : 160, 162, 195, 200
LMC : 218
Longitude : 18
Lumière (vitesse de la) : 38, 238
Lunaison : 39
Lune : 39, 94, 136, 159, 173, 178 à 185, 232
Lunettes : 118, 140
Lyre : 68, 72, 204, 207

M

M 1 : 191
M 4 : 226
M 5 : 79, 202
M 6 : 226
M 7 : 226
M 8 : 208
M 10 : 202
M 12 : 202
M 13 : 204
M 17 : 208
M 20 : 87, 208
M 21 : 208
M 22 : 208
M 27 : 210
M 31 : 211
M 33 : 194
M 35 : 193
M 36 : 192
M 37 : 192
M 38 : 192
M 44 : 199
M 49 : 201
M 51 : 196
M 57 : 72, 81, 207
M 60 : 201
M 65 : 200
M 66 : 200
M 67 : 199
M 71 : 210
M 86 : 66
M 92 : 204
M 95 : 200
M 96 : 200
M 104 : 201
M 105 : 200
Magellan (Nuages de) : 39, 64, 218
Magnitude : 40, 121, 124
Marées : 94
Mars : 83, 96, 147, 232, 236
Masse : 40
Mercure : 82, 88, 147, 232, 233
Méridien : 41, 126
Mers lunaires : 179, 181, 182, 183, 184, 185
Mesarthim : 194
Messier (catalogue) : 78, 80, 208, 223, 224, 225
Messier (Charles) : 266
Messier (marathon) : 42, 222
Météores, météorites : 42, 106, 165, 242
Minimum (primaire, secondaire) : 75
Minute : 42, 94
Mira : 230, 231
Mira Ceti : 43, 76, 230
Miranda : 104
Miroirs : 43
Mise en station : 43, 221
Mizar : 75
Mois synodique : 44, 94
Monocéros : 189
Mouvement rétrograde : 45
Monture : 113
Mylar : 169, 174

N-O

Naines : 68, 71
Nébuleuse d'Orion : 188
Nébuleuse du Crabe (M 1) : 68, 72, 190, 191, 192
Nébuleuses : 18, 46, 65, 80, 81
Neptune : 84, 104, 244
Newton : 33, 266
Nova : 47, 71, 72
Nuage d'Oort : 83, 85, 106
Obéron : 104
Objectif : 47, 118, 119, 122, 123
Observatoires (grands) : 268 à 275
Observatoires (solaires) : 274
Observer : 156 à 185
Occultations : 246
Oculaire réticulé : 220
Oculaires : 47, 117, 118, 119, 120, 121
Œil : 121, 156
Olaüs Römer : 239
Ondes (longueur) : 48
Ophiuchus : 96, 108, 161, 202
Opposition : 49, 96, 147, 247
Orbite : 49
Orion : 68, 81, 129, 186 à 188, 221
Ouverture : 50, 116 à 123

P

Pare-buée : 50, 140
Période sidérale : Voir Période synodique
Période synodique : 51, 88, 90, 100, 102, 146
Perséides : 165
Petit Nuage de Magellan : 215, 218
Petit Renard : 210
Photographie : 136, 220
Photon : 51
Planète : 52
Planètes (suivre les) : 146 à 151
Planètes extrasolaires : 110
Planètes gazeuses : 84
Planètes telluriques : 82
Plan galactique : 64
Pléiades : 78, 116, 191
Pluto / Kuiper : 105
Pluton : 83, 104
Pi Cygni : 205
Poisson volant : 219
Poissons : 161, 162
Polaire (Polaris) : 129, 136, 164, 221
Pollux : 193
Porrima : 201, 229
Pose : 136, 167
Poussières : 65, 82
Pouvoir de séparation : 18, 56, 228
Praesepe : 78, 199
Printemps : 52, 195
Prix (d'un instrument) : 116 à 124
Procyon : 189
Proxima Centauri : 215, 218
Pulsars : 53

Q-R

Quadrature : 53
Qualité (du ciel) : 54, 114
Radiant : 54, 106, 165
Radiotélescope : 54, 273
Rayon vert : 170, 171
Rayons de Bouddha : 170, 171
Réflecteur : 122, 123, 140, 141, 142
Réflexion : 55
Réfracteur : 120, 122, 123, 140
Réfraction : 55, 92
Régulus : 129, 195, 198, 200
Renvoi (coudé) : 56
Rhéa : 102, 240
Rigel : 68, 71, 129, 186, 187, 188
Ruche : 199

S

S4 Linear : 242
Sac à Charbon : 218
Sagittaire : 129, 160, 163, 208
Saison : 57, 92
Saros : 58, 94, 177
Satellites (artificiels) : 58, 245
Saturne : 84, 102, 232, 240, 241
Schedar : 213
Scorpion : 129, 161, 163, 226, 227
Seconde : 58, 94
Serpent : 202
Sirius : 71, 129, 186, 187, 189
Site d'observation : 114
SMC : 215, 218
Soleil : 82, 85, 86, 168 à 177, 214
Soleil rouge : 171
Solstice : 58
Sombrero : 66, 129, 201
Spica (ou l'Épi) : 129, 195, 198, 201
Spectre : 59
Supernova : 47, 72
Système solaire : 82, 83, 84, 85

T

Table équatoriale : 143
Taureau : 131, 161, 162, 186, 190, 191
Télé-extender : 59, 136
Télescopes : 122, 124
Terminateur : 59, 94, 178, 180
Terre : 83, 92
Tête de Cheval : 188
Téthys : 102, 240
Théta du Serpent : 202
Titan : 102, 152, 238
Titania : 104
Toliman : 218
Transit : 60, 152, 247
Triangle : 194
Triangle d'été : 60
Triton : 104
Trous noirs : 68, 73
Turbulences : 60, 114
Tycho Brahe : 265
Tycho (cratère lunaire) : 183

U-Z

Ulysse : 85
Umbriel : 104
Unité astronomique : 60
Uranus : 84, 104, 244
Véga : 60, 130, 204, 207
Vénus : 83, 90, 147, 232, 234
Verseau : 160, 163, 212
Vierge : 161, 163, 195, 201
Viseur : 119, 142
Voie Lactée : 64, 65, 208
Wolf (nombre de) : 174, 175
Zénith : 61, 126
Zodiacale (lumière) : 61, 214
Zodiaque (constellations du) : 61, 96, 102, 108, 160

Crédits photographiques

3 et reprise p. 107: Ph. © H. Roy - Société astronomique de France - Coll. Archives Larbor ; 11 Ph. © NASA - Archives Larbor ; 12 et 13: Ph. © A. Fujii / Ciel et Espace ; 14 et reprise p. 9: Ph. © C. Birnbaum / Ciel et Espace ; 16 Ph. Coll. Archives Larbor ; 18 Ph. © J.Fr. Hagenmuller / Hoa-Qui ; 19 Ph. © Pitkanen / Sipa ; 20 et reprise p. 25: Ph. © Parviainen / Ciel et Espace ; 21 Ph. Coll. Archives Larbor ; 22 m Ph. © Meade; 23 Ph. © P. Carril / Ciel et Espace ; 24 ht Ph. © Bill Schoening, Vanessa Harvey / REU program / NOAO / AURA / NSF ; 24 bas Ph. © NOAO / AURA / NSF ; 27 Ph. © JPL / LPI / Ciel et Espace ; 28 Ph. © NASA - Coll. Archives Larbor ; 29 Ph. © NASA - Archives Larbor ; 30 Ph. © James Sparshatt / Corbis ; 31 Ph. © Paralux ; 33 Ph. © NASA / Ciel et Espace ; 34 bas g Ph. © MGP / ESO ; 34 bas d Ph. © MPG / ESO ; 36 Ph. © Michael Pole / Corbis ; 38 Ph. © A. Fujii / Ciel et Espace ; 40 Ph. © A. Fujii / Ciel et Espace ; 41 ht Ph. © T.A. Rector, I.P. Dell'Antonio / NOAO / AURA / NSF ; 41 bas Ph. © NASA - Archives Nathan ; 42 Ph. © J. Lodriguss / Ciel et Espace ; 43 Ph. © Meade ; 45 Ph. © NASA / USGS / Coll. Archives Larbor ; 46 Ph. © Meade ; 47 Ph. © NASA ; 48 g Ph. © P.P.L. / Sipa ; 48 d Ph. © W. Cody / Corbis ; 54 Radiotélescope de Nançay. Ph. © Observatoire de Paris ; 56 Ph. © Meade ; 57 Ph. © NASA / JPL - Coll. Archives Larbor ; 58 Ph. © Nasa ; 60 Ph. © Y. Delaye / Ciel et Espace ; 61 ht Ph. © A. Fujii / Ciel et Espace ; 61 bas Ph. © J. Lodriguss / Ciel et Espace ; 62 et 63: Ph. © NASA / S. Aubin / Ciel et Espace ; 65 Ph. © S. Numazawa / APB / Ciel et Espace ; 66 Ph. © NOAO / NAURA / NSF ; 67 Ph. © T.A. Rector and B. A. Wolpa / NOAO / AURA / NSF ; 69 Ph. © A. Fujii / Ciel et Espace ; 71 et reprise p.4 m: Ph. © ESO - Coll. Archives Larbor ; 72 Ph. © NASA - Archives Larbor ; 74 Ph. © A. Fujii / Ciel et Espace ; 75 PH. © A. Fujii / Ciel et Espace ; 77 Ph. © A. Fujii / Ciel et Espace ; 78 Ph. © J. Gleason / Ciel et Espace ; 79 Ph. © Hillary Mathis, REU Program NOAO AURA/ NSF ; 80 Ph. © U.S. Navy - Archives Larbor ; 81 Ph. © Bill Schoening / NOAO / AURA / NSF ; 83 Ph. © NASA ; 85 Ph. ESA - Coll. Archives Larbor ; 87 Ph. © ESA : SOHO - EIT team - Collection Archives Larbor ; 89 Ph. © NASA - Coll. Archives Larbor ; 90 Ph. © NASA - Coll. Archives Larbor ; 91 Ph. Coll. Archives Larbor ; 93 et reprise p. 6 bas: Ph. © ESA ; 94 Ph.© NASA - Archives Larbor ; 95 5 Ph. © A. Fujii / Ciel et Espace ; 95 bas Ph. © NASA - Archives Nathan ; 96 Ph. © NASA -Collection Archives Larbor ; 97 Ph. © USGS/Ciel et Espace ; 98 Ph. © NASA ; 99 Ph. © L. Bret / Ciel et Espace ; 100 © NASA - Coll. Archives Larbor ; 101 Ph. © NASA / ESA ; 102 Ph. © NASA - Archives Larbor ; 103 ht Ph. © ESO ; 103 bas Ph. © JPL / Nasa ; 104 Ph. © NASA / AURA /STSC ; 105 ht Ph. © Nasa - Coll. Archives Larbor ; 105 bas Ph. © Gemini Observatory, US National Science Foundation / NOAO ; 108 Ph. © A. Fujii / Ciel et Espace ; 110 Ph. © A. Fujii / Ciel et Espace ; 111 et reprise p. 275: Ph. © ESO ; 112 et 113: Ph. © Birnbaum / Ciel et Espace ; 114 et reprise p. 4 bas: Ph. © Graëff / Ciel et Espace ; 115 Ph. © Office du tourisme de St-Luc ; 116 Ph. © C. Birnbaum / Ciel et Espace ; 117 Ph. © Emmanuel Beaudoin ; 118 et reprise p. 5 ht: Ph. © Paralux ; 120 Ph. © Serge Brunier / Ciel et Espace ; 123 Ph. © Meade ; 126 Bibliothèque nationale de France, Paris. Ph. Coll. Archives Larbor ; 131 Ph. © Hale Observatories - Archives Larbor ; 133 Ph. © Todd Boroson / NOAO / AURA / NSF ; 134 Ph. © ESA / NASA ; 135 Ph. © NASA - Coll. Archives Larbor ; 136 g Ph. © Emmanuel Beaudoin ; 136 d Ph. © Emmanuel Beaudoin ; 137 Ph. © Emmanuel Beaudoin ; 138 PH. © A. Cirou / Ciel et Espace ; 139 Ph. © Meade ; 142 Ph. © Emmanuel Beaudoin ; 145 Ph. © N.A Sharp / NOAO / AURA / NSF ; 147 Ph. © A. Fujii / Ciel et Espace ; 153 Ph. © Pierre Bourge ; 157 Ph. © A. Fuji / Ciel et Espace ; 158 Ph. © Serge Brunier / Ciel et Espace ; 159 et reprise p. 8: Ph. © Michel Renaudeau / Hoa-Qui ; 164 Ph. © D. Crussaire / Société astonomique de France ; 166 et 167 Ph. © J. C. Casado et I. Graboleda / Ciel et Espace ; 169 Ph. © Ch. Lehénaff ; 170 bas g Ph. © P. Parviainen / ciel et Espace ; 170 bas d Ph. © P. Parviainen / Ciel et Espace ; 171 et reprise p.5 m: Ph. © P. Parviainen / Ciel et Espace ; 172 Ph. © NSO / AURA / NSF ; 173 Ph. DR - Coll. Archives Larbor ; 174 Ph. © National Optical Astronomy Observatories - Archives Larbor ; 175 Ph. © T. Rimmele (NSO), M. Hanna (NOAO) / AURA / NSF ; 178 Ph. Coll. Archives Larbor ; 180 Ph. © E. Beaudoin - N. Lajous ; 182 Ph. © NASA - Coll. Archives Larbor ; 184 Ph. © Observatoire du Mont Wilson, Californie - Archives Larbor ; 188 Ph. © D. Malin / ROE / AAO / Ciel et Espace ; 196 et reprise p. 5 bas:Ph. © Todd Boroson / NOAO / AURA / NSF ; 197 *Nuit étoilée*, tableau de Vincent Van Gogh, 1889. Museum of Modern Art, New York. Ph. © du Musée / T ; 206 Ph. © N.A. Sharp , REU program / NOAO / AURA / NSF ; 210 et reprise p. 6 ht: Ph. © Bill Schoening / NOAO / AURA / NSF ; 215 Ph. © Royal Observatory, Edinburgh - Collection Archives Larbor ; 220 Ph. © NOAO /AURA / NSF ; 227 Ph. © D. Malin / AAO / Ciel et Espace ; 231 Ph. © A. Fuji / Ciel et Espace ; 232 Ph. © Meade ; 233 Ph. © Emmanuel Beaudoin ; 234 Ph. © Emmanuel Beaudoin ; 235 Ph. © O. Sauzereau / Ciel et Espace ; 237 Ph. © C. Arsidi / Ciel et Espace ; 238 Ph. © E. Beaudoin - N. Lajours ; 239 Ph. © Kaj R. Svensson / SPL / Cosmos ; 241 ht d Ph. © E. Beaudoin ; 241 ht g Ph. © E. Beaudoin ; 242 et 6 m: Ph. © A. Fujii / Ciel et Espace ; 243 et reprise p. 10: Ph. © E. Beaudoin ; 244 Ph. © Office du tourisme de St Luc ; 245 Ph. © P. Parviainen / Ciel et Espace ; 246 Ph. © O. Staiger / Ciel et Espace ; 248 et 249: Ph. © A. Fujii / Ciel et Espace ; 262 ht Ph. © Michael S. Yamashita / Corbis ; 262 bas Musée du Caire. Ph. © Archives Larbor ; 263 Ph. © Archives Larbor ; 264 Bibliothèque nationale de France, Paris. Ph. Coll. Archives Larbor ; 265 ht Bibliothèque nationale de France, Paris. Ph. Coll. Archives Nathan ; 265 bas Musée zoologique, la Specola, Florence. Ph. © G. Dagli Orti ; 266 Royal Society, Londres. Ph. © Bridgeman - Giraudon ; 267 Ph. X Coll. Archives Larbor ; 268 Ph. Ellerman- Coll. Archives Larbor ; 269 Ph. © S. Brunier / Ciel et Espace ; 270 Ph. © S. Brunier - S. Aubin - A. Fujii / Ciel et Espace ; 271 Ph. © ESO ; 272 Ph. © S. Brunier / Ciel et Espace ; 273 Ph. © C. Lebedinsky / Ciel et Espace ; 274 Ph. © Observatoire du Pic-du-Midi - Coll. Archives Larbor

désigne les photos d'amateur dans les observations

Liste des illustrations

Laurent Blondel : 15, 17, 32, 35, 40, 44 (haut), 55, 56, 75, 76, 86, 88, 92, 127 À 131, 149, 160 à 163, 186, 187, 189 à 195, 197 à 213, 216 à 219
Pierre Carril : 19, 20, 23, 25, 26, 29, 44 (bas), 49, 51 à 53, 64, 67, 70, 73, 74, 90, 100, 106, 109, 40, 141, 143, 144, 151, 154, 155, 168, 176, 177, 179, 181, 183, 185, 214, 221, 228, 229, 240
Sylvie Rochart : pictogrammes

Couverture : document central : © Heseltine J./SPL/Cosmos, droite © NASA/JPL, gauche © Pierre Bourge - bandeau, de gauche à droite, de haut en bas : © Denis Berthier, © NASA-Archives Larbor, © Denis Berthier, © C. Birnbaum/Ciel et Espace, © O. Sauzereau / Ciel et Espace, © DA, © Todd Boroson / NOAO / AURA / NSF, © Bill Schoening / NOAO / AURA / NSF - dos : © C. Birnbaum/Ciel et Espace

4e de couverture : de gauche à droite : © C. Birnbaum/Ciel et Espace, © ESO - coll. Archives Larbor, © C. Birnbaum/Ciel et Espace © ROE/AAO/ Ciel et Espace